小城镇规划设计施工指南

杜白操
张万方 主编

U0330699

中国建筑工业出版社

图书在版编目（CIP）数据

小城镇规划设计施工指南/杜白操，张万方主编．—北京：
中国建筑工业出版社，2004
　　ISBN 7-112-06335-3

　　Ⅰ．小… 　Ⅱ．①杜…②张… 　Ⅲ．城镇—城市规划
—指南 　Ⅳ．TU984-62

　　中国版本图书馆 CIP 数据核字（2004）第 008266 号

　　为了适应小城镇建设快速发展的需要，本书全面介绍小城镇规划、设
计、施工、管理及现代化等内容，深入浅出，通俗易懂，图文并茂。
　　本书可供小城镇建设的规划、设计、施工技术人员和管理人员及大专
院校师生阅读。

　　　　　　　　　　　*　　*　　*

　　责任编辑　蒋协炳
　　责任设计　彭路路
　　责任校对　黄　燕

小城镇规划设计施工指南

杜白操
张万方　主编

中国建筑工业出版社出版、发行（北京西郊百万庄）
新华书店经销
印刷：北京云浩印刷有限责任公司

开本：787×1092　毫米　1/16
印张：28 ½　字数：705 千字
版次：2004 年 6 月第一版
印次：2004 年 6 月第一次印刷
印数：1— 3000 册
定价：**56.00** 元
ISBN 7-112-06335-3
TU·5590（12349）

编审人员名单

主　　编	杜白操	张万方		
综 合 篇	赵荣山	张万方		
规 划 篇	寿　民	傅芳生	张万方	屈　扬
	杜白操			
设 计 篇	赵之枫	宋建武	杜白操	董明海
施 工 篇	刘　敏	乔　兵	吴连荣	李　琳
	何　树			
管 理 篇	周峰越	张万方		
规划管理信息化篇	张林洁	黄耀志		
主　　审	黄天其	吴建森		
审　　校	李白玉	杨惜敏	王文庄	符史瑶
	徐忠辉	徐　峰		

前　言

　　党的十五届三中全会在《中共中央关于农业和农村工作若干重大问题的决定》中，把小城镇建设提高到"大战略"的高度来认识，来实施。在这一战略决策的指引下，经过近五年的实践，我国小城镇建设有了很大的发展，取得了不小的成绩，这是众所周知的。但是，究竟小城镇的内涵是什么？它包括哪些类型？有哪些不同于大中城市的特点？应该怎样科学合理地去规划、建设和管理小城镇？迄今仍然是一个为广大小城镇建设工作者热切关注并且尚未得到很好解决的问题。有鉴于此，中国建筑工业出版社会同中国建筑学会小城镇建设分会策划出版了《小城镇规划设计施工指南》一书，奉献给从事小城镇规划、设计、施工和管理的全体同仁和有关领导，并企盼它能符合当前的需要，对提升我国小城镇建设水平起到积极的推动作用。

　　考虑到小城镇与乡村地区的特定关系并应对当前国内外形势发展需求，《小城镇规划设计施工指南》一书延续了中国建筑工业出版社于20世纪90年代出版的《村镇建设简明教程》（张万方主编）的框架，同时还吸纳了近年来诸如《小城镇规划标准研究》、《村镇小康住宅规划设计导则》以及《村镇小康住宅住区规划设计优化研究》等国家课题的科研成果，并列举了近年来小城镇规划建设若干获奖优秀实例。应该说明的是，该书"规划篇"是在贯彻我国现行国家相关标准的基础上编写的，其中相当一部分内容借鉴和引用了试点镇规划经验和同行们的规划及研究成果，当然，也包括了编著者多年来从事城乡规划设计研究的实践经验。此外，书中有关术语、标准、单位、数据和图例均尽可能遵循新规范、新标准且便于计算机辅助设计。从编写指导思想上说，本书既保持了城乡规划设计等传统编制方法，又着眼于规划建设现代化理念和手段的应用，旨在使本书更好地符合当今小城镇建设和尔后发展的需求。

　　本书在编写过程中，得到了建设部规划司、科技司、中国建筑学会、重庆都会城市规划设计公司、天津城市规划设计研究院、中国建筑设计研究院城镇规划设计研究院和中国建筑工业出版社特别是责任编辑蒋协炳先生的关心、支持和帮助，在此谨表深切的谢忱。

编　者

2004 年 2 月 29 日

目 录

第一篇　综　合　篇

第一章　小城镇概述 …………………………………… 3
第一节　小城镇释义及其类型 …………………………… 3
第二节　小城镇的聚集功能及其特点 …………………… 4
第三节　小城镇的发展方向与乡村城镇化 ……………… 6
第二章　小城镇规划建设管理与政策法规 ……………… 9
第一节　小城镇规划建设已步入法制管理的轨道 ……… 9
第二节　城乡规划是具有法律效力的政府行为 ………… 10
第三节　小城镇规划建设法规要点概述 ………………… 10
第三章　小城镇规划建设发展的回顾和展望 …………… 12
第一节　新中国 50 年小城镇建设发展回顾 …………… 12
第二节　小城镇规划建设典型经验简介 ………………… 14
第三节　小城镇建设发展未来展望 ……………………… 18

第二篇　规　划　篇

第一章　小城镇规划的基础知识 ………………………… 23
第一节　我国城乡规划体系简介 ………………………… 23
第二节　小城镇规划基本概念 …………………………… 24
第三节　小城镇规划基本特征 …………………………… 25
第四节　小城镇规划原则和内容 ………………………… 26
第五节　小城镇规划编制、审批与实施 ………………… 36
第六节　小城镇规划的法律与技术依据 ………………… 39
第七节　小城镇规划与相关规划、计划的关系 ………… 40
第八节　小城镇规划实施保障措施 ……………………… 40
第二章　小城镇规划的前期工作 ………………………… 42

第一节 规划时空范围的拟定 ……………………………… 42
第二节 地形图的准备与应用 ……………………………… 42
第三节 基础资料的搜集与调研 …………………………… 44
第四节 现状分析和综合评价 ……………………………… 49

第三章 小城镇镇域总体规划 …………………………… 52
第一节 镇域总体规划基本概念 …………………………… 52
第二节 小城镇规划纲要的制定 …………………………… 61
第三节 镇域发展目标论证 ………………………………… 61
第四节 镇域村镇体系规划 ………………………………… 65
第五节 镇域用地及空间协调规划 ………………………… 67
第六节 镇域产业发展空间布局 …………………………… 70
第七节 镇域基础设施和社会服务设施规划 ……………… 72
第八节 镇域专项规划 ……………………………………… 75

第四章 小城镇镇区建设规划 …………………………… 77
第一节 镇区建设规划基本概念 …………………………… 77
第二节 镇区性质和规模的确定 …………………………… 88
第三节 镇区用地分类与标准 ……………………………… 91
第四节 镇区空间布局规划 ………………………………… 96
第五节 镇区道路系统规划 ………………………………… 102
第六节 镇区绿化与景观规划 ……………………………… 111
第七节 镇区公用工程设施规划 …………………………… 116
第八节 小城镇公共建筑规划 ……………………………… 119
第九节 镇区环境与防灾规划 ……………………………… 122
第十节 镇区近期建设规划 ………………………………… 125

第五章 小城镇镇区详细规划 …………………………… 127
第一节 镇区详细规划基本概念 …………………………… 127
第二节 镇区居住小区详细规划 …………………………… 128
第三节 镇区公共中心详细规划 …………………………… 140
第四节 重点地段景观详细规划 …………………………… 144
第五节 街道景观环境详细规划 …………………………… 147
第六节 历史文化名镇保护与更新详细规划 ……………… 149
第七节 产业园区详细规划 ………………………………… 155
第八节 集贸市场详细规划 ………………………………… 158

第三篇 设 计 篇

第一章 小城镇建筑设计概述 …………………………… 169
第一节 小城镇建筑特点 …………………………………… 169
第二节 建筑的构成要素 …………………………………… 169

　　　　第三节　建筑设计的目的 ……………………………… 170
　　　　第四节　建筑设计要满足的要求 ……………………… 171
　　第二章　小城镇建筑设计基本知识 ………………………… 172
　　　　第一节　建筑的分类和分级 …………………………… 172
　　　　第二节　建筑设计的内容 ……………………………… 173
　　　　第三节　建筑设计的程序 ……………………………… 174
　　　　第四节　建筑设计依据的诸要素 ……………………… 174
　　　　第五节　建筑设计的相关规范简介 …………………… 177
　　　　第六节　建筑统一模数制和定位轴线标注 …………… 180
　　　　第七节　建筑设计的技术经济问题 …………………… 180
　　第三章　小城镇居住建筑及设计要点 ……………………… 183
　　　　第一节　居住建筑的功能组成 ………………………… 183
　　　　第二节　居住建筑各部分设计要点 …………………… 185
　　　　第三节　住宅套型与住栋组合 ………………………… 191
　　　　第四节　居住建筑剖面和平面设计 …………………… 198
　　第四章　小城镇公共建筑及设计要点 ……………………… 201
　　　　第一节　公共建筑设计要点概述 ……………………… 201
　　　　第二节　中小学校建筑设计要点 ……………………… 203
　　　　第三节　文化建筑设计要点 …………………………… 207
　　　　第四节　医院建筑设计要点 …………………………… 209
　　　　第五节　办公建筑设计要点 …………………………… 212
　　　　第六节　商业金融建筑设计要点 ……………………… 213
　　第五章　小城镇生产性建筑及设计要点 …………………… 216
　　　　第一节　小城镇生产性建筑概述 ……………………… 216
　　　　第二节　禽畜饲养建筑设计要点 ……………………… 217
　　　　第三节　小型厂房建筑设计要点 ……………………… 219
　　　　第四节　温室建筑设计要点 …………………………… 221
　　第六章　小城镇建筑环境设计 ……………………………… 223
　　　　第一节　环境设计的意义和要求 ……………………… 223
　　　　第二节　外部空间设计 ………………………………… 224
　　　　第三节　环境绿化与建筑小品 ………………………… 227
　　　　第四节　环境净化与亮化 ……………………………… 230
　　第七章　建筑构造设计 ……………………………………… 231
　　　　第一节　概述 …………………………………………… 231
　　　　第二节　基础与地下室 ………………………………… 232
　　　　第三节　墙体 …………………………………………… 235
　　　　第四节　楼地层 ………………………………………… 239
　　　　第五节　楼梯 …………………………………………… 243
　　　　第六节　屋顶 …………………………………………… 246

　　　第七节　门窗……………………………………………………… 250
　　　第八节　变形缝…………………………………………………… 254
　　　第九节　小城镇建筑的抗震设计………………………………… 256
　第八章　建筑结构设计…………………………………………………… 258
　　　第一节　建筑结构的分类………………………………………… 258
　　　第二节　各种结构的特点及主要形式…………………………… 258
　　　第三节　小城镇建筑构件选用的原则…………………………… 261
　　　第四节　刚性条形基础的选用…………………………………… 261
　　　第五节　轴心受压砖砌体选用…………………………………… 262
　　　第六节　钢筋混凝土空心板选用………………………………… 265
　　　第七节　钢筋混凝土檩条选用…………………………………… 266
　　　第八节　木檩条的选用…………………………………………… 266
　　　第九节　钢筋混凝土过梁的选用………………………………… 268
　　　第十节　小城镇建筑的抗震设防与加固………………………… 269
　第九章　建筑设备设计…………………………………………………… 278
　　　第一节　给水排水工程…………………………………………… 278
　　　第二节　采暖工程………………………………………………… 286
　　　第三节　燃气供应………………………………………………… 290
　　　第四节　电气……………………………………………………… 293
　　　第五节　建筑智能化……………………………………………… 297

第四篇　施　工　篇

　第一章　小城镇建筑施工基本知识……………………………………… 303
　　　第一节　建筑识图………………………………………………… 303
　　　第二节　建筑材料………………………………………………… 308
　　　第三节　建筑工程施工与管理…………………………………… 319
　　　第四节　建筑工程概预算基本知识……………………………… 326
　　　第五节　建筑安装工程质量检验与评定………………………… 333
　第二章　小城镇房屋倒塌事故的原因与预防………………………… 348
　　　第一节　选址不当的后果与预防………………………………… 348
　　　第二节　房屋基础质量事故的原因与预防……………………… 349
　　　第三节　砖石砌体质量事故的原因与预防……………………… 350
　　　第四节　屋顶和楼板层质量事故的原因与预防………………… 352
　　　第五节　钢筋混凝土构件质量事故的原因与预防……………… 355
　第三章　小城镇道路及公用工程施工与管理基本知识……………… 356
　　　第一节　小城镇道路工程施工与管理…………………………… 356
　　　第二节　小城镇管线工程施工与管理…………………………… 360

第五篇 管 理 篇

第一章 小城镇规划建设的管理………………………………… 381
第一节 小城镇规划建设工作概述………………………………… 381
第二节 我国小城镇规划建设管理发展趋势……………………… 382
第二章 小城镇规划建设管理的实施…………………………… 384
第一节 小城镇规划编制的审批管理……………………………… 384
第二节 "二证一书"及"一证一书"的规划审批管理…………… 385
第三节 小城镇土地、房屋管理及房屋拆迁安置办法…………… 390
第四节 小城镇建筑设计与施工管理……………………………… 395
第五节 小城镇环境卫生、镇容镇貌管理………………………… 398
第六节 小城镇环境保护与治理…………………………………… 399
第三章 小城镇规划建设管理体制与运作模式………………… 401
第一节 小城镇规划建设管理机构与人员的设置………………… 401
第二节 实施小城镇规划建设的运作模式………………………… 403

第六篇 规划管理信息化篇

第一章 规划管理信息化………………………………………… 407
第一节 规划建设与管理信息化的基本内容……………………… 407
第二节 现代化规划设计管理的必备硬件………………………… 409
第三节 规划建设与管理现代化的计算机软硬件及兼容性
……………………………………………………………… 411
第二章 计算机辅助设计管理基础……………………………… 415
第一节 计算机基础知识——关于 Windows ……………… 415
第二节 熟悉 Auto CAD 的基本操作——以 Auto CAD2000
为例 …………………………………………………… 417
第三节 城镇规划建设与管理的相关软件系统…………………… 429
第三章 小城镇建设管理信息化………………………………… 434
第一节 以 CAD 为基础的城镇建设与管理数据库 ……………… 435
第二节 小城镇规划建设综合信息管理系统……………………… 438
第三节 小城镇规划设计与建设管理实务………………………… 440

第一篇

综合篇

第一章 小城镇概述

第一节 小城镇释义及其类型

一、小城镇释义

我国小城镇迄今虽无统一的科学定义，但说法较多，主要有以下几种：

"小城镇一般是指建制镇镇政府所在地的建成区，已经具有一定的人口、工业、商业规模，是当地农村社区行政、经济和文化中心，具有较强的辐射能力"；"小城镇一般指建制镇和集镇的镇区，它属于城乡过渡的中介状态"；"小城镇主要指建制镇和集镇（乡政府驻地），可包括10万人口以下的县级市在内。但必须区分镇域人口和镇区人口、镇区农业人口和镇区非农业人口，只有镇区非农业人口达到一定规模才能称之为小城镇"等等。

综上所述，可以认为，对乡村一定地域的经济社会发展起着带动作用，镇区人口规模一般在3~5万人（最多不超过10万人）的县政府所在地的城关镇（一说包括县级市在内）及县城以外的建制镇（一说包括具有一定规模的集镇）称之为小城镇。

二、小城镇的类型

我国小城镇的类型可按如下几种方式划分：

1. 按所属行政机构等级划分。一般分为县城即城关镇（包括县级市）、县城以外的建制镇和集镇三种。

县城与县级市同属一个层次，县级市是县城建设发展的方向，两者性质职能相同，只是发展水平有所差异。

县城与县城以外的建制镇，虽然都是建制镇，但两者的职能、机构设置和发展前景均有较大差别，其辐射范围亦相差悬殊，两者不是同一层次。

县城以外建制镇和乡政府所在地的非建制镇，都是县级以下的地域中心，同是我国最基层的政权组织单位，从发展来看，应属同一范畴，两者的建设项目、建设方式、资金来源也大致相同，虽然其产业结构、人口规模方面有一定差异，主要是由于其发展水平有所差别。

2. 按职能性质划分。根据其主导产业不同，可把小城镇划分为工矿型、商贸型、旅游型、交通型、综合型等多种类别。

3. 按区位条件划分。依所在区位的不同，可把小城镇划分为农村集镇、大中城市卫星镇、县城镇、口岸镇和市郊镇等。

第二节　小城镇的聚集功能及其特点

小城镇属于城市的范畴。但小城镇建设绝不是大、中城市建设的缩微或简化，而是有其自身的特点和规律。诸如吸纳大中城市的能量辐射继而向广大乡村扩散，小城镇建设的小规模、小制式和低密度，公共建筑的复合功能以及建设手段的中间技术等等。

一、小城镇的聚集功能和辐射功能

1. 小城镇的聚集功能主要表现在人口、产业、资金、物资、信息和人才聚集六个方面。在广袤的农村，小城镇就像一块"磁铁"一样，产生着包括物质和精神在内的吸引力。由于社会进步、经济文化和生活水平的提高，特别是改革开放以来，大部分农村经济得到了显著的改善，广大的农民向往着城市的文明。而实践证明最便于满足他们这种要求的地方就是小城镇。

（1）聚集人口。小城镇一般具有比农村优越的生活条件和服务设施，这就吸引着先富裕起来的农民，到小城镇购地建房、购房，并在小城镇落户。同时，小城镇还蕴藏着潜在的投资效益，它吸引着大批资金和科技成果拥有者去从事产业开发，创造了大批就业岗位，这也必然吸引大量农村剩余劳动力向小城镇转移。

（2）聚集产业。相对于农村来说，小城镇具有较完善的能源、交能、通讯、供水、供电等基础设施和社会服务系统，这也吸引着第二产业向小城镇集中。人口聚集扩大了消费市场，为第三产业创造了发展的机会。

（3）聚集资金。小城镇在发展过程中往往聚集着地方财政，集体和个体经济，外地和外商投资等方面的资金。

（4）聚集物资。小城镇是城乡结合部，是城乡商品交换的重要场所，城市的工业产品和生产资料通过小城镇流向广大农村，而农村的农产品又经此销售给城市，再加上小城镇由于自身产业所需要原料和产品的"吞吐"，形成了小城镇的物资聚集效应。

（5）聚集信息。小城镇对外联系较广，流动人口较多，产业构成相对齐全，容易形成产销加、农工贸一条龙的综合信息网。再加上通信联络、广播宣传、文化教育等相对集中以及技术推广、行业管理服务等机构的共同作用，从而形成了区域内的信息中心。

（6）聚集人才。小城镇的生产经济和社会的发展，政府对小城镇发展的政策倾斜，都为从事科技、经济、管理等方面的人才提供了广阔的用武之地，使城乡人才聚集得以实现。

2. 小城镇吸收辐射功能包括吸收大中城市辐射影响和向农村腹地扩散辐射这样两个方面。

（1）小城镇通过发展城市大工业的配套产业和辅助产业，以参与城市分工和经济协作等形式接受大城市的能量。

（2）小城镇又通过以下几种形式向农村腹地进行辐射。

①赋予性辐射，即资金的补给，用于缓解农村简单再生产和扩大生产过程中的资金不足。

②协作性辐射，多采取联营等形式，实行科技服务，提高农村产业技术水平。

③吸收性辐射，即吸收农村剩余劳动力进入小城镇从事二、三产业，然后通过这些就业者将新观念、新技术、新方法反馈给农村。

④带动性辐射，即通过公司（龙头）＋基地＋农户的形式，大力发展农业产业化经营，带动农村经济的发展。

小城镇的聚集功能和辐射功能是相互促进的，聚集能力愈大，聚集功能就愈强，其辐射面就愈广，辐射能量愈大。

二、小城镇数量和分布

1. 新中国成立后，特别是改革开放以来，我国小城镇得到了快速发展，1983年至1996年县级市增加了2.1倍，建制镇增加了5.4倍（参见表1-1-2-1）。

市、镇的数量和构成　　　　　　　　　　　　　　　表 1-1-2-1

年代	设市数	其　中			建制镇数	其　中		未建制镇
		直辖市	地级市	县级市		县城镇	县城以外建制镇	
1983	289	3	144	142	2786	2086	700	
1996	666	3	218	445	17998	1697	16301	31531

至1996年，建制镇、非建制镇和小城市总数为49922个，人口占全国总人口的20.91%；县城以外的建制镇数约为县城的10倍，非建制镇数约为县城的20倍；小城镇人口总数是大中城市人口总数的1.5倍，是农村人口总数的1/3。

2. 关于我国小城镇的分布，至1999年底，形成了以经济发展布局为依据，与生产力布局相协调，以交通体系框架为依托的不同等级，不同规模的小城镇分布格局。基本布局可大致分为东西向和南北向19条大的小城镇体系带。中东部地区是小城镇的密集区。如图1-1-2-1所示。

东西向小城镇带11条（图中的数码，表示小城镇带的编号）。即沿连云港至新疆亚欧大陆桥带；沿长江两岸带；霍城——兰州——图们带；满洲里——绥芬河带；大同——秦皇岛带；银川——石家庄——青岛带；西安——合肥——宁波带；成都——武汉——上海带；瑞丽——长沙——上海带；昆明——南宁——衡阳带；友谊关——南宁——湛江带等。

南北向小城镇带8条。即哈尔滨——北京——广州带；北京——徐州——上海带；同江——大连——福州——三亚带；二连浩特——太原——湛江带；包头——西安——重庆——友谊关带；乌海——宝鸡——成都——昆明带；北京——南昌——九龙带；蚌埠——鹰潭——福州带等。

这种小城镇分布带的划分，有的地区是重叠的，同时各条分布带的分布也是不均匀的。

从图1-1-2-1还可看出，从黑龙江省的黑河至云南省的瑞丽近似一条直线，直线的下半部为我国人口的密集区，占国土面积45%，人口数约11.7亿。

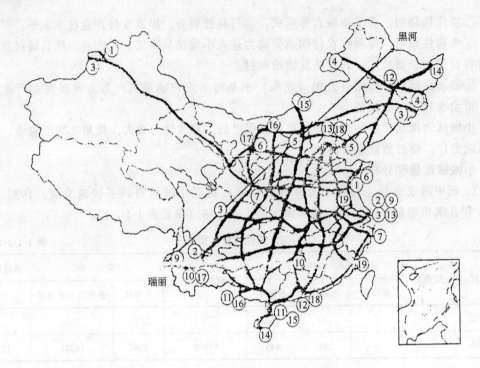

图 1-1-2-1　我国小城镇体系发展趋势示意图

第三节　小城镇的发展方向与乡村城镇化

一、小城镇的发展方向

新中国成立后,我国小城镇发展大致可分为四个阶段:即 1949～1957 年,为初步发展阶段,不但小城镇数量增加,发展的路子也比较稳妥;1958～1978 年,为缓慢发展时期,小城镇日趋萎缩,数量也呈下降趋势;1979 年至 20 世纪 80 年代后半期,为跨越式发展阶段,小城镇规模和数量都得到迅猛发展;20 世纪 80 年代末至今为稳步发展阶段(见图 1-1-3-1)。

党的十五届三中全会通过的《中共中央关于农业和农村工作若干重大问题的决定》中指出:"发展小城镇,是带动农村经济和社会发展的一个大战略。"几年来的实践证明,发展小城镇,可以吸纳众多的农村人口,降低农村人口盲目涌入大中城市的风险和成本,缓解现有大中城市的就业压力,走出一条适合我国国情的大中小城市和小城镇协调发展的城镇化道路。发展小城镇,是实现农村城市化和现代化的必由之路。农村人口进城定居,有利于广大农民逐步改变传统的生活方式和思想观念;有利于从整体上提高我国人口素质,缩小工农差别和城乡差别;有利于实现城乡经济社会协调发展,全面提高广大农民的物质文化生活水平,加速乡村城镇化。

发展小城镇要以党的十五届三中全会确定的基本方针为指导,遵循以下原则:

尊重规律,循序渐进。小城镇是经济社会发展到一定阶段的产物,必须尊重客观规律,尊重农民意愿,量力而行。要优先发展已经具有一定规模、基础条件较好的小城镇,要坚决制止不顾客观条件,一哄而起,遍地开花,搞低水平分散建设。

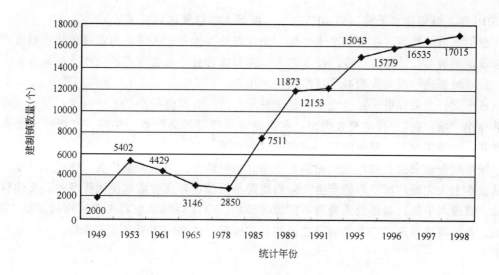

图 1-1-3-1 1949～1998 年全国建制镇发展情况

因地制宜，科学规划。我国幅员辽阔，经济发展不平衡，发展小城镇的条件也各不相同。要从实际出发，根据当地经济发展水平、区位特点和资源条件，搞好小城镇的规划和布局，突出重点，注重实效，防止不切实际，盲目攀比。

统筹兼顾，协调发展。发展小城镇，不能削弱农业的基础地位。要充分发挥小城镇连接城乡的纽带作用，促进农村劳动力、资源、技术、资金等生产要素优化配置，推动一、二、三产业协调发展，物质文明和精神文明一起抓。在搞好小城镇的同时，大力推进教育、科技、文化、卫生和环保事业的发展，既改善物质生活环境，又提高人口素质，实现城乡经济社会和生态环境的可持续发展。

要力争经过 10 年左右的努力，将一部分基础较好的小城镇建设成为规模适度、规划科学、功能齐全、环境整洁、具有较强辐射能力的农村区域性经济文化中心，其中少数具备条件的小城镇要发展成为带动能力更强的小城市。

二、乡村城镇化

1."城镇化"是具有中国特色的乡村城市化

人们常以城镇人口占总人口的百分率作为国家城市化水平的标志。而我国城市化是要走大力发展小城镇的道路，充分发挥小城镇在城市化中的作用，所以叫做"城镇化"。城镇化是带有中国特色的乡村城市化的别称。它和城市化一样，是经济社会发展到一定程度的必然产物，是落后的乡村社会向先进的城市社会转变的过程。这个过程主要包括两个方面的变化：一是大部分农业人口脱离农业，逐步向城镇集聚，选择二、三产业为职业，使城镇人口的比重和非农产值的比重逐渐增大；二是乡村的生产、生活方式向城市转变，即乡村的产业结构、运作方式、收入水平、生活条件、思想观念等与城市日渐接近，趋于同一。

我国小城镇占全国城市的很大比重，它是"城市尾、农村头"，"事实上属于城乡过渡中介状态"，实现城镇化与工业化协调发展，小城镇占有重要地位。

改革开放 20 年来，我国城镇化水平由 1978 年的 17.92% 提高到 1998 年的 30.40%，是改革开放前 29 年的 2.5 倍。"十五"期间，我国城镇化将继续保持较快速的增长，预计到 2010 年，城镇化水平将达到 40％左右，城镇人口总量达到 6.7 亿。

根据我国的特点，在"四个现代化"中，农业现代化是关键。而农村现代化最重要的标志就是发展第二、第三产业，使农村人口向城镇转移，改变落后的生产、生活方式。

2．"城镇化"能大大削减"城市病"的压力

城市化一方面促进了社会进步、经济发展，另一方面也带来了不少问题，这些主要问题被称作"城市病"。其主要表现为：生态破坏、环境污染严重；住房、能源和水资源供应紧张；交通压力大；就业困难；城市人口膨胀等。

城市病普遍发生在城市化的初期和中期，城市越大，城市病越严重。建设小城镇，就能从根本上大大缓解城市病的产生。虽然我国小城镇也存在着诸如文明程度差、文化科技落后、管理水平低、基础设施普遍不完善等弊病，但这些弊端相对于大城市的"城市病"来说，要好解决得多，随着小城镇建设的日益完善，这些问题都将迎刃而解。

第二章　小城镇规划建设管理与政策法规

我国小城镇规划建设管理工作主要是随着 20 世纪 80 年代全国村镇建设的蓬勃发展而开始的。经过 20 多年的实践，国家在制定一系列法律、法规的同时，也制定了相应的技术标准和有关规定，在各级政府主管部门支持引导下，使我国小城镇规划建设逐步走上健康发展的道路，并取得了巨大成绩。城乡规划建设的管理与政策法规包括：《中华人民共和国城市规划法》（简称《城市规划法》）；《城市规划法》配套法规文件；城市规划技术标准、规范；城市规划相关法律、法规和村镇规划建设技术标准、规定等。

第一节　小城镇规划建设已步入法制管理的轨道

1989 年 12 月通过并颁布实施的《中华人民共和国城市规划法》，标志着我国城市规划建设步入了法制管理的新里程。

《城市规划法》所称城市，"是指国家按行政建制设立的直辖市、市、镇"。随着《城市规划法》的颁布实施，控制大城市规模、合理发展中等城市和积极发展小城的方针得到了进一步贯彻，从而逐步实现生产力和人口的合理布局。城市规划必须符合我国国情，正确处理近期建设和远景发展的关系。必须坚持适用、经济的原则，贯彻勤俭建国的方针。城市规划的编制应当依据国民经济和社会发展规划以及当地的自然环境、资源条件、历史情况、现状特点，统筹兼顾，综合部署。

建设部关于县以下建制镇贯彻执行《城市规划法》的通知，进一步强调了我国建制镇属于城市范畴，应按《城市规划法》的规定进行规划和建设。诚然，小城镇毕竟有诸多不同于大中城市的特点，在其规划建设中不容忽视。2000～2001 年，在科技部和建设部的主持下，中国城市规划设计研究院和中国建筑设计研究院等单位又完成了"小城镇规划标准研究"课题，对小城镇规划编制、节约用地、公共建筑、住区住宅、基础设施、环境质量等问题均进行了深刻的阐述，这不但为即将编制的《小城镇规划标准》奠定了坚实的基础，同时对当前的小城镇规划建设也具有积极的指导意义。

经过十多年的发展，我国城镇规划建设工作有法可依，逐步走上法制轨道，基本上做到了依法规划，按规划实施建设，同时通过试点，还积累不少经验。当前发展小城镇加快乡村城镇化进程的时机和条件已经成熟。抓住机遇，适时引导小城镇健康发展，应当作为当前和今后较长时期农村改革和发展的一项重要任务。

第二节 城乡规划是具有法律效力的政府行为

城乡规划是政府指导和调控城乡建设和发展的基本手段，是关系我国社会主义现代化建设事业全局的一个重要方面。加强城乡规划工作，对于实现城乡经济、社会和环境的协调发展具有重要意义。

当前，社会主义市场经济体制正在逐步建立和完善，经济结构正在进行战略性调整，城镇化进程逐步加速。鉴于以往无规划自发建设带来的诸多严重问题，政府有关部门更加关注城乡规划工作。近年来，政府不但加大力度来加强和规范规划的编制工作，同时还开设专题，着力研究"小城镇规划标准"、"村镇规划实施保障体系"等问题，目的是保障建设按规划实施，把规划提升到法律效应的高度，包括政策、法律、技术、质量、管理和监督等多方面的保障举措。惟有规划的编制工作被赋予法律效力并保障得以切实实施，我国的城镇建设才能做到因地制宜，统筹兼顾，才能着眼于区域整体发展，以经济建设为中心，科学确定城镇的性质、发展方向、规模和功能布局，统筹安排各项基础设施建设，合理利用土地资源，正确处理近期建设与长远发展，局部利益与整体利益，经济发展与环境保护，以及现代化建设与历史文化保护等关系。换言之，这一切都是实施城乡规划建设法制化的必然结果。

第三节 小城镇规划建设法规要点概述

尽管小城镇属城市范畴，但和大中城市相比，小城镇的确有着许多自身不同的要求和特点，在国家尚未制订颁布执行小城镇专用技术标准、规范之前，我们可按照《城市规划法》、《村镇建设管理条例》和《村镇规划标准》等相关法律、法规，来进行小城镇的规划建设。不管技术法规的名称如何，关键是要切实把握好这些规划建设法规的要领。其要领可概述为如下几个方面：

1. 规划是"龙头"，是建设的依据。镇（乡）域规划必须在县（市）域规划的指导下进行；专项规划、详细规划必须服从总体规划。

2. 规划应着眼于区域整体发展，资源合理配置，基础设施和公共服务设施统筹安排，共建共享，防治环境污染，维护生态平衡，继承历史文化传统，体现地方特色，实现节地、节水、节能的可持续发展的良性循环。

3. 采取控制人均建设用地措施，做到建设用地构成合理，适当提高容积率，并利用地下空间，以及各项设施合理布局，集中建设等做法来达到节约用地的目的。

4. 采取用水超标价格政策，实行雨污分流排水体制，做到雨水回收利用，以及采取中水利用等措施最大限度地节约用水。

5. 妥善安排能源设施的布局，合理设定供能、供热管网系统，开发利用天然能源和再生能源，搞好建筑物的节能设计及用能管理，全方位多渠道地节省能耗。

6. 通过选址、规划设计等环节，采取避、防、抗等手法来提高项目的防灾救灾的高效性。

7. 狠抓环境保护和污染治理，除了通过规划手段从源头上杜绝污染外，对于回避不了的有污染的项目，应坚决贯彻"三同时"措施以确保环境质量。

8．高度重视生态环境建设，维持生态平衡，以达经济、社会和环境的可持续发展。

9．保护建筑遗产，继承和发扬历史文化传统，搞好旧镇改造，延续历史文脉，体现地方特色。

第三章 小城镇规划建设发展的回顾和展望

第一节 新中国 50 年小城镇建设发展回顾

新中国成立后，由于不同时期有不同的建设重点和发展方针，小城镇的发展也出现了几个不同的阶段。

一、恢复、调整与初步发展阶段（1949～1957 年）

新中国成立之初，经过三年的恢复时期后，便开始了第一个国民经济五年计划。其间，集中力量发展重工业，调整产业布局，完成了 156 项大的工程建设。城镇是国家经济发展的一个载体，国民经济的恢复和稳定发展，使城镇建设出现了初步的繁荣。1949 年国家批准在全国设 136 个城市，其中大部分都是从小到大逐步建设起来的。这些城市虽然在建设发展过程中存在着不少问题，但它们毕竟是生产经济的载体，对当时国民经济的恢复和发展起到了积极的推动作用。同时，政府还实行了一系列促进农村经济发展的政策，调整了生产关系，解放了农村生产力，推动了农村经济的迅速增长，小城镇尤其是集镇建设也因之得到了较快的恢复和初步发展。

这一时期，根据生产力的布局，政府对全国原有城镇体系做了调整。在城市比较多的山东、安徽等东部地区撤销了一批小城镇，有重点地建设了一批城市。以安徽省为例，自 1950 年至 1957 年，撤销了 8 个县城，同期增设淮南市，并于 1956 年增设马鞍山市、铜官山市。据不完全统计，到 1957 年底，全国有 24 个小城市撤市为镇，并在中西部地区增设了一些新城市。据 1957 年统计，加上增设的 71 个新城，当时共有城市 176 个，比 1949 年增加 29.4%，而且还优化了全国范围内的城市布局。与此同时，由于农村经济的恢复和发展，促使县城以下的城镇迅速增加，1949 年我国仅有建制镇 2000 个左右（基本上是县城），到 1954 年初发展到 5402 个（发展的部分，基本上是县城以外的小城镇），增加了 120%，年均增加 30%。

由于城市和小城镇经济发展的需要，大批农村劳动力和知识青年进入城镇经商、做工、上学等，城镇人口由 1949 年的 5765 万人增加到 1957 年的 9957 万人左右，城镇化水平由 10.6% 提高到 15.4% 左右。

经过建国后近八年的恢复建设，社会主义新的经济体制建立起来了，为经济发展服务的基础设施也得到了很快的恢复发展。小城镇建设同时得到促进，城乡人口流动加快，农村小城镇出现了建国后的初步繁荣时期，特别是江浙一带的不少集镇，就呈现出店铺林立、集市人海如潮的繁荣景象。可以说一个适应我国社会主义经济发展的新的城镇体系基本形成。

然而，由于受我国当时单一的计划经济体制的制约，从1953年到1956年先后出台全国"粮食统购统销"、"市镇建制标准"、对城镇私营工商业进行社会主义改造、实行公私合营、取消个体商贩和手工业者等政策，农村商品流通完全通过国有、集体和供销合作社经营的单一渠道等一系列不利于商品经济和小城镇发展的政策，在一定程度上限制了乡村商贸和手工业的发展，结果也就影响了小城镇的发展。

二、曲折缓慢发展阶段（1958～1978年）

继1957年"反右"之后，1958年又开始了"大跃进"等反科学的政治性生产运动，由于政治、体制、政策等多方面原因，此后的中国小城镇发展时起时伏、曲折坎坷，甚至倒退。

1958年人民公社化，实行"政社合一"体制，撤销了一大批集镇的建制，使集镇数量锐减。

1964年我国对镇的标准重新进行了修订，凡工业和商业相当集中，集中人口在3000人以上，其中非农业人口占驻乡镇人口70%～85%以上才准予建镇，客观上也限制了小城镇的发展。1965年，全国建制镇减少到3146个，比1954年减少2254个。浙江省就撤销了近200个建制镇，其中不少县城的城关镇也因条件不够而撤销。

1965年国家提出兴办"五小"工业，小城镇建设又出现了转机。一些条件较好的小城镇其商业、手工业、交通运输业、文化教育等公益事业都有了不同程度的发展，各类公共建筑（幼儿园、敬老院、卫生院、学校、邮电所、供销社、百货商店、运输站等）也相继建了起来，街容镇貌有所改观，但大部分小城镇由于商品流通不畅而仍处于停滞状态。

20世纪60年代，在"备战"方针指导下，政府十分重视"三线"的建设，把生产力重心转向中西部地区，建设资金的投向也向三线地区倾斜。其结果，这些地区不仅大中城市得到一定的发展，小城镇也随之发展起来。据称，以"三线"地区为主体，当年全国兴起了几百个10万人以下的小城镇。

1966～1976年的"文化大革命"时期，在所谓"阶级斗争"主宰一切的年代，一部分2万人口以下的小城镇被撤销。整个生产、经商和小城镇的发展均处在停滞和倒退状态。到1979年，建制镇只有2800多个。30年间共减少260多个，比1954年减少了50%左右。集市也由原来的5万多个锐减到2万个左右，并且半数是有集无市。

城镇人口数量也随着城镇数量的起伏而增减。1958～1960年，城镇人口剧增，由1957年的9949万人增加到1960年的13073万人，三年中人口净增加31.4%。由于大量人口涌入城市，加重了城市的负担，加之城市建设投入每况愈下，使市政建设欠账激增。1961年政府又对国民经济进行调整，不得不压缩城镇人口，动员了近3000万城镇人口（相当于当时城镇人口的25.7%）"下放"或返回农村。1966年"文化大革命"开始后，由于生产经济大滑坡，又被迫实行"知识青年上山下乡"、"城镇居民返回农村"、"知识分子下放劳动"等措施来减少城镇人口压力。从1966年到1976年这十年间，我国城镇建设走的是一条经济滑坡、建设停顿、人口锐减的萎缩、倒退的道路。

三、跨越与稳步发展阶段（1979～1998年）

党的十一届三中全会以来，我国政治、经济、社会发展进入了一个新的历史时期。随着农村经济体制改革的不断深入，农村经济由封闭走向开放，从"计划"走向市场，从传统走向现代，乡镇企业的兴起，吸纳了大批农村剩余劳动力，经济的日益活跃和繁荣，为小城镇建设奠定了基础。

1979年国家把小城镇建设提上了议事日程，并且制定了保证小城镇稳步发展的配套政策。1984年政府对镇的标准重新进行了修订，放宽了建镇标准。对县乡政府所在地、少数民族地区、边远地区、风景旅游区、小型工矿区、边境口岸等地区，确有必要，都可建镇。同年，政府又进行行政区划调整，凡是具备建镇条件的乡，撤乡建镇的，实行镇管村的体制。这些政策都有利于小城镇的发展。1985年，国家允许农民自理口粮进镇落户，务工经商，农业剩余劳动力纷纷进镇从事第二、第三产业，使产业结构发生了变化，小城镇人口增加，加速了农村城镇化的进程。正是在政府这些措施的推动下，至1992年底，我国建制镇达14169个，比1979年增长5.45倍。

随着生产力布局的调整，经济发展和基础设施建设逐渐完善，我国小城镇发生着巨大变化，不仅数量增多、人口增长，而且布局也日趋合理。目前，我国平均每个县（市）约有5.5个建制镇，14个左右的乡集镇。广东省建制镇密度较高，平均每个县约有16个建制镇；北京、天津、浙江、湖北、河南、辽宁、安徽、江苏、山东等省（市）次之，平均每个县有10个左右，密度低的西部边远省（区）则平均每个县的建制镇在3个或3个以下。从1979年至1998年这20年间，由于乡镇企业的发展，市场经济的繁荣，旅游资源的开发，小城镇的类型也随之增加。伴随着乡村地区的道路交通、水电等基础设施以及教育科技、医疗卫生、商业服务、文化娱乐等公共服务设施建设的加强，小城镇的功能也日趋完善，这样不但其吸引力和辐射力不断增强，而且县域的城—镇—村体系结构日益合理。

第二节　小城镇规划建设典型经验简介

经过20多年的小城镇快速发展，中央和地方组织了大量试点工作，取得了不少宝贵经验，为制定健康稳步发展小城镇的方针、政策奠定了坚实的基础。

一、特大城市郊区小城镇建设的经验

上海市把小城镇建设视为推进上海农村现代化的一个重要方面。"八五"计划实践证明，加快小城镇建设，促进农民向小城镇集中，建设都市型农村，对农业经营方式由粗放型向集约化、现代化过渡，对农村二、三产业的发展，繁荣郊区经济，对提高农民生活水平，缩小城乡差别具有特别重大的意义。

1. 工业向小城镇转移，农业剩余劳动力向小城镇聚集。

城市大工业向郊区转移，农业剩余劳力和城市富裕科技力量向小城镇聚集，土地批租与外资引进，大市政基础设施的辐射延伸等多种因素的聚合，为郊区小城镇建设和三大工业产业的加速发展创造了良好条件。乡镇工业作为集镇的重要依托，由分散趋向集中，从而有效地推动了小城镇建设的发展，至今，上海郊区已形成166个镇级工业小区，30个县级工业区，9个市级工业区。

"八五"期间，上海郊区用于城镇建设的各类投资总数达280亿元，相当于"七五"时期的2.5倍。小城镇建成区已达200平方公里，城市化人口达到35%。一个布局合理、设施齐全、功能完善、环境优美的现代化郊区城镇体系雏形已经开始形成。

2．抓好小城镇现代化的建设和管理。

在发展第二产业和发展集约化、现代化农业建设的同时，还着力抓好现代化的基础设施、社会服务设施、环境质量和街容镇貌的建设和管理。建设和管理要上层次、上水平，必须提高建设和管理科技含量，要综合发展文化、教育、卫生、体育事业，提高人口综合素质，形成良好的文化氛围，实现人气、精神的聚合，小城镇就是这种聚合的组织和载体，这样做的结果，就把小城镇变成了经济中心，物质文明和精神文明相结合的社区中心。

上海郊区小城镇建设所取得的上述成绩，主要是采取了下列措施：

一是抓紧制订和完善城镇经济、社会综合发展规划，并注意处理好高起点和可行性的关系。二是以产业为依托促进集镇建设，又以集镇建设带动产业发展。三是转变观念，摆正位置，把城镇管理作为镇政府的一项中心任务，抓深、抓细、抓落实。四是搞好试点，典型引路，走小城镇综合改革的路子。这些举措的实施，给上海市郊区小城镇建设带来了一个生机勃勃的大好局面。即政府精干高效、企业制度规范、市场竞争有序、城市规划科学、保障机制完善、综合功能齐全的适应农村经济发展的新机制。

3．加快建立郊区城镇建设的若干配套政策。

（1）明责授权，完善镇政府的经济和社会管理职能。按照"精简、高效、服务"的原则，建立镇政府新的机构和管理体制。强化镇政府的管理职能和服务功能，授予其相当的权限。

（2）增强镇级财力，活跃城镇投资机制。建立机构完整、职能健全的镇一级财政，形成新型的分级财政分配体制，提高镇政府搞活财源、发展经济、增强财力的积极性。有条件的镇经批准后可设立镇级金库，建立完整统一的预、决算制度。

（3）建立土地流转机制，实行城镇建设用地的置换，促进农民老宅基地还耕。允许在规划指导下，根据"总量平衡、节约耕地"的原则，对城镇建设用地和农民老宅基地（包括产业转移的乡镇企业用地）实行按比例置换、无偿使用的办法。

（4）扩大城镇户籍管理改革试点。城镇户籍管理改革，是引导农民向城镇集中，加快城镇建设的重要环节。改革的方向是有利于郊区城镇的科学规划、合理布局，有利于农村剩余劳动力就地就近转移，促进人口有序流动，有利于严密户籍登记管理制度，保障居民的合法权益和社会秩序的稳定。

二、沿海发达省份小城镇建设的主要经验

改革开放以来，江、浙两省，抓住机遇改革创新，大力发展乡镇企业和个体私营经济，并在雄厚经济实力基础上，加快小城镇建设，取得了喜人的业绩和成功的经验。

1．抓好立足于"区域整体发展"的高起点、高标准规划。

这两个省的小城镇规划，高起点、高标准，按照经济、社会发展规划区域整体发展和城乡一体化的要求，用发展的战略眼光，一是要在搞好县域规划（包括生产布局、资源开发利用和经济社会发展规划）基础上作好城镇体系规划；二是按照城镇体系构架布局所确定的原则实施城镇的建设。

江苏全省大中小城市和小城镇都编制了规划，南京市编制了小城镇规划框架，小城镇建设都按规划进行。全市已有 12 个小城镇进入南京市新型小城镇行列。大厂区葛塘镇、江宁县禄口镇被省政府命名为"江苏省新型示范小城镇"。苏州市始终把规划作为小城镇

建设的龙头，从 20 世纪 80 年代初至今，城镇规划已经历三至四轮修编，编制了苏州市城镇群体布局规划，使小城镇建设在总体发展上有了科学依据。无锡市 117 个乡镇，在编制完成总体规划、详细规划后，又增加了环境绿化和镇区出口规划等，遵循新区建设与老镇改造同步，小城镇建设与经济发展同步，生产性开发与生活性服务设施同步，小城镇建设与环境建设同步的"四同步"原则。

浙江省构筑了全省科学合理的城市化建设体系规划，在此前提下，杭州市规划了以自身为中心，县级市为副中心，众多小城镇为基础的开放式、强辐射、现代化城市的新格局，按照"设施完备、功能合理、集聚力强"的要求，建设高品位、高档次的小城镇。

江、浙两省的小城镇建设，有先进的工业区，优美的居住区，繁荣的市场，还有文化活动中心、休闲广场，度假村等。现代化的城镇星罗棋布，一派繁荣，生机勃勃。

2. 配套建设基础设施是发展小城镇的关键。

加快基础设施的配套建设一直是江、浙两省小城镇建设的关注焦点，惟有通畅的交通网络，完善的水、电、通讯等基础设施，才能改善居民生活，才能发展生产经济。

南京市小城镇基础设施有了新突破，全市道路已做到快捷通到小城镇，乡镇公路实现了"黑色化"或"硬质化"，部分发展快的小城镇已经形成了"外成环，内成网"的道路网络。江宁县禄口镇依托邻近空港的独特交通优势，积极发展道路、扩建水厂、扩增供电能力、建立移动电话中继站，促进了小城镇的快速发展，形成以加工业、仓储业和服务业为主的空港特色的经济结构和小城镇建设格局。

苏州市的乡镇由于经济发达（162 个乡镇，其中镇 158 个，农民人均收入 5087 元），为小城镇的基础设施建设奠定了良好基础，通过工业资本积累，吸引外资，完善了基础设施。小城镇由单一的行政或集贸功能变成为一定区域范围内的政治、经济、文化、信息中心。镇区功能已由过去低层次的交换功能转向融生产、交换、服务、消费、旅游为一体的综合功能小城镇。温州市苍南县龙港镇的基础设施建设达到"五通一平"，供水充裕、电力充足、交通便利、生活方便。镇区占地 8km²，建筑面积已达 250 万 m²。镇区纵横道 80 多条，总长 90 多公里。

3. 以农民投资为主体，多渠道筹集小城镇建设资金

浙江省的小城镇建设除了采取常用的招商引资、土地入股、政府适当投入等办法来筹集资金外，仍注重吸纳农民（即当地乡镇企业）投资来加速小城镇建设。

浙江省温州市苍南县龙港镇就是一个典型的范例。该镇企业和第三产业发达，镇上有各类企业 2000 多家，除印刷、纺织、塑编等支柱产业以外，还兼有机械、化工、食品和服装等产业，构成了一个完整的产业体系。同时，该镇尚有腈纶、毛毯等专业市场 23 个。生产经营发达，农民经营的乡镇企业资金雄厚，是龙港镇建设的投资主体。

龙港镇建设开创了中国农民主要依靠自己力量建设小城镇的典范，他们走出一条"吸引能人，以能人驱动经济发展，以经济发展带动城镇建设，以城镇建设促进市场繁荣"的农村城镇化道路。这样做的结果，使一个 18 年前仅有 2000 人的渔村变成了今天的人口 14 万、工农业生产总值达 54.04 亿元的兴旺发达的小城镇。这个由农民自力更生建设小城镇而实现乡村城市化的成功经验，意义深远，很有推广价值。

三、珠海开放地区城乡一体化战略

珠海是一座年轻的城市。1980 年设立经济特区，特区面积 121km²，城市建成区

$57km^2$。至1996年底，常住人口104.56万人，其中户籍人口65.37万人。该市借鉴国内外城市建设的经验，积极探索城市建设管理的新路子，严格按照"高起点规划、高标准建设、高效能管理"的要求，进行城乡建设，仅花了20年时间，就使珠海由小变大，从当年的一个小城镇，发展为今日的超过百万人口的现代化花园式城市。并荣获了全国大中城市50强前五名、"全国规划管理先进城市"、"全国园林式城市"、"全国造林绿化十佳城市"、"全国环境保护模范城市"等称号。其主要做法是：

1．坚持高标准规划建设，奠定城市长远发展的基础。

建市初期，珠海就紧紧抓住规划这个"龙头"，以新理念、高标准来制订城乡发展战略，即以生态环境为前提，无论是城市规模、用地发展、功能布局还是基础设施建设，都着眼于长远的发展，考虑跨世纪的需要，全面规划，分步实施。

（1）营造舒适的生存空间。一是科学划分城市结构。根据珠海的地形特点，结合原有村镇的分布状况，将城市划分为中部（特区）、西部（重点开发区）及东部（海岛区）三个区，以中部为主体，东西区为两翼，各区又划分为若干规模不等、功能有别、相对配套、各有中心的组团。各组团之间，以山体、水域或绿地、田园相分隔，用区间道路有机连接，形成集中与分散相结合、带形与环状相结合的城市结构，因而有利于城市交通的组织和环境保护，使城市空间宽松舒展，富有弹性，避免了"摊大饼"式布局所带来的拥挤、污染、混杂等老弊病。二是合理安排建筑密度和容积率。根据珠海依山傍海，海岸曲折，山丘延绵，自然风光秀丽的特点，确立了"花园城市"的基调，并将建筑密度和容积率控制在一般城市标准之下。市区建筑不搞高楼林立，而采取低层、多层、高层搭配，并与地形区位、环境等条件有机结合，形成高低错落疏密有序，使建筑与自然环境浑然一体，相映生辉。三是严格调控城市人口。从建市之初起，就摒弃了单纯以人口规模来衡量城市大小和繁荣的错误观念，而是强调城市人口素质，合理调控人口构成。在规划上，将城市人口密度控制在每平方公里8000人以内。居住实践表明，像合理的建筑密度一样，合理的人口密度是构成高素质城市的一个重要组成部分。

（2）基础设施超前，为后续发展准备条件。城市基础设施是城市发展的主要物质基础，没有完善配套的现代化城市基础设施，就没有城市的发展空间。珠海市在城市规划建设中，坚持基础设施先行一步，考虑中长远的发展需要，适度超前进行建设。这样做，既避免了城市基础设施反复修建所造成的浪费，又为中长期发展留有足够的余地。近20年来珠海的基础设施一直在按计划有序进行，修公路、建大桥、造集装箱码头、修铁路，一个海陆空相配合、内外有机衔接的现代化立体交通网络正在逐步形成，同时供电、供气、供水、排水、邮政通讯等设施建设亦在同步进行。无疑，这种高起点的超前的基础设施建设，必将为珠海的经济建设拓展出无限广阔的发展空间。

2．坚持环境综合整治，提高城市管理整体水平。

城市管理是一项系统工程，要管理好城市，首先必须树立起城市整体环境的观念，实行综合治理，在提高整体水平上下功夫，只有抓好"两个结合"才能提高城市管理的综合效益和城市整体水平。

（1）综合治理与专项治理的结合。实行综合治理，就是抓好涉及城市各项功能设施的全面整治。一是坚持城市建设、经济建设与环境保护同步规划，同步实施，同步发展，绝不以牺牲环境为代价来发展经济，绝不为了眼前效益而牺牲长远利益。二是不断提高城市的净化、绿化、美化水平。净化、绿化、美化是现代化城市的重要标志，珠海在城市规划、建设和管理工作中，始终把这"三化"摆在重要位置。在净化方面，目前珠海已做到日产日消，生活垃圾无害化处理达100%。在绿化、美化方面，也已初步形成了点、线、面相结合的城市园林绿化系统，完成了大批城市雕塑，城市绿化覆盖率达40%，人均绿地达21m²。

（2）政府管理与群众参与相结合。城市管理必须发挥政府管理和全社会参与两个积极性，才能真正管住、管好。

主要措施：一是教育群众，增强群众的城市意识和增强群众包括法制观念、道德观念和卫生观念在内的城市意识，作为城市管理一项长期的基础工程来抓，全方位、多渠道、多形式地开展宣传教育，为市民参与城市管理打好基础。二是组织群众，增强群众的参与管理的意识。每逢重大节庆日或大型活动，市政府都组织全市性的清洁美化活动，号召全市干部、职工、学校学生和居民群众人人动手，个个参与，为净化、美化城市做贡献。对城市卫生实行"单位三包"的责任制，包单位内外部环境。还在全市广泛开展创建文明单位、文明小区、文明街道、文明家庭等活动，以培养市民参与城市管理的主人翁精神，增强管理城市的责任感。

3．坚持依法治市，逐步实现城市建设管理法制化。

要把城市建设管理好，就必须依法建设和依法管理。

（1）抓完善法规。珠海市人大和市政府先后制定颁布城市规划、建设、土地和环境保护等管理法规和条例80余项。城市规划建设管理法规的不断完善，使城市建设管理工作有法可依，有章可循，从而加大了实施的力度。

（2）抓队伍建设。有了完善的法规体系，还必须有一支严格执法队伍去落实。一是建立综合监察与专业监察相结合的监察队伍。二是成立城市管理法庭，按照法律程序独立审理违反城市管理法规的案件，成为城市建设管理部门依法行政的坚强后盾，加大了城市建设管理的执法力度。

（3）抓法规的落实。只有从严执法，才能将各项法规落到实处。在处理违法违章行为时，做到敢抓敢管，照章办事，有效地遏制了乱搭、乱建的违法行为，保证了城市规划的顺利实施。通过抓城市建设管理法规的落实，珠海城市规划建设管理逐步走上了法制化的轨道。

第三节　小城镇建设发展未来展望

党的十五届三中全会《关于农业和农村工作若干重大问题的决定》中指出："发展小城镇，是带动农村经济和社会发展的一个大战略"。近年来，各地积极贯彻落实中央精神，小城镇建设取得了很大成绩。总的发展形势是好的。但也存在着一些不容忽视的问题。

我们要总结经验，发扬成绩，克服缺点，遵循正确的技术路线，搞好小城镇建设，实现我国乡村城市化的伟大目标。

据有关方面统计，1998年全国城镇人口达3.79亿人，占总人口的30.4%，为适应经济全球化，我国加入WTO等新形势的挑战，我国城市化速度将相应加快。据专家预测，2005年，我国城镇人口将达到4.6亿；2010年，城镇人口总量将达到6.7亿人，将比

1998 年增加近 3 亿。任务是艰巨的，时间是紧迫的，为了如期实现我国城镇化的目标，必须认真做好下列几项工作：

一是要针对国际国内实际形势的挑战，制订并实施好我国小城镇建设的发展战略，包括一定区域内的资源合理配置，产业结构调整，生态环境保护，基础设施和社会服务设施统筹安排、共建共享以及城镇村体系合理的空间分布等等。二是要完善小城镇建设的技术法规体系。要在《城市规划法》的原则基础上，针对小城镇的特点，补充制订诸如"小城镇规划标准"、"小城镇规划编制办法"、"小城镇规划组织结构"、"小城镇居住小区规划设计规范"和"小城镇工业园区规划设计规范"等等。三是要健全小城镇建设的管理体制。小城镇建设涉及到经济、社会、人口、产业、文化、教育、科技和建设等多个部门，必须由组织实施的建设部门牵头，实行捆绑式的多头拉动，才能保障把小城镇建设搞好。四是要多渠道筹集小城镇建设资金。除了政府必要的投入之外，尚可采取"土地资本化"，运用金融机构低息贷款，企业和个人入股投资以及采取 BOT 方式来承揽小城镇的建设项目等等。五是要搞好示范工程。小城镇示范工程建设需要与科研紧密结合起来，从规划设计到建设实施，都要高起点、高标准、高水平、高质量。要出精品，出名牌，以样板服人，面上推广，从而提高我国小城镇建设的总体水平。

参考文献

[1] 中国农业年鉴编写组 . 中国农业年鉴 . 北京：中国农业出版社，1999

[2] 潘秀玲 . 中国小城镇建设 . 北京：中国科学技术出版社，1995

[3] 何兴华 . 小城镇规划论纲 . 城市规划 . 1999.23（3）8—12

[4] 鲁泽 . 小城镇改革与发展 . 北京：中国物价出版社，2000

[5] 李宇 . 小城镇可持续发展及其评价研究硕士论文 . 河北农业大学，2000

[6] 中共中央、国务院关于促进小城镇健康发展的若干意见 . 2000 年 6 月 13 日，中发［2000］11号

[7] "十五"重大科技项目计划可行性研究报告 . 小城镇建设科技专项 . 2000 年 4 月

[8] 方兆瑞 . 城乡一体化短论 . 21 世纪中国城乡一体化战略研讨论文集 . 广州：广东经济出版社，1998

[9] 国务院办公厅关于加强和改进城乡规划工作的通知 . 国办发［2000］25 号

[10] 余荣霭 . 论珠海城乡一体化战略 . 21 世纪中国城乡一体化战略讨论论文集 . 广州：广东经济出版社，1998

第二篇

第一章　小城镇规划的基础知识

"21 世纪是城市的世纪"。我国城市和城市化进入了高速发展历史时期。21 世纪的小城镇建设如何坚持可持续发展的原则，在生态系统环境容量允许范围内，通过有效的合理利用资源，改善和提高小城镇的生活质量，从而拉动小城镇经济和社会的发展，促进文明，优化环境，创造优质的现代小城镇住区已成为小城镇规划之主题。小城镇建设的特征，决定了小城镇规划在内容和深度上需要区别于城市规划，也和村镇规划有所不同。

第一节　我国城乡规划体系简介

规划，从广义上讲是指事前的谋划，与谋略、策划、计划意近。城乡规划是对城乡发展的谋划，也是政府调控城市和乡村建设与发展的手段。其目的是尽可能为规划对象谋取最大利益，为人们的各种活动提供适宜的环境空间，其核心是土地资源的合理配置，以及可持续发展的理念的应用。

我国现行的城市规划、村镇规划是基于城市和乡村两类聚落的现实，在计划经济二元结构、城乡分隔行政管理体制下形成的，从学科划分上统称城乡规划。

一、城市规划

根据《城市规划法》规定，城市规划划分为：

全国城镇体系规划（或国土规划、区域规划）；

省、自治区、直辖市域城镇体系规划；

城市总体规划（含规划纲要、分区规划）；

城市详细规划（分为控制性详细规划、修建性详细规划）。

二、村镇规划

根据《村庄和集镇规划建设管理条例》规定，村镇规划划分为二个阶段：

1. 村镇总体规划

2. 村镇建设规划

三、小城镇规划

小城镇规划问题的提出与我国长期实行城乡二元化的经济、社会政策密切相关，是我国农村改革深化和城市化发展的必然结果，是适应我国现实情况，实施"小城镇，大战略"的需要，是推动小城镇健康有序发展的需要，也是各级政府宏观调控和微观指导小城镇建设的有效手段。小城镇规划是我国城乡规划体系的一个重要组成部分。

小城镇规划的编制，应在可持续发展原则的指导下，一般分为小城镇镇域总体规划、小城镇镇区建设规划、小城镇镇区详细规划三个阶段进行。首先要立足于有效保护和合理利用自然资源，从小城镇镇域内居民点生态环境协调发展的全局着眼，编制小城镇镇域总体规划，在总体规划的指导下，具体编制小城镇镇区建设规划和近期建设详细规划，将总体规划的内容进一步具体化。这三个阶段是相辅相成的，从而起到宏观调控和微观指导小城镇建设和发展的作用。

我国城乡居民点体系和城乡规划体系的对应关系，以及小城镇规划在城乡规划体系中的地位，如表 2-1-1-1 所示。

我国城乡居民点体系和城乡规划体系示意 　　　　　　　　表 2-1-1-1

城乡居民点类别	分类	等级	人口规模（万人）	相应行政区划	城乡规划体系	规划依据
城市	特大城市	1	100 以上	直辖市、省会城市	城市规划	《城市规划法》《城市规划编制办法》等
	大城市	2	50～100	省会城市		
	中等城市	3	20～50	地级城市		
	小城市	4	20 以下	县城、县级市		
小城镇	建制镇	5	5～10	县城、县城关镇	小城镇规划	《城市规划法》《建制镇规划管理办法》等
		6	2～5	建制镇（中心镇）		
乡村	集镇	中心镇 7	<0.3～>1	乡政府所在地	村镇规划	《村庄和集镇规划建设管理条例》《村镇规划编制管理办法》《村镇规划标准》等
		一般镇 8	<0.1～>0.3	一般农村集镇		
	村庄	中心村 9	<0.03～>0.1	村委会所在地		
		基层村 10	<0.01～>0.03	村民小组		

第二节　小城镇规划基本概念

一、小城镇规划的定义
小城镇规划是对一定时期内的小城镇的经济和社会发展、土地利用、空间布局以及各项建设的综合部署、具体安排和实施管理的依据。

二、小城镇规划的目的
是以以人为本的理念为规划对象谋取可能条件下的最大利益。为居住在小城镇和村庄中的人们的各种活动提供适宜的环境空间。起到宏观调控和微观指导小城镇建设的作用。促进小城镇经济社会、环境的协调、健康与可持续发展。

三、小城镇规划的任务
是指为了实现一定时期内小城镇的经济和社会发展目标，确定镇区和所属村庄的位置、性质、规模和发展方向，合理利用小城镇规划区内的土地，协调镇区的空间布局，综合部署和具体安排镇区和所辖村庄的各项建设。

四、小城镇规划的属性
我国现行小城镇规划是政府规划，属于城乡环境建设规划范畴。必要时应包括小城镇的经济社会发展规划，作为编制小城镇规划的依据。

五、小城镇规划的范围
小城镇规划的主体是建制镇，包括县城镇和县城以外的建制镇。小城镇规划工作涵盖范围，可视农村城市化动态发展的需要适当延伸。如包括在规划期限内有条件建镇的非建制镇（乡镇、集镇）等。

第三节　小城镇规划基本特征

由于小城镇是介于城市与农村之间的过渡型居民点，既不同于城市，又不同于农村。但同时又具有城市与农村的双重特点，并处于城市化进程中的动态地位和过渡形态。因此，小城镇规划不是城市规划"缩微"或"简化"，也不是村镇规划的"放大"，更不是城市规划中的某一局部的"翻版"，所以小城镇规划首先要充分体现其地位及构成的特征，突出小城镇特色。

从近年小城镇试点镇的规划实践来看，小城镇规划工作具有综合性、政策性、地方性和长期性的特点。小城镇规划从规划依据、发展阶段、区位关系、规划任务、发展方式、性质规模、空间形态、成果要求等诸多方面都存在明显的特征。与城市规划、村镇规划比较如表2-1-3-1所示。

城市规划、小城镇规划、村镇规划比较表　　　　表 2-1-3-1

序号	项目	城 市 规 划	小 城 镇 规 划	村 镇 规 划
1	所属范畴	城　市	城　市	乡　村
2	法规依据	《城市规划法》《城市规划编制办法》	《县域城镇体系规划编制要点》《建制镇规划建设管理办法》	《村庄和集镇规划建设管理条例》《村镇规划编制办法》《村镇规划标准》
3	发展阶段	已具规模发展到特定稳定阶段	城市化进程中过渡社区。初见雏形，处于成长期，动态发展阶段，是城市化人口的聚集点	村民居住和生产的聚居点
4	区位关系	各级地域中心　受国家、省、市级项目、资金分布影响	农村领域中为周围农民服务的中心。承上启下，连接城乡，形成城镇体系；建设投资主要靠集体积累和市场招商	村镇体系中的村庄　自筹资金建设
5	规划任务	控制扩展规模；二、三、四产业结构调整优化；空间布局的改造与调整	规模扩展较快，侧重于对其成长阶段的过程控制。创建城市文明的居住环境。一、二、三、四产业的合理布局	以提供第一产业经营的机械化、集约化和现代化文明的农村社区环境为总目标
6	发展方式	大多内涵式改造	一般外延式扩展。外延空间的有序组合	人口、耕地、企业三集中
7	性质规模	首先确定城市性质、发展目标、发展规模	处于成长期中，可选择的发展方式及不可预见的因素多，具有"不定性"，预测其环境容量的最佳规模	基本上随现状自然增长确定
8	空间形态	功能复杂，历史形成，空间形态趋向雷同。多层次化	功能简单，空间形态简洁，具有特色，顺其自然，灵活的布局结构，弹性的阶段规模，多样的应变对策	田园风貌
9	成果要求	规划阶段分工明确，规划文件、图纸复杂，以用地性质表达	规划文件、图纸简单易懂，内容齐全，深度到位，以用地性质和建筑物形态表达	规划文件，图纸简单，达到直接建设实施要求

25

第四节　小城镇规划原则和内容

一、规划原则

（一）上承下达。根据高一层次的环境建设规划、国民经济与社会发展计划，结合当地的实际情况，统筹兼顾，综合部署城镇及村庄建设。

（二）近远结合。处理好近期建设与长远发展的关系，改造与新建的关系，使村镇性质规模、发展速度、建设标准同经济发展和当地居民生活水平相适应。

（三）节省资源。合理用地、节约用地，各项建设相对集中，充分利用原有建设用地，新建和扩建尽量利用非耕地。

（四）合理布局。有利生产，方便生活安排居民住宅、乡镇企业、基础设施和公用服务设施的建设。并适当留有发展余地。

（五）保护环境。改善生态、防治污染，加强绿化建设，保护历史文化遗产，搞好村镇景观。

（六）公共安全。构建防灾和公共卫生预警系统和应急系统及有关设施。

二、主要内容

研究确定小城镇空间发展的定性、定量、定位、定形和定时。

（一）评价规划对象的发展条件

（二）预测城镇性质和发展方向

（三）确定人口和用地的规模和结构

（四）确定镇域村镇体系和镇区空间布局

（五）布置基础设施与社会服务设施

（六）安排各项建设的时间顺序

三、规划层次

分为三个相关层次：县市域范围、乡镇域范围、镇区和村庄范围。

（一）县市域范围的规划主要是为了确定发展重点，避免遍地开花和重复建设，并指导县城镇规划的编制。

（二）乡镇域范围的规划要贯彻落实县市域范围规划的意图，指导城镇和村庄规划的编制。选择乡镇域作为规划的一个层次，是因为村庄规模太小且依赖小城镇。它便于统筹安排资源、生产力布局和一般基础设施的配置，便于设置管理机构。迄今，乡镇企业与村庄布局仍然分散，主要是由于权属、土地政策和耕作方式等因素决定的。惟有通过镇域总体规划方能解决问题。

（三）镇区和村庄作为一个规划层次是因为乡镇域还不利于安排具体建设。镇区要划出规划用地范围，编制详细规划。村庄一般以行政辖区为范围编制建设规划，村民小组（中心村的一个组团或相对独立的基层村）系行政村的一个组成部分，可不单独编制规划。

四、规划阶段

小城镇即指设立行政建制的镇，分为县城镇和建制镇。由于其行政管辖、经济辐射、社会服务范围和任务的不同，小城镇规划分为二级制定。

（一）县城镇：是全县的行政、经济、社会、文化、服务中心，其规划分为四个阶段。

1. 县域城镇体系规划
2. 镇域总体规划
3. 镇区建设规划和所辖村庄建设规划
4. 镇区详细规划

规划实例 见图 2-1-4-1。

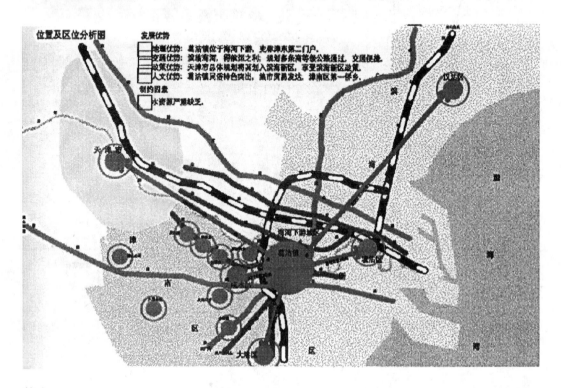

简介

　　葛沽镇史称津东第二门户、是闻名的华北八大古镇之一，该镇地处天津滨海新区，是天津市今后发展的重点地区，镇域有纵横交错的城市交通网络，为该镇的发展提供了良好的条件。

　　该镇总体规划根据一、二、三产业并存的特点，以调整产业布局带动村镇向集约化发展，节约建设用地，同基本农田保护区协调。提出第一产业用地向集约化发展，耕地向种田能手集中；第二产业建设镇区及村级工业小区，将二、三类有污染的工业向镇区集中；第三产业布局以镇区为依托，集中发展，提高镇区的集聚力，吸引农民向镇区集中，对村庄实行就近迁并，减少行政村和自然村。实现农村集约化发展，可节省建设用地 713 亩，用于复垦还田。

　　村镇建设坚持"以人为本"，创造可持续发展的生态人居环境，引导住区建设向科学、合理、舒适、方便、安全方面发展。

　　规划还对继承历史文脉，创造景观特色，加强村镇文化建设进行了全面安排。以体现民俗文化为中心，结合旧镇区的改造。保护了历史文化古迹，突出了葛沽的地方特色，为不同年龄、不同阶层人士的休闲活动和人际交流，继承和发扬优良文化传统，提供了良好的条件。

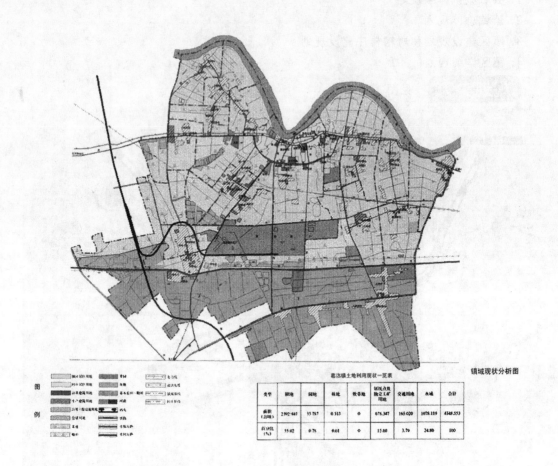

图

例

葛沽镇土地利用现状一览表

类型	耕地	园地	林地	牧草地	居民点及独立工矿用地	交通用地	水域	合计
面积（公顷）	2392.667	33.787	0.533	0	676.347	165.020	1078.119	4346.353
百分比（%）	55.02	0.78	0.01	0	15.00	3.79	24.80	100

镇域现状分析图

村镇现状一览表

名 称		人口（人）	村镇建设用地（公顷）	主 导 产 业	农村总收入（万元）
合 计		50411	841.26（含独立工矿点212.0）	—	123920.1
葛沽镇区	一街	1512	174.93	机械加工、服装、商贸	—
	二街	2000		机械加工、运输业、商贸	—
	三街	1890		建筑业、服装、商贸	—
	四街	1980		建筑业、商贸、服装	—
	五街	1127		机械加工、商贸	—
	葛一村	2372		蔬菜、机械加工、饮食业	3563.5
	葛二村	3055		蔬菜、建筑业、商业	2538.5
	葛三村	2819		蔬菜、服装、商业	5486.7

名　称	人口（人）	村镇建设用地（公顷）	主　导　产　业	农村总收入（万元）
曾庄村	1674	18.02	蔬菜、建筑业	6169.8
官房村	1456	15.32	建筑业、粮食生产	1501.5
北国村	1426	17.70	蔬菜生产、轻加工业	1651.9
新房村	973	11.45	粮食生产、化工	1727.5
十间房村	756	18.75	建筑业、运输业、化工、粮食生产	1480.5
盘沽村	1695	17.50	蔬菜生产、建筑业、五金加工	2613.3
高一村	863	17.10	汽车配件、粮食生产	2382.6
大漳村	1175		锅炉铸造、商业、粮食生产	17896.2
小高庄村	1349	16.47	机械加工、粮食生产	3382.8
邓岑子村	1878	22.80	机械加工、粮食生产、渔业	3888.3
辛庄子村	1679	21.80	机械加工、粮食生产、渔业	1067.8
杨岑子村	801	10.70	机械加工、粮食生产、渔业	5366.7
殷庄村	2094	37.09	轻加工、建筑业、蔬菜生产	17810.7
刘庄村	1615	19.68	运输业、饮食业、蔬菜生产	2965.3
东埝村	1160	12.31	建筑业、机械加工、蔬菜生产	1939.2
杨惠庄村	2264	21.11	建筑业、机械加工、蔬菜生产	2440.4
西关村	2442	20.8	机械加工、运输业、蔬菜生产	3732.5
南辛房村	1313	13.28	化工、建筑业、蔬菜生产	3533.1
三合村	2052	32.22	机械加工、运输业、蔬菜生产	13440.6
石榴村	1548	20.98	餐具制造业，粮食生产	11616.9
九道沟村	1743	60.92	餐具制造业、果林业、粮食生产	4253.9
高二村	1064	18.10	机械加工、粮食生产	1469.9

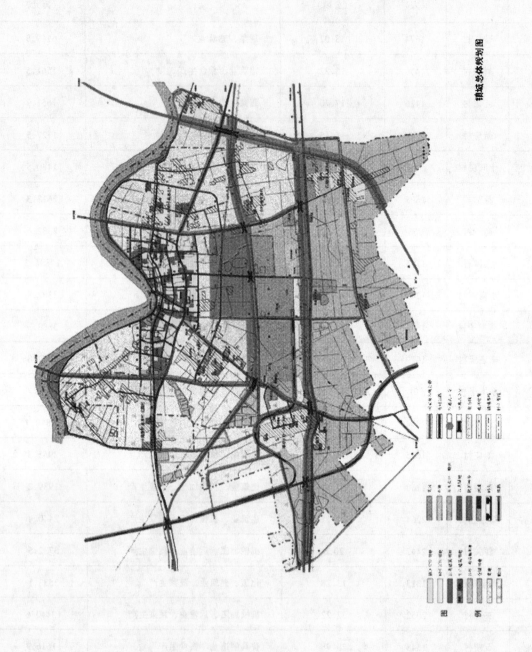

镇区总体规划图

村镇体系规划一览表

等级	数量	名称	规划性质	公建配置 现状	公建配置 规划	人口规模(人) 现状	人口规模(人) 规划	用地规模(公顷) 现状	用地规模(公顷) 规划
合计	10					50411	60000	841.26	793.71
中心镇	1	葛沽镇区	全镇行政、经济、科技、文化信息、公共服务中心，以机械、服装、商贸、旅游为主，具有民俗特色的现代化中心城镇	行政管理教育文化科技医疗保健商业金融集贸设施	按中心镇等级配置全部所需公共设施	17255	31000	174.93	248.21
中心村	9	曾庄村	并入镇区	村委会小学	村委会小学，托幼，文化站，信用社，百货店，计划生育指导站	1456		18.02	
		官房村	并入镇区	村委会小学	村委会小学，托幼，文化站，卫生所，信用社，百货店，计划生育指导站	1674		15.32	
		殷庄村	并入镇区	村委会小学	村委会小学，托幼，文化站，卫生所，信用社，百货店，计划生育指导站	2094		37.09	
		十间房-新房北园	农工商一体型中心村，重点发展蔬菜生产，机械加工、化工和运输业	村委会小学	村委会小学，托幼，文化站，卫生所，信用社，百货店，计划生育指导站	3155	3200	47.9	38.4
		大滩高二-高二小高庄村	工商型中心村，重点发展暖炉制造，汽车配件，商饮服务业	村委会小学	村委会小学，托幼，文化站，卫生所，信用社，百货店，计划生育指导站	4440	4500	61.9	57.1
		邓岑子-辛庄子村	农工型中心村，重点发展机械加工，粮食生产和渔业	村委会小学	村委会小学，托幼，文化站，卫生所，信用社，百货店，计划生育指导站	3557	3600	44.6	40.9
		刘庄-福惠庄-东更村	农工商一体型中心村，重点发展商饮业，建筑业，运输和运输业	村委会小学	村委会小学，托幼，文化站，卫生所，信用社，百货店，计划生育指导站	5039	5150	53.1	54.1
		盘沽村	农工型中心村，重点发展蔬菜生产五金加工和建筑业	村委会小学	村委会小学，托幼，文化站，卫生所，信用社，百货店，计划生育指导站	1695	1800	17.5	18.9
		石闸-九道沟村	农工型中心村，重点发展粮食，果林业和餐具制造	村委会小学	村委会小学，托幼，文化站，卫生所，信用社，百货店，计划生育指导站	3438	3600	81.9	43.2
		三合村-南辛房村	工农型中心村，重点发展机械加工，化工，建筑业和运输业	村委会小学	村委会小学，托幼，文化站，卫生所，信用社，百货店，计划生育指导站	3365	3600	45.5	43.2
		西关村	农工商一体型中心村，运输业和蔬菜	村委会小学	村委会小学，托幼，文化站，计划生育站，清真寺，牛羊肉店	2442	2700	20.8	27.0
		杨岑子村	农工型中心村，重点发展粮食，渔业和机械加工	村委会小学	村委会小学，托幼，文化站，卫生所，信用社，百货店，计划生育指导站	801	850	10.7	10.7
独立工业点			以冶金、化工、仓储运输业为主		按独立工业区配置			212.0	212.0

镇区现状分析图

镇区建设规划图

镇区道路交通规划图

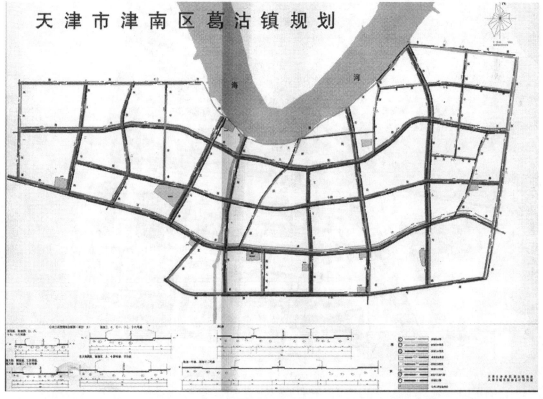

镇区公用工程设施规划图

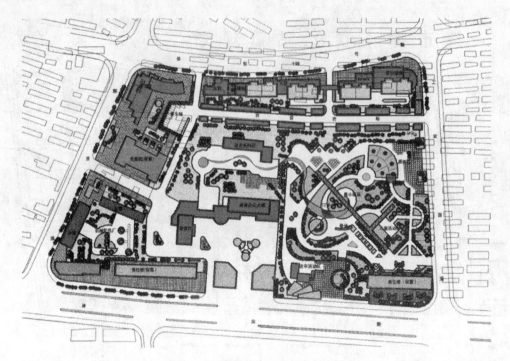

行政中心详细规划图

民俗中心详细规划图

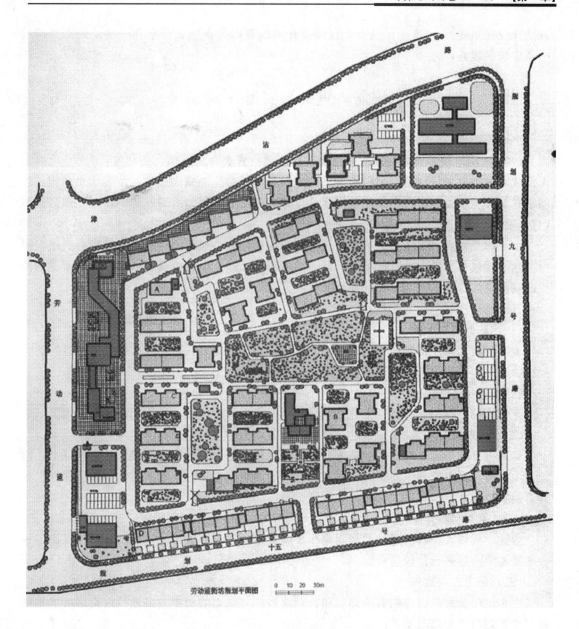

居住小区详细规划图

图 2-1-4-1　实例：天津市津南区葛沽镇规划图

（二）建制镇：指县城镇以外实行镇管村体制的建制镇，其规划分为三个阶段。

1．镇域总体规划

2．镇区建设规划和所辖村庄建设规划

3．镇区详细规划

五、规划期限

规划不能一劳永逸，必须不断更新发展。但为了保证规划的科学性和有效性，所以要有规划期限。总体的、高层次的规划期限宜长些，具体的、局部的规划期限宜短些。建议县市域范围规划期为 20 年，乡镇域范围规划期为 10～20 年，镇区和村庄规划期为 10 年，近期建设规划宜为3~5年，这与国民经济计划编制以及乡镇长任期相一致，规划到期前一年应组织续编。

第五节 小城镇规划编制、审批与实施

一、小城镇规划的编制

1995年由建设部颁布实施的《建制镇规划建设管理办法》第九条规定："在县级以上人民政府城市规划行政主管部门指导下，建制镇规划由建制镇人民政府负责组织编制。建制镇在设市城市规划区内，其规划应服从设市城市的总体规划。编制建制镇规划应当依照《村镇规划标准》进行。"

小城镇规划应由小城镇人民政府负责组织编制，即县城镇由县级人民政府负责组织编制，建制镇规划由镇人民政府组织编制。具体编制工作应委托由具有国家规定城市规划资质的规划设计单位承担，以保证规划质量。

其编制过程如下：

（一）基础资料收集

编制规划之前，需要进行调查与搜集基础资料，并加以认真的分析研究，资料要达到全面、准确和实用，为编制规划提供可靠的基础依据。

（二）现状综合分析

在收集资料和调研的基础上进行综合分析并提出现状问题、发展优势和制约因素。

（三）编制规划纲要

规划纲要是指导规划编制的依据和纲领性文件，是在分析研究基础资料的基础上，论证发展战略，提出规划中的重大问题和解决问题的初步意见，如性质定位、发展规模、布局思路等。

（四）规划初步方案

依据小城镇人民政府通过的规划纲要，编制规划初步方案，由规划设计单位提出多种方案及实施步骤进行比较选择。

（五）征求公众意见

由小城镇人民政府组织有关部门和公众代表，对规划的初步方案进行讨论，征求意见并归纳整理后提出修改要求。

（六）规划设计定稿

认真分析研究比较各方案的优缺点和各项技术经济指标，取长补短、归纳集中，寻求一个经济合理、技术先进、实施性强的综合方案，由规划设计单位据此编制规划成果。

二、小城镇规划的审批

已编制完成的小城镇规划，必须依据《城市规划法》所规定的分级审批过程和要求，报请审批，待经批准之后，方成为小城镇各项建设必须遵守的法规性文件。

（一）审批权限

《建制镇规划建设管理办法》第十条规定："建制镇的总体规划报县级人民政府审批，详细规划报建制镇人民政府审批。建制镇人民政府在向县级人民政府报请审批建制镇总体规划前，须经建制镇人民代表大会审查同意。"

1．县城镇：县域城镇体系规划、县城镇的镇域总体规划和镇区建设规划由省级人民政府审批。镇区详细规划由县级人民政府审批。

2．小城镇：包括县城以外的建制镇、集镇以及乡政府驻地和集镇的镇域总体规划和镇区建设规划，由县级人民政府审批。镇区详细规划和村庄规划由镇（乡）人民政府审批。

（二）审批程序

小城镇规划的具体审批程序，以县城以外的建制镇为例，大致可分为以下几个步骤：

1．规划申报

小城镇规划编制完成后，须经镇人民代表大会审查同意，由镇人民政府将全部规划成果（规划文件和图纸），及其审查报告等文件，按照规定的要求和手续上报县级人民政府。由县级城乡规划行政主管部门负责办理具体审批工作。

2．规划审查

由县级城乡规划行政主管部门组织专家进行评议和有关部门（如交通、环保、土地、水利、工商、文化、教育、卫生等部门）联席会议审查，并提出全面审查意见。

3．规划修正

由规划设计单位根据县级城乡规划行政主管部门提出的审查意见，进行规划修正、完善。

4．发文批复

由县级城乡规划行政主管部门拟定审批报告，上报县级人民政府审批，发布批准文件。

三、小城镇规划的实施管理

经批准后的小城镇规划具有法律效力。县城镇由县级城乡规划行政主管部门负责实施管理，建制镇由镇规划行政主管部门负责实施管理，任何单位和个人都不得擅自改变，如需修改，应报原批准机关批准，以保证它的严肃性和权威性。

（一）公示制度：规划经批准后，由当地人民政府公示，在一定范围内组织学习、了解、参与、监督，以保障建设按规划执行。

（二）建设管理：小城镇各项建设活动实行"两证一书"管理制度，按审批权限，分别由相应的城乡规划行政主管部门依据已批准的规划核发选址意见书，建设用地规划许可证、建设工程规划许可证。村庄和集镇只要核发选址意见书及开工许可证。

（三）监督检查：城乡规划行政主管部门根据现行法规和批准的小城镇规划，对规划区内的各项建设用地和各项工程建设施行规划监督和检查。

（四）违章处理：凡不执行已批准规划的违章用地、违章建筑，由城乡规划行政主管部门依法行政，按照违章处理的有关规定进行查处。

（五）规划续编：当规划期限到期前一年，应组织修编、续编工作。

（六）规划档案：建立小城镇规划管理档案制度。内容包括小城镇规划、小城镇建设用地规划管理、小城镇建设工程规划管理、小城镇规划内容执法检查、违章处理以及小城镇年度统计报表等档案。按照档案管理有关规定和要求存档备查。

小城镇规划编制审批实施管理程序框图（图2-1-5-1）。

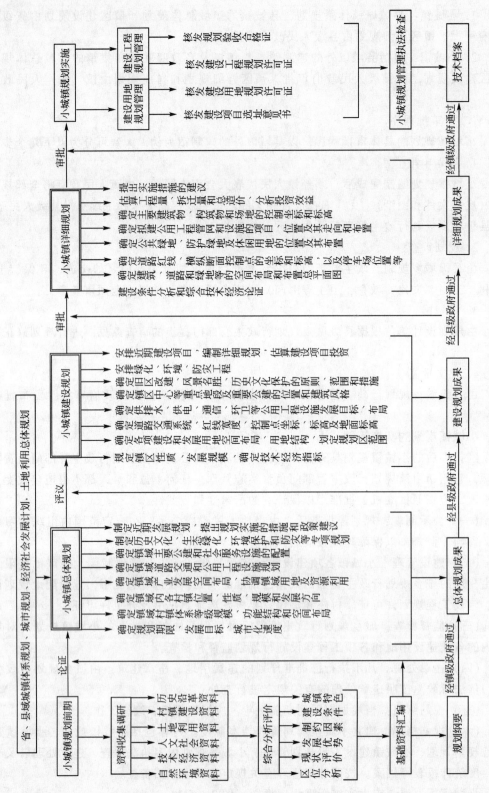

图 2-1-5-1 小城镇规划编制审批实施管理程序框图

第六节　小城镇规划的法律与技术依据

编制小城镇规划应当遵循下列规划建设管理法律、法规的规定，符合有关技术标准。

一、小城镇规划管理法规

我国现行的相关法律法规有：

（一）中华人民共和国城市规划法

（二）村庄和集镇规划建设管理条例

（三）村镇规划标准（GB 50188）

（四）城镇体系规划编制审批办法

（五）县域城镇体系规划编制要点（试行）

（六）城市规划编制办法及其实施细则

（七）建制镇规划建设管理办法

（八）村镇规划编制办法

（九）近期建设规划工作暂行办法

二、小城镇规划的技术标准

小城镇规划技术标准是指由国家有关部门制定的，作为小城镇规划编制依据的一系列技术经济指标。这些指标根据我国的社会经济和科学技术水平制定，并随着经济技术的发展进行相应的修订。小城镇规划定额指标分为三部分：镇域总体规划定额指标、镇区建设规划定额指标和镇区详细规划定额指标。

（一）镇域总体规划定额指标是小城镇发展的控制性指标，作为编制小城镇总体规划的依据。主要内容有：城市化水平、城镇密度、城镇建设用地比率、道路密度、生态绿化率、环境标准、防灾标准等。

（二）镇区建设规划定额指标是指小城镇镇区发展的控制性指标，作为编制镇区建设规划的依据，主要内容有：

1．小城镇镇区人口规模的划分和规划期人口计算方法。

2．小城镇镇区建设用地指标，是指建设用地分类、人均建设用地标准和建设用地构成比率。

3．小城镇单项建设用地指标包括：

（1）镇区居住用地标准；

（2）镇区公共建筑用地标准；

（3）镇区生产建筑用地参考数据；

（4）镇区道路规划技术指标；

（5）镇区公用工程设施用地标准；

（6）镇区绿化规划指标等。

（三）镇区详细规划定额指标是编制小城镇居住小区详细规划的依据。主要内容有：居住建筑技术指标、居住区和居住小区的用地指标、建筑密度、容积率、绿地率指标和公共建筑定额。居住建筑技术指标包括人均居住建筑面积、日照标准、建筑间距和住宅层数等。其他专业详细规划技术标准将在相关章节中论述。

第七节 小城镇规划与相关规划、计划的关系

一、小城镇规划与区域规划的关系

区域规划是小城镇规划的重要依据。小城镇是区域规划中城镇体系的组成部分，区域经济、社会文化的发展对区域内城市和小城镇的发展起着决定性的作用，应根据区域规划和各级城镇体系规划研究确定小城镇的发展目标，性质规模及其空间布局。反之，城镇发展也会影响整个区域社会经济的发展。"小城镇，大战略"，区域规划与城市规划、小城镇规划要相互配合，协调进行。

二、小城镇规划与国民经济和社会发展计划的关系

国民经济和社会发展中长期计划是小城镇规划的重要依据，小城镇规划是国民经济和社会发展计划落实到空间上的战略部署和具体安排。小城镇规划依据国民经济和社会发展计划合理确定小城镇性质、规模，发展速度、土地资源配置和空间布局，并做出更长远的发展预测。因此小城镇规划也是国民经济和社会发展年度计划的编制依据。

三、小城镇规划与土地利用总体规划的关系

土地利用总体规划以保护土地资源为目标，对其使用功能进行划分和控制。小城镇侧重于规划区内土地和空间资源的合理利用，两者是相互协调和衔接的关系。土地利用总体规划为小城镇发展提供发展空间，并为合理选择小城镇建设用地，优化城镇空间布局提供灵活性。小城镇规划必须树立合理和集约用地、保护基本农田的观念，合理用地，节约用地。

四、小城镇规划与城镇生态环境、城镇环境保护规划的关系

城镇生态环境规划、环境保护规划属于小城镇规划中的专项规划范畴，应以小城镇总体规划为依据进行编制。环保规划是在初步确定城镇环境目标的指导下，具体制定的环境建设和大气、水体、固体废弃物综合整治规划。城镇生态环境规划，是应用生态学的理论和方法，考虑城市环境各要素及其关系，渗透到小城镇规划全部内容，涉及城镇的自然生态、社会生态，关注当今和未来生态关系和生态质量，促进城镇生态系统的可持续发展。

第八节 小城镇规划实施保障措施

小城镇规划编制的宗旨在于实施。小城镇规划实施的目的是对城镇空间资源加以合理配置，使小城镇经济、社会及建设活动能够高效、有序、持续地发展。小城镇规划的实施是一个综合性的概念，涉及法律、政策、行政权力、部门关系、公众参与以及规划技术质量等诸多方面。因此必须建立小城镇规划实施保障体系，包括六个方面。

一、小城镇规划技术质量保障

确保小城镇规划本身的科学合理性和实施的可操作性。

（一）制定小城镇规划评价标准，建立规划前期论证、中期评价和规划成果专家审查制度。

（二）严格执行城乡规划分级审批制度，制定审批办法和具体内容。

（三）认真执行规划编制单位资质认定制度，制定规划成果标准和收费标准。

（四）强化规划人员素质的提高，组织技术培训，持证上岗。

二、小城镇规划实施法律保障

完善法律、法规，强调小城镇规划经批准后的法制性。

（一）小城镇规划一经批准，即具有法律效力，任何单位和个人不得擅自变更。

（二）城乡规划行政主管部门，必须严格依法行政，强化执法检查工作。

（三）实行小城镇建设后，"规划验收合格证"制度，作为办理产权证件的必备文件。

（四）严格执行对违法建设行为的惩处制度。

三、小城镇规划实施政策保障

运用市场经济原则，经营城镇、管理城镇。

（一）规范土地市场，建立有偿、有限期、有流动的土地使用制度。

（二）制定农地使用权流转制度，走向规模化经营。推行农村建设用地置换政策。

（三）逐步实行基础设施有偿使用制度。

（四）建立和拓宽小城镇建设多元投资渠道。争取和用好国家小城镇建设专项资金；建立镇级独立财政体制，实行分税制；吸引国内外资金和乡镇自筹资金等。

四、小城镇规划实施管理保障

严格规划执法，依法行政，查处违法建设行为。

（一）严格执行建设用地规划管理：核发建设项目选址意见书和建设用地规划许可证；

（二）严格执行建设工程规划管理：核发建设工程规划许可证和规划验收合格证；

（三）强化违章检查、处理；

（四）提倡计算机在规划管理中的应用，实行小城镇规划建设动态管理。

五、小城镇规划实施监督保障

加强对小城镇规划实施的监督，保障规划有效实施。

（一）依法执行小城镇规划公示制度，规划经批准后，县、镇人民政府应当公布。

（二）完善小城镇规划实施行政监督制度。

（三）强化实施监督检查、纠正与责任追究。

（四）建立小城镇规划实施中的公众参与和公众监督制度。

六、小城镇规划实施组织保障

加强领导，强化管理，促进我国小城镇健康有序发展。

（一）宣传"小城镇，大战略"，切实引起各级政府的重视和支持。

（二）建立健全各级小城镇规划建设管理机构和人员。

第二章　小城镇规划的前期工作

　　小城镇规划前期工作，是小城镇规划编制中的一个重要环节，也是小城镇规划的基础工作。为了使小城镇规划从实际出发，适应建设事业发展的需要，必须做好规划前期工作。

　　小城镇规划前期工作一般包括：规划范围拟定，资料搜集调研、综合分析评价和地形图的应用等几个方面内容。

第一节　规划时空范围的拟定

一、空间拟定

　　确定小城镇规划编制的空间范围。《建制镇规划管理办法》规定："建制镇规划区，是指镇政府驻地的建成区和因建设及发展需要实行规划控制的区域。建制镇规划区的具体范围，在建制镇总体规划中划定"。为了便于规划人员在编制小城镇规划前，深入现场进行调查研究和搜集资料，有必要在规划前期工作中事先拟定小城镇规划编制的空间范围。

　　小城镇镇域总体规划空间范围即为小城镇行政区划范围。

　　小城镇镇区建设规划和详细规划空间范围即为小城镇镇区建成区和其周围需要或可能发展的地区。小城镇规划区的具体确切范围，则需根据小城镇规划过程中的认证及其未来发展预测最后划定。

二、时间拟定

　　确定小城镇规划搜资调研的历史、现状和未来三个时段。历史时段指小城镇历史沿革和规划编制前 5～10 年；现状时段是指小城镇规划编制前 1 年；未来时段是指规划期限内。

　　确定小城镇规划编制的规划期限，尽量与当地经济与社会发展计划取得一致。建议划分为近期、中期、远期和远景期四个时段。近期宜在 2005 年，中期至 2010 年，远期至 2020 年，远景期系指 2020 年以后，赋予小城镇可持续发展的时空弹性。

第二节　地形图的准备与应用

一、地形图的作用

　　地形图是按照一定的投影方法、比例关系和专用符号把地面上的地物、地貌测绘在平面上的图形。地形图不仅反映了地面上各种物体的相关位置，而且还表示出地势起伏状况和高程。在小城镇规划和建设中，具有重要的意义和作用。例如，建设项目的选址、小城镇用地分析、建筑物的布置、园林绿地规划、道路交通、给水排水等公用工程规划和设计，都需要有准确的地形图供规划和设计时应用。小城镇规划的各项规划图，均需在地形图上编制。在地形图上进行规划设计，可以充分了解地物和地貌，因而在布置小城镇的各个组成部分时，就能够避免布置重叠和相互干扰等现象，使规划设计合理地结合现状，因地制宜地充分利用地形条件，节省小城镇建设费用。因此，进行小城镇规划时，必须对规划地区的地形加以分析研究。除了到实地进行踏勘外，要正确地运用地形图。

二、地形图的准备

编制小城镇规划之前首先要向当地测量管理部门购买地形图，或委托勘测单位实测规划所需地域范围的地形图。

小城镇规划需要用多大比例尺的地形图，这和规划阶段、规划内容、规划深度要求、地区范围大小、地形繁简情况以及当地的具体条件等因素有关。一般镇域总体规划大多采用1:10000或1:5000的地形图；镇区建设规划和详细规划则需用1:2000或1:1000的地形图。

三、地形图的识别

地形图是用一定的符号（或叫图例、图式）来表示地面上的地物和地貌的。这些符号很多，图中常用的符号大体上可分为三大类：

（一）比例符号。这是按照物体的轮廓按地形图比例尺画出的。例如湖泊、森林、草地、大型工厂、成片的房舍等的轮廓，它既表示出地物的位置，也表明了地物的形状和大小。

（二）非比例符号。有些物体本身很小，不可能按比例尺将它们绘画出来，这样就采用非比例符号，如烟囱、矿井、钻井、里程碑等。

（三）注记符号。这是前两种符号的补充说明，例如位于果园或森林轮廓线里的果木或树木符号及图上用文字、数字表明的地名、高程、房屋层数、河流深度等。

各种地物符号依测图比例尺大小不同而略有区别，在购置地形图的同时，应购置和熟悉地形图的图例，以便使用时识别。

四、地形图的应用

（一）地形图的一般应用

地形图一般应用于确定两点之间的直线长度，求个别的标高，求坡度。以及根据地形图作纵断面等。

（二）小城镇用地的地形分析

分析小城镇用地地形的目的，是为了在满足各项建设对用地的要求的前提下，充分合理的利用地形，经济地使用土地，以节省城镇建设费用。

对自然地形的分析，一般包括以下几个内容：

1. 根据自然地形和各项建设用地坡度的要求，在地形图上划出地面坡度0～0.5%、0.5%～2%、2%～5%、5%～8%、8%～12%、12%以上几个地区范围；

2. 根据自然地形找出分水线、汇水线和地面水流方向，从而定出汇水面积，考虑排水方式；

3. 将原有冲沟、沼泽、漫滩、岩溶和滑坡等地段划出，以便结合地质和水文等条件进一步确定各该地段的使用情况，并研究改善这些用地所需要采取的措施。

在实际工作中，除了地形很复杂的或者具有特殊要求的地块外，一般不单独绘制用地地形分析图，而是综合其他自然条件，评定土地使用修建性的程度，从而编制小城镇用地分析图。

（三）结合地形布置建筑物

结合地形布置建筑物是小城镇规划中的重要环节。一般房屋结合地形布置时，多采用建筑物的长边平行于等高线布置。地形条件对建筑物的布置和修建的影响如表 2-2-2-1 所示。

地形条件与布置建筑物的关系 表 2-2-2-1

坡地类型	坡 度	布 置 方 式
平坡地	3%以下	基本上是平地，道路及房屋布置均很自由，需要注意排水
缓坡地	3%～10%	住宅区内车道可纵横自由布置，不需要梯级，住宅群布置不受地形约束
中坡地	10%～25%	住宅区内需要梯级，车道不宜垂直等高线布置。住宅群布置受一定限制
陡坡地	25%～50%	住宅区内车道需与等高线成较小锐角布置，住宅布置及设计受到较大的限制

（四）地形图在专业规划中的应用

1．竖向规划

在小城镇规划中，除了对各项建设进行平面布置外，对建设用地的地面高度也要进行规划设计，在正确结合原地形的前提下，作必要的地形改造，使改造后的地形不需过大的填挖土石方就能够适于布置和修建建筑物，有利于迅速排除地面水，满足交通运输和敷设地下管线的要求。这种垂直方向上的规划设计，通常称之为竖向规划（或叫垂直设计和竖向布置）。竖向规划方法有设计等高线法、纵横断面法等，但不论采用哪一种方法，都是在地形图上或者依据地形图来进行的。

2．道路规划

（1）进行道路规划时，除了要根据小城镇的生产、生活活动的特点和交通运输的要求确定道路功能，规划道路系统外，在具体工作中又必须结合自然地形。充分和合理的利用自然地形，不仅使道路系统布置得合理，而且可节省建设费用；同时，道路路线定得妥当与否，不仅仅是道路本身的问题，而且也影响小城镇的镇区面貌、相邻街坊的建筑布置以及建筑景观等。因此，进行小城镇道路规划时，也必须很好的分析研究整个小城镇用地地形，利用地形图了解全貌并在地形图上做道路走向定线，而后再依次计算道路坐标，实地放样、修正路线位置以及进行勘测设计工作。

（2）小城镇道路在根据总体规划、功能要求综合处理其路线位置时，对道路的控制标高与主导纵坡应同时予以考虑。地形条件是影响道路线型与位置的一个重要因素。

3．排水工程规划

小城镇采用何种排水系统的布置形式，当地的地形条件是决定性的因素之一。进行排水工程时，无论是选择污水处理厂厂址，或划分排水流域和布置管网，都要结合地形，在地形图上全面分析地形，并在图上规划布置排水工程。

第三节　基础资料的搜集与调研

一、基础资料的内容与应用

规划人员在编制规划方案之前，必须深入现场进行调研，取得准确的基础资料。这是科学地、合理地制定小城镇规划的基本保证，也是预测发展目标、确定布局形态以及具体落实各项近期建设项目的重要依据。基础资料一般包括自然环境资料，技术经济资料，人文社会资料，土地利用资料，小城镇建设资料，历史沿革资料等六个方面，历史、现状和未来三个时段。其具体内容概括如下。

（一）自然环境资料

1．地形。了解地形起伏特点选择小城镇用地。

2．地质。包括土壤承载力大小及其分布，地震情况，以及冲沟、滑坡、沼泽、盐碱地、岩溶、沉陷性大孔土的分布范围，以用于小城镇用地评定。

3．水文。包括地上水文和地下水文两个方面。

地上水文应了解河湖的最高、最低和平均水位，河流的最大、最小和平均流量；最高洪水位，历年的洪水频率，淹没范围及面积，淹没概况。河流流量是选择小城镇生活用水和生产用水水源的重要因素，也是小城镇防洪工程规划的主要依据之一。洪水淹没线应在用地评定图上标出。

对地下水则应掌握其水位、流向及蕴藏量、泉眼位置、流量及其水质情况。在地面水不足的地区，地下水是小城镇生产、生活用水的另一水源。但需防止过量的开采引起地面下沉。此外，地下水位也是选择和评定用地的基础资料之一。

4．气象。包括历年、全年和夏季的主导风向、风向频率、平均风速；平均降水量、暴雨概况；气温、地温、相对湿度、日照等。

根据风象资料绘制的"风玫瑰图"是进行功能分区的重要依据之一。只有掌握风象资料，才能正确处理好产业用地同居住小区之间的相互关系，避免形成将有害工业布置在居住小区的上风位的不合理布局。

年降水量是地面排水规划和设计的主要资料。在常年多雨的地区，可能引起山洪爆发。掌握了降水量资料和暴雨概况，就可提出防雨措施或修筑水库的建议。

5．自然灾害情况。自然灾害资料是选择小城镇用地和经济合理地确定小城镇用地范围的依据，是做好规划设计的前提条件之一。

（二）技术经济资料

1．城镇经济

包括城镇国民经济主要指标和增长速度，如国内生产总值（GDP）、人均GDP、社会劳动生产率及各自的年递增率，城镇产业结构，第一、第二、第三产业的比例，工农业总产值及各自的比重，分所有制GDP构成，人均收入、支出，政府财政收入、支出以及主导产业和第一、第二、第三产业经济状况等。

城镇经济是影响和决定城镇发展的最重要因素，而且小城镇规划的实施必然是在城镇经济发展的过程中才得以展开，因此，在小城镇规划中，经济资料的调查是论证和确定城镇发展战略目标、性质、规模的基础。

2．自然资源

包括附近矿藏资源的种类、储量、开采价值、开采及运输条件；地方建筑材料的种类、储量、开采条件；以及林业、渔业、畜产、水利资源的一般情况，包括其加工地点、主要运销地点等。

3．第一产业

镇域第一产业的构成，农、林、牧、副、渔的生产发展情况，农作物的加工、储运情况及其对城镇建设的关系和影响；蔬菜和经济作物的种植面积及其产量；基本农田保护规划、农业发展计划，农业现代化、产业化和农业结构调整的概况，农村剩余劳动力及其转移的现状及发展趋势等。

4. 第二产业

小城镇工（矿）业（包括中央、省、县各级所属的工矿）的现状及近期计划兴建和远期发展的设想。包括产品、产量、职工人数、家属人数、用地面积、用水量、运输量、运输方式、三废污染及综合利用情况、企业协作关系等。

手工业和农副产品加工业的种类、产品、产量、职工人数、工场面积、原料来源、产品销售情况，运输方式和发展前景。

乡镇工业是小城镇经济发展的主体，也是小城镇形成和发展的基本因素。工业布局常常决定小城镇的基本形态、交通流向和道路网络。因此，掌握小城镇工业现状和发展的基础资料，才能比较合理地安排小城镇总体布局。

5. 集市贸易

集市贸易用地的现状分布、占地面积、服务设施状况、存在的主要问题。集市贸易主要商品的种类，成交额，平日和高峰日的摊数，赶集人数和影响范围，赶集人距城镇的一般距离和最远距离，集市的发展前景预测。

集市贸易等商业、服务业和物流业是小城镇第三产业的主要特征，对小城镇经济发展起重要作用。

6. 对外交通

包括铁路站场、线路的技术等级及运输能力，现有运输量、铁路布局与小城镇的关系、存在问题及其规划设想；公路的技术等级、客货运量及其特点，公路走向、长途汽车站的布局及其与小城镇的关系；同周围城镇及居民点的联系是否方便，有无开辟公路新线的设想；周围河流的通航条件、运输能力，码头设置的现状及其与小城镇的关系、存在的问题和规划设想。

对镇域经济概况有了一定了解后，就能正确地分析研究城镇经济，第一、第二、第三产业，自然资源、交通运输等对该小城镇发展的影响，确定所规划的城镇在镇域经济社会发展和镇域居民点体系中的地位和作用。因为一个小城镇的发展，除了本身原有的基础以外，更主要的是要考虑周围地区的资源条件、经济条件和其他物质条件。这些条件往往限制或决定一个城镇的性质和规模。

（三）人文社会资料

1. 区域位置

包括地理坐标，各级行政区划界线，小城镇与周围城市和农村的相互关系，与自然地形（如海岸、山脉、河湖等）和人工地形（如港口、机场、铁路、公路等）的相对关系，以及在上一级城市规划或城镇体系规划中的地位，作用和发展要求等。

2. 居民点概况

包括镇域中的城镇、村庄的性质、规模、发展方向及其附近相关城市、城镇的距离，彼此的相互关系。

3. 人口结构

(1) 小城镇现状总人口、镇区和所属各村镇现状人口、农业人口与非农业人口、劳动人口与非劳动人口、常住人口与非常住人口的数量及其在总人口中所占的百分比。

(2) 镇区人口的职业分析，城镇人口的就业程度，待业青年或成年的数量，各行业（如工业、服务业、商业、文教卫生⋯⋯等）职工的数量及其比例。

(3) 镇区人口的年龄结构，按照3岁以下（托儿所年龄组）、4～6岁（幼儿组）、7～12岁（小学组）、13～18岁（中学组）、19～59岁（成人组）、60岁以上（老年组）分成若干组，算出每一组占总人口数的百分比，画出镇区人口年龄构成图。

(4) 历年小城镇人口的自然增长率与机械增长率，计划生育政策的执行情况。如历年的资料较全，可以分别画出人口自然增长率和机械增长（或减少）的曲线，从中找出一定的规律和发展趋势。

现状人口资料是确定小城镇性质和发展规模的重要依据之一。通过对小城镇人口的职业构成和年龄构成的分析，还可了解小城镇劳动力后备力量的状况。确定公共福利和文教设施的不同种类、数量和规模。根据小城镇人口的发展规模，确定小城镇各个时期的用地面积。

4．文化状况

包括学龄儿童入学前，九年义务教育普及率，政府公共教育支出，镇区人口文化水平等。

（四）土地利用资料

运用土地详查资料，了解镇域范围内的土地数量、质量、分类、空间分布和动态变化情况，用于城镇发展人口和土地需求量预测，以及后备资源调查。编制镇域现状分析图。

按照小城镇用地分类标准，对镇区规划范围所有用地进行普查，对各类土地利用性质、范围、界线在地形图上标注，编制镇区现状分析图和用地计算表。选择小城镇发展方向。

（五）小城镇建设资料

1．房屋建筑情况

包括镇区总建筑面积，按使用性质分类的各类建筑面积，建筑质量分级，建筑层数、建筑密度、人口密度等。

2．住宅建筑情况

(1) 镇区住宅用地的分布，生产与生活的关系，住宅用地的功能组织。

(2) 镇区现有住宅建筑面积总量的估算，根据建筑层数、建筑质量分类统计的现状住宅建筑面积的数量。公房、私房的数量。

(3) 典型地段的住宅建筑密度和容积率。户型构成及生活居住的特点。

(4) 平均每人住宅建筑面积数量，历年修建数量，近期和远期计划修建的数量及其投资来源。

住宅建设是小城镇建设的重要组成部分。通过调查掌握小城镇现有的居住水平，估算出需增建的住宅数量，在规划布局中合理安排居住用地。

3．文化福利设施

镇区公共建筑如政府办公楼、商场、医院、中小学、儿童机构、影剧院、俱乐部、图书馆、文化中心、旅馆、商店、餐厅、运动场⋯⋯等的分布，它们的数量、建筑面积、规模、质量、占地数量、历年修建量和近期、远期的发展计划。

通过调查了解小城镇公共建筑和文化福利设施的水平，分布是否合理，以便在规划中提出改进措施，对于一些必要的大型公共建筑项目，即使近期无修建计划，也应该预留用地。

4. 城镇绿化情况

镇区公共绿地的数量及其分布，人均公共绿地面积、绿地率等。镇域森林、湿地、风景区、生态保护区、各类绿化防护带以及农田林网用地等。

5. 公用工程设施

(1) 交通运输：交通运输的方式种类，有无公共交通，公共交通线路，机动车、自行车、马拉车的拥有量，主要道路的日交通量，高峰小时交通量，交通堵塞和交通事故概况与对外交通的关系（如公路穿越镇区）等。

(2) 道路、桥梁：主要街道的长度、密度、典型断面、路面等级、通行能力及利用情况。桥梁位置、密度、结构类型、载重等级。

(3) 供水：水源地、水厂、水塔位置、容量、管网走向、长度、水质、水压、供水量。现有水厂和管网的潜力，扩建的可能性。

(4) 排水：排水体制、管网走向、长度、出口位置；污水处理情况；雨水排除情况。

(5) 供电：电厂、变电所、站的容量、位置；区域调节、输配电网络概况、用电负荷的特点；高压线走向、高压走廊等。

(6) 通信：各类通讯手段及设施情况。

以上各项除现状外，均应了解其修建计划及其投资来源，并尽可能按专业附以图表。这些资料是进行小城镇公用工程规划的主要依据。

(7) 环境卫生：公厕、垃圾场（站、点）情况等。

(8) 防灾设施：灾害的种类、防灾减灾工程项目、措施等。

6. 环境保护状况

(1) 环境污染（废水、废气、废渣及噪声）的危害程度，包括污染来源、有害物质成分，污染范围与发展趋势。

(2) 作为污染源的有害产业、污水处理场、垃圾处理场、屠宰场、饲养场、火葬场等的位置及其概况。

(3) 小城镇对各污染源采取的防治措施和综合利用的途径。

7. 防灾安全设施：了解城镇预警系统，应急系统及有关设施的现状情况和修建计划。

8. 历史沿革资料

(1) 了解小城镇形成和发展过程，发展动力以及城镇形态的演变原因；

(2) 了解小城镇自然环境特色，社会人文环境、城镇格局特色，传统古迹特色，建筑风格特色以及土特产、工艺美术、民俗民情等；

(3) 了解历年建设的主要成就和建设过程中的经验教训。

对历史沿革资料的掌握，有助于确定小城镇的性质，做出富有地方特色的规划方案。

二、基础资料的收集与整理

基础资料的收集方法，应在事前拟出资料收集提纲，采用现场勘探、走访调查和发填表格等三种方式进行，缺一不可。除传统的收集方法外，尚应充分利用当地有关单位正式公布的统计资料和信息库，以保证资料的准确性，并使之尽快做好规划前的准备工作。

根据各有关单位掌握资料情况看，建议规划人员在调研过程中首先收集和查阅规划对象所在地县级以上的城镇相关资料，基本上可以满足上述基础资料内容要求。

（一）城市总体规划和县域城镇体系规划。

（二）土地详查资料和土地利用总体规划或土地整治规划。

（三）国民经济与社会发展统计资料或统计年鉴（近3~5年）。

（四）国民经济与社会发展计划和远景发展战略。

（五）地方志和地名录。

（六）人口普查、乡镇企业调查、市场调查、环境监测等各专业主管部门公示的调查资料。

（七）当地和上级政府对小城镇发展的设想。

（八）民众意愿。

第四节 现状分析和综合评价

小城镇规划系多学科、多部门相结合的系统工程，在搜集和调研的基础上，从区位分析，现状评价，发展优势，制约因素，建设条件，城镇特色等方面进行综合评价，论证小城镇发展的经济依据，编制现状综合分析成果，根据规划阶段，编制小城镇镇域现状分析图和小城镇镇区现状分析图，编制小城镇用地评定图；并整理编制《小城镇基础资料汇编》。

一、现状分析和综合评价

（一）历史背景与区位分析

通过对城镇形成和发展过程的调查，了解和分析城镇发展动力及空间形态的演变原因。分析区域位置条件、区位优势和劣势（如土地、矿产、水资源、交通等）。

（二）自然条件与自然资源评价

对自然地质状况和自然性灾害进行分析，对水资源、土地资源、矿产资源、自然风景资源的评价。

（三）经济基础及发展前景分析

分析小城镇经济环境状况，如经济总量及其增长变化情况，第一、第二、第三产业的比例，工农业总产值及其各自的比重等，以及相对于当地资源状况而言的优势产业与未来发展状况。及其各产业部门的经济状况、产业构成以及主导产业（支柱产业）主要产品的地区优势。通过分析各产业部门的现状特点和存在问题，明确主导产业的发展方向。

（四）社会与科技发展前景分析

小城镇人口分析包括现状人口的总数、构成、分布以及文化程度，分析人口的变化趋势、劳动力状况和新生劳动力情况。对科教事业费用占全镇财政支出比例，公共教育费用占全镇 GDP 的比例，科技进步对农业增长的贡献率等进行分析。

（五）生态环境与基础设施分析

包括大气质量、水质、各类污染的排放和处理情况；绿化条件、风景资源、生态特征；基础设施状况，及维护的重点等内容。

（六）提出小城镇发展的优势条件与制约因素

二、编制规划综合分析成果

（一）镇域现状分析图

1. 小城镇镇域行政辖区内的土地利用情况，包括农业、水利设施、工矿生产基地、仓储用地以及河湖水系、绿化等的分布；

2. 行政区划，各居民点的位置及其用地范围和人口规模；

3. 道路交通组织、供排水、供电通信等基础设施的管线、走向，以及客货车站、码头、水源、水厂、变电所、邮政所等的位置，并标记存在的问题；

4. 主要公共建筑和其他社会服务设施的位置、规模，注明服务范围和存在问题；

5. 防洪设施、环保设施的现状情况和存在的问题，以及其他需要在现状分析图上表示的内容；

6. 小城镇区位分析图、表。

（二）镇区现状分析图

1. 行政区和建成区界线，各类建设用地的规模与布局和存在的问题，编制镇区现状用地计算表；

2. 各类建筑的分布和质量分析；

3. 道路走向、宽度，对外交通以及客货站、码头等的位置；

4. 水厂、供排水系统，水源地位置及保护范围；

5. 供电、通信与其他公用工程设施；

6. 主要公共建筑的位置与规模；

7. 固体废弃物、污水处理设施的位置、规模和占地范围；

8. 其他对建设规划有影响的，需要在图纸上表述的内容。

三、编制小城镇用地评定图

通过整理分析小城镇规划范围内自然环境资料，对小城镇用地进行科学的评定，以确定其对小城镇建设的使用程度。为选择小城镇发展用地，合理规划布局和功能分区提供科学依据。通常将小城镇用地按优劣条件分为三类。

（一）适宜修建用地

适宜修建的用地是指地形平坦（坡度适宜）、规整、地质良好，没有洪水淹没危险的用地。这些地段，因自然条件比较优越，一般不需要或只需稍加工程措施即可进行修建。属于这类用地的有：

1. 非农田或者在该地段是产量较低的农业用地。

2. 土壤的允许承载能力满足一般建筑的要求。

3. 地下水位低于一般建筑物基础的埋置深度。

4. 不被 $10 \sim 30$ 年一遇的洪水淹没。

5. 平原地区地形坡度，一般不超过 $5\% \sim 10\%$，在山区或丘陵地区，地形坡度一般不超过 $10\% \sim 20\%$。

6. 没有沼泽现象，或采用简单的措施即可排除渍水。

7. 没有冲沟、滑坡、岩溶及膨胀土等不良地质现象。

（二）基本适宜修建用地

基本适宜修建用地是指需要采取一定工程措施才能使用的用地。属于此类用地的有：

1．土壤承载力较差，修建时建筑物的地基需要采取人工加固措施。

2．地下水位较高，修建时需降低地下水位或采取排水措施的地段。

3．属洪水淹没区，但洪水淹没的深度不超过 1～1.5m，须采取防洪措施的地段。

4．地形坡度大约在 10%～20%，修建时需要有较大土石方工程的地段。

5．地面有渍水或沼泽现象，需采取专门的工程准备措施加以改善的地段。

6．有活动性不大的冲沟、砂丘、滑坡、岩溶及膨胀土现象，需采取一定工程准备措施的地段。

（三）不适宜修建用地

这类用地是指不宜修建，或必须经大量工程措施才能修建的用地。属于这类用地的有：

1．农业价值很高的丰产农田。

2．土壤承载力很低，一般允许承载能力小于 $0.6kg/cm^2$ 和厚度在 2m 以上的泥炭层、流沙层等。需要采取很复杂的人工地基和加固措施，才能修建的地段。

3．地形坡度超过 20%，布置建筑物很困难的地段。

4．经常受洪水淹没，淹没深度超过 1.5m 的地段。

5．有严重的活动性冲沟、砂丘、滑坡和岩溶及膨胀土现象。防治时需花费很大工程数量和费用的地段。

6．其他限制建设的地段。如具有开采价值的矿藏，开采时对地表有影响的地段，给水水源保护地带，现有铁路用地、机场用地以及其他永久性设施用地和军事用地等。

小城镇用地评定图内容包括：洪水线（50 年一遇和 100 年一遇）；地下水 1 米、2 米等深线；不同承载力区；不宜修建的陡坡地、冲沟、滑坡、沼泽地；有用矿藏范围和矿区；基本农田、高产农田等不宜修建的地段等。分别以不同颜色和线条来表示。竖线条表示适宜修建的用地；斜线条表示需采取工程措施才能修建的用地；横线条表示不适宜修建的用地。

四、编制小城镇《基础资料汇编》

第三章　小城镇镇域总体规划

第一节　镇域总体规划基本概念

一、小城镇镇域总体规划定义与任务

小城镇镇域总体规划是对镇域范围内村镇体系及重要建设项目的整体布置。

小城镇镇域总体规划的主要任务是：综合评价小城镇发展条件；确定小城镇的性质和发展方向；预测小城镇行政区内的人口规模和结构；拟定所辖各村镇的性质与规模；布置基础设施和主要公共建筑；指导镇区建设规划和村庄建设规划的编制。

二、小城镇镇域总体规划主要内容

（一）分析全镇基本情况，综合评价镇域的发展条件与制约因素；

（二）确定小城镇性质和发展方向，划定镇区的规划区范围；

（三）调整对全镇现有生产基地布局，制定镇域产业发展的空间布局规划；

（四）预测镇域总人口发展规模，提出城镇化发展战略及目标；

（五）协调镇域用地及其空间资源的利用，处理好城镇建设与基本农田保护的关系，与土地利用总体规划相协调；

（六）制定村镇居民点布局规划，调整现有居民点布局，明确各自在村镇体系中的地位和职能分工，确定各个主要居民点的性质、规模和发展方向，选定重点发展的中心镇。并划定需要保留和控制的绿色生态空间布局；

（七）安排镇域道路、交通、供水、排水、供电、通信等基础设施和对全镇有重要影响的主要公共建筑和社会服务设施，制定镇域专项规划，提出各项建设的限制性要求；

（八）制定镇域生态绿化、环境保护和防灾规划，提出自然人文景观和历史古迹的保护要求与措施；

（九）制定近期发展规划，确定分阶段实施规划的目标及重点；

（十）提出实施规划的措施及政策建议。

三、小城镇镇域总体规划成果

小城镇镇域总体规划的成果应当包括规划图纸与规划文件两部分。

（一）规划图纸应当包括

1. 镇域现状分析图（比例尺根据规模大小可在 1:10000～1:25000 之间选择）；

2. 小城镇镇域总体规划图（比例尺必须与镇域现状分析图一致）。

（二）规划文件应当包括

1.规划文本，主要对规划的各项目标和内容提出规定性要求；

2.经批准的规划纲要；

3.规划说明书，是对文本的具体解释，主要说明规划的指导思想、内容、重要指标选取的依据，以及在实施中注意的事项；

4.基础资料汇编。

规划实例 见图 2-3-1-1～图 2-3-1-3。

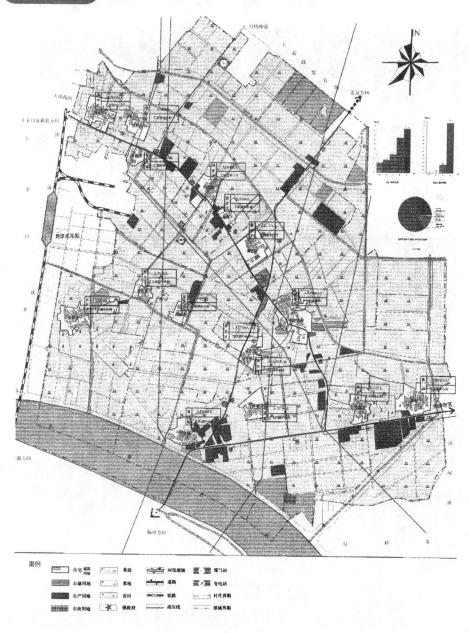

镇域现状分析图

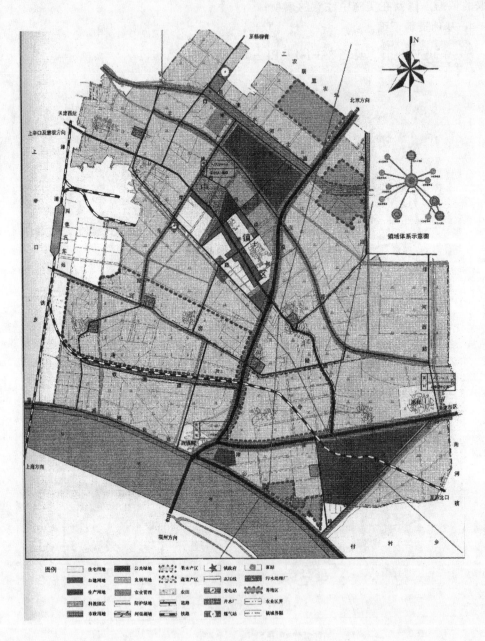

镇域总体规划图

图 2-3-1-1 实例 1：天津市西青区张窝镇总体规划

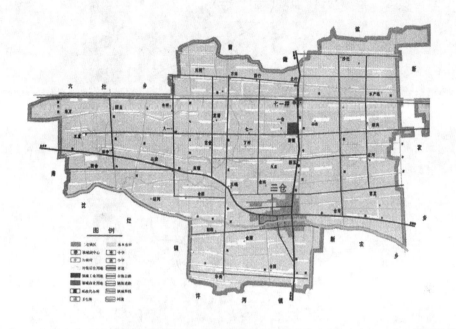

镇域现状分析图

镇域总体规划图

图 2-3-1-2 实例 2：江苏省东台市三仓镇总体规划

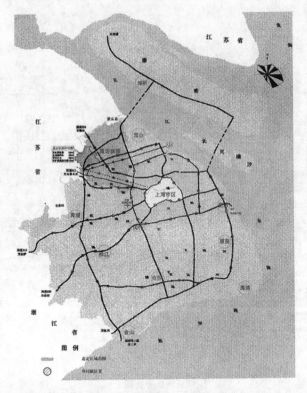

区位分析图

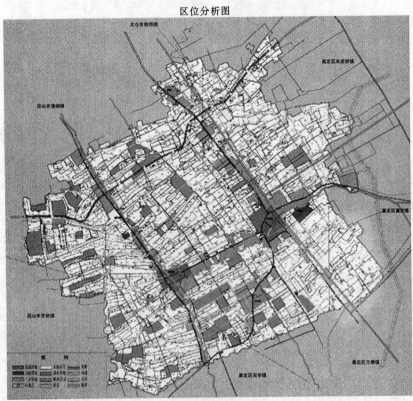

镇域现状分析图

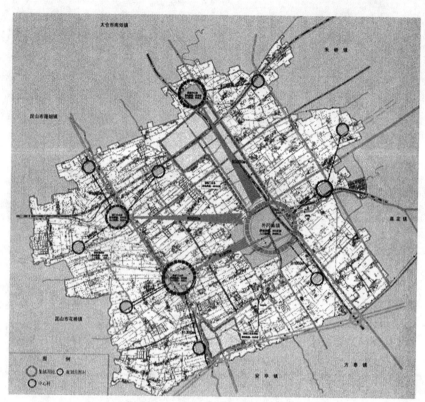

村镇体系规划图

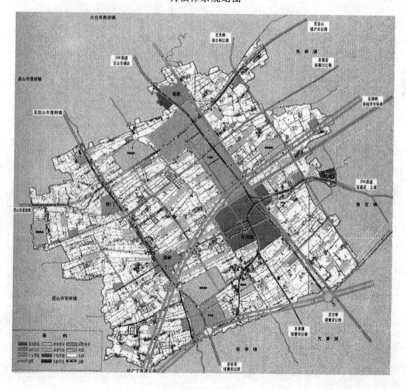

土地使用规划图

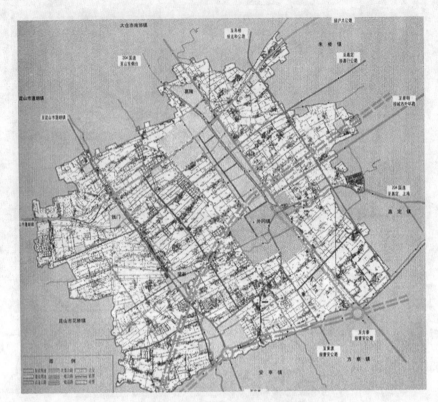

道路系统规划图

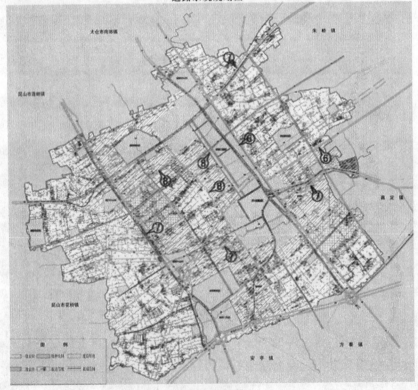

绿化旅游规划图

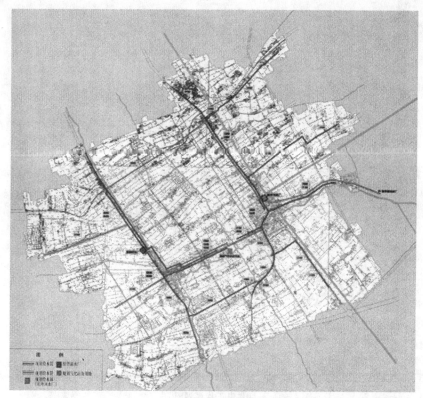

供水、供气工程规划图

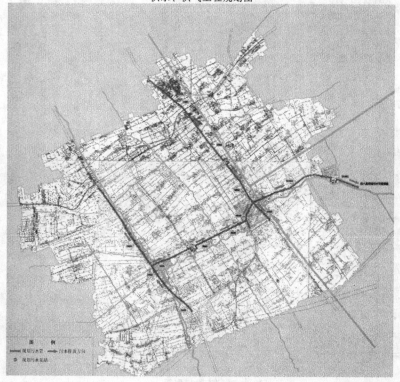

排水工程规划图

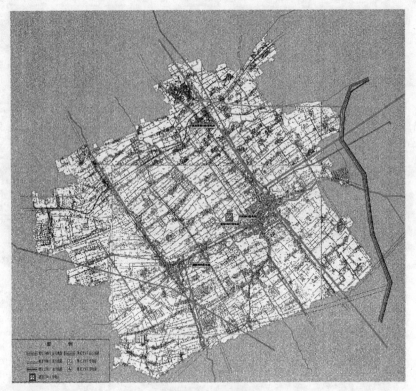

供电工程规划图

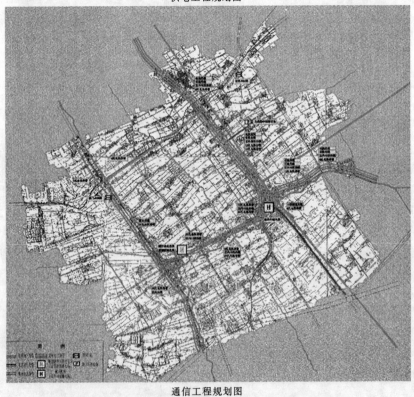

通信工程规划图

图 2-3-1-3　实例 3：上海市嘉定区新外岗镇总体规划

第二节 小城镇规划纲要的制定

一、小城镇规划纲要基本概念

在编制小城镇镇域总体规划前可以先制定规划纲要。小城镇镇域总体规划纲要的任务是研究确定小城镇总体规划中的重大原则问题。根据县国民经济和社会发展计划、土地利用总体规划和县域城镇体系规划，结合本镇自然、历史、现状情况，确定小城镇建设和发展的战略部署。因此，应由当地人民政府主持制定，并经批准后作为编制小城镇规划的依据。

二、小城镇规划纲要主要内容

小城镇镇域总体规划纲要应当包括下列内容。

（一）论证小城镇经济与社会发展条件，原则确定规划期内经济社会与环境发展目标和城市化水平。

（二）论证小城镇所在区域发展中的地位和职能，原则确定小城镇的性质、规模和发展方向。

（三）论证农业现代化建设的需要，提出调整产业和村镇布点的建议，原则确定小城镇镇域村镇体系的结构和布局，提出小城镇规划区范围的初步意见。

（四）研究能源、交通、供水、环保、防灾等重大问题，提出镇域公用工程设施和社会服务设施的配置建议。

（五）原则确定小城镇建设用地和各项建设标准。

（六）研究小城镇特色，并提出实施规划的主要措施。

三、小城镇规划纲要成果

小城镇规划纲要的成果以文字为主，辅以必要的小城镇发展示意性图纸，其比例一般与小城镇镇域总体规划图纸取得一致。

第三节 镇域发展目标论证

镇域发展目标是指在县域发展战略和小城镇规划中所拟定的一定时期内小城镇经济、社会、环境的发展所应达到的目的和指标。

一、镇域发展目标拟定

根据现有的经济、社会、环境状况和发展速度，依据镇政府和上级政府对该镇经济社会发展规划要求，确定不同时间段的镇域经济、社会、环境发展目标。

（一）经济发展目标：采用定性与定量结合、多模型与多方案结合的方法，根据规划时段要求，并与当地五年计划制度相衔接。来预测本镇各规划时段国内生产总值（GDP）、发展速度，人均GDP及第一、第二、第三产业比例，以确定支柱产业，明确主导产业发展方向。

（二）社会发展目标：社会发展目标内容是在合理确定人口自然增长率、机械增长率基础上，预测各规划时段内人口总量、人口构成，制定城镇化发展目标即城镇化水平，拟定生活质量和科教文卫各项指标。

　　（三）生态环境目标：根据有关环境标准和当地环境现状与变化趋势、居民生活对环境的要求以及规划期的经济承受能力确定镇域环境目标。提出镇域内不同辖区的大气环境质量、水环境质量等应达到的指标、有关污染物排放标准、环境污染的防护、治理措施以及基础设施各项指标。

　　小城镇发展目标如表 2-3-3-1 所示。具体数值根据当地实际情况制定。

小城镇主要发展目标 表 2-3-3-1

序　号	发展目标子项	近期目标	远期目标	远景期目标
1	农村人口城镇化率（%）			
2	小城镇人均国内生产总值（GDP）（万元）			
3	小城镇财政总收入（万元）			
4	小城镇人均年收入（元）			
5	非农业劳动力占农村劳动力比例（%）			
6	小城镇一、二、三产业比例（%）			
7	小城镇劳动力平均受教育年限（年）			
8	科技进步对农业增长的贡献率（%）			
9	小城镇人均预期寿命（岁）			
10	小城镇人均居住建筑面积（m²/人）			
11	小城镇煤气化普及率（%）			
12	小城镇人均拥有铺装道路面积（m²/人）			
13	小城镇集中供热率（%）			
14	小城镇人均公共绿地面积（m²/人）			
15	绿地率（%）			
16	小城镇环境质量达标率（%）			
17	小城镇享受社保人口占农劳比例（%）			
18	小城镇居民文娱支出占年消费比重（%）			

二、镇域城镇化发展规划

　　城镇化是指人类生产和生活方式由乡村型向城市型转化的历史过程。表现为乡村人口向城市人口转化以及城镇不断发展和完善的过程。

　　镇域城镇化发展规划主要内容是：预测规划期末和分时段镇域人口总数及其构成情况，制定城镇化发展目标，确定城镇化发展战略和途径，提出人口空间转移的方向和目标。

　　（一）镇域人口发展规模的预测

　　1.小城镇人口分类

　　镇域规划期内人口分类，如表 2-3-3-2 所示。

小城镇镇域规划期内人口分类　　　　　　　　　　　表 2-3-3-2

人口类别		统计范围	预测计算方式
常住户籍人口	村民	规划范围内农业人口数	按自然增长率计算，全部计入镇域规划总人口
	居民	规划范围内非农业人口数	按自然增长率和机械增长率计算，全部计入镇域规划总人口
	集体	单身职工、寄宿学生	按机械增长率计算，全部计入镇域规划总人口
常住非户籍人口		离开常住户口所在地，而在镇域行政区内居住一年以上的人口	按机械增长率计算，全部计入镇域规划总人口
暂住人口		离开常住户口所在地，而在镇域行政区内居住 3 个月以上而不足一年的人口	按机械增长率计算，50%计入镇域规划总人口
通勤人口		劳动、学习在镇域内，住在镇域行政区以外的职工、学生等	按机械增长率计算，50%计入镇域规划总人口
流动人口		出差、探亲、旅游、赶集等临时参与集镇活动的人员	进行估算，不计入镇域规划总人口
外出做工人口		本镇常住户籍人口到镇域外打工人口	不参加计算

2．人口发展规模的预测

用人口的自然增长加机械增长的方法计算出规划期末镇域的总人口。在计算人口的机械增长时，应当根据产业结构调整的需要，分别计算出从事一、二、三产业所需要的人口数，估算规划期内有可能进入和迁出规划范围的人口数，预测人口的空间分布。

人口预测的方法有：综合平衡法、比例法、区域分配法、环境容量法、线性回归法等多种。一般多采用综合平衡法，按以下公式计算为：

$$Q_A = Q_{A0} (1 + K)^n + P$$

式中　Q_A——镇域总人口发展规模预测数（人）；

　　　Q_{A0}——镇域总人口现状统计数（人）；

　　　K——规划期内人口的自然增长率（%）；

　　　P——规划期内人口的机械增长值（人）；

　　　n——规划年限（年）。

（1）在计算人口机械增长率时，如建设项目尚未确定，宜按平均增长法计算人口的发展规模；如建设项目已落实，规划期内人口机械增长稳定的情况下，宜按带眷系数法计算人口发展规模，计算时应分析从业者的来源、婚育、落户等状况，以及当地生活环境和建设条件因素，确定增加就业人数及其带眷系数。

（2）根据土地经营情况，预测农业劳动力空间转移的速度、流向城镇的数量，同时确定镇域内各村庄人口数量，进行人口空间分布。

（3）根据镇域环境条件，按环境容量法综合分析当地的发展优势、建设条件、环境、生态等因素，校核预测人口规模发展的合理性。

（4）应该从农业人口向城镇转移的可能性和城镇对农业人口可能的吸收能力两个方面进行预测和互校。

（二）镇域城镇化水平的预测

1．镇域城镇化发展动态调查

为了确定镇域内的城镇化水平和预测镇域今后城镇化水平的发展，需要在调查以下内容后并参考确定的经济社会环境发展目标来预测城镇化水平。

（1）现状村镇数量、镇区常住人口数以及村镇内的非农业人口数；

（2）镇域内的城镇化水平历年变化情况；

（3）农村各行业劳动力总数，各行业劳动生产率历年变化情况和发展可能；

（4）农村耕地的总量及历年的变化情况；

（5）农村剩余劳动力的数量、流动方向以及不同流动方向的流量；

（6）在镇域中，村镇建设投资的数量以及城镇人口规模扩大所需的村镇建设用地、投资增加数量等。

2．镇域城镇化水平预测

城镇化水平是衡量城镇化发展程度的数量指标，一般用镇域内城镇人口占总人口的比例来表示。

$$城镇化水平 = \frac{城镇人口}{镇域总人口} \times 100\%$$

3．镇域城镇化指标的拟定

城镇化指标体系包括三大类24项指标，内容包括：一是经济发展和效益，二是社会发展和生活水平，三是基础设施及环境，如表2-3-3-3所示。

城镇化指标体系　　　　　　　　　　　　表 2-3-3-3

类　别	指 标 名 称	单 位	近期（年限）	远期（年限）
一	经济发展和效益目标			
	1. 人均国内生产总值（GDP）	万元		
	2. 农村人均纯收入	元		
	3. 第三产业增加值占 GDP 比重	%		
	4. 社会总产值	万元		
	5. 农业总产值	万元		
	6. 国内生产总值	万元		
	7. 财政收入	万元		
	8. 国内生产总值发展速度	%		
二	社会发展及生活质量			
	9. 非农业人口占总人口比重	%		
	10. 二、三产业就业人口占就业人口比重	%		
	11. 人口自然增长率	‰		
	12. 公共教育事业经费占 GDP 比重	%		
	13. 大专以上学历占总人口比重	%		
	14. 平均寿命	岁		
	15. 城镇居民可支配收入	元		
	16. 人均住房建筑面积	m²		

续表

类　别	指标名称	单　位	近期（年限）	远期（年限）
二	基础设施与环境目标			
	17．住房成套率	%		
	18．人均道路面积指标	m^2		
	19．自来水普及率	%		
	20．生活用燃气普及率	%		
	21．垃圾无害化处理率	%		
	22．污水集中处理率	%		
	23．电话每百人普及率	%		
	24．人均公共绿地面积	m^2		

4．镇域城镇化发展战略和途径

提高城镇化水平，转移农村人口，有利于农民增收致富，可以为经济发展提供广阔的市场和持久的动力，是优化城乡经济结构，促进国民经济良性循环和社会发展的重大举措。实施城镇化战略途径有：

（1）创造中心镇的经营和生产环境，为农村剩余劳动力提供就业岗位，吸纳更多的农民进镇。以产业为支柱，促进经济发展，富裕农民。

（2）突出重点，优先发展中心镇和中心村，以线串点、以点带面，沟通城乡，引导农民向中心镇和中心村集中。

（3）提高中心镇的基础设施配套水平和建设标准，改善生态环境，提高小城镇可持续发展的能力。基础设施逐步实现区域共享，增强小城镇的辐射力及聚集效益，让更多的农民同等享受城市物质文明，加快城镇化进程。

（4）完善中心镇社会服务设施，丰富小城镇文化内涵，扩大服务范围，引导农民改变生活方式，更新思想观念，提高生活质量，使农民同等享受城市精神文明，推动社会进步。

第四节　镇域村镇体系规划

村镇体系是乡村一定区域内相互联系和协调发展的居民点系列。镇域村镇体系规划即镇域居民点布局规划。其主要内容是：预测镇域之间人口分布状况，合理确定村镇功能和空间布局结构，选取重点发展的中心镇，提出村镇居民点性质、规模和集中建设、协调发展的总体方案；有条件地提出中心村和其他村庄布局的指导原则。

一、规模结构

村镇体系规模结构是指镇域内不同层次的村镇等级组合形式。

小城镇镇域村镇体系一般由县城镇、中心镇、一般镇、中心村、基层村五个层次构成。基于东西部经济发展水平和人口密度不同，故按规划范围的常住人口分为大中小三级，共计15个等级。

县城镇是县政府所在地,是县域行政、经济、文化和服务中心;中心镇是乡村一定区域的经济、文化和服务中心,一般是建制镇镇政府所在地,设有配套的服务设施;一般镇多数是乡政府所在地,具有组织本乡生产、流通和生活的综合职能,设有较齐全的服务设施;中心村一般是村民委员会所在地,设有基本的生活服务设施;基层村一般是村民小组所在地,设有简单的生活服务设施。

小城镇镇域村镇体系规模分级如表 2-3-4-1 所示。

小城镇规划规模分级   表 2-3-4-1

常住人口(人)层次 规模分级	县城镇	中心镇	一般镇	中心村	基层村
大 型	>50000	>30000	>10000	>3000	>1000
中 型	30001~50000	10001~30000	3001~10000	1001~3000	301~1000
小 型	<30000	<10000	<3000	<1000	<300

各地小城镇村镇体系层次和规模结构,可按经济发达地区、经济中等发达地区和经济欠发达地区具体划分。并应兼顾区域地理差异,考虑平原或山区,南方、北方以及东部、中部和西部的区域特点。

二、职能结构

村镇体系职能结构是指镇域内各种不同类型村镇的组合形式。

小城镇的类型一般可根据其现状产业结构的特征和比重,影响今后发展的优势和条件,按其职能界定性质,主要分为综合发展型、农业基地型、工业主导型、商贸流通型、交通枢纽型、风景旅游型、城市郊区型等。也可将其划分为综合性小城镇,某种经济职能为主的小城镇和特殊职能的小城镇三个类别。

县城镇和中心镇一般多为综合型小城镇。从单一职能型向综合型转化将是小城镇职能演变的趋势。

三、布局结构

村镇体系布局结构是指镇域内多个村镇在空间上的分布、联系及组合的形态。其核心是小城镇空间位置的确定,从空间形态上划分,可分为四类:

第一类是城市周边地区的小城镇,呈圈层式分布。此类城镇的性质、发展方向、发展规模、基础设施建设应与中心城市统筹考虑,以避免当前的建设给未来的发展造成障碍。其职能应变全能型为功能型,可考虑分担中心城市的部分职能。此类小城镇的建设标准要高起点,可执行和比照城市规划的标准进行。

第二类是经济发达、交通便捷地区的小城镇,表现为多沿交通轴向扩展,呈城镇带式分布。该类小城镇要加强彼此间的协调,避免在发展方向和产业结构上的雷同。应注意引导城镇向过境公路一侧的纵深方向集聚发展,保障过境公路的畅通。城镇与城镇之间必须保留大片的农田绿地并保持一定的距离。

第三类是远离城市,在目前和将来都相对独立发展的小城镇,呈散点式分布。此类小城镇中除地处省市行政区边缘的小城镇外,由于商贸流通的需要往往得以长足发展外,大部分城镇经济实力较弱,城镇面貌改变不大,以为本地农村服务为主。要积极促进它们发展经济、增长实力并引导它们按规划进行建设。

第四类是在城市化快速发展时期，通过"三集中"促进产业集约、人口聚集，出现了围绕各种产业基地形成的若干个村镇片区，呈组团式分布。村镇体系由几个片区构成，各设中心、相互依存，优势互补，为合理撤乡建镇和迁村并点创造了条件。此类小城镇应及时编制规划，指导建设并强化管理。

四、网络结构

村镇体系网络结构是指镇域内各类公用设施有机构成的组合形式。网络结构可以说是村镇体系的"骨架"，小城镇是村镇体系网络结构中的节点。可分为动态网络和静态网络两类。动态网络是指镇域经济、社会、文化活动中通过交通运输和信息通信系统由人、物、信息、资金、技术流动所组成的交流网络。静态网络是指村镇赖以生存和发展的基础设施、公共服务设施、生态环境、安全防灾设施和行政管理机构等竖向等级结构的保障网络。两者均共生互补，科学发展，形成良性互动的有机整体，促进镇域经济、社会、环境协调发展。这是现代化城镇体系的重要标志之一。

五、发展时序

村镇体系发展时序规划是在村镇体系规模结构、职能结构和空间布局规划的基础上，根据区域发展的需要，对当地经济实力的可能性、发展趋势和潜力进行全面分析后选取重点优先发展的中心镇。同时提出村镇体系中各村镇的性质规模和发展时序，并制定相应的发展对策。

第五节 镇域用地及空间协调规划

镇域用地及空间协调规划的主要内容是：根据县域土地详查资料和土地利用总体规划、基本农田保护规划，划分用地功能，标示各类用地的空间范围。根据生态环境保护、节约和合理利用土地、防灾减灾等要求，提出不同类型土地及空间等资源有效利用的限制性和引导性措施。

一、镇域用地功能分类

镇域用地分类，从土地利用功能上分为8大类16小类，镇域总体规划的现状及规划图上以标明用地的大类为主，小类为辅。如城乡居民点、农业生产、独立工矿企业、独立公共设施、道路交通设施、独立生态绿化、水域及其他用地和未利用土地等。如表2-3-5-1所示。

小城镇镇域土地利用分类和代号　　　　　　　　表2-3-5-1

类别		类别用地		范围
大类	小类	大类	小类	
1		城乡居民点用地		指城乡居民点包括城市、建制镇、集镇和村庄用地
	1_1		城市用地	城市或县城镇建设用地，不包括城市范围内，用于农、林、牧、渔业的用地
	1_2		建制镇用地	建制镇镇区建设用地。不包括镇区范围内，用于农、林、牧、渔业的用地
	1_3		集镇用地	集镇镇区建设用地。不包括镇区范围内，用于农、林、牧、渔业的用地
	1_4		村庄用地	村庄建设用地。包括居民点内的企业、学校、仓库、晒场、街道、胡同和绿化等用地，以及居民点以外的晒场、养殖场等用地

续表

类	别	类别用地		范 围
2		农业生产用地		
	2_1		耕地	种植农作物的土地，包括灌溉水田、旱田、水浇地、菜地、新开荒地、休闲地、轮歇地、草田轮作地；以种植农作物为主，间有零星果树、桑树或其他树木的土地；耕种3年以上的滩地；耕地中间包括小于2.0m的沟、渠、路、田埂
	2_2		园地	包括果园、桑园、茶园、橡胶园以及其他园地
	2_3		林地	指生长乔木、灌木的土地，包括育林地、灌木地、疏林地、造林地、苗圃。不包括居民绿化用地，以及铁路、公路、河流、沟渠的护路、护岸林
	2_4		牧草地	包括天然草地、人工草地，生长草牧植物为主，用于畜牧业的土地
	2_5		渔业	包括渔业生产及其附属设施用地
	2_6		农业园区	包括生产基地、农业园区、现代化农业示范区、产后农业以及附属设施用地
3		独立工矿企业用地		居民点以外独立的各种工矿企业等第二产业建设用地，包括工厂、矿场、油田、盐田、粪场、采石场、畜牧饲养、砖瓦窑等。不包括其附属农、副业生产基地
4		独立公共设施用地		居民点以外独立的各种商贸、仓储、科研、文教、医疗体育等公共建筑，和公用工程设施等第三产业建设用地。不包括其附属农、副业生产用地
5		道路交通设施用地		
	5_1		铁路	铁路站场和线路等用地。包括路堤、路堑、道沟和护路林
	5_2		公路	指国家和地方公路，包括路堤、路堑、道沟和护路林
	5_3		机场	民用及军民合用的机场用地，包括飞行区、航站区等用地，不包括净空控制范围用地
	5_4		港口码头	指专供客、货船舶停靠的场所，包括海运、河运及其附属建筑物，不包括常水位以下部分
	5_5		公共交通	包括公交线路、站场、停车场及其附属设施用地
	5_6		农村道路	指宽度大于等于2m的道路
6		独立生态绿化用地		指居民点以外的公共绿地、防护绿地、名胜古迹、风景旅游区、森林公园、生态景观控制区等
7		水域及其他用地		指陆地水域和水利设施用地，包括河流、湖泊、水库、坑塘、沟渠、苇地、滩涂、水工建筑防灾设施
8		未利用土地		指目前未利用的和难利用的土地。包括荒草地、盐碱地、沼泽地、沙地、裸土地、裸岩石砾地、田坎和其他未利用土地

二、镇域用地计算（表 2-3-5-2）

镇域用地计算表　　　　　　　　　　　　　表 2-3-5-2

类别代号		用地名称	现状年		规划年	
			现状人		规划人	
大类	小类		用地面积（公顷）	人均用地面积(m²/人)	用地面积（公顷）	人均用地面积（m²/人）
1		城乡居民点用地				
	1_1	城市用地				
	1_2	建制镇用地				
	1_3	集镇用地				
	1_4	村庄用地				
2		农业生产用地				
	2_1	耕地				
	2_2	园地				
	2_3	林地				
	2_4	牧草地				
	2_5	渔业				
	2_6	农业园区				
3		独立工矿企业用地				
4		独立公共设施用地				
5		道路设施用地				
6		独立生态绿化用地				
7		水域及其他用地				
8		未利用土地				
		镇域总用地				

三、镇域村镇建设用地规模的确定

根据现状用地分析，土地资源总量以及建设发展的需要，按照《村镇规划标准》的规定，并参照《小城镇规划标准研究》提出的人均建设用地标准，结合人口的空间分布，确定镇域内各村镇建设用地规模。如表 2-3-5-3 所示。

镇域规划各村镇发展概况表　　　　　　　　　　表 2-3-5-3

村镇层次	数量	村镇名称	规划性质	人口规模（人）		用地规模（公顷）		设施配置		布局特点
				现状	规划	现状	规划	基础设施	公共建筑	
合计										
县城镇										
中心镇										
一般镇										
中心村										
基层村										

注：规划时该镇属于哪一层次就从哪开始，镇域规划中没有的层次可以不填。

四、镇域土地利用措施

在分析镇域土地利用现状及问题的基础上，重点阐明落实上级规划指标和各类土地用途的途径和措施。

第六节　镇域产业发展空间布局

镇域产业发展空间规划的主要内容是：根据县级经济发展战略规划和土地利用总体规划，结合当地产业现状情况，明确镇域范围内，产业发展目标，产业结构，发展方向和重点支柱产业，提出空间布局方案，有条件的可划分经济区。

一、镇域产业现状评价

分析镇域各产业部门的现状，并通过对第一、第二、第三产业比例数据的分析，采用定量与定性分析相结合的方法，找出现状特点和存在问题。

二、镇域产业布局规划

在镇域产业现状分布的基础上，通过对现状评价和发展条件分析、方案比较，提出城镇第一、第二、第三产业发展梯次和空间布局。

（一）第一产业布局：在镇域农业现状布局的基础上，根据当地农业发展规划和基本农田保护规划，提出镇域农业发展目标、产业结构和发展方向。安排农、林、牧、副、渔用地布局及其设施。做好各种高效特色农业产业园区、种植基地、养殖小区和农产品加工贸易区以及高科技农业示范区、现代化农业规划区等的选址与布置。通过农业结构调整，推动 21 世纪现代化农业向着设施化、园区化、产业化、优质化、企业化和多样化趋势发展。并妥善安排由此引发的迁村并点，撤乡建镇等村镇空间布局的调整。

（二）第二产业布局：在镇域乡镇企业现状分布的基础上，根据当地资源条件和县级产业发展规划及土地利用总体规划，提出镇域工业发展目标，产业结构，发展方向和重点支柱产业。针对现状存在的问题，调整布局，向工业小区集中，形成规模效益。重点做好远离镇区的独立工业区，有严重污染的独立工业地段，高新技术开发区、工业园区等的选址、布置和配套建设，严禁占用基本农田。防止在镇区规划区外乱占多占土地。注意环境保护，力争做到经济、社会、环境、资源效益的协调统一。

（三）第三产业布局：第三产业大部分设置在镇区边缘地段。在镇域总体规划中，要重点研究当地资源状况和开发利用的可能性。特别是要认真做好镇区外、独立的仓储用地、运输用地、建筑基地、独立的公共建筑、风景旅游区、山庄、度假村等的选址、布局和配套建设。防止一哄而上，大量占用土地，造成不必要的浪费。

三、小城镇镇域产业园区规划

（一）工业园区规划

1. 工业园区规划原则：工业用地应尽量连片、集中，组成合理规模和行业构成的工业园区。统一规划、建设和管理。小城镇工业园区规模不宜过大，一般 $1\sim2km^2$，起步阶段 $0.3\sim0.5km^2$ 左右为宜。否则投资过大，占地过多难以实施。

2. 工业园区选址和布局：工业园区宜布置在镇区边缘的下风位。应与镇区保持既联系又隔离的原则；要有现代化的交通和通信条件，可靠的能源、供水和排水出路；合理利用土地，紧凑布局，降低开发费用。

3. 工业园区用地构成：工业园区由标准厂房区、专业工厂区、仓库区、公共与公用设施、生活设施以及道路和绿化组成。工业园区内部用地构成可参考表 2-3-6-1 的数值。

工业园区用地构成参考值 表 2-3-6-1

用地名称	工业、仓储	管理区/公共、公用设施	生活设施	道路	绿地
比例（%）	50～70	5～10	5～10	10～15	10～20

注：1. 工业、仓库用地中，标准厂房、专业工厂、仓库之间的用地比例，应根据具体情况而定。

2. 标准厂房区的划分，一般以 200m×400m 组成的地块来布置，既便于厂房布置，也减少区内道路面积。标准厂房供购置或租用。

3. 专业工厂的用地比例应根据实际需要划分，分类集中布置，按工厂具体要求建造，一般划成 1～5ha 地块。

4. 仓库区一般是原料和产品的周转性存放。

5. 公共和公用设施，一般设有消防站、各种车库、供水设施、污水处理设施、环卫设施和绿化服务机构、医疗门诊部、饮食和方便商店、公厕等。

6. 生活设施指单身宿舍、食堂、浴室等。

7. 管理区一般有管理办公楼、信息中心、展销、培训部等。

8. 绿地包括公共绿地和防护绿地。

4. 工业园区设置其他要求

工业园区在能源、运输、基础设施、公共设施、科技信息等方面协作建设和社会化经营管理。

防止和治理环境污染，有效地保护环境。布置厂区绿化和防护绿带，为工作人员提供高质量的生产和生活环境，为投资者提供高效益的投资环境，并改善景观环境。要合理预留工业发展用地，为后续继续开发留有余地，创造有利条件。

工业园区建设用地可参照国家计委批准的《工业工程项目建设用地指标》有关规定。一般生产建筑用地应紧凑布置，提倡建设多层建筑，管理、仓库用房共用，基础设施和服务设施共享，杜绝大而全、小而全的做法，要节约用地、合理用地。

工业园区的发展预测：应根据镇域工业发展速度及规划期末可达到的工业总产值（A，万元），再参照镇域工业空间分布现状分析，确定规划期内工业规模经营的适宜度，确定工业园区发展规模集聚度（R，%），由公式 $A_1 = A \cdot R$ 得出规划期末工业园区可创产值（A_1，万元），参考国家有关定额指标拟定工业园区的单位面积产值率（D，万元），确定工业园区用地规模（S，公顷）：

$$S_{(公顷)} = A_1/D = A \cdot R/D$$

（二）农业产业园区

1. 农业产业园区规划原则：农业产业用地应尽量连片、集中，组成合理规模的农业园区。统一规划、建设和管理。

2. 农业园区选址原则：产后农产品加工厂等的选址，应方便田间运输和管理。大中型饲养场地的选址，应满足卫生和防疫要求，宜布置在村镇常年盛行风向的侧风位，以及通风、排水条件良好的地段，并应与村镇保持所规定的防护距离。

3. 农业产业园区设置其他要求：农业园区在能源、运输、基础设施、公共设施、科技信息等方面协作建设和社会化经营管理。

鼓励发展绿色农业产业，有效地保护环境。同时要合理预留农业产业发展用地，为后续继续开发留有余地、创造有利条件。

第七节　镇域基础设施和社会服务设施规划

镇域基础设施和社会服务设施是村镇体系中村镇之间各项经济、社会、文化活动本身及其所产生的人流、物流、交通流、信息流的载体，是镇域和村镇赖以生存和发展的基础条件，它在农村城市化进程中处于重要的先导地位。镇域基础设施包括镇域和区域交通运输、水资源、供排水、电力供应、邮电通信以及生态环境、区域防灾等项目，镇域社会设施包括行政管理、教育科技、文化体育、医疗保健、商业金融及集贸设施等内容。

镇域基础设施和社会服务设施规划建设应遵循整体规划、合理布局、因地制宜、节约用地、经济适用、分期实施的原则，达到经济效益、社会效益和环境效益的统一，实现可持续发展。其主要内容是：提出分级配置各类设施的原则和标准，确定各级居民点配置设施的类型和项目；根据设施特点，提出能够在县域内共享或局部共享的设施类型和项目名称，及其共建、共享规划方案，以避免重复建设，基础设施规划应适度超前。如表 2-3-7-1，2-3-7-2 所示。

镇域基础设施项目分级配置表　　　　　　表 2-3-7-1

类别	项目名称	项目配置				备注
		县城镇	中心镇	一般镇	中心村	
一、交通设施	1.货物运输中心	●	●	○	—	
	2.加油站	●	●	●	—	
	3.长途客运站	●	●	●	—	
	4.铁路客运站	○	○	○	—	
	5.港口、码头	○	○	○	—	
二、公用工程设施	6.自来水厂	●	●	●	—	可共建共享
	7.排水泵站	●	○	○	—	
	8.广播电视	●	●	●	—	可共建共享
	9.供电所	●	●	●	—	
	10.邮电支局（所）	●	●	●	—	
	11.燃气调压站	●	●	○	—	
	12.变电站（室）	●	●	●	—	
	13.污水处理厂、简易污水处理装置	●	●	○	—	可共建共享
	14.电信支局（所）	●	●	○	—	
	15.简易净化水装置及输水系统	●	○	○	○	可共建共享
	16.反火型煤制气厂、沼气池	●	○	○	○	可共建共享
三、环卫设施	17.公共厕所	●	●	●	○	
	18.垃圾转运站	●	●	●	○	
	19.环卫站	●	●	●	○	
	20.环卫班	●	●	●	○	
	21.环卫管理站	●	○	○	—	
	22.垃圾处理场	●	○	○	—	可共建共享
	23.简易垃圾填埋场	●	○	○	○	可共建共享
四、生态环境	24.公园	●	●	●	○	
	25.滨河绿地	●	●	●	—	
	26.防护绿地	●	●	○	—	
	27.水域系统	●	○	○	○	
五、其他	28.消防站	●	●	○	—	
	29.其他防灾设施	●	○	○	—	可共建共享
	30.殡仪馆/火葬场	●	○			

注：●：表示必须设置；○：表示可以选择设置；—：表示可以不设置，一些必须建设和可以建设项目如在区域内共建、共享，则镇域内该类基础设施项目可酌减。

镇域社会服务设施项目配置表　　　　　　　表 2-3-7-2

类　别	项目名称	项 目 配 置			
		县城镇	中心镇	一般镇	中心村
一、行政管理	1. 党、人大、政府、团体	●	●	●	—
	2. 法庭	●	○	—	—
	3. 各专项管理机构	●	●	●	—
二、教育机构	4. 居委会、村委会、警务室	●	●	●	●
	5. 专科院校	●	○	○	—
	6. 职业学校、成人教育及培训机构	●	○	○	—
	7. 高级中学	●	●	○	—
三、文体科技	8. 初级中学	●	●	●	—
	9. 小学	●	●	●	○
	10. 幼儿园、托儿所	●	●	●	●
	11. 文化站（室）、青少年及老年之家	●	●	●	○
四、医疗保健	12. 体育场馆	●	●	○	—
	13. 科技站	●	●	○	—
	14. 图书馆、展览馆、博物馆	●	●	○	—
	15. 影剧院、游乐键身场	●	●	○	—
	16. 广播电视台（站）	●	●	○	—
	17. 计划生育站（组）	●	●	●	○
	18. 防疫站、卫生监督站	●	●	●	○
	19. 医院、卫生院、保健站	●	●	●	●
	20. 休疗养院	●	○	—	—
	21. 专科诊所	●	○	○	○
	22. 百货、食品、超市	●	●	●	○
	23. 生产资料、建材、日杂商店	●	●	●	○
	24. 粮油店	●	●	●	—
	25. 药店	●	●	●	●
五、商业金融	26. 燃料店（站）	●	●	—	—
	27. 文化用品、音像制品店	●	●	●	—
	28. 书店	●	●	●	—
	29. 综合商店	●	●	●	○
	30. 宾馆、旅店	●	●	●	○
	31. 饭店、饮食店、茶馆	●	●	●	○
	32. 理发、洗浴、照相馆	●	●	●	○
	33. 综合服务站	●	●	●	○
	34. 物业管理机构	●	●	●	○
	35. 银行、信用社、保险机构	●	●	●	○

续表

类　别	项目名称	项目配置			
		县城镇	中心镇	一般镇	中心村
六、集贸设施	36. 百货市场	●	●	●	——
	37. 蔬菜、果品、副食市场	●	●	●	○
	38. 粮油、土特产、畜、禽、水产市场	根据村镇特点和发展需要设置			
	39. 燃料、建材家具、生产资料市场				
	40. 其他专业市场				

注：●表示必须设置；○表示可以选择设置；——表示可以不设置。

第八节　镇域专项规划

一、镇域交通网络规划

镇域交通网络规划特别注意与区域性各种交通网络的衔接和协调，与区域一道形成整体网络体系。即在区域和县域大交通网络规划的覆盖下，根据本镇域社会经济发展速度及预测运输需求，提出交通运输网络布局方案以及重大交通工程的布局，并协调各种交通运输方式与村镇居民点的关系，重点是公路网和水运网。现就有效地解决村镇之间的货流和客流运输问题提出交通网络的规划要点：

（一）规划方便畅通的镇域道路系统，使村镇之间，村镇与各生产企业之间有方便的交通联系。并做到内外交通运输系统间的有机衔接。

（二）在建设有铁路、公路和水路运输各项设施的村镇，要考虑客流量和货流量都有较方便的联运条件，但要注意尽量避免铁路和公路穿越村镇内部，已经穿越村镇的，要结合规划尽早移出村镇或沿村镇边缘绕行。并注意安排好火车站、汽车站的位置。具有水路运输条件的村镇，要合理布置码头、渡口、桥梁的位置，并与道路系统密切联系。

（三）道路的走向和线形设计要结合地形，尽量减少土石方工程量。

（四）充分利用现有的道路、水路及其车站、码头、渡口等设施。

（五）结合农田基本建设、农田防护林、机耕路、排灌渠道等，布置道路系统，做到灌、排、路、林、田相结合。

（六）镇域内村镇之间道路宽度，应视村镇的层次和规模来确定。

（七）道路路面设计，要考虑行驶履带式农机具对路面的影响。

二、镇域公用工程设施规划

镇域公用工程系统是保证村镇生存、持续发展的支撑体系。供电、供热、通信、供水、排水等各项镇域公用工程系统构成了村镇基础设施体系，为村镇提供最基本的必不可少的物质运营条件。

（一）镇域供水规划：主要任务是水源和供水方案选择，以及供水设施和供水主干管的布置。

1. 确定用水标准和用水总量，根据水源条件和用水需求预测制定供水系统的组成；

2. 合理选择水源，确定取水位置和取水方式；选择水厂位置、水质处理方法，确定水资源综合开发利用的措施和合理分配用水的方案；

3．选择供水方式和主干管网布局

（二）镇域排水规划：主要任务是确定排水体制；划定排水区域，估算雨水、污水总量，制定不同地区污水排放标准；进行排水主干管、渠道统一规划布局，确定雨、污水主要泵站数量、位置，以及水闸位置；确定排水干管、渠道主要走向和出口位置；污水处理方式及污水处理厂（站）选址。

1．确定排水总量，并根据当地的经济状况和自然条件，分别确定村镇排水体制是雨污分流制还是雨污合流制。

2．合理选择镇域的雨水污水主干管渠、雨水污水泵站及雨污水的排水口，以及为了确保镇域雨水排放所建的闸、堤坝等设施的设置。

3．研究镇域污水处理与利用的方法及污水处理厂（站）位置选择。

（三）镇域供电系统规划：主要任务是预测镇域供电负荷，选择供电电源，确定镇域变电站容量和数量；布置高压送电网和高压走廊。

1．确定电源：电源是镇域供电工程的主体，电源种类有发电厂和变电所两种。要明确镇域电能的来源是靠本地区的发电厂，还是靠外区电源输送，电源选择要考虑镇域供电可靠性和经济合理性。要采取集中与分散相结合的原则进行综合安排。

2．了解电力负荷分布，即确定镇域中各类用电单位的用电量、用电性质、最大负荷和负荷变化曲线等。

3．布置电力网，确定电力网的电压等级，变电所的数量、容量和位置，电力网的走向，在规划中还应留出高压走廊的走向和宽度。

（四）镇域电信工程规划：主要任务是邮电设施的设置和通信网络的布局。

1．了解通信分布状况，即确定镇域中各类电信单位的电信量需求、电信性质等。

2．在区域和县域电信发展战略指导下，按照镇域社会经济现代化的需求，结合邮政现状，预测业务量，统筹安排邮政局、所等设施用地。

3．确定通信网络的通信量，在镇域内合理布局通信网络，使之与区域性网络有良好的衔接，制定各类通信设施和网络的保护措施，确保电信信息流安全畅通。

三、镇域环境保护与防灾规划

综合评价环境质量，分析存在的问题，预测环境变化的趋势，制定镇域环境保护的目标，提出环境保护与治理的对策。根据需要，划定自然保护区、生态敏感区和风景名胜区等环境功能分区，明确各区的控制标准。如提出水源地、居民点与风景旅游区防止污染的具体保护规划等。力求减轻或免除自然灾害的威胁，有针对性地提出恢复已被破坏生态区的生态平衡的具体措施，建立镇域生态系统的良性循环。结合当地实际情况，深入分析各类灾害的形式以及发展趋势，对防洪、防震、防风、消防、人防等设施的现状情况进行评价，选择主要灾害类型提出防治措施等。

四、镇域其他专项规划

根据实际需要，有选择地编制广播电视、供热供气、科技发展、水利、风景旅游、文物古迹保护、园林绿化等专项规划。

第四章 小城镇镇区建设规划

第一节 镇区建设规划基本概念

一、镇区建设规划定义与任务

小城镇镇区建设规划是在小城镇镇域总体规划的指导下，对镇区或所辖村庄建设进行的具体安排。

小城镇镇区建设规划的任务是：以小城镇镇域总体规划为依据，综合研究和确定镇区的性质、规模和空间发展形态，统筹安排镇区各项建设用地布局，合理配置各项基础设施和主要公共建筑，处理好远期发展与近期建设的关系，安排规划实施步骤和主要项目建设的时间顺序，具体落实近期建设项目，指导镇区建设和详细规划的编制。

二、镇区建设规划主要内容

（一）确定小城镇性质、镇区人口和用地发展规模。

（二）划定规划区范围：确定镇区建设发展用地和空间布局、用地组织以及镇区中心的定位。

（三）确定过境公路（含车站）、铁路（含站场）、港口码头等的位置及布局，处理好对外交通设施与镇区的关系。

（四）确定镇区道路系统的走向、红线宽度、断面形式和控制点坐标、标高，确定镇区广场、停车场的位置、容量并进行竖向规划。

（五）综合协调并确定镇区供水、排水、供电、通信以及燃气、供热、环卫等设施的发展目标及其布局。

（六）确定园林绿化系统的发展目标及其布局。

（七）确定城镇环境保护目标，提出防治污染的措施。

（八）编制城镇防灾规划，提出人防、抗震、消防、防洪、防风、防泥石流、防海潮、防地方病的规划目标和总体布局。

（九）确定需要保护的风景名胜、文物古迹、传统街区。划定保护和控制范围，提出保护措施，并对镇区建筑风格提出原则性要求。

（十）确定旧区改建、用地调整的原则、方法和步骤，提出改善旧城区生产、生活环境的要求和措施。

（十一）编制近期建设规划，确定近期建设项目、内容和实施方案。

（十二）进行综合技术经济论证，提出规划实施步骤、措施和方法的建议。

三、镇区建设规划成果

镇区建设规划成果应当包括规划图纸与规划文件两部分。

（一）规划图纸应当包括：

1．镇区现状分析图（比例尺 1:2000，根据规模大小可在 1:1000～1:5000 之间选择）；

2．镇区建设规划图（比例尺必须与现状分析图一致）；

3．镇区各项专项规划图（比例尺必须与现状分析图一致）；

4．镇区近期建设规划图（可与建设规划图合并，单独绘制时比例尺采用 1:2000～1:1000）。

（二）规划文件：应当包括规划文本、规划说明书、基础资料三部分。

镇区建设规划与小城镇总体规划同时报批时，其文字资料可以合并。

四、村庄建设规划的编制

村庄是农村村民居住和从事各项生产的聚居点。分为中心村、基层村两个层次。村庄建设规划应体现"以人为本"的规划思想，考虑村民物质与文化的需求，改善村民的生活质量和环境质量，建设安全卫生、环境优美、设施完善和具有地方特色、田园风光的生态住区。村庄建设规划应根据村庄的实际情况，对村庄的各项建设进行具体安排，中心村和经济较为发达和规模较大的村庄，其建设规划可以参照镇区建设规划的要求酌情简化编制。一般村庄建设规划的主要内容有：

（一）确定住宅建设用地的规模、布局及其发展方向；

（二）确定住宅建设的各项控制指标；

（三）具体布置供水、排水、供电、道路、绿化、环境卫生设施；

（四）安排防灾工程；

（五）有的村庄还需布置公共建筑和村办企业的位置及其用地规模。

村庄建设规划的成果包括：村庄现状图、村庄建设规划图和简要说明。村庄建设规划一般用一张图纸表示，绘制在地形图上，比例尺为 1:1000～1:2000，应按照镇区详细规划的深度制订，现状图和规划图的比例应一致。

村庄建设规划可在小城镇镇域总体规划和镇区建设规划批准后，根据村庄建设需要逐步编制。

规划实例　　见图 2-4-1-1～图 2-4-1-5。

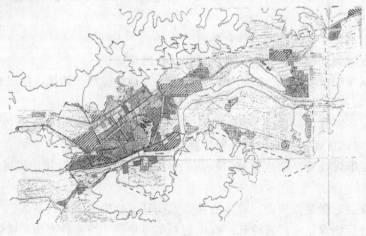

镇区现状分析图

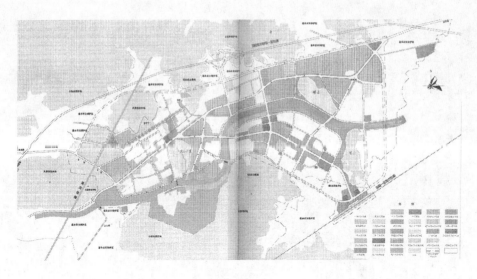

镇区建设规划图

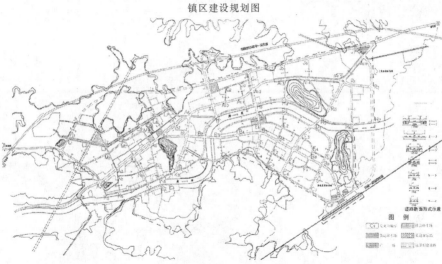

道路交通规划图

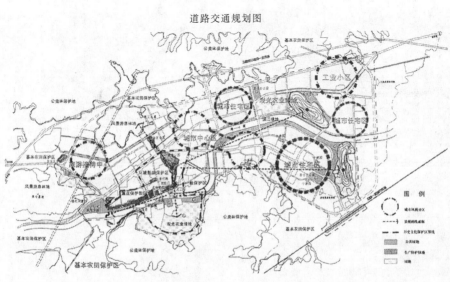

景观绿地和历史文化保护规划图

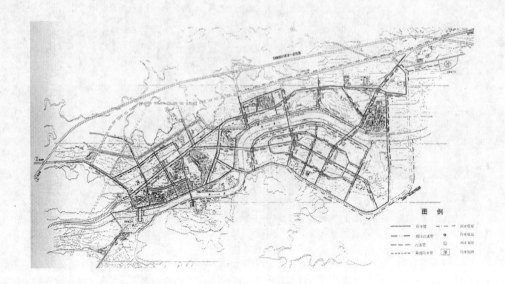

供水排水规划图

供电通信规划图

图 2-4-1-1 实例 1：浙江省奉化市溪口镇镇区建设规划

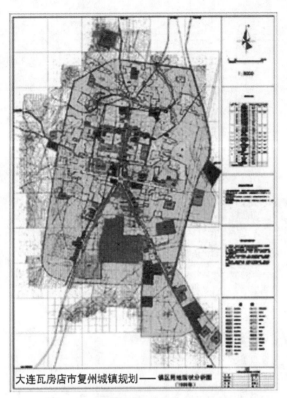

镇区现状分析图

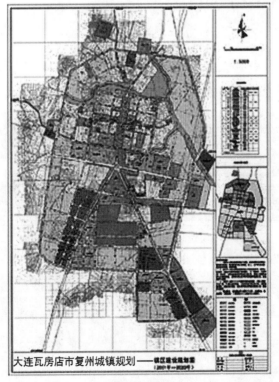

镇区建设规划图

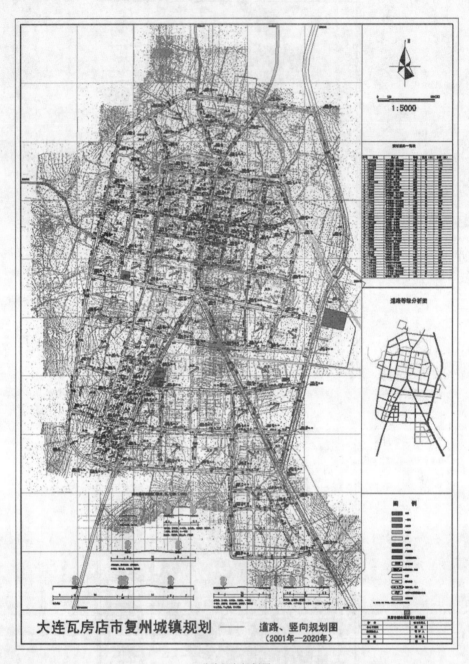

道路竖向规划图

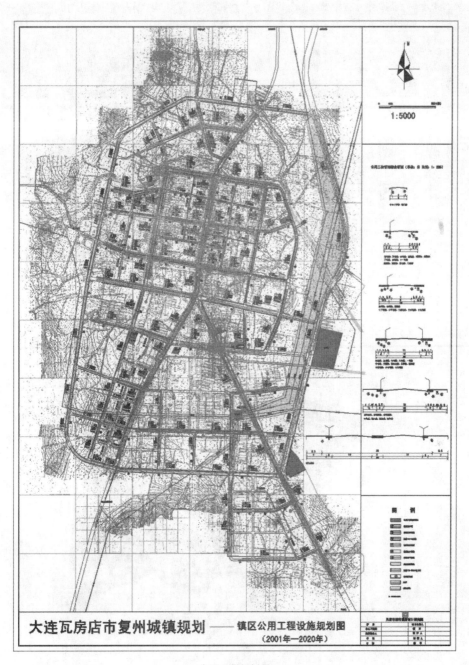

公用工程规划图

图 2-4-1-2 实例 2：辽宁省瓦房店市复州城镇镇区建设规划

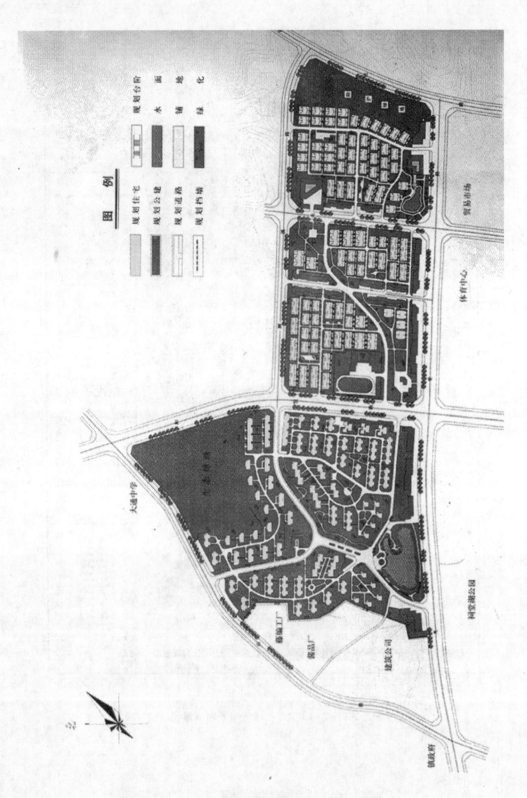

图 2-4-1-3　实例 3：安徽省铜陵县大通镇移民建镇规划

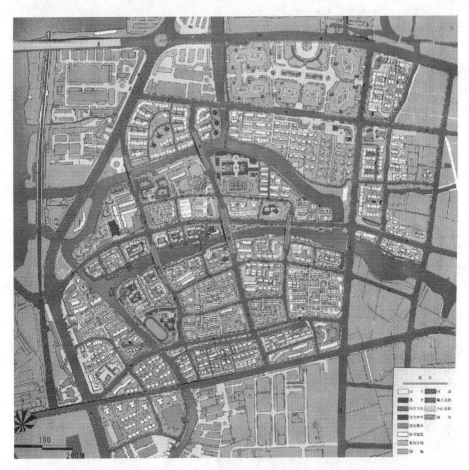

图 2-4-1-4　实例 4：浙江省绍兴县钱清镇老区近期建设规划

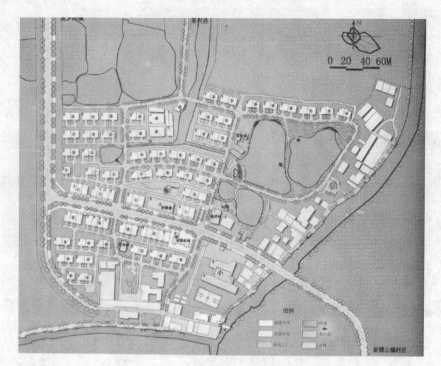

村庄建设规划图

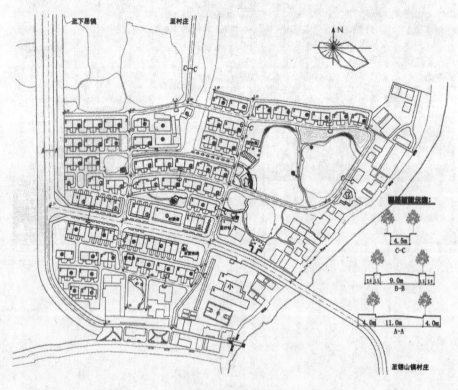

道路竖向规划图

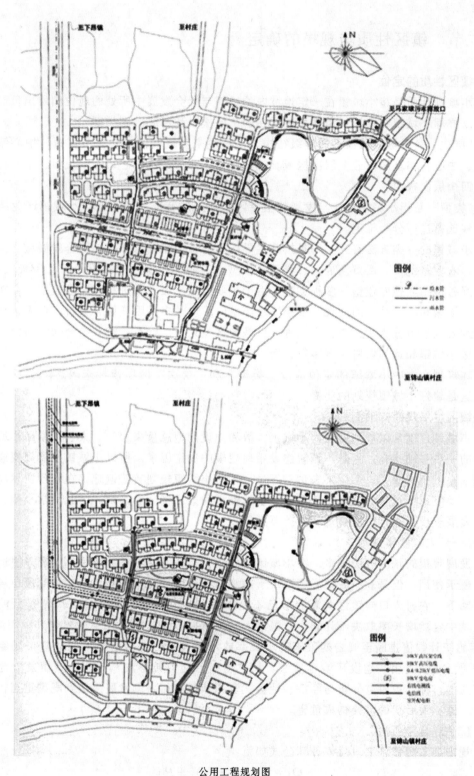

公用工程规划图

图 2-4-1-5 实例 5：浙江省湖州市下昂镇射中村新农村建设规划

第二节 镇区性质与规模的确定

一、镇区性质的定位

小城镇性质是指小城镇在一定地域内的经济与社会发展中所处的地位和所担负的主要职能，亦即小城镇在镇域村镇体系中所在的"层次"和所属的"类型"。

"层次"是县域城镇体系的等级结构。一般说来县域城镇体系由县城镇、中心镇、一般镇、中心村和基层村五个层次构成。镇域村镇体系一般由中心镇、一般镇、中心村、基层村四个层次构成。

"类型"是指小城镇形成与发展的主导因素和本质特征。通常按照小城镇产业结构的特征和比重进行分类确定。

小城镇的分类方法有三：一是按其主导产业的特征划分，计有：综合发展型、工业主导型、农业基地型、商贸流通型、资源开发型、古镇保护型、交通枢纽型、风景旅游型、工矿服务型和其他专业型等多种类型。由于小城镇处于城市化进程动态发展中，存在着诸多可变因素和不定性，因此在论证小城镇类型时，应从多种因素综合分析，慎重选择；二是按发展规模可分为大、中、小三种；三是按区位划分，计有：城乡结合部小城镇、城市化地区小城镇和远郊农村小城镇等类型。

在规划文本中小城镇的定位应以"类型"和"层次"两项指标来表达，二者缺一不可，这是编好小城镇规划的前提。

二、镇区发展规模的预测

小城镇规模常以规划期限内小城镇人数和建设用地总量来表示。人口规模是小城镇规划中的一项基础指标，它是小城镇建设用地规模的决定因素，所以小城镇发展规模通常用规划期限内小城镇人口多少来表达。不过，一些小城镇规划较普遍地存在着预测发展规模偏大、发展速度过快的弊病，从而造成土地资源和建设资金的浪费。因此科学预测、合理确定发展规模是进行小城镇规划的首要条件。

（一）人口规模预测

发展规模的预测方法很多，在小城镇规划中常规采用"综合分析法"，该方法运算简捷、便于使用。但是，小城镇发展取决于经济和社会发展，在社会主义初级阶段市场经济的驱动下，农村人口向镇区集聚趋势已不是单纯的由其本地现状户籍人口增长所能确定的。其中自然增长率取决于计划生育国策，较易掌握，而机械增长率的确定，采用前 5～10 年的统计数值推断至规划期限末的增长率或增长数的传统做法已不能适应市场经济发展需要。建议使用"建设环境容量法"和"剩余劳动力转移法"预测小城镇发展合理规模。这样，使人口时空分布与经济、社会、资源和环境相协调发展，做到既满足当代人的需要，又不对后代的需要构成危害。

1. "综合分析法"

规划期末的镇区人口规模计算公式如下：

$$Q_B = Q_{B0}(1+K)^n + P$$

式中 Q_B——镇区人口发展规模预测数；

Q_{B0}——镇区人口现状统计数；

K——规划期内人口的自然增长率；

P——规划期内人口的机械增长值；

n——规划年限。

2．建设环境容量法

"建设环境容量法"的具体做法是根据小城镇的具体情况，对其土地、资源、人口、劳力、粮食、副食品、交通通信、水源能源、建设条件、减灾安全等多项制约因子在不同发展时速下进行综合分析，分档计算各因子的需求量和可供量，用供需比率为评价指数。

即：建设环境容量指数＝需求量/可供量。当指数等于1时，最经济合理；当指数小于1时，说明还存在潜力；当指数大于1时即超负荷，出现缺口。经综合分析，从中选择"门槛"前的最佳或适宜效益值。

"建设环境容量法"运算虽较为复杂，需要电脑辅助设计，但是，在城镇化进程中，小城镇发展的不稳定性较大，政府对小城镇发展宏观控制的能动性较小，要做到人与自然和谐共存，达到自然、经济、社会复合系统的持续、稳定、健康发展，采用"建设环境容量法"预测小城镇发展规模是较求实和科学的，既具有前瞻性，又掌握可变因素具有应变性。特别对于具有城市化先导性的特大城市郊区是适用的，也是可行的，但此方法需要多部门、多学科密切协作和综合平衡，又因工作量、科技含量较大，必须得到各级政府的大力支持和由规划设计单位综合论证方能进行，详见表2-4-2-1。

小城镇建设容量综合分析表　　　　　表 2-4-2-1

序号	因子 \ 指标规模		高速发展		中速发展		低速发展		备 注
			标准	指标	标准	指标	标准	指标	
1	发展目标	经济							
		社会							
		环境							
2	土地	需求量							
		可供量							
		比率值							
3	人口	需求量							
		可供量							
		比率值							
4	劳动力	需求量							
		可供量							
		比率值							

续表

序号	因子	指标规模	高速发展		中速发展		低速发展		备 注
			标准	指标	标准	指标	标准	指标	
5	粮食、副食品	需求量							
		可供量							
		比率值							
6	资源	需求量							
		可供量							
		比率值							
7	交通、通信	需求量							
		可供量							
		比率值							
8	水源供水、排水	需求量							
		可供量							
		比率值							
9	能源供电、供气	需求量							
		可供量							
		比率值							
10	环境、防灾	需求量							
		可供量							
		比率值							
N		需求量							
		可供量							
		比率值							
结论	优选值								"门槛"前效益值

（二）建设用地规模预测

土地是不可再生的资源，也是小城镇建设首要的物质基础。小城镇现状与发展的各项建设，都必然地要落实到土地上。小城镇规划的主要工作之一，就是具体的预测和确定规划期限内小城镇建设用地的发展规模与范围，以及用地的功能组合，空间结构和布局形态。因此，合理地使用土地，有效地节约用地已成为小城镇规划编制的重要原则之一。

小城镇建设用地规模，是指规划期限内小城镇镇区发展所需用地面积的大小。其预测方法是以规划镇区人口规模与人均建设用地标准之乘积公式进行计算和表示。

规划期末的建设用地规模估算公式如下：

$$F = N \times P$$

式中　F——规划期末建设用地面积（ha）；

　　　N——人口发展规模（人）；

　　　P——人均建设用地面积（m^2/人）。

人均建设用地标准见表 2-4-3-2、2-4-3-3 所示。

第三节　镇区用地分类与标准

一、镇区用地分类

小城镇镇区用地是指建制镇（或乡镇、集镇）镇区规划区内的各项用地的总称。镇区规划区包括镇区建设的现状用地、发展用地和规划需要控制的区域。

小城镇镇区用地按土地使用的主要性质进行分类。划分为：居住建筑用地、公共建筑用地、生产建筑用地、仓储用地、对外交通用地、道路广场用地、公用工程设施用地、绿化用地、水域和其他用地 9 大类 30 小类。其类别用字母与数字结合的代号表示。小城镇镇区用地分类和代号如表 2-4-3-1 的规定。

小城镇镇区用地分类和代码　　　　　　　　　　表 2-4-3-1

类别代码		类别用地	范　　围
大类	小类		
R		居住建筑用地	各类居住建筑及其间距和内部道路、场地、绿化等用地
	R1	居民住宅用地	居民住宅、庭院及其间距用地
	R2	村民住宅用地	村民独家使用的住房和附属设施及其户间间距用地、进户小路用地；不包括自留地及其他生产性用地
	R3	其他居住用地	R1、R2 以外的居住用地，如单身宿舍、青年公寓、老年人住宅等用地
C		公共建筑用地	各类公共建筑物及其附属设施、内部道路、场地、绿化等用地
	C1	行政管理用地	政府、团体、经济贸易管理机构等用地
	C2	教育机构用地	幼儿园、托儿所、小学、中学及各类高、中级专业学校、成人学校等用地
	C3	文体科技用地	文化、科技、图书、展览、娱乐、体育、文物、宗教等用地
	C4	医疗保健用地	医疗、防疫、保健、休养和疗养等机构用地
	C5	商业金融用地	各类商业服务业的店铺，银行、信用、保险等机构，及其附属设施用地
	C6	集贸设施用地	集市及各种专项贸易的建筑和场地。不包括临时占用街道、广场等设摊用地

续表

类别代码		类别用地	范 围
大类	小类		
M		生产建筑用地	独立设置的各种所有制的生产性建筑及其设施和内部道路、场地、绿化等用地
	M1	一类工业用地	对居住和公共环境基本无干扰和污染的工业，如缝纫、电子、工艺品等工业用地
	M2	二类工业用地	对居住和公共环境有一定干扰和污染的工业，如纺织、食品、农副产品加工、小型机械等工业用地
	M3	三类工业用地	对居住和公共环境有严重干扰和污染的工业，如采矿、冶金、化学、造纸、制革、建材、大中型机械制造等工业用地
	M4	农业生产设施用地	各类农业建筑，如打谷场、饲养场、农机站、育秧房、兽医站等及其附属设施用地；不包括农林种植地、牧草地、养殖水域
W		仓储用地	物资的中转仓库、专业收购和储存建筑及其附属道路、场地、绿化等用地
	W1	普通仓储用地	存放一般物品的仓储用地
	W2	危险品仓储用地	存放易燃、易爆、剧毒等危险品的仓储用地
T		对外交通用地	对外交通的各种设施用地
	T1	公路交通用地	公路站场及规划范围内的路段、附属设施等用地
	T2	其他交通用地	铁路、水运及其他对外交通的路段和设施等用地
S		道路广场用地	规划范围内的道路、广场、停车场等设施用地
	S1	道路用地	干路、支路用地。包括其交叉口用地；不包括各类用地内部的道路用地
	S2	广场用地	公共活动广场、停车场用地；不包括各类用地内部的场地
U		公用工程设施用地	各类公用工程和环卫设施用地，包括其建筑物、构筑物及管理、维修设施等用地
	U2	交通设施用地	公交、货运及交通管理、加油、维修等设施用地
	U3	环卫设施用地	公厕、垃圾站、环卫站、粪便和生活垃圾处理设施等用地
	U4	防灾设施用地	各项防灾设施的用地，包括消防、防洪、防风等
G		绿化用地	各类公共绿地、生产防护绿地；不包括各类用地内部的绿地
	G1	公共绿地	面向公众、有一定游憩设施的绿地，如公园、街巷中的绿地、路旁或临水宽度等于和大于5m的绿地
	G2	生产防护绿地	提供苗木、草皮、花卉的圃地，以及用于安全、卫生、防风等的防护林带和绿地

类别代码		类别用地	范　围
大类	小类		
E		水域和其他用地	规划范围内的水域、农林种植地、牧草地、闲置地和特殊用地
	E1	水域	江河、湖泊、水库、沟渠、池塘、滩涂等水域；不包括公园绿地中的水面
	E2	农林种植地	以生产为目的的农林种植地，如农田、菜地、园地、林地等
	E3	牧草地	生长各种牧草的土地
	E4	闲置地	尚未使用的土地
	E5	特殊用地	军事、外事、保安等设施用地；不包括部队家属生活区、公安、消防机构等用地

二、规划建设用地标准

小城镇镇区建设用地是指表 2-4-3-1 小城镇镇区用地分类和代码中的居住建筑用地、公共建筑用地、生产建筑用地、仓储用地、对外交通用地、道路广场用地、公用工程设施用地和绿化用地 8 大类之和。

小城镇镇区规划建设用地标准，包括人均建设用地指标和建设用地构成比例两部分。

（一）人均建设用地指标

小城镇镇区人均建设用地指标应为规划区范围内的建设用地面积除以常住人口数的平均数值。人口统计应与用地统计的范围相一致。

即：人均建设用地指标＝建设用地面积/常住人口

人均建设用地指标分为 3 级，如表 2-4-3-2 所示。

人均建设用地指标分级 表 2-4-3-2

级　别	一	二	三
人均建设用地指标 （m²/人）	>80 ≤100	>100 ≤120	>120 ≤140

1. 新建小城镇的规划，其人均建设用地指标宜按表 2-4-3-2 中的第一、二级确定。第三级用地指标只用于村庄。

2. 对现有小城镇进行规划时，其人均建设用地指标应以现状建设用地的人均水平为基础，根据人均建设用地指标级别和允许调整幅度确定，并应符合表 2-4-3-3 的规定。

人均建设用地指标 表 2-4-3-3

现状人均建设用地（m²/人）	人均建设用地指标级别	允许调整幅度（m²/人）
≤80	一	可增 0~10
80.1~100	一、二	可增、减 0~10
100.1~120	一、二	可减 0~10
120.1~140	二、三	可减 0~20
>140	三	应减至 140 以内

3. 地多人少的边远地区的小城镇，可根据所在省、自治区人民政府规定的建设用地指标确定。

（二）建设用地构成比例

小城镇镇区建设规划中的居住建筑、公共建筑、道路广场及绿化用地中公共绿地等 4 类用地各占建设用地的比例一般宜符合表 2-4-3-4 的规定。

建设用地构成比例 表 2-4-3-4

类别代号	用地类别	占建设用地比例（%）			
		县城镇	中心镇	一般镇	中心村
R	居住建筑用地	根据县城镇性质规模，参照城市规划用地指标选定	30～40	35～45	50～65
C	公共建筑用地		12～20	10～18	6～12
S	道路广场用地		11～19	10～17	9～16
G1	公共绿地		6～10	6～8	4～6
	四类用地之和		64～84	65～85	70～90

1. 通勤人口和流动人口较多的中心镇，其公共建筑用地所占比例，可选取规定幅度内的较大值。

2. 工商业型城镇，通勤人口超过常住人口 5% 时，生产建筑及设施用地允许超过规定的上限。

3. 邻近旅游区或以旅游业为主导型城镇，其公共绿地所占比例可大于上表的比例规定。

三、镇区建设用地选择

（一）镇区建设用地的选择应根据地理位置和自然条件，占地的数量和质量、现有建筑和工程设施的拆迁和利用、交通运输条件、建设投资和经营费用、环境质量和社会效益等因素，经过技术经济比较，择优确定。

（二）镇区建设用地应充分利用原有用地调整挖潜，并同基本农田保护区规划相协调，当需要扩大用地规模时，宜选择荒地、薄地，不占或少占耕地、林地。

（三）镇区建设用地宜选在水源充足，水质良好、便于排水、通风、向阳和地质条件适宜的地段。

（四）镇区建设用地应避开山洪、风口、滑坡、泥石流、洪水淹没、地震断裂带等自然灾害影响的地段，并应避开自然保护区、有开采价值的地下采空区。

（五）镇区建设用地应避免被铁路、重要公路和高压输电线路所穿越。

四、小城镇镇区用地计算

（一）小城镇镇区的现状和规划用地，均应统一按规划区范围计算。分片布局的镇区应分片计算用地后汇总。小城镇镇区用地按投影面积进行计算，计算单位为公顷（ha）。

（二）用地面积计算的精确度，应随图纸比例尺确定。

1:10000～1:25000 的图纸取值到个位；1:5000 的图纸应取值到小数点后一位；1:1000～1:2000 的图纸应取值到小数点后两位。

（三）小城镇镇区用地计算表的格式如表 2-4-3-5 的规定。

小城镇镇区用地计算表　　　　　　　　　　　表 2-4-3-5

分类		用地名称	现状			规划		
大类	小类		面积（公顷）	比例（%）	人均（m²/人）	面积（公顷）	比例（%）	人均（m²/人）
R		居住建筑用地						
	R1	村民住宅用地						
	R2	居民住宅用地						
	R3	其他居住用地						
C		公共建筑用地						
	C1	行政管理用地						
	C2	教育机构用地						
	C3	文体科技用地						
	C4	医疗保健用地						
	C5	商业金融用地						
	C6	集贸设施用地						
M		生产建筑用地						
	M1	一类工业用地						
	M2	二类工业用地						
	M3	三类工业用地						
	M4	农业生产设施用地						
	M5	其他产业用地						
W		仓储用地						
	W1	普通仓储用地						
	W2	危险物品仓储用地						
T		对外交通用地						
	T1	公路和交通用地						
	T2	其他交通用地						
S		道路广场用地						
	S1	道路用地						
	S2	广场用地						

续表

分 类		用 地 名 称	现状 现状		人 人	规划 规划		人 人
大类	小类		面积 （公顷）	比例 （%）	人均 （m²/人）	面积 （公顷）	比例 （%）	人均 （m²/人）
U		公用工程设施用地						
	U1	公用工程用地						
	U2	交通设施用地						
	U3	环卫设施用地						
	U4	防灾设施用地						
G		绿化用地						
	G1	公共绿地						
	G2	生产防护绿地						
		镇区建设用地						
		占规划区用地的比例						
E		水域和其他用地						
	E1	水域						
	E2	农林种植地						
	E3	牧草用地						
	E4	闲置地						
	E5	特殊用地						
		镇区规划范围用地						

第四节　镇区空间布局规划

　　小城镇镇区空间布局是指镇区土地利用功能结构的空间组织方式及其形态，是小城镇的经济、社会、环境以及工程技术指标和建筑空间多元组合的综合成果，是小城镇镇区建设规划的重要工作内容。它是一项为小城镇长远合理发展奠定基础的全局性工作，并用来指导镇区建设，作为规划管理的基本依据。

一、镇区用地组织结构

　　小城镇镇区空间布局规划，是综合考虑小城镇各种组成要素，统一安排，合理布局，使其各得其所，有机联系，且落实到镇区建设用地上。镇区用地功能组织是镇区布局的基本内容。通过小城镇用地组织结构，指明镇区用地发展方向及范围；确定镇区用地的功能组织与布局形态。镇区用地组织结构应具备紧凑性、完整性和弹性，同时还应考虑小城镇特点的地方性和延续性，因地制宜地形成空间上、时间上的协调平衡。

　　（一）紧凑性　小城镇规模一般较小，用地范围大都在步行限度之内，应尽量以旧镇为基础，由里向外，集中紧凑地连片发展。

（二）完整性　小城镇虽小，五脏俱全。要妥善安排各项用地之间的有机联系，既要考虑不同发展阶段用地结构的相对完整性，适应小城镇特点的延续性，又要保持达到限期目标的合理性。

（三）弹性　小城镇规划依据不足，可变因素及不可预料因素均在所难免，因此必须在规划用地结构上赋予一定的弹性。所谓弹性即是：一是给予规划结构的开敞性，在布局形态上留有出路；二是在用地面积上留有发展余地，能伸能缩，增加小城镇动态发展的适应性。

二、镇区空间布局要点

（一）深入分析建设现状，解决现状布局中存在的问题，做好扩建、新建用地的筛选。

（二）小城镇规模一般较小，布局应紧凑，有利生产，方便生活，节约用地和投资。

（三）协调产业用地和居住用地的关系，优先安排好用地布局中的重点，相互联系方便，避免干扰，保护环境。

（四）选好小城镇镇区中心、主要公共建筑以及集贸市场等的用地位置。

（五）规划结构清晰，道路组织明确，内外交通便捷。

（六）各项公用工程设施系统合理，用地选址恰当。

（七）结合自然条件和使用功能，创造优美的景观环境。

（八）确定近期建设安排，力求紧凑合理，减少投资，切实可行。并能适应各阶段的发展需要，留有发展余地。

三、镇区功能分区

功能分区是指按功能要求将镇区中各种物质要素，如工厂、仓库、住宅、公建等进行分区布置，组成一个互相联系、布局合理的有机整体，为镇区的各项活动创造良好的环境和条件。根据功能分区的原则确定土地利用和空间布局的形式是一般城镇规划的一种主要方法。随着市场经济的发展和科学技术的进步，镇区功能分区的理论和实践有了新的发展。除有严重污染的第三类工业必须安排在镇区以外（设置独立的工业区、工业地段），一般把无污染的工厂和行政、经济、文化、商业等公共建筑有机地布置在居住地段附近，形成综合住区，并基本做到就业和居住就地安排。使镇区各个组成部分之间有机联系，创造综合性多功能的环境。

（一）居住建筑用地布置

传统性小城镇的生活居住方式与城市有很大不同。由于小城镇为周围农业地区的中心，其公共建筑有明显的开放性；鲜活农副产品直接入镇；镇区交通以步行、非机动车为主。因此形成了镇区以综合商业街为中心的居住用地组织形式。其特点是居住用地组织结构简单，日常生活服务设施基本上不放在居住街坊内，而是主要集中在综合商业街上。从而增强了居民的选择性，也方便了进城农民的使用，既提高了设施的服务效益，保持了居住环境安静，同时呈现出小城镇经济社会的繁荣。随着小城镇的经济发展和城市化进程的加速，小城镇居民的生活方式也发生着根本性的变化（如住宅以多层为主，低层为辅，向居住小区集中等），小城镇居住用地布置，应顺应镇区居民生活习惯和活动规律，创造出满足日常物质和文化生活需要，舒适、方便、卫生、安宁和优美的居住环境。同时应注意远近期结合，留有发展余地。

1．小城镇居住用地的选址，应在充分利用旧镇区的基础上，逐步改造或开发新区。新址应选择在大气污染的上风位，水污染源的上游，山体的向阳坡，避开风口和风窝的适宜建设地段。并与旧镇区和就业地点有方便联系。

2．小城镇居住小区的人口规模、规划结构、建筑密度、道路网络以及公用工程和社会服务设施的配置，均必须按照小城镇自身特点和不同职业居民或村民的生活习惯及其活动规律合理构建。根据不同住户的需求，选定不同的住宅类型，相对集中进行布置。

3．居住建筑的布置应根据气候、用地条件和使用要求，确定居住建筑的类型、朝向、层数、间距和组合方式。统筹安排好配建设施和减灾、保安、物业管理事宜，从而创建一个方便、舒适、安全、优美的居住环境。

4．小城镇居住小区的平面布局、空间组合和建筑形态应注意体现民族习惯、传统风格和地方特色。

（二）公共建筑布置

1．根据公建的性质和使用要求进行布置。

（1）行政管理、商业金融机构宜安排在城镇中心附近，按不同功能分类组合布置。

（2）学校用地宜设置在环境安静地段，不宜靠近喧闹和车流繁忙地段，主要入口不得开向公路。

（3）卫生院用地要求环境卫生、安静。应保障排除污水时不致污染饮用水源。

（4）集贸设施宜设在镇区入口附近或交通方便的地段。凡影响镇容、污染环境、易燃易爆、运输量大的市场，应设在镇区边缘或远离镇区的独立地段，并应符合卫生、安全防护要求。

（5）一般小城镇镇区内的公建，不必分级设置，通常采用集中布置，构成公共中心的方式。县城镇需分级设置，注意合理的服务半径。

（6）小城镇公共中心的选址要求：位置适中；结合主要干道；与对外交通联系方便，又不受其干扰；尽量利用原有城镇中心或具有景观特色的地段；可采用中心广场、一条街或步行街区的布置方式。

2．为了方便使用和节约用地，有些性质相近互不妨碍的项目，可综合设计建在一座建筑物内。

3．考虑分期建设的可行性与景观效果的完整性。

（三）生产建筑用地布置

小城镇中生产建筑用地分为：工业生产建筑用地和农业生产建筑及设施用地二类。

1．工业生产建筑用地

小城镇工业的特点是规模不大，类型较多，带有综合性，转型较快。工业生产用地均要安排在靠近电源、水源，对外交通方便的地段。生产上协作关系密切的项目，要邻近布置，相互干扰的要适当分隔。根据生产活动对环境的影响状况，合理选择安排生产的用地。对现已造成污染的工厂，必须采取治理或调整措施。

（1）对大气、水体、土壤污染严重或有危险性的三类工业（M3），应安排在远离村镇的独立地段，生产区内不得安置居住建筑。

（2）有轻度污染或干扰的二类工业（M2），要选择在小城镇盛行风向的下位风及河流的下游，在镇区边缘集中布置，与住宅建筑、公共建筑用地，保持必要的卫生防护距离，应符合《工业企业设计卫生标准》。

（3）对居住和公共环境基本无干扰和污染，即不产生有害物质和噪声，运输量小的一类工业（M1），可以保留或布置在镇区内，方便居民就近上下班。

2．农业生产设施用地

农业生产建筑及设施用地，应选在镇区边缘。根据其生产过程特点、卫生、防火和畜牧兽医等有关标准进行布置。

（1）农机具站场，打谷场等选址应利于田间运输，并避免噪声、粉尘等对居民生活的干扰。

（2）大中型饲养场应满足卫生和防疫要求，避免与居住用地的相互干扰，宜布置在小城镇盛行风向的侧风位，并保持必要的防护距离，选择在通风、排水条件良好的地段。

（3）兽医站宜布置在镇区边缘的独立地段。

（4）专业户生产用地应考虑生产内容、经营特点、发展趋势及对居住的影响程度，宜分类相对集中进行布置。

生产建筑用地布置中，均应安排好消防通行路线和消防用水的可靠水源，严格按照《村镇建筑设计防火规范》的规定，保证建筑的防火间距。

要充分估计城乡经济迅速发展的形势，注意生产建筑用地布置中，应具有适应发展的灵活性，并考虑为产前产后服务的储存、运输、加工等环节所需用地的增长趋势，留有发展余地。

（四）仓储用地布置

小城镇一般是城乡物资交流集散地、农副产品收购中心，因此仓储用地指标相应也要大些。其布置应根据性质、规模来决定。

1．地区中转仓库以及储备仓库是小城镇仓库用地布置的重点，因为这类仓库一般储量较多，占地较大，运输量大，不宜布置在镇区之内，而必须分类集中单独布置，放在城镇边缘或远离镇区的独立地段。根据物资的流向和采用的交通运输方式，这类仓库应靠近铁路站场、公路和水运码头，以便于城乡集散运输。

2．主要为本镇服务的生产资料、生活资料供应仓库，则可结合商业部门（如批发站）分散布置在镇区内，以方便对城区居民的供应。

3．农副产品收购仓库，应设在货源来向的公路进镇入口处，如粮食、棉花等。而从水路来的货物的仓库必须设于水运必经之岸，并给予一定的水域及堤岸供船只停泊、装卸，如木材、毛竹等。

4．危险品仓库应远离城区布置在独立的地段，并有一定的防护隔离带，其位置要与使用单位方向一致，避免运输距离过长或穿越镇区。

四、不同类型小城镇的空间布局特点

不同类型的小城镇由于其构成各异，功能要求不同，在空间布局上必然有所不同，因而构成小城镇的内在特色。因此在收集资料和编制规划时，应根据小城镇性质的不同，做不同处理，从而形成不同类型的小城镇的空间布局特点如表 2-4-4-1 所示。

不同类型小城镇的空间布局特点 表 2-4-4-1

类　型	小城镇特点	规划特点
农业基地型	农业地区的一般小城镇，为农业服务的设施齐全，满足本镇商品流通的需求，农业和农产品加工业产值占主导地位	以农业为主体，乡镇企业主要是农副产品加工、农机具修配。集贸市场经营农副产品、农业生产资料和生活用品；设置为本镇生产、生活服务的公用设施。安排部分剩余劳动力进镇经商、务工、办服务业
工业主导型	集体所有制工业比重较大，农业剩余劳动力就业充分，目前通勤人口比例大，个体商户相对较少	工业用地比例高，处理好生产与生活的关系，注意环境保护，是布局的重点。居住用地近期比例小，应为远期居住转移留余地。道路要方便货流和上下班人流，集贸市场规模不大，主要为本镇范围服务
商贸流通型	商业贸易额大，联系范围广，进镇人口及流动人口多，工商业以家庭经营为主，生产经营专业性强，将逐步走向联产联销	工业用地比例小，随着联合体发展，产前产后服务设施将增加。合理布置集贸市场是布局重点，分行设市，分散人流。适当提高道路密度，便于沿街布置店面。多设计门市、生产、居住相结合的建筑物
交通枢纽型	位置优越、交通方便、客流量很多，中转物资较多，物流业发达	有利于布置运输量大的工业项目。仓贮用地指标较大。车站码头选址、道路系统、物资转运是布局重点。布置好交通运输道路，组织好河海岸线的使用与分工
风景旅游型	流动人口多，季节人口变化大，直接为旅游服务的第三产业发达。旅游工业、副食供应、土特产迅速发展	小城镇规模决定于旅游事业的发展计划（涉及风景资源、游客数量、与城市距离等因素）。布置旅游区和服务用地是布局的重点，与居民住区互不干扰，道路系统与游览路线有机衔接。建筑造型、体量、色彩要与周围环境景色相谐调
城市郊区型	靠近城市，位置优越。生产发展项目多与城市协调配套。组织为城市生活服务的副食生产供应	在城市总体规划指导下进行规划。与城市交通联系便捷，土地珍贵，用地布局应紧凑。部分公共设施和集市贸易规模较小，考虑可能利用城市设施共享的因素

五、镇区空间布局形态

小城镇镇区空间布局形态是指镇区的平面形状以及内部功能和道路系统的结构和形态，小城镇布局形态是历史发展过程中形成的，或为自然发展的结果，或为有规划的建设的结果。小城镇空间布局形态大致可归纳下列主要类型：

（一）块状布局形态

城镇居民点中最常见的基本形式。这种布局形式便于集中设置公用工程设施，土地利用合理，交通便捷，宜满足较大发展的生产、生活和游憩等需要。

（二）带状布局形态

受自然地理条件或交通干线的影响而形成，有的沿江河或海岸的一侧或两岸绵延，有的沿着狭长的山谷发展，还有的则沿着陆上交通干线延伸。

（三）环状布局形态

围绕着湖泊、海湾或山地呈环状分布，分闭合式及开口式两种。环状城镇实际是带状城镇的变式。

（四）组团状布局形态

由于自然地理条件等因素的影响，镇区用地被分隔为几块。每块称一个组团。组团之间保持一定的距离，并有便捷的联系。

（五）串联状布局形态

若干个村镇，以一个县城镇或中心镇为核心，断续相隔一定的地域，沿交通线或河岸线、海岸线分布。

（六）星座状布局形态

一定地区内的若干个小城镇，围绕着一个中心城市呈子母城式的星座分布。

六、小城镇旧镇区改建

我国许多小城镇是通过千百年历史的延续，逐渐建设与发展起来的。小城镇中的旧镇区，为了适应社会、经济、技术条件的变化，需要不断地进行改造和建设，这是一个不停的新陈代谢过程。旧镇区改建的主要内容包括：

（一）调整镇区的功能结构布局，搬迁污染城镇环境的工厂企业；

（二）改造环境恶劣的住宅街区和破旧的房屋，提高居住水平；

（三）新增学校、幼儿园、托儿所，调整和新建商业服务网点，提高城镇生活服务的社会化水平；

（四）整顿和改善镇区道路系统；

（五）增加绿地，美化环境，减少污染，提高环境质量；

（六）改进和完善公用工程设施；

（七）对有历史和艺术价值的古镇历史街区、建筑群、建筑物和文物古迹以及古树进行积极的保护和妥善的维修；

（八）增建减灾安全设施。

小城镇改建是一项长期的复杂的工作，要制定分期、逐步实现的镇区改建规划，区别轻重缓急，有步骤地进行。

七、镇区空间艺术布局

镇区建设规划不仅要安排良好的生产、生活环境，而且应创造优美的城镇形态。镇区空间布局不仅仅是要考虑镇区空间组织的功能要求，同时要充分考虑镇区空间组织的艺术要求。利用各个城镇的自然环境、历史传统、地方特色，组织镇区空间景观。采用城镇轴线、天际线、地廓线、制高点、对景、底景、雕塑、照明等手法，精心组织建筑群体（形态、体量、造型、风格、特色、尺度等）和积极拓展空间，使镇区中建筑、道路、广场、绿化、山水、河湖等，自然美和人工美相结合，创造和探索适宜小城镇性质、规模并具有地方特色的小城镇艺术风貌。

八、小城镇规划区的划定

建制镇规划建设管理办法规定："建制镇规划区是指镇政府驻地的建成区和因建设及发展需要实行规划控制的区域。建制镇规划区的具体范围在建制镇总体规划中划定"。我们在小城镇规划实践中，逐步认识到小城镇规划区的范围是在小城镇镇域总体规划中，根据土地资源的合理利用和小城镇建设发展目标的实际需要所拟定的规划空间范围，直到镇区建设规划和各村庄建设规划编制完成后才能具体划定小城镇规划区范围的界线。

　　小城镇规划区实质上即是镇区建设用地的控制圈，又是镇区生态环境的保护圈。因此，小城镇规划区的划定，首先必须与土地利用总体规划和基本农田保护规划相结合，在确保基本农田的基础上，考虑土地开发的预期效益，合理使用土地。根据合理预测小城镇未来发展可能性，选择小城镇发展方向和小城镇建设用地，确定规划控制区范围，尽量与基本农田保护区界线相衔接，力争做到"两图合一图"，同时审批，确保"两区"划定的科学性和可操作性，从而控制小城镇建设用地盲目扩大，保证留有发展余地。其次小城镇规划区范围应利用现状自然地形和人工地形为界线，增加地面识别性，以便于规划实施管理。

第五节　镇区道路系统规划

一、对外交通规划

　　小城镇对外交通是指小城镇与周围城市、城镇、乡村间的交通。它的主要形式有公路交通、铁路交通和水运交通。

　　（一）公路交通

　　公路交通是重要而又普遍的一种对外交通。目前，我国许多小城镇沿公路发展，公路同时作为城镇内部的主要道路使用。因此，公路穿越性交通受城镇内交通影响，经常发生减速、拥挤和阻塞现象，城镇内部交通也受到公路交通影响而不畅通。

　　1. 公路位置

　　规划时，应选择适当的方式处理好公路与城镇内部道路的连接问题，把公路与城镇道路区分开来。常见的公路布置方式有：

　　（1）将过境公路移至小城镇外围，与小城镇外围干道相切，使过境交通终止于此，不再进入镇区。

　　（2）将过境公路迁离小城镇，与小城镇保持一定的距离，公路与小城镇的联系采用引进镇道路的布置方式。这种布置方式适宜于公路等级较高且经过的小城镇规模又较小的情况。

　　（3）当小城镇集多条过境公路时，可把各过境公路的汇集点从小城镇镇区移到小城镇边缘，采用过境公路绕小城镇边缘组成小城镇外环道路的布置方式。

　　（4）高速公路经过小城镇，应采用立体交叉与城镇路网相连，由一处以上的立体交叉牵出联络交通干道，连接城镇外围交通干道。

　　2. 公路汽车站布置

　　公路汽车站又称长途汽车站，按其使用性质可分为客运站、货运站和客货混合站等几种。

　　（1）客运站

　　小城镇镇区面积不大，客运人数和客车流量都较少，大都设 1 个客运站，布置在小城镇边缘，还可将长途汽车站和铁路车站综合布置，以便联运。

　　（2）货运站

　　货运站位置的选择与货源和货物性质有关。一般布置在小城镇边缘，且靠近工业区和仓库区，便于货物运输，同时也要考虑与铁路货场，货运码头的联系，便于组织货物联运。

（3）客货混合站

城镇规模小，客货流量较少而比较平衡时，常采用客货混合站，其位置应综合客运站与货运站的要求。

（二）铁路

铁路对小城镇发展的影响是很大的，在很大程度上影响或决定了小城镇总体布局的形式。

在小城镇规划中，为了避免铁路切割小城镇，最好铁路从镇区的边缘通过。它包括下列布局：

1. 将客站设在靠近居住用地的一侧。在布置时应注意客站与货站的两侧要留有适当的发展用地。这种布置形式比较理想，适宜于工业与仓库规模较小的小城镇。

2. 当小城镇货运量大，而同侧布置又受地形限制时，可采取客货对侧布置的形式，应将铁路运输量大、职工人数少的工业有组织地安排在货场一侧，而将小城镇镇区的主要部分仍布置在客站一侧，同时还要选择好跨越铁路的立交道口。

3. 当工业货运量与职工人数都比较多时，也可采取将小城镇镇区主要部分设在货场一侧，而将客站设在对侧。这样，就只有较少的旅客往返火车站时跨越铁路。

（三）港口

水路运输量大，运费低廉。在小城镇中，水路运输的站场就是港口，港口小城镇规划中应合理地部署港口及其各种辅助设施的位置，妥善解决港口与小城镇其他各组成部分的联系。

港口由水域和路域两大部分组成。水域是指供船舶航行、运转、锚泊和停泊装卸所用的水面，要有合适的深度和面积，适宜水上作业。陆域是供旅客上下船、货物装卸及堆存或转载所用的地面，要求有一定长度的岸线和纵深。

1. 港口位置的选择

（1）港口选址服从于河流流域规划或沿海航运区规划。

（2）港口应选在地质条件较好、冲刷淤泥变化小、水流平顺、具有较宽水域和足够水深的河（海）岸地段。港址应有足够的岸线长度和一定的路域面积，以供布置生产和辅助设施。

（3）具有较完善的基础设施，要与公路、铁路有通畅的连接。

（4）港址应尽量避开水上贮水场、桥梁、闸坝及其他重要的水上构筑物，要与小城镇交通干道相互配合，且不影响小城镇的卫生与安全。

（5）港区内不得跨越架空电线和埋设水下电缆，两者应距港区至少100m以外，并设置信号标志。

（6）小城镇客运码头应与镇区联系方便。不为本镇服务的转运码头，应布置在镇区以外的地段。

2. 港口布置与小城镇布局的关系

在港口小城镇规划中，要妥善处理港口布置与小城镇布局之间的关系。

（1）合理地进行岸线分配与作业区布置

岸线在港口小城镇中占据十分重要的位置，分配岸线时应遵循"深水深用，浅水浅用，避免干扰，各得其所"的原则。在用地布局时，将有条件建设港口的岸线留作港口建设区，但要留出一定长度的岸线，尤其是那些风景优美的岸线，供小城镇居民和旅游者游览休息。

（2）加强水陆联运的组织

港口是水陆联运的枢纽，货客集散、车船转换等集中于此，在规划设计中应妥善安排水陆联运，提高港口的流通能力。

跨河建设的小城镇，应注意两岸的交通和景观联系。桥梁和渡口位置均应与小城镇道路系统相衔接，且与航道规划统筹考虑，既满足航运的效益，又方便小城镇内部交通联系。

二、小城镇道路系统规划

（一）影响城镇道路系统布局的因素

城镇道路系统是组织城镇各种功能用地的"骨架"，又是城镇进行生产活动和生活活动的"动脉"。城镇道路系统布局是否合理，直接关系到城镇是否可以合理、经济地运转和发展。道路系统一旦确定，实质上决定了城镇发展的轮廓和形态，其影响相当深远。影响小城镇道路系统布局的主要因素是城镇在区域中的位置（对外交通和自然地理条件）、镇区用地布局形态和城镇交通运输系统。

（二）小城镇道路系统规划的基本要求

1. 满足组织城镇各部分用地布局"骨架"要求。

（1）城镇各级道路应成为划分城镇各分区、组团、各类城镇用地的分界线。

（2）城镇各级道路应成为联系城镇各分区、组团、各类城镇用地的分界线。

（3）城镇各级道路应成为布置各种工程管线和防灾疏散的通道。

（4）城镇道路的选线应有利于组织城镇的景观，并与城镇绿地系统和主体建筑相配合形成城镇的"景观骨架"。

（5）城镇道路的选线应充分利用地形、地貌，减少工程量，尽量保护自然生态和历史文化古迹。

2. 满足城镇交通运输的要求

（1）道路的功能必须同毗邻道路的用地性质相协调，道路两旁的土地使用决定了联系这些用地的道路上将会有什么类型、性质和数量的交通，决定了道路的功能；反之一旦确定了道路的性质和功能，也就决定了道路两旁的土地应该如何使用。

（2）城镇道路系统完整，交通均衡分布

城镇道路系统应做到系统完整、分级清晰、功能分功明确，适应各种交通的特点和要求，不但要满足城镇各区之间方便、迅速、经济、安全的交通联系要求，也应满足发生各种自然灾害时的应急运输要求。

道路系统规划应与城镇用地规划相结合，做到布局合理，尽可能方便交通。要尽量把交通组织在城镇分区或组团内部，减少跨越分区或组团的远距离交通，并做到交通在道路系统中的均衡分布。

在道路系统组织中应注意采取集中与分散相结合的原则。集中就是把性质和功能要求相同的交通相对集中起来，提高道路的使用效率；分散就是尽可能使道路均匀分布，简化交通矛盾，同时尽可能为使用者提供多种选择的机会。所以，在规划中应特别注意避免单一通道的做法，对每一种交通需要都应提供两条以上的线路（通道）为使用者选择。

（3）要有适当的道路网密度和道路用地面积率

城镇道路网密度受现状、地形、交通分布、建筑及桥梁位置等条件的影响。不同类型小城镇、城镇中不同区位、不同性质地段的道路网密度应有所不同。过小则交通不便，过大会形成用地和投资的浪费。一般而言，城镇中心区的道路网密度较大，边缘区较小；商业区的道路网密度较大，工业区较小。

（4）道路系统要有利于实现交通分流

道路系统应尽量满足不同功能交通的不同要求。根据交通发展的要求，小城镇也要逐步形成交通性与生活性、机动与非机动、车与人等不同的系统，使每个系统都能高效率地为不同的使用对象服务。

（5）要为交通组织和管理创造良好的条件

小城镇干道系统应尽可能规整、醒目，并便于组织交叉的交通。一个交叉口交汇的道路不宜超过4～5条，交叉角不宜小于60°或不宜大于120°，以简化交叉口的交通组织，不影响道路的通行能力和交通安全。

（6）道路系统应与城镇对外交通有方便联系

（三）小城镇道路的分级（表2-4-5-1、表2-4-5-2）

小城镇道路系统组成　　　　　　　　　　　　　　　表 2-4-5-1

村镇层次	规划人口规模（人）	道路分级			
		一	二	三	四
县城镇	50001 人以上	●	●	●	●
	30001～50000	●	●	●	●
	30000 人以下	●	●	●	●
中心镇	30001 人以上	●	●	●	●
	10001～30000	○	●	●	●
	10000 人以下		●	●	●
一般镇	10001 人以上		●	●	●
	3001～10000		●	●	●
	3000 人以下		○	●	●
中心村	3001 以上		○	●	●
	1001～3000			●	●
	1000 以下			●	●
基层村	1001 以上			●	●
	301～1000			○	●
	300 以下				●

注：表中"●"和"○"分别表示道路系统应设和可设级别。当大型中心镇规划人口大于 30000 人时，其主要道路红线宽度可大于 32m。

小城镇道路分级标准　　　　　　　　表 2-4-5-2

规 划 设 计	小 城 镇 道 路 分 级			
	一	二	三	四
计算行车速度（km/h）	40	30	20	—
道路红线宽度（m）	24～40	16～24	10～14	4～8
车行道宽度（m）	14～24	10～14	6～7	3.5
每侧人行道宽度（m）	4～6	3～5	0～3	不设
交叉口建议间距（m）	≥500	300～500	150～300	80～150

　　小城镇道路的分级，应根据城镇规模大小而定。县城镇、较大的小城镇镇区道路可分为四级，即主干道、次干道、一般道和巷道；一般小城镇镇区道路分为三级。

　　1．主干道或一级道路　用于小城镇对外联系或小城镇内生活区、生产区与公共活动中心之间联系，是小城镇道路网中的中枢。

　　2．次干道或二级干道　通常与主干道平行或垂直，与主干道一起，构成小城镇道路骨架，主要解决小城镇内生活、生产地段的交通。

　　3．一般道路或三级道路　是小城镇道路的辅助道路。

　　4．巷道或四级道路　是小城镇内各建筑之间联系的通道，主要解决人行、住宅区的消防等。

　　县城镇或小城镇规模很大时，其道路网规划按照《城市道路交通设计规范》中的规定，具体规划时参见表 2-4-5-3 的有关规定。其中道路网密度是指每平方公里城市用地面积内平均所具有的道路长度，单位以 km/km² 来表示。道路网密度越大，交通联系也越方便，但密度过大，会造成城市用地不经济，增加建设投资。

小城市道路网规划指标　　　　　　　　表 2-4-5-3

项 目	城市人口（万人）	干 路	支 路
机动车设计速度（km/h）	>5	40	20
	1～5	40	20
	<1	40	20
道路网密度（km/km²）	>5	3～4	3～5
	1～5	4～5	4～6
	<1	5～6	6～8
道路中机动车车道条数（条）	>5	2～4	2
	1～5	2～4	2
	<1	2～3	2
道路宽度（m）	>5	25～35	12～15
	1～5	25～35	12～15
	<1	25～30	12～15

（四）小城镇道路系统的空间布局

城镇道路系统是为适应城镇发展，满足城镇用地和城镇交通以及其他需要而形成的。在不同的社会经济条件、城镇自然条件和建设条件下，不同小城镇的道路系统有不同的发展形态。从形式上，常见的小城镇路网可归纳为四种类型。

1. 方格网式道路系统

方格网式又称棋盘式，是常见的一种道路网形式。这种道路系统的布置形式比较简单，其特点是道路呈直线，道路交叉点多为直角，方格网划分的街坊较整齐，有利于建筑物的布置，易于识别方向，交通组织比较机动灵活。它适用于地形平坦地区的小城镇。其特点是对角线方向的交通不够方便，布局较呆板。

2. 环行放射式道路系统

这种道路形式一般由小城镇的公共中心或车站、码头作为放射道路的中心，向四周引出若干条放射性道路，并围绕中心布置若干环行道路以联系各放射性道路。它的优点是能充分利用原有道路，有利于旧镇区与新镇区的连接，交通直捷通畅。缺点是在中心地区易引起机动车交通堵塞，交通的灵活性不如方格网好。另外，道路的交叉形式很多钝角与锐角，街坊用地不整，不利于建筑物的布置。又由于小城镇规模不大，从中心到各地段的距离较小，一般说来，没有必要采取纯放射式道路系统。

3. 自由式道路系统

这种形式多用于山区、丘陵地带或地形多变的地区，道路为结合地形变化而布置成路线曲折不一的几何图形。它的优点是充分结合自然地形，节省道路建设投资，布置比较灵活，并能增加自然景观效果，组成生动活泼的街景。但道路弯曲不易识别方向，不规则形状的地块较多。

4. 混合式道路系统

混合式道路系统是结合小城镇用地条件，采用上述几种道路形式组合而成。因此，它具有前述几种形式的优点。在小城镇规划建设中，往往受各种条件的限制，不能单纯采用某一种形式，而是因地制宜地采用混合式道路系统，主要是因为它比较灵活，对不同地形有较大的适应性。

以上四种道路网形式，各有优缺点，在实际规划中，应根据自然地理条件、地形地貌、建设现状、经济条件及小城镇特点，进行合理选择和运用。

（五）小城镇道路断面设计

1. 道路横断面设计

（1）道路红线宽度

道路红线是道路用地和两侧建设用地的分界线，即道路横断面中各种用地总宽度的边界线。一般情况下，道路红线就是建筑红线，即为建筑不可逾越线。但有些城镇在道路红线外侧另行划定建筑红线，增加绿化用地，并为将来道路红线向外扩展的可能留有余地。

确定道路红线宽度时，应根据道路的性质、位置、道路与两旁建筑的关系、街景设计要求等，考虑街道空间尺度比例。

道路红线宽度是道路断面设计的范围。道路红线内的用地包括车行道、步行道、绿化带、分隔带四部分。

（2）道路横断面组成

1）车行道

车行道包括机动车道和非机动车道，是保证来往车辆安全和顺利通过所需要。机动车道宽度以"车道"为单位来确定，"车道"宽按 3.5～4m 计算。单车道的混合机动通行能力一般取每小时 400 辆计，根据对高峰小时交通量的预测，可通过计算得出机动车道宽度。非机动车道是供自行车、三轮车、兽力车和架子等车辆行驶的车道。小城镇中非机动车道单向行驶宽度一般可采用 3～5m。

2）人行道

人行道是为满足步行的需要设置。还要种植绿化带（或行道树）、立灯杆或架空线杆、埋设地下工程管线。步行区宽度以"步行带"为单位来确定，步行带宽以 0.75m 计，根据行人的步行速度不同，其每小时通行能力为 600～1000 人。道路等级跟步行带条数成正比，主干道设 4～6 条步行带，次干道设 2～4 条步行带，则人行道宽度一般在 3～5m 间。

3）分隔带

分隔带又称分车带或分流带，是分隔车道的隔离物，由绿化或挡墩、栅栏等组成。无论采用何种形式的分隔带，都不应遮挡驾驶员的视线。为了保证行车安全，除交叉口和较多机动车出入口处，分隔带应是连续的。

（3）道路横断面类型

人们通常依据车行道的布置命名横断面的类型。不用分隔带划分车行道的道路，横断面称为一块板断面。用分隔带划分车行道为两部分的道路横断面称为两块板断面；用分隔带将车行道划分为三部分的道路横断面称为三块板断面。小城镇道路横断面常见的类型有三种。

1）一块板道路横断面

一块板道路的车行道可以用作机动车专用道、自行车专用道以及机非混合行驶的次干道及支路。它具有占地小、投资省，通过交叉口时间短，交叉口通行效率高的优点，不失为一种很好的横断面类型。

2）两块板道路横断面

两块板道路通常是利用中央分隔带将车行道分为两条单向行驶的车道。两块板是指解决对面行驶机动车的相互干扰问题。规范规定，当道路设计车速 $V>50km/h$ 时，必须设置中央分隔带。有较高的景观绿化要求时，可用较宽的绿化分隔带形成景观绿化环境。

地形起伏变化较大的地段，将两个方向的车行道布置在不同的平面上，形成有高差的中央分隔带。机动车与非机动车分离。

3）三块板道路横断面

三块板道路通常是利用两条分隔带将机动车流和自行车（非机动车）流分开，可以提高机动车和自行车的行车速度，保障交通安全。同时，三块板道路可以在分隔带上布置多层次的绿化，从景观上可以取得较好的美化城市的效果。但是，这类断面行车车速受到了限制，有时难免产生机动车与自行车的相互干扰，交叉口的通行效率较低；红线宽度至少在 40m 以上，占地大，投资高。

一般三块板横断面适用于机动车交通量不十分大而又有一定的车速和车流畅通要求，自行车交通量又较大的生活道路或交通性客运干道，不适用于机动车和自行车流量都很大的交通性干道和要求机动车车速快而顺畅的快速路。

（4）道路横坡

道路横坡是指道路路面在横向单位长度内升高或降低的数值，一般用百分率（%）表示。

为了使道路的雨水通畅地流入边沟，必须使路面具有一定的横坡，横坡的大小取决于路面材料、路面宽度和当地气候条件的影响。

2．道路纵断面设计

沿道路中心线的纵剖面称为道路纵断面。纵断面设计的主要内容是确定道路中心线的设计标高和原地面标高、纵坡度、总坡长度。小城镇道路的纵断面设计，一般是在平面线型确定以后进行，两者之间是相互联系、相互制约的，应综合考虑。

（1）道路纵坡

道路纵坡是指道路纵向的坡度。道路坡度的大小要有利于车辆的安全行驶和路面雪水的迅速排除。若纵坡值过大，上下坡行车不方便，容易发生事故；若纵坡值过小，又不利于路面水的排除和地下各种工程管线的埋设。因此，对道路的最大纵坡不大于6%，丘陵地区与山区纵坡不大于7%，特殊情况可达8%～9%，考虑到小城镇非机动车较多，在确定纵坡时不宜过大，一般以不大于3%为宜。不同路面道路应设定其最大坡度与最小纵坡的适用值。

（2）道路纵坡长度

道路的纵坡长度与纵坡坡度有直接关系，道路纵坡在2%以下时，其坡长不受限制；如果道路纵坡坡度大，坡长就不宜太长，太长则会增加机动车上坡时的燃料消耗和机件磨损；下坡时容易发生交通事故。但纵坡坡长也不宜过短，过短则路线起伏，行车容易颠簸，于客货均不利。

在道路纵坡值发生变化的地方，即转坡点处，一般需要设置竖曲线。当相邻的两个纵坡差在主要道路上大于0.5%或在次要道路上大于1%时，应设置竖曲线，其半径可参考表2-4-5-4。

竖曲线最小半径（单位：m） 表 2-4-5-4

道 路 类 型	凸形竖曲线	凹形竖曲线
过境道路	2500～4000	1000～1500
主要道路	2000～2500	800～1000
次要道路	500～1500	500～600

（六）小城镇道路平面线型

道路平面线型是以道路中心线为准，按照行车技术要求和两旁用地条件，确定道路在平面上的直、曲线路段及其衔接。道路在平面上的弯道采用圆曲线，一般称为平曲线，平曲线的半径称为曲线半径。汽车在转弯时产生的离心力与车速成正比，与曲线半径成反比。为了保持车速和行车安全，在道路曲线段上应尽量采用大半径的平曲线，只有在条件不允许时，才选用最小曲线半径。小城镇道路平曲线半径参见表2-4-5-5。

平曲线半径参考值（单位：m） 表 2-4-5-5

道路类型	建议曲线半径	最小平曲线半径
过境道路	500～1000	250
主要道路	200～500	50
次要道路	100～200	30

（七）小城镇道路交叉口

1. 平面交叉口的类型

道路交叉口是道路与道路相交的部位，可分为平面交叉和立体交叉两种类型，其中平面交叉在小城镇道路中最为常见，是指各相交道路中心线在同一高程相交，其常见形式有下列几种类型。

（1）十字交叉口：两条道路相交，互相垂直或近于垂直，这是最基本的交叉口形式，其交叉形式简洁，便于交通组织，适用范围广，可用于相同等级或不同等级的道路交叉。

（2）X形交叉口：两条道路以锐角或钝角斜交。由于当斜交的锐角较小时，会形成狭长的楔形地段，对交通不利，建筑也难处理，应尽量避免这种形式的交叉口。

（3）T型、错位型、Y型交叉口：一般用于主要道路和次要道路相交的交叉口。为保证干道上的车辆行驶通畅，主要道路应设在交叉口的顺直方向。

（4）复合交叉口：用于多条道路交叉，这种交叉口用地较大，交通组织复杂，应尽量避免。

2. 交叉口的视距

交叉口是车辆交通最复杂的地方，为使行车安全，要保证司机在进入交叉口之前的一段距离内，能看清相交道路驶来的车辆，以便安全通过或及时停车，这段距离应不小于车辆行驶时的停车视距。当设计行车速度为 15～25km/h 时，停车视距一般为 25～30m；当设计行车速度为 30～40km/h 时，停车视距一般为 40～60m。

由两条相交道路的停车视距在交叉口所组成的三角形，称为视距三角形。在视距三角形以内不得有任何阻碍驾驶人员视线的建筑构筑物和其他障碍物，此范围内如有绿化，应控制其高度不大于 0.7m。视距三角形是设计道路交叉口的必要条件，应从最不利的情况考虑，一般为最靠右的第一条直行车道与相交道路中最靠中的一条车道所构成的三角形。

3. 交叉口的转弯缘石半径

为了保证各个方向的右转弯车辆以一定的速度顺利地转弯，交叉口转角处的缘石应做成圆曲线，其半径为缘石半径。缘石半径过小，则要求转弯时行驶车辆降低速度，否则右转弯车辆会侵占相邻车道，影响其他车道上车辆正常行驶。

道路等级不同，交叉口的缘石半径也不一样，缘石半径的取值为：主要交通干道 $R_1 = 15～20m$，次要干道及居住区道路 $R_2 = 9～15m$，支路 $R_3 = 6～9m$。

由于小城镇交通运输的车辆将向着载重量增大、车辆尺寸增大、行车速度增快的方向发展，为了避免右转弯车辆的速度降低太多，并考虑今后交通发展的需要，应尽量争取较大的缘石半径。

（八）迴车场设计

当采用尽端式道路时，为方便迴车，应在道路尽端处设迴车场。迴车场面积应不小于12m×12m。

（九）小城镇道路的改建

在经济社会不断发展，小城镇建设日益扩大，促使小城镇运输迅速增长的情况下，原有的小城镇道路的路线、宽度及路面强度等已不能满足交通和行车的要求，需进行道路改建。小城镇道路改建的内容与措施很多，总的说来，大致分列五种情况：

1．调整旧道路的各个组成部分，拓宽旧道路宽度。

2．缓和旧道路的过大纵坡。

3．加大旧道路平曲线转弯半径，道路局部改线或裁弯取直。

4．加大路口缘石半径，改善交叉口视距条件，拓宽邻近交叉口的道路宽度。

5．提高路面强度。

小城镇道路改建的范围，往往不限于单纯的一个项目，而是综合性的，它有时包括了道路平面和纵断面上的路线改造，并联系到地上、地下公用工程设施的改建和路面的改建。拓宽旧道路宽度还要牵连到拆迁沿街建筑物，尤其是比较彻底的线路改建，势必要同时考虑纵断面、横断面及路面的全部改建。

三、小城镇道路绿化

道路绿地指道路及广场用地范围内可进行绿化的用地。道路绿地在小城镇中分为道路绿带、广场绿地和停车场绿地。其中道路绿带指道路红线范围内的带状绿地，分为分车绿带、行道树绿带和路侧绿带。

道路绿化应以乔木为主，乔木、灌木、地被植物相结合，不得裸露土壤，并应符合行车视线和行车净空高度。种植乔木的分车绿带宽度不得小于1.5m；主干道上的分车绿带宽度不宜小于2.5m；行道树绿带宽度不得小于1.5m，道路绿地率为15%～30%。

道路绿化应选择适应道路环境条件、生长稳定、观赏价值高和环境效益好的植物种类。

第六节　镇区绿化与景观规划

一、镇区绿化系统规划

（一）镇区绿化系统的概念

小城镇镇区绿化系统是指镇区中各种类型和规模的绿化及其用地组成的有机整体。绿化起到净化空气、优化环境、调节气候、改善卫生、美化景观、承载游憩、蓄水防洪以及节能减灾等良好的作用，具有生态效益、社会效益和经济效益的综合功能。

（二）镇区绿化用地分类

镇区绿地分为公共绿地、生产防护绿地两类。在绿化系统中并包括各类建筑用地中的附属专用绿地，以及镇区周围的生态景观控制区，如表2-4-6-1所示。

小城镇绿化用地分类和代码 表 2-4-6-1

类别代码		类别名称		范 围
大类	小类	大类	小类	
G1		公共绿地		面向公众开放，有一定游憩设施的绿化用地，包括其范围内的水域
	G11		公园绿地	面向公众开放，有一定游憩设施，具有休闲、生态、美化、防灾等综合功能的绿地
	G12		块状绿地	位于道路红线之外，相对独立成片的绿地，如街巷绿地、广场绿地等
	G13		带状绿地	沿城镇主次干道、河流、旧街区等宽度等于和大于5m的狭长形绿地
G2		生产防护绿地		包括生产绿地和防护绿地
	G21		生产绿地	提供苗木、花卉、草皮、种子的苗圃等生产用地
	G22		防护绿地	用于卫生、隔离、安全要求，针对自然灾害及城市公害，有一定防护功能的防护林带和绿地
G3		附属专用绿地		居住建筑用地、公共设施用地、工业用地、仓储用地、对外交通用地、道路广场用地、公用工程设施用地、特殊用地等各类镇区建设用地中的专用绿化用地
G4		生态景观控制区		位于小城镇镇域总体规划范围以内，镇区建设用地以外，对城镇生态环境质量、居民休闲生活、城镇景观和生物多样性保护有直接影响的地区
	G41		生态控制区	为改善小城镇生态和景观质量需要加以控制的区域。如水源保护区、城镇隔离带、基础设施绿化防护区、自然保护区、湿地、山体、林地、重要的农业生产基地
	G42		景观游憩区	具有较好的景观和完善的游览、休闲、游憩设施的大型自然风景区域。如风景名胜区、森林公园，自然文化遗址保护区，观光农业区，野生动植物园

（三）镇区绿化系统规划内容

1．依据小城镇经济社会发展规划和小城镇规划的要求，确定镇区绿化系统规划的指导思想和规划原则；

2．调查与分析评价镇区绿化现状、发展条件及存在问题；

3．研究确定镇区绿化系统的发展目标与主要指标；

4．参与综合研究镇区的布局结构，确定镇区绿化系统的用地布局；

5．确定公共绿地、生产绿地、防护绿地的位置、范围、性质及主要功能；

6．划定需要保护、保留和建设的镇郊绿地和生态景观控制区；

7．确定分期建设步骤和近期实施项目；

8．提出实施管理建议。

（四）镇区绿化系统规划指标（表 2-4-6-2）

镇区绿化规划指标　　　　　　　　　　　　　　　表 2-4-6-2

绿化指标名称	绿化规划指标	
	近　期	远　期
人均公共绿地面积（m²/人）	3～5	5～8
绿地率（％）	20～30	30～45

镇区绿地规划指标，包括人均公共绿地和绿地率两项。

1．人均公共绿地指标，是指小城镇常住人口平均享有的公共绿地面积。

人均公共绿地指标（m²/人）＝镇区公共绿地总面积/镇区人口

2．绿地率，是指绿地在一定建设用地范围内所占面积的比例。如小城镇镇区绿地率和居住小区绿地率等。屋顶绿化不计入绿地面积。

小城镇镇区绿地率（％）＝镇区各类绿地总面积/镇区面积×100％

由于我国幅员辽阔，南、北方，东、西部自然环境、经济条件、社会发展差异颇大，小城镇绿化规划指标的确定，可参照《城市绿化规划建设指标的规定》提出的数值，由各地区根据自身实际情况选定。

（五）镇区绿化系统规划布局

1．布局原则

（1）网络原则：小城镇绿化规划应根据小城镇现有的绿化基础和特点，结合各项用地规划，进行统一安排。充分利用小城镇内部不宜建设的地段，开辟绿地，形成点线面相结合小城镇绿化系统网络，均衡分布，发挥改善气候，保护环境和美化小城镇的作用。

（2）人本原则：小城镇绿化规划应结合建筑、街道、广场、河岸等的特点，选择适宜的绿化品种，采取不同的手法，规划成公园、街巷绿地、行道树、防护绿地和附属专用绿地等多种绿化形式。各类绿化按各自的有效服务半径均匀分布，便于人们近绿。

（3）自然原则：小城镇绿化规划应尽量利用自然地形，结合山脉、河湖、坡地、荒滩、湿地组织绿化景观地带或外环绿带，并与镇外农田林网相连接，充分发挥绿化的生态环境功能。

（4）地缘原则：小城镇绿化应尽量采用乡土物种，保护古树名木。栽植树木应根据树木的根系、高度、生长特点以及当地土壤、水质、地质条件，确定与建筑物、工程设施和地面上下管线的栽植距离。

2．布局形式

镇区绿地，一般是由点、线、面三种形态组成的多种布局形式。

（1）块状布局。又可分为块状集中布置和分块均匀布置两种形式。根据公园的服务半径大小和距离较均衡配置的原则：较小的小城镇，布置一座公园绿地即可；县城镇和大型镇，可均衡地布置两个或两个以上的块状绿地（图 2-4-6-1）。

（2）散点均衡布局。若干小块绿地分布于全镇各处，投资小，建设易，可简可繁，水平和标准有低有高，人们均可就近方便地到达绿地休憩，也可随处看到不同形式和风格的小游园，使小城镇显得丰富多彩，空气清新（图 2-4-6-2、图 2-4-6-4、图 2-4-6-5）。

（3）网状布局。包括沿着镇的河渠及溪边绿带、隔离绿带，加宽的干道边线型绿带等，使镇区的绿地相互交织呈网络，构成完整的散步绿荫系统，这也是一种较理想的布局形式（图 2-4-6-3、图 2-4-6-6）。

（4）自然贯穿式布局。结合地形，或河流或小丘，进行重点绿地布置，从镇外向镇内延伸，从另一端或几端又伸向镇外，构成贯穿镇区，划分镇区的绿地群。生活在镇里，仿佛各个地方都被厚厚的绿丛所包围，有浓厚的田园气氛。

3. 镇区周围绿地

亦可称为镇郊绿地。由生产绿地、防护绿地和镇郊山林、水域组成城镇生态环境保护圈。并利用自然环境开发森林公园、野趣公园、观光农业园区等新的旅游景点，逐步形成小城镇生态景观控制区。

二、镇区景观系统规划

（一）镇区景观系统的概念

小城镇景观包括自然、人文、社会诸要素，是指通过视觉所感知的城镇物质形态美和文化形态美。

（二）镇区景观系统规划内容

镇区景观系统规划指对影响城镇形象的关键因素及镇区开放空间的结构所进行的整体安排。其任务是调查与评价小城镇的自然景观、人文景观和户外游憩条件，研究、协调城镇景观建设与相关镇区建设用地的关系，评价、确定和部署城镇景观骨架及重点景观地带，处理远期发展与近期建设的关系，指导小城镇景观的有序发展。镇区景观系统规划的主要内容如下。

1. 依据小城镇自然、历史文化特点和经济社会发展规划的战略要求，确定镇区景观系统规划的指导思想和规划原则；

2. 调查发掘与分析评价小城镇景观资源、利用现状、发展条件及存在问题；

3. 研究确定小城镇景观的特色与目标；

4. 研究镇区用地的结构布局和城镇景观的结构布局，确定符合社会理想的城镇景观结构；

5. 划定有关小城镇景观控制区，如城镇背景、制高点、门户、节点、景观走廊、特征地带等，并提出相关安排；

6. 确定需要保留、保护、利用和开发建设的镇区户外活动空间，整体安排客流集散中心、闹市、广场、步行街、名胜古迹、亲水地带和开敞绿地的结构布局；

7. 确定分期实施步骤和近期建设项目；

8. 提出实施管理建议。

（三）镇区景观系统规划原则

1. 舒适性原则：考虑人们在小城镇环境中的行为心理规律，研究创造便利、舒适、安逸的镇区生活环境。

2. 城镇审美原则：考虑人们感官与文化心理对纷杂信息的吸纳选择及评价标准，研究创造有特色、有内涵、可识别、和谐、悦目的小城镇审美品味。

3．生态环境原则：充分利用阳光、气候、动植物、土壤、水体等自然资源，与人工手段相结合，创造健康的可持续发展的镇区生存环境。

4．资源因借原则：小城镇景观建设须借助于山脉、河湖、林地等自然景观大背景，同时结合镇区内部的自然地形、地物和人文资源条件，因地制宜地保护和利用小城镇景观资源。

5．历史文化保护原则：重视小城镇历史文化的继承与保护，重视小城镇景观的历史延续性及其乡土文化特征。

6．整体性原则：主体意义上的小城镇景观是人们对镇区客体的感知综合与记忆，要求景观要素之间具有较好的连贯性、一致性和协同性。

图 2-4-6-1　浙江省绍兴县新未庄公园

图 2-4-6-2　浙江省诸暨市店口镇小游园

图 2-4-6-3　浙江省绍兴县新未庄沿河绿化带

图 2-4-6-4　浙江省湖州市下昂镇射中村
住宅小区绿化

图 2-4-6-5 浙江省诸暨市店口镇机械厂厂区绿化　　　图 2-4-6-6 天津市静海县大邱庄镇道路绿化

第七节 镇区公用工程设施规划

镇区公用工程规划一般包括供水、排水、供电、通信等专项工程规划以及竖向规划。

一、供水规划

（一）供水规划的任务：为了经济合理、安全可靠地提供居民生活和生产用水，保障人民生命财产安全的消防用水，并满足不同用户对水质、水压的要求。

（二）供水规划的作用：集取天然的地表水或地下水，经过一定的处理，使之符合生产用水和居民生活用水标准，并用经济合理的输配水方法输送到各种用户。

（三）供水规划的内容：确定用水定额、用水总量、各单项工程设计水量；根据当地实际情况制定供水系统的组成；合理选择水源、确定取水位置及取水方式；选择水厂的位置、水质处理方法；布置输水管道及供水管网、估算管径及泵站提升动力；供水方案比较、做好工程造价和年运行费、选定供水工程规划方案。

（四）供水规划技术要点

1. 用水类型构成：生活用水，生产用水，市政用水，消防用水，未预见用水。

2. 水工程系统组成：取水工程、净水工程、输配水工程，并用水泵联系，组成一个供水系统。

3. 供水管网布置方式：树枝状管网、环状管网和混合式管网。

4. 管网线路的选择：干管布置的主要方向与供水方向的主要流向一致；管线总长度适宜，便于施工与维修，降低造价及经常管理费用；充分利用地形输水管优先考虑重力自流，管网平差选用最佳方案。

二、排水规划

（一）估算排水总量：估算镇区的各种排水量，分别估算生活污水量、生产污水量、生产废水和雨水量。一般将生活污水和生产废水量之和称为镇区总污水量，雨水量应按当地暴雨强度公式单独估算。

（二）排水体制的选择：即拟定镇区污水、雨水的排放方案，它包括确定排水区界和排水方向，研究生活污水、生产废水和雨水的排水方式（合流制、分流制、混合制），旧镇区原有排水设施的利用与改造，以及研究在规划期限内排水系统建设的近远期结合、分期建设等问题。

（三）确定污水处理与利用：研究镇区污水处理与利用的方法及污水处理厂（站）位置选择。根据国家环境保护规定和镇区具体条件，确定其排放程序、处理方式以及污水综合利用的途径。

（四）布置排水管沟：包括污水管道、雨水管渠、防洪沟的布置等。要确定主干管的平面位置、高程，估算管径、泵站设置等。

三、供电规划

（一）确定用电负荷：根据镇区建设规划确定的总人口、工业总产值和农业设施的发展目标进行用电负荷计算。用电负荷包括农业用电负荷、公用及生活用电负荷和工业用电负荷。

（二）选择和布局镇区范围内变电配电站：注意满足变电站的建设条件；线路进出方便；尽量接近负荷中心，以减少电能消耗和配电线路的投资；满足自然通风要求，尽量设在产生有害气体及粉尘场所的上风侧。变电站的出线电压根据地区电压标准。

（三）确定输、配电网电压：输、配电线路的电压，按照国家规定分为高、中、低三种；高压线路的标准电压有35、110、220、500千伏等几种；目前采用较多的是10千伏；低压配电线路为380/220伏。

（四）供电线路布局原则：线路尽量沿道路布置，便于检修和减少拆迁；供电线路应尽量减少交叉、跨越，避免对输电的干扰；变电站出线宜将工业线路和农业线路分开设置。

（五）供电设施配置：供电设施配置为供电变压器容量的选择和配电线路布置等。供电设施配置的容量选择应根据负荷确定。

四、通信规划

（一）通信量预测：根据镇区规划范围和其通信辐射范围和通信规划目标，预测镇区的通信需求量，即电话普及率（百人拥有电话部数）。

（二）通信设施的确定：依据通信量和镇区建设用地布局，计算出用户密度中心和线路网络中心，从而确定邮政、电信局所等设施的具体位置和规模。镇区一般营业服务半径不大于5公里。

（三）通信线路布置：主要内容是确定通信线路的位置、敷设方式、管孔数、管道埋深。

（四）通信保护控制：对镇区规划范围内有电台、微波站、卫星通信设施的，要划定其控制保护界线。

五、竖向规划

（一）竖向规划含义：将镇区建设用地的天然地形加以利用和改造，进行垂直方向的竖向布置，使建筑、道路、各项设施的标高相互协调，并使之适应工程、运输以及各类建筑修建的需要，这类工作称为"竖向规划"。

（二）竖向规划的原则

1. 充分利用自然地形，考虑地下水位、地质条件的影响，尽量保留原有的水面及绿地，减少土石方工程量。

2. 经济、合理确定建筑物、道路等竖向位置，满足其允许坡度要求和交通联系的可能性。

3. 确保镇区顺畅排除地面水，用地既要不被雨水淹没，又要避免地面土壤受到冲刷侵蚀。

4. 利于布置建筑和组织环境景观。

（三）竖向规划的内容

1. 确定建筑物、构筑物、场地、道路、排水沟的规划标高及防洪水系的主要控制点的标高和坡度，并使之相互间协调。

2. 确定地面排水方式和相应的排水构筑物，如护坡、挡土墙、排水沟等。

3. 进行土方平衡，确定填土、取土位置及挖方量的去向。

（四）竖向规划的要点

1. 建筑物室内外高差的确定：当建筑物有进车道时，室内外高差一般为 0.15m；当无进车道时一般室内地坪比室外地面高出 0.45~0.60m，允许在 0.30~0.90m 的范围内变动。室内标高至少应在地下水位以上 0.60m。

2. 建筑物与道路：当建筑物无进车道时，地面排水坡度最好在 1%~3% 之间，允许在 0.5%~6% 之间变动；当建筑物有进车道时，坡度为 0.4%~3%，机动车通行最大坡度为 8%；道路中心标高一般比建筑物室内标高低 0.25~0.30m 以上；同时，道路原则上不设平坡部分，其最小纵坡为 0.30%，以利于建筑物之间的雨水排至道路。

3. 地面排水：镇区建设用地的地面排水应根据地形特点、降水量和汇水面积等因素，划分排水区域，确定排水坡向、坡度和管沟系统。为了方便排水，地面最小坡度为 0.3%，最大坡度不大于 8%，各类地面种类适宜的不同排水坡度见表 2-4-7-1。

地面排水坡度

表 2-4-7-1

地 面 类 型	排 水 坡 度
粘土	0.30%~0.50%
砂土	<3%
轻度冲刷细砂	<10%
湿陷性黄土	建筑物周围 6m 范围内>20%，6m 以外>5%
膨胀土	建筑物周围 1.5m 范围内>2%

（五）竖向规划成果表示方法及地面设计形式

1. 设计地面形式：将自然地形加以改造，使其能满足使用要求的地形，称为设计地面或设计地形。设计地面按其整平连接方式分为平坡式、台阶式、混合式三种。

（1）平坡式：是将用地处理成一个或几个坡向的整平面，坡度和设计标高没有剧烈的变化。

（2）台阶式：是由两个标高差较大的不同整平面相连接而成的，在连接处一般设置挡土墙或护坡等构筑物。

（3）混合式：即平坡式和台阶式混合使用，根据使用要求和地形特点，把建设用地分成几个大区域，每个大区域用平坡式改造地形，而坡面相接处用台阶连接。

一般情况下，自然地形坡度小于3%，应选用平坡式，自然地形坡度大于8%时，采用台阶式。但用地长度超过500m时，虽然自然地形坡度小于3%，也可采用台阶式。

2.设计等高线法：用设计等高线来表示改造自然地面。设计等高线的距离与地形坡度和图纸比例大小有关。设计等高线的高程尽量与自然地形图的等高线高程相吻合。这种方法图面表示繁琐，一般用于局部地段竖向规划，见表2-4-7-2。

设计等高线差距的确定　　　　　　　　　表 2-4-7-2

比　　例	坡　　度		
	设计等高线差距（m）		
	0～2%	2%～5%	>5%
1:2000	0.25	0.50	1.00
1:1000	0.10	0.20	0.50
1:500	0.10	0.10	0.20

3.设计标高法：用标高、坡向、驳坎等相应符号来表示各方面的相互高程关系。一般选用比例为1:500、1:1000、1:2000地形图。这种方法较简捷，容易说明问题。在居住区竖向规划中使用较多。

第八节　小城镇公共建筑规划

一、小城镇公建的概念与分类

小城镇公共建筑系指服务于小城镇镇区及其腹地居民的物质文化生活、行政及各类管理的公用性建筑。按其使用性质划分为行政管理、教育机构、文体科技、医疗保健、商业金融和集贸设施6类，如图2-4-8-1～图2-4-8-8。结合小城镇性质、类型、人口规模、经济、社会发展水平、居民经济收入和生活水平、风俗民情及周边条件等实际情况，分析比较选定或适当调整。

二、小城镇公建配置原则与依据

小城镇公建应遵循统一规划、合理布局、因地制宜、节约用地、经济适用、分级配置、分期实施、适当超前和可持续发展的原则。按照表2-3-7-2的规定合理配置。

（一）依据小城镇规划要求。小城镇公建配置，应根据小城镇镇域总体规划和镇区建设规划、远期目标统筹安排、合理布局，公建用地应按小城镇远期规划预留。

（二）依据小城镇经济发展水平。小城镇公建类别及具体项目的配置，应与小城镇规划期的经济发展水平相适应。不应超越小城镇规划期经济实力和实际需求盲目建设。

（三）依据小城镇性质及规模。小城镇公建要根据小城镇不同性质、不同规模、不同规划期的不同需求合理配置。小城镇公建类别、项目、数量和规模的确定，应根据小城镇的不同职能、不同主导产业和不同人口成分的不同需求有所取舍，有所侧重。

（四）依据服务人口及现有的可利用的公建。小城镇公建配置的人口依据，应是其服务范围的人口；镇级公建除依据镇区人口外，尚应根据不同公建的服务特点，适当考虑所服务的腹地人口；小城镇公建配置方案除依据上述人口因素外，还应依据相邻城镇公建的类型、项目和规模及其服务辐射范围等具体情况作适当调整。

（五）考虑暂住人口对公建设施需求量和使用强度。小城镇公建配置应考虑相关暂住人口的因素，即根据各类暂住人口对公建设施需求类别、需求量和使用强度，对相关公建配置作出相应调整。

三、小城镇公建用地规划指标

小城镇公建用地面积和建筑面积可采用用地面积指标和建筑面积指标加以控制，并通过建设用地的合理选址与布局，及其类似公建项目的优化组合，达到合理配置、高效利用和节约用地的目的。

（一）公建用地及建筑面积指标

小城镇公建用地面积及建筑面积指标采用小城镇镇区常住人口每千人平方米数表示，并应符合表 2-4-8-1 的规定。

图 2-4-8-1　天津市静海县大邱庄镇政府办公楼

图 2-4-8-2　广东省东莞市长安镇长安中心小学

图 2-4-8-3　河北省沙河市恒利庄园小学

图 2-4-8-4　江苏省张家港市塘桥镇幼儿园

图 2-4-8-5 天津市西青区张窝镇老年公寓

图 2-4-8-6 天津市东丽区么六桥回族乡清真寺

图 2-4-8-7 江苏省昆山市"奥灶馆"饭店

图 2-4-8-8 浙江省绍兴县新未庄公厕

小城镇公建用地面积和建筑面积控制指标 表 2-4-8-1

公建用地类别	用地面积指标（m²/千人）			建筑面积指标（m²/千人）		
	县城镇	中心镇	一般镇	县城镇	中心镇	一般镇
1. 行政管理用地	450～1100	300～1500	200～2200	270～330	180～450	120～660
2. 教育机构用地	2200～8000	2800～9500	3200～10000	1540～3200	1960～3800	2240～4000
3. 文体科技用地	960～7200	850～6400	750～4100	580～3600	510～3200	450～2050
4. 医疗保健用地	400～1600	300～1300	300～1500	320～1120	240～910	240～1050
5. 金融商业用地	2800～6300	1700～4600	930～4600	3560～6660	2170～4870	1230～4910
6. 集贸设施用地	集市贸易的经营、交易品类、销售和交易额大小，根据赶集人数，以及相关潜在需求和地方有关规定确定					
6 类公建总用地	＜28800	＜24000	＜21600			

注：1）表中面积指标主要适用于县城镇 2～8 万、中心镇 1～4 万、一般镇 0.3～2 万人口的情况，人口规模在上述范围外，表中指标宜依据实际需要适当调整。

2）表中指标适当考虑了暂住人口和辐射服务范围人口的因素。

（二）公建用地比率

小城镇规划中的公建用地占建设用地的比例，应符合表 2-4-3-4 的规定。

（三）公建指标的应用

1. 小城镇公建用地面积指标及建筑面积指标的幅度值均应综合考虑我国东、中、西部小城镇人口密度、地理条件及其社会经济发展水平等差异确定。

2. 小城镇公建用地面积和建筑面积应结合小城镇性质、类型、常住人口和暂住人口规模、经济社会发展水平、区域位置、公建服务范围及其他相关因素分析比较，从表 2-4-8-1 选用适宜指标。

3. 小城镇规划中公建项目分类用地指标，可根据小城镇不同性质、类别、潜在需求、周边条件等因素作不同侧重的选择。但公建用地总量控制应符合表 2-4-8-1 和表 2-4-3-4 要求。

四、镇区公建布局原则与要点

（一）小城镇的行政管理、商业金融、文化娱体等公建设施，宜按其功能同类集中或多类集中布置，从而形成小城镇形象的行政中心、商业中心和公共活动中心等倍具影响和活力的建筑群体，以增加小城镇的凝聚力和吸引力。

（二）小城镇为居住小区和住宅组群服务的公建配置，应综合考虑人口分布密度及居住用地形状，并尽可能做到服务半径均衡，交通方便，行程时间适宜。

（三）小城镇集贸设施用地应根据交易产品的不同特点，综合考虑交通、环境与节约用地等因素进行布置。集贸设施的选址应有利于人流和商品的集散，并应符合卫生、安全防护的要求，不应占路为市，以街为市。集贸设施在非集时间，应考虑设施和用地的综合利用，并应考虑大集的临时场地。

（四）小城镇镇区商业中心、公共活动中心、集贸市场和人流较多的公建，必须相应就近配置公共停车场（库），其停车位控制指标应根据《城市居住区规划设计规范》等有关规定和地方有关标准并结合小城镇实际情况分析比较确定。

（五）小城镇公建群体布局、单体选址和规划设计，应满足人防、防灾、救灾的要求，应便于人员隐蔽以及人流和车流的进出疏散。

（六）对于改建和扩建的旧城镇，在决定其公建配置方案时，应注意保留原有公建的传统风貌和地方特色，尽可能保留和利用原有公建设施。历史文化古镇应注意古建筑文化的保护。

第九节　镇区环境与防灾规划

一、环境保护规划

（一）环境现状分析：通过对镇区环境状况的调查分析，了解镇区水、气、噪声、土壤污染程度，污染源的分布，环境治理措施和环境质量水平。找出对环境和居民造成的危害、产生污染的主要问题和原因。

（二）环境保护规划主要内容：确定镇区环境目标，计算环境容量，划分环境分区，制定环境控制指标，划定镇区环境控制区，提出环境保护的具体措施。

（三）环境保护规划的原则

1. 全面规划，合理布局。根据地区的自然条件和具体情况对镇区各项建设用地进行统一安排和合理布点，应尽量缩小或消除其污染影响范围。如有污染的产业用地切忌布置在居民区和水源附近，要设在镇区主导风向的下风位和水源的下游，污染严重的产业要设置防护绿带，保持一定的卫生防护距离。

2．对已造成污染的企业，必须尽快采取治理或调整措施。如对不宜在原地继续生产，污染严重且治理较困难的，要制定停产、转产、搬迁规划。

3．对新建企业的选址要在环境评估的基础上，企业建设还要做到"三同时"。

4．重视引导产业向绿色产业方向的发展，强化镇区绿地、水体的环境建设，注重镇区整体生态环境的改善与保护。

5．特别重视镇区水源和水源地的保护工作。

（四）环境保护规划的主要做法

1．环境容量概念：是指自然环境或其他环境要素，对污染物的承受量或容纳能力。

2．环境容量内容：包括水环境容量、大气环境容量、人口容量、土地容量。

3．环境容量确定：在明确环境范围和镇区经济发展的基础上，根据镇区环境目标确定值，依据自然环境如水体、大气、土地可持续发展的受容力，把维持镇区环境目标的人口数量、土地承载力和污染物排放总量等作为环境容量。

4．环保分区划分：根据镇区建设用地布局和功能分区，划定环境分区，并根据分区特点确定相应分区的环境控制指标。

（五）环境保护的主要措施

1．镇区中一切具有有害排放物的单位（工厂、卫生院、屠宰场、饲养场、兽医站等），必须遵守有关环境保护的法规及"三废"排放标准规定。

2．在村镇，要提倡文明生产，加强对农药、化肥的统一管理，以防事故发生。同时，必须遵守农药使用安全规定，加强劳动保护。

3．改善生活用水条件，凡是有条件的地方，都应积极使用符合水质要求的自来水。

4．改善居住，搞好绿色，讲究卫生，做到人畜分开。有条件的小城镇要积极推广沼气，减少煤、柴灶的烟尘污染。

5．加强粪便的管理，要结合当地生产习惯，进行粪便无害化处理；同时要妥善安排粪便和垃圾处理场地，将其布置在农田的独立地段上，搞好镇区卫生。

6．镇区内在的湖塘沟渠要进行疏通整治，以利排水。对死水坑要填垫平整，防止蚊蝇孳生。

7．积极开展环境保护和"三废"治理科学知识的宣传普及工作，加强环保观念，为保护镇区环境作出贡献。

二、环境卫生规划

（一）规划原则

小城镇环卫设施应符合统筹规划、合理布局、美化环境、方便使用、整洁卫生，有利排运的原则。

（二）规划内容

1．公共厕所设置

小城镇公厕设置一般要求：镇区主要繁华街道公共厕所设置距离为400～500m，一般街道宜为800～1000m，新建的居住小区考虑450～550m，并宜建在商业网点附近；旱厕应逐步改造为水厕。

2．废弃物处理

（1）废物箱：应根据人流密度合理设置，镇区繁华街道设置距离宜为 35～50m，一般道路为 80～100m；生活垃圾收集点服务半径一般不应超过 70m，居住小区多层住宅一般每 4 幢设一垃圾收集点。

（2）垃圾转运站：小城镇宜考虑小型垃圾转运站，选址应靠近服务区域中心、交通便利、不影响镇容的地方，规划宜 0.7～1.0km^2 设置 1 座，与周围建筑间距不小于 5m，规划用地面积宜按 100～1000m^2，结合当地转运量等具体情况，分析、比较确定。

（3）填埋场：选址应最大限度地减少对环境和城镇布局等的影响，减少投资费用，并符合其他有关要求。

（三）环卫附属设施

小城镇环卫车辆和环卫管理机构等应按有关规定配置。小城镇居住小区等道路规划应考虑环境卫生车辆通道的要求，新建小区和旧镇区改建相关道路应满足 5 吨载重车通行。

（四）消烟除尘措施

积极改进炉灶等生活设施，因地制宜地推广沼气、太阳能、风能和地热等新能源，减少能源垃圾和消除烟尘对环境的污染。

三、防灾规划

镇区防灾规划主要有消防规划、防洪规划、抗震规划和防风规划。镇区防灾规划与镇区的道路、供水、排水、通信、供电等基础设施工程规划相关，因此，要统筹兼顾，系统合理规划。

（一）消防规划：镇区内设置的液化石油气站、加油站、易燃易爆危险品的生产、储存和运输等设施的布局要慎重安排，按规范要求保留防火间距。根据镇区规模和特点，按照消防规范合理布局消防设施，确定消防通道间距。镇区消防设施包括消防站、消火栓、消防水池、消防供水管道。在水量不足的镇区可利用河湖沟渠的天然水，在河湖岸边辟出一些空地，便于消防取水。

（二）防洪规划：根据镇区的规模和特点制定防洪排涝的对策与措施，确定镇区防洪、排涝标准。确定镇区的防洪堤标高、排涝泵站等防洪排涝设施位置。防洪排涝设施主要包括防洪堤、截洪沟、分洪闸、防洪闸、排涝泵等。防洪排涝的主要做法有：避、拦、堵、截、导。

（三）抗震规划：根据《中国地震烈度区划图》确定镇区的抗震设防标准。抗震的主要对策是镇区发展用地选址要避开断裂带、溶洞区、液化土区等地质不良地带，以及会扩大地震影响的山丘地形。建筑群规划时，保留必要的空间与距离，使建筑物一旦震时倒塌不致影响周围建筑或阻塞人员疏散。在镇区布局中保证一些道路的宽度，使之在灾时仍能保证畅通，满足救灾与疏散需要。同时，应充分利用镇区绿地广场，作为震时临时避难疏散场所。

（四）防风规划

1．易受风灾的地区，小城镇用地选址应避开风口、风沙面袭击和袋形谷地等受风灾危害的地段。

2．易受风灾的地区，小城镇规划应考虑在迎风方向的镇区边缘，因地制宜地设置不同结构类型（紧密型、疏透型、通风型）的防护林带。

3．建筑物宜成组成片布置，迎风处宜安排刚度大的建筑物，不宜孤立地布置高耸建筑物。易受风灾地区迎风处建筑物的长边宜与风向平行布置。

（五）防控传染病流行规划

为防控 SARS 类急性传染病流行，与管理上的"应急措施"、"应急预案"相配合，小城镇规划上应做出相应的安排：

1．镇区应有明确的功能分区。居住、生产、办公及公共活动区等功能区应相对独立。必要时应保证一定的防护距离及防护措施。

2．每个功能区应有两个以上的出入口，其道路交通流线可灵活变更，以便发生疫情时，能根据需要变更通行路线及出入口，确保有效地避开疫点和疫区。

3．医院应放在靠近镇区边缘下风位的独立地段并有两个以上的出入口，应与相邻部分用防护绿带隔离。

4．在必要的地段配置相应的收集、运输、处理设备及设施，以便及时处理医疗废弃物和其他传播病毒的媒介。

第十节　镇区近期建设规划

一、近期建设规划定义与任务

近期建设规划是落实小城镇总体规划和建设规划的重要步骤，是小城镇近期建设项目安排的依据。

近期建设规划的基本任务是：明确近期内实施小城镇总体规划和建设规划的发展重点和建设时序；确定镇区近期发展方向、规模和空间布局；提出基础设施、公共设施、公共安全设施、生态环境建设安排的意见；确定自然遗产与历史文化遗产保护措施等。

二、近期建设规划期限

近期建设的规划期限为五年，原则上与国民经济和社会发展计划的年限一致。其中当前编制的近期建设规划期限为 2005 年。

各级政府依据近期建设规划，可制定年度的规划实施方案，并组织实施。

三、近期建设规划原则

（一）近期建设规划必须立足现实，着眼未来。处理好近期建设与长远发展，经济发展与资源环境条件的关系，注意生态环境与历史文化遗产的保护，实施可持续发展战略。

（二）近期建设规划应与经济和社会发展计划相协调，符合资源、环境、财力的实际条件，并能适应市场经济发展的需求。

（三）近期建设规划应针对镇区现状存在的问题，坚持为最广大人民群众服务，维护公共利益，完善城镇综合服务功能，改善人居环境。

（四）近期建设规划应严格依据小城镇总体规划和建设规划编制。使近期建设项目成为小城镇规划实施的组成部分，而不能成为今后发展的障碍。

四、近期建设规划的主要内容

（一）确定近期建设具体发展目标、建设重点和发展规模；

（二）确定近期建设发展地区，对近期内的村镇建设用地总量、空间分布和实施时序进行具体安排；

（三）根据近期建设重点，提出住宅建设、道路交通、公用工程设施、公共服务设施的建设选址和实施时序；

（四）提出对历史文化名城、历史文化保护区、风景名胜区、生态保护区等相应的保护措施；

（五）提出河湖水系、绿化、广场等的治理和建设意见；

（六）提出近期公共安全和城镇环境综合治理措施。

五、近期建设规划成果

近期建设规划成果包括规划文本、规划图纸和规划说明书。

近期建设规划成果要达到直接指导建设或工程设计的深度。建筑项目应当落实到规划指定的建设用地范围，标注用地四角坐标和控制标高，绘制示意性平面布局；道路或公用工程设施要标注控制点坐标、标高，并规定各建设项目的规划设计条件和需求。编制近期建设项目表和工程投资估算表。

第五章　小城镇镇区详细规划

第一节　镇区详细规划基本概念

一、镇区详细规划定义与任务

为了使小城镇镇区内各项建设切实能够按照镇区建设规划进行，对当前具体修建项目和近期开发建设地区应在项目选址的同时编制详细规划。

小城镇镇区详细规划是根据镇区建设规划对镇区近期需要进行建设的局部地区（或地段）的土地利用、空间环境和各项建设做出具体布置的规划。一般在 1/1000～1/2000 地形图上进行，局部重点地段应编制 1/500 详细规划。

小城镇详细规划的范围，可以是整片的近期开发建设地区，也可以是居住小区、道路两侧沿街地段、公共活动中心、产业园区、园林绿化、风景旅游区、古镇保护街区以及集贸市场等。其中大量的是居住小区的详细规划。

小城镇镇区详细规划的任务是：以镇区建设规划为依据，详细规定拟开发建设用地范围内的各项控制指标或直接对建设项目做出具体的安排和规划设计，并提出规划管理要求，经批准后，作为指导各项建筑和工程设施的设计、施工和镇区建设管理的依据。

二、镇区详细规划主要内容

小城镇镇区详细规划应当包括下列内容：

（一）建设条件分析和综合技术经济论证；

（二）确定建筑、道路和绿地等的空间布局，布置总平面图；

（三）道路系统规划设计，确定道路红线、横纵断面控制点的坐标和标高，以及停车场位置等；

（四）绿地系统规划设计，确定公共绿地、防护绿地及休闲用地的位置及其布置；

（五）工程管线规划设计，确定拟建公用工程管网和设施的项目、位置、走向及其布置；

（六）竖向规划设计，确定主要建筑物、构筑物和场地的控制坐标和标高；

（七）估算工程量、拆迁量和总造价，分析投资效益；

（八）提出实施措施的建议。

三、小城镇镇区详细规划成果

镇区详细规划成果包括规划设计图纸和规划设计说明书：

（一）规划设计图纸

包括规划地段现状图、规划总平面图、各项专业规划图、竖向规划图以及必要的表现图。图纸比例为 1/500～1/2000。均需在地形图上绘制。

1. 规划地段位置图：标明规划地段在镇区中的位置以及和周围地区的关系。比例尺宜与镇区建设规划图纸比例一致。

2. 规划地段现状图：标明规划地段内的自然地形、地貌，现状各类用地的性质、范围，现状建筑的层数、质量，现有道路的宽度，路面形式、质量以及工程管线走向及设施等。并附现状土地利用计算表。

3. 规划总平面图：标明规划布局中各类建筑、绿地、河湖水面、道路广场、停车场和公用工程设施用地的位置和范围。并附规划土地利用计算表和必要的技术经济指标表。

4. 道路交通规划图：标明道路的红线位置、横断面、交叉点坐标和标高、停车场用地界线。

5. 竖向规划图：标明道路交叉点、变坡点控制高程，室外地坪规划标高。

6. 公用工程规划图：标明各公用工程管线的走向、管径、主要控制标高以及其设施和构筑物的位置。

（二）规划设计说明书

1. 现状条件分析

2. 规划原则和总体构思

3. 用地布局

4. 空间组织和景观特色要求

5. 道路系统规划

6. 绿地系统规划

7. 各项公用工程规划及管网综合

8. 竖向规划

9. 主要技术经济指标：总用地面积、总建筑面积、住宅建筑总面积、平均层数、容积率、建筑密度、住宅建筑容积率、绿化率等

10. 工程量投资估算

四、镇区详细规划编制与审批

镇区详细规划，由当地人民政府组织编制，亦可由建设开发单位委托编制。由当地人民政府审批。

第二节　镇区居住小区详细规划

居住小区是小城镇居民居住和日常活动的区域，是小城镇镇区的有机组成部分。居住小区既可泛指不同规模的生活聚居地，也可特指被镇区主要道路或自然分界线所包围，并具有一定规模，配建有较完善的基础设施及公共服务设施的生活聚居地。

居住小区详细规划是指对居住小区的空间布局、住宅建筑布置、道路交通、生活服务设施、绿化和游憩场地、公用工程设施等进行综合的统筹安排。居住小区详细规划是小城镇镇区建设规划、中近期建设规划的主要组成部分（图 2-5-2-1）。

A 型住宅实景

住宅区中实景

B 型住宅实景

C 型住宅实景

图 2-5-2-1　海南省西联农场小城镇西园住宅区

一、居住小区规划原则

（一）小城镇居住小区的选址及建设规划和环境建设，均必须符合该小城镇镇区建设规划要求，同时还必须符合统一规划、合理布局、因地制宜、综合开发、配套建设的原则。

（二）小城镇居住小区的人口规模、规划结构、用地标准、建筑密度、道路网络、绿化系统以及基础设施和公共服务设施的配置，均不应照抄大中城市居住区的做法，而必须按小城镇自身固有的特点结合不同职业居民的生活习惯及其活动规律合理构建。

（三）小城镇居住小区规划、住宅建筑设计应综合考虑建设标准、用地条件、日照间距、公共绿地、建筑密度、平面布局和空间组合等因素合理确定。统筹安排好配建设施和防灾、保安、管理等事宜，从而创造一个方便、舒适、安全、优美的居住环境。并为方便老年人、残疾人的生活和社会活动提供环境条件（图 2-5-2-2、图 2-5-2-3、图 2-5-2-4）。

（四）小城镇居住小区的配建设施的项目与规模既要与该区居住人口规模相适应，又要在以城镇级配建设施为依托的原则下与之有机衔接。其配建设施的总面积指标，可按设施配置标准统一安排，灵活使用。

（五）小城镇居住小区的平面布局、空间组合和建筑形态应注意体现民族风情、传统习俗和地方特色，还应充分利用规划用地内有保留价值的河湖水面、历史名胜、人文景观和地形地物等规划要素，并将其纳入小区规划。

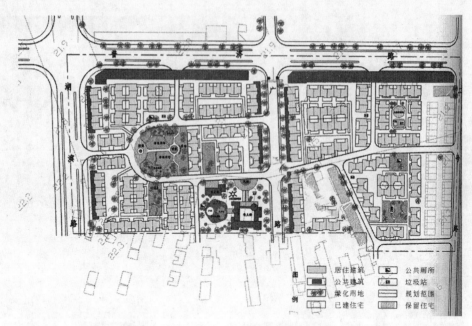

图 2-5-2-2　湖北省团风县城关镇罗霍洲新区详细规划

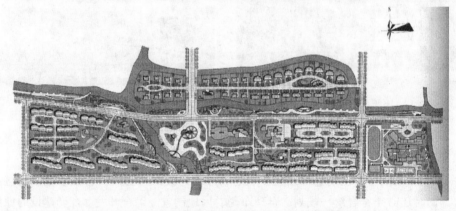

图 2-5-2-3　浙江省苍南县灵溪镇渡龙新村详细规划

总平面图

住宅新貌

图 2-5-2-4　湖北省武汉市新洲县双柳镇狮子村详细规划

（六）小城镇居住小区要顺应社会主义市场经济体制的需求，为方便小区建设的商品化经营、分期滚动式开发以及社会化管理创造条件。

二、居住小区规划结构及分级规模

（一）小城镇居住小区一般由镇区道路或自然分界线围合而成，且区内配有一套能满足该区居民基本物质与文化生活所需的公共服务设施，是一个相对独立的社会单位。

（二）顺应小城镇居民的生活习惯和活动规律，居住小区的规划结构由居住小区-住宅组群-住宅庭院三级结构组成。上一级居住单位与所属的下级居住单位的数量应有一个科学合理的配比，且在平面布局和空间组合上有机构成，互为衔接。

（三）小城镇居住小区、住宅组群、住宅庭院宜各分为二级，其分级规模、公共服务设施配置及对应的行政管理机构等可按照小城镇居住体系构架表（表 2-5-2-1）的要求结合当地实际情况酌定。

小城镇居住体系构架表 表 2-5-2-1

居住单位 名　　称		居住规模		公建服务设施配置		户外休闲游乐设施配置		对应行政 管理机构
		人口数	住户数					
居住 小区	Ⅰ级	8000～12000	2000～3000	小区级配置	Ⅰ级	小区级配置	Ⅰ级	街　道 办事处
	Ⅱ级	5000～7000	1250～1750		Ⅱ级		Ⅱ级	
住宅 组群	Ⅰ级	1500～2000	375～800	在1、2、3、4、7类中选 取部分项目		组群级配置	Ⅰ级	居（村） 委　会
	Ⅱ级	1000～1400	250～350				Ⅱ级	
住宅 庭院	Ⅰ级	250～340	63～85	——		庭院级配置	Ⅰ级	居（村） 民小组
	Ⅱ级	180～240	45～60	——			Ⅱ级	

注：1）表中公共服务设施配置的内容可参见本节表 2-5-2-8，按指定类别从中选取适宜的项目，Ⅱ级比Ⅰ级略简。

2）户外休闲游乐设施配置的内容参见本节表 2-5-2-9。

（四）顺应乡村地区传统的居住理念且利于行政管理和社会治安，在规划居住小区的住宅组群或住宅庭院时，对住户的安排应考虑到民族传统、风俗习惯，或按居民意愿自由组合。凡从事农、林、牧、副、渔等职业住户居住的小区、组群或庭院，均应布置在接近农田、林地、牧场或水域的镇区边缘地带，也可建设成相对独立的、生产生活区一体化的农业产业化小区。

三、居住小区用地标准

（一）居住小区用地系指居住小区内各类住宅、公共建筑、道路广场、公用工程设施、公共绿地以及建筑物间距占地的总称。

（二）居住小区用地标准包括居住用地选择标准、建设用地构成比例以及人均用地指标等三项内容。

（三）居住小区用地选择应符合下列要求：

1.居住小区用地定位应符合小城镇总体规划的规定；

2.居住小区用地应布置在大气污染源的上风位或常年最小风向频率的下风位，水污染上游，且远离有噪声、振动干扰的生产地段；

3.居住小区用地应具有适合建设的工程地质与水文地质条件；

4.位于丘陵和山区居住小区用地，应优先选用向阳坡，并避开风口窝风地以及可能发生山洪、泥石流等地段。

（四）小城镇居住小区人均用地指标应按照表 2-5-2-2 的规定，并根据所在省、市、自治区政府的有关规定，结合小城镇性质、类型、经济社会发展现状、居住用地水平、生活习惯、风俗民情等实际情况分析比较选定和适当调整。旧镇原地改造的居住小区，其建设用地更应从严掌握，一般按同类新建居住小区用地标准的 5% 左右下调。

小城镇居住小区人均建设用地指标　　　　　　表 2-5-2-2

人均用地指标（m²/人）　　居住单位 层次	居住小区		住宅组群		住宅庭院	
	Ⅰ级	Ⅱ级	Ⅰ级	Ⅱ级	Ⅰ级	Ⅱ级
低（少）层	48～55	40～47	35～38	31～34	29～31	26～28
低（少）层、多层	36～40	30～35	28～30	25～27	25～27	22～24
多层	27～30	23～26	21～22	18～20	19～20	17～18

注：1）小城镇居住人口人均用地指标应为居住小区用地面积除以常住人口数量所得的数据。但其人口统计范围必须与用地统计范围相一致；

2）顺应小城镇及乡村地区居民生活习惯，住宅庭院是老年和儿童主要室外活动场所，故其人均建设用地指标比小区及组群人均建设用地指标相对放宽一些；

3）若居住小区内建有小高层（7～9 层）以上的建筑时，则人均建设用地指标可相对略低；

4）表中小区、组群和庭院三级居住单位均依用地规模的大小分为Ⅰ级和Ⅱ级。

（五）居住小区内各类用地所占比例的用地平衡控制指标应符合表 2-5-2-3 规定。

小城镇居住小区各类用地指标　　　　　　表 2-5-2-3

用地指标（%）　　居住单位 用地类别	居住小区		住宅组群		住宅庭院	
	Ⅰ级	Ⅱ级	Ⅰ级	Ⅱ级	Ⅰ级	Ⅱ级
住宅建筑用地	54～62	58～66	72～82	75～85	76～86	78～88
公共建筑用地	12～15	8～12	2～4	1～3	1～3	1～2
公用工程设施用地	4～7	4～6	2～4	2～3	1～2	1～1.5
道路交通用地	10～16	10～13	2～6	2～5	1～3	1～2
公共绿地	8～13	7～12	3～4	2～3	2～3	1.5～2.5
总计用地	100	100	100	100	100	100

注：1）表中数据是根据 1997～2000 年多个小区规划设计实践综合分析确定的；

2）表中各项用地均给出一个幅度，其总和与"总计用地"一栏中的 100% 略有出入，使用时可视具体情况予以调整平衡；

3）表中小区、组群和庭院三级居住单位均依人口规模的大小分为Ⅰ级和Ⅱ级。

四、居住小区空间布局与环境设计

（一）居住小区的空间布局和环境设计应符合小城镇镇区建设规划的要求，要采取多种创作手法，将庭院、道路、广场、中心绿地和小游园等大大小小的空间及建筑群体有机组合起来，形成一个优美宜人的外部空间环境。

（二）要立足于小区全局，搞好景观路线和景观节点的规划设计，要充分运用虚实、大小、错落、疏密、收放等对比手法，将建筑、空间、绿化和水体等环境要素编织成一个步移景异，自然环境与人工环境有机融合、独具地方特色的居住小区。

（三）充分利用地下空间，要采取一切措施尽可能节约用地。应将主要停车场、库分散布置于就近住宅组群中心绿地或其他空地的地下，在组织好人流车流路线的同时，搞好地面土地的利用及外观处理，达到适用、省地和美观的统一。

（四）顺应小城镇居民的生活习惯和活动规律，来营造外部空间环境并配置相应的设施，为其创造一个从住宅、庭院、组群中心绿地，到住区小游园的多层次的休闲游乐户外活动空间（图2-5-2-5、图2-5-2-6）。

（五）将环境保护和环境美化密切结合起来。对垃圾站、公厕、锅炉房一类有异味、烟尘、噪声、振动的建筑物和构筑物，除将其远离住宅和公共活动空间布置外，还应设置绿化隔离带，用树木花草将其掩蔽起来。同时还应注意搞好该类建筑物和构筑物的造型和色彩设计，尽一切可能消减其对环境带来的负面影响。

五、小城镇住宅建筑

（一）小城镇住宅建筑规划设计的特点

1. 小城镇住宅建筑是一个多元多层次的套型系列，它由不同户类型（种植户、养殖户、专业户、商业户、职工户及兼业户等）、不同户结构（二代、三代、四代）和不同户规模（一般为3~5人，多则6~8人）组成。

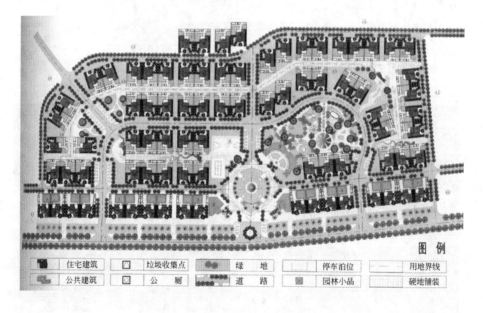

图2-5-2-5　广西壮族自治区崇左县岑豆新村详细规划

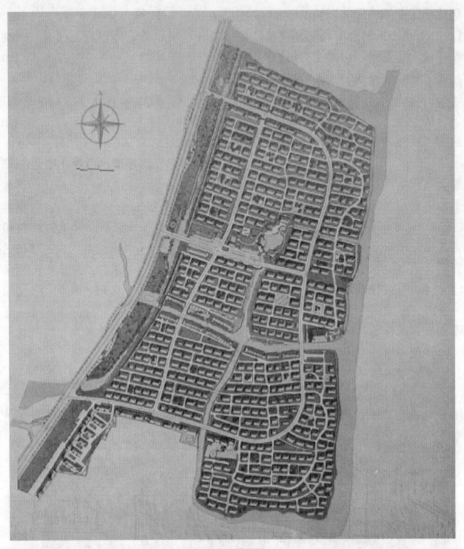

新未庄总平面图

新未庄住宅建筑设计

图 2-5-2-6 浙江省绍兴县新未庄规划

2. 小城镇住宅建筑由基本功能空间（门斗、起居厅、餐厅、过道或户内楼梯间、卧室、厨房、浴厕、储藏）和附加功能空间（客厅、书房、客卧、家务劳动室、健身房兼儿童游戏室、手工作坊、商店、库房、车库、谷仓及禽畜舍等）组成。不同住户可根据各自不同的人口构成、生活水准和从业需要，确定基本功能空间的数量，同时选定附加功能空间的种类及数量。每一功能空间的面积大小，则应根据实际需要和有关规定合理确定。

3. 鉴于相当长历史时期内家庭养老是我国主要养老方式之一，多代同堂住宅应是我国小城镇住宅的一种必不可缺的套型，该型住宅一户可由多套组成，可分可合，视需要和可能分别采取水平组合布置（在同一层）或垂直组合布置（一户分几层），视情况也可采取水平及垂直混合布置。

住宅功能空间种类、数量及住栋类型选择见表 2-5-2-4。

不同户类型、不同套型系列的住栋类型选择　　　　　表 2-5-2-4

选择建议住栋类型　　户类型套型系列	农业种植户·综合户			专（商）业户		职工户	
	一户一套型	一户两套型	一户三套型	一户一套型	一户两套型	一户一套型	一户两套型
垂直分户	中心村庄居住密度小，建筑层数低，用地规定许可时，可采用垂直分户	建造在中心村庄的一户两套型，可采用垂直分户	无论该型住宅建造在中心村庄或镇小区，均宜采用垂直分户	此种户类型的附加生产功能空间较大，几乎占据整个底层，生活空间安排在二层以上，故宜垂直分户	必须采用垂直分户，理由同左	基本上与城市多层单元式住宅相同，不可能采用垂直分户	不采用垂直分户，理由同左
水平分户	在确保楼层户在地面层有存放农具和粮食专用空间的前提下，可采用水平分户（上楼），但层数最多不宜超过四层	可采用水平分户，其要求同左。必要时，楼层户可采用内楼梯跃层式以增加居住面积	不宜采用水平分户	为保证附加生产功能空间使用上的方便并控制建筑物基底面积，不可能采用水平分户	不可能采用水平分户，理由同左	为节约用地，职工户住宅一般均建楼房，少则3、4层，多达5、6层，采用水平分户	采用水平分户，但要保证两个套型的相对独立性

4. 为尽可能减少住宅占地和有效地提高土地利用效率，小城镇住宅建筑应以多层（4～5层）为主（其容积率控制在0.8～1之间），低层（2～3层）为辅，一般应建毗连式住栋，严格控制建独立式低层住宅，容积率一般控制在0.4～0.6之间，县城镇酌情可建造适量小高层（7～9层）住宅。

5. 住宅的住栋间距、庭院围合，应以满足日照要求，避免视线干扰并综合考虑采光、通风、消防及其他救灾等要求合理确定，但必须满足下列要求：

● 冬至日住宅建筑日照＞1小时（计算起点为底层窗台面）；

● 不同方位间距折减系数参见 GB 50180—93《城市居住区规划设计规范》5.0.2.2 条。

6. 在寒冷的Ⅰ、Ⅱ、Ⅵ、Ⅶ建筑气候区，住栋布置应利于冬季的日照、防寒、保温和防风砂的侵袭；在较炎热的Ⅲ、Ⅳ、Ⅴ建筑气候区，主要应考虑住宅夏季隔热和自然通风，以及导风入室的要求；丘陵和山区的住宅建筑布局，尚应注意避免因地形变化产生的不利于住宅建筑防寒、保温和自然通风等副作用。

7. 除纯城市型职工户外，凡种植户、养殖户、商业户等各种专业户和兼业户等住户，因其从业需要的农具贮藏、禽畜舍、粮仓、商店、作坊、库房等附加功能空间需要占用底层面积，故采用一户多层的垂直分户的设计方法，底层多为经营及生产用房。

8. 有可能受洪灾侵袭地区的住宅，无论是垂直分户的低层住宅还是水平分户的多层住宅，均应有楼梯直达屋顶，以便灾情突发时居民避难，若低层住宅的屋顶标高过低，亦可在其上加建有楼梯通达的避难高台。

（二）小城镇住宅建筑的面积标准

1. 小城镇居住建筑面积可采用户均建筑面积指标，住宅基本功能空间面积指标和住宅附加功能空间面积指标三个指标加以控制。

2. 住宅户均建筑面积指标，应根据不同户结构、不同户规模确定，大体上分为两代户、三代户和四代户等三种类型，其户均建筑面积指标如表 2-5-2-5 所示。

小城镇住宅户均建筑面积指标　　　　表 2-5-2-5

户结构	户均建筑面积（m²）	户均使用面积（m²）	说　明
两代	80～95	65～82	夫妇一个孩子面积标准稍低些，两个孩子面积标准稍高些
三代	100～140	82～120	三代6人面积标准稍高些，5人以下面积标准稍低些
四代	150～200	125～170	四代8人面积标准稍高些，7人以下面积标准稍低些

（三）住宅基本功能空间系指任何一种户类型的家居生活均不可缺的专用空间，其面积指标一般按表 2-5-2-6 规定采用。

小城镇住宅基本功能空间指标　　　　表 2-5-2-6

功能空间名称	门厅	起居室	餐厅	主卧室老年卧室	次要卧室	厨房	卫生间	基本储存间	
								数量（间）	面积（m²）
面积标准（m²）	3～5	16～26	9～14	14～18	8～12	6～9	4～7	3～6	4～10

注：1）表中面积指标是在 1997～2000 年实态调查数据基础上经综合分析后调整确定的。

　　2）次要卧室、卫生间、厨房及贮藏间数量应视不同家庭户结构、户规模及不同生活水平等实际情况确定。

（四）住宅附加功能空间系指为满足较高生活水准以上家庭以及非城市职工型的包括兼业户在内的各种从业户生产和经营上所必需的特定专用空间，诸如手工作坊、商店、粮仓、禽畜舍等等，其面积指标见表 2-5-2-7。

小城镇住宅附加功能空间面积标准　　　　　表 2-5-2-7

功能空间名称	生活性附加功能空间						生产性附加功能空间
	客厅	书房	客卧	家务劳动室	健身游戏室	阳光室	
面积标准 (m²)	18～30	12～16	8～12	12～14	14～20	7～12	专用空间的种类、数量及面积大小根据在住户从业的实际需要确定

六、居住小区公共服务设施

居住小区级公建项目的配置，可根据居住小区人口规模大小和实际需要，从表 2-5-2-8 中选定。居住小区公建的服务半径一般不宜超过 0.4km；步行时间不宜超过 10 分钟。在服务半径和行程时间超过上述限值时，宜在该住宅组群内增设满足居民起码生活需求的组群级公建。

小城镇居住小区公共服务设施配置表　　　　　表 2-5-2-8

类　别	项　目	项　目　配　置		
		居住小区		住宅组群
		Ⅰ级	Ⅱ级	
一、行政管理	街道办事处、居委会、村委会	●	●	○
二、教育机构	幼儿园、托儿所	●	●	○
	小学	●	○	—
三、文体科技	儿童乐园、老年之家、文化活动站	●	●	○
	健身设施场地	○	●	●
四、医疗保健	保健站、卫生站	●	●	○
五、商业金融	综合商店、超市	○	●	○
	粮油副食店、菜市场	○	●	○
	便民店	—	—	○
	邮电所、储蓄所	●	○	—
	物业管理站、社区服务站	●	●	○
六、公用工程	停车场库	●	●	○
	公共厕所	●	●	●
	变电室（箱）	●	●	○
	垃圾站点	●	●	●
	消火栓	●	●	●

注：●：表示必须设置；○：表示可以选择设置；—：表示可以不设置。

七、居住小区绿化

（一）小城镇居住小区绿地由小区公园、组团中心绿地、庭院中心及宅旁绿地、配套公建群及广场所属绿地以及路旁绿地等构成。

（二）公共绿地指标：住宅组群（含住宅庭院）不可少于 0.5m²/人，居住小区（含住宅组群）不少于 1m²/人。

（三）小城镇居住小区的绿地规划，应根据小区规划的三级组织结构（居住小区、住宅组群、住宅庭院）配置相应规模和职能的中心绿地、活动场地及其休闲游乐设施。具体配置项目见表 2-5-2-9。

（四）小城镇居住小区绿地应统一规划配置，绿地要与建筑物、构筑物、景点、公共空间、休闲设施、道路、水体、地形、地貌乃至灯光照明有机结合，做到真正改善环境和美化环境的目的。

小城镇居住小区公共绿地面积规模及设施配置表　　　　　表 2-5-2-9

居住单位名称		中心绿地名称	设施项目	最小面积规模	备　注
居住小区	I	住区小游园	I	0.4ha	园内用地应有功能区划、铺装地面、儿童游戏器具、坐椅
	II		II	0.3ha	
住宅组群	I	组群中心绿地	I	0.08ha	坐椅、台桌、简易儿童游戏器械
	II		II	0.07ha	
住宅庭院	I	庭院中心绿地	I	0.02ha	坐椅、台桌、幼儿活动场地
	II		II	0.015ha	

注：本表设施项目及最小面积规模数据系根据抽样调查并参照城市小区等相应居住单位的内容及数据综合分析研究确定。

（五）小城镇居住小区绿化应采取"三结合"的方式：一是点（住区小游园、组团中心绿地及其他集中绿地）、线（路旁绿地）、面（宅旁绿地）相结合；二是平面（平坦的地面植被及花木）与立体（包括由丘坡地绿化、建筑物墙面、屋顶绿化以及地面绿化中采取草皮、灌木和乔木并举的混合绿化等方法）相结合；三是观赏植物（一般的花草树木）与经济作物（药材、瓜果及蔬菜等）相结合，以达到既提高绿化率，又增强经济效益的双重目的。

（六）为方便居民使用，小城镇居住小区的小游园、住宅组群及住宅庭院的中心绿地，一般应布置在相应居住单位的中心地带，并至少有一个边与相应级别的道路毗邻。住区小游园的位置和规模也可根据周边环境条件进行适当调整。

（七）为保障居民健康，便于居民冬季户外活动，住区小游园、住宅组群及住宅庭院的中心绿地，冬至日必须有 1/3 以上的面积在建筑物的阴影范围之外，直接沐浴阳光。

（八）凡居住小区内原有的山丘、水体、自然和人文景观以及有保留价值的绿地及树林，应尽可能将其保留利用并有机地纳入绿地及环境规划。

八、居住小区道路

（一）居住小区的道路系统应根据小区出入口的数量和位置与对外交通有机衔接，通而不畅，区内各类用地合理划分，利用建筑空间组合的多样化，以及居民出行简捷、安全等原则设定。

（二）小城镇居住小区道路系统由居住小区级道路、住宅组群级道路和宅前路及其他人行路三级构成，各级道路控制间距和路面宽度如表 2-5-2-10 所示。

小城镇居住小区道路控制线间距及路面宽度表　　　　　表 2-5-2-10

道路名称	建筑控制线之间的距离（m）		路面宽度（m）	备　注
	采暖区	非采暖区		
居住小区级道路	16	14	6~7	严寒积雪地区的道路路面应考虑清扫道路积雪的面积，路面可适应放宽。地震区道路宜做柔性路面
住宅组群级道路	12	10	3~4	
宅前路及其他人行路	—	—	2~2.5	

（三）居住小区内不准过境车辆穿行，但道路的宽度和坡度必须满足地震、火灾及其他灾害等救灾要求，并适应救护车、货运车和垃圾车等各类车辆的通行。宅前小路应符合

残疾人无障碍通行要求且保障小汽车行驶。

（四）为保障交通安全，居住小区各类道路纵坡的控制应符合表 2-5-2-11 的规定。

小区内道路纵坡控制参数表　　　　　　　　　表 2-5-2-11

道路类别	最小纵坡（%）	最大纵坡（%）	多雪严寒地区最大纵坡（%）
机动车道	0.3	8.0　L≤200m	5.0　L≤600 m
非机动车道	0.3	3.0　L≤50m	2.0　L≤100m
步行道	0.3	8.0	4.0

注：1）表中"L"为道路的坡长，单位为 m；

　　2）机动车与非机动车混行的道路，其纵坡宜按非机动车道要求，或分段按非机动车道要求控制；

　　3）居住小区内道路坡度大时，应设缓冲段与城镇道路衔接。

（五）位于坡地和丘陵地的居住小区，其道路网络宜将自行车与人行分开设置，使其自成系统。主要道路宜平缓，视条件路面可酌情缩窄，但应安排必要的排水沟和会车位。

（六）居住小区的主要道路，至少应有两个出入口与外围道路相连，机动车道对外出入口一般不多于两个，其直线距离一般应大于 150m，若沿街建筑物过长且跨越道路时，宜视需要在该建筑物底层设置不小于 4m×4m 的消防车道或人行通道。

（七）居住小区的尽端式道路的长度不宜大于 100m，并应在尽端设置不小于 12m×12m 的回车场地。

（八）居住小区内包括公园及其他公共活动中心，应设置为残疾人通行的无障碍通道，通行轮椅的坡道长度不应小于 2.5m，纵坡不宜大于 2.5%。

（九）居住小区内应配置分散式和集中式并举的停车场地，供居民、来访者的小汽车及管理部门通勤车辆的存放。

（十）旧城（镇）区居住小区改建，其道路系统应充分考虑原有道路系统的网络格局和衔接方式等特点，并尽可能保留、利用和改善具有历史文化价值的街道、节点和路段。

九、居住小区竖向规划和管网综合

（一）小城镇居住小区的竖向规划应包括地形地貌的利用、确定道路控制高程和地面排水规划等内容。

（二）小城镇居住小区竖向规划设计应符合《城市居住区规划设计规范》的有关规定。

（三）小城镇居住小区应设置供水、污水、雨水、供电和通信管线。在采暖区还应增设供暖管线。同时，尚应考虑燃气、广播电视等管线的设置并留出预埋的位置。

（四）小城镇居住小区管线综合应符合《城市居住区规划设计规范》的有关规定。

十、居住小区技术经济指标，见表 2-5-2-12。

小城镇居住小区技术经济指标　　　　　　　　表 2-5-2-12

项　　　目	计量单位	备　　　　　注
居住区规划总用地	ha	规划范围所围合的总用地
居住区户（套）数	户（套）	居住小区范围内规划的住宅户数
居住人数	人	居住小区范围内规划的总人口数
户均人口	人/户	不同户人口数的平均值
总建筑面积	万 m²	居住小区范围内所有建筑面积的总和
1. 居住区用地内建筑面积	万 m²	公共建筑面积与住宅建筑面积之和
①住宅建筑面积	万 m²	住宅单体的建筑面积之和

项　目	计量单位	备　注
②公共建筑面积	万 m²	托幼教育商业服务建筑面积总和
2. 其他建筑面积	万 m²	除去居住公建建筑面积以外的建筑面积总和
住宅平均层数	层	住宅总建筑面积与住宅基底总面积的比值
人口毛密度	人/ha	每公顷居住小区用地上容纳的规划人口数量
人口净密度	人/ha	每公顷住宅用地上容纳的规划人口数量
住宅建筑套密度（毛）	套/ha	每公顷居住小区用地上拥有的住宅建筑套数
住宅建筑套密度（净）	套/ha	每公顷住宅用地上拥有的住宅建筑套数
住宅面积毛密度	万 m²/ha	每公顷居住小区用地上拥有的住宅建筑面积
住宅面积净密度（住宅容积率）	万 m²/ha	是指每公顷住宅用地上拥有的住宅建筑面积或住宅建筑总面积与住宅用地的比值
住宅建筑净密度	%	住宅建筑基底总面积与住宅用地的比率
总建筑密度	%	居住小区用地内，各类建筑的基底总面积与居住小区用地的比率
绿地率	%	居住小区用地范围内各类绿地的总和占居住小区用地的比率
住宅间距	H:L	居住小区用地内住宅建筑之间的距离

第三节　镇区公共中心详细规划

小城镇中供居民集中进行公共活动的地方，可以是一个广场、一条街道或一片地块，称为小城镇公共中心。小城镇中心往往集中体现小城镇的特征和风格面貌。

一、公共建筑规划原则

（一）按公共建筑的性质和使用要求紧凑布置，小城镇公共建筑除特殊使用要求必须单独布置者外，通常集中紧凑布置，构成公共中心。

（二）位置选择要注意合理的服务半径。

（三）为了方便使用和更加节约用地，宜将公共建筑按使用性质适当分类，组合布置；有些性质相近、互不妨碍的项目，可综合建在一座建筑物内。

（四）既与对外交通联系方便，又不受其干扰，做到集散迅速方便。

（五）利用小城镇的自然景观和特点，尽可能与绿地系统结合，形成丰富多彩的田园式小城镇空间体系，创造出富有特色的小城镇中心面貌。

（六）考虑分期建设中的阶段性与景观效果的完整性。

二、公共中心的选址

（一）小城镇中心应布置在位置适中，交通方便的地段，便于吸引各方人流，形成聚焦，成为繁华的地段。

（二）结合利用历史上已形成的原公共中心及现有建筑，毗邻商业繁华区。

（三）结合主要街道。

（四）结合有景观特色地段，包括自然景观和人文景观。

（五）结合小城镇历史、文化的表达和延续。

（六）小城镇中心的位置应考虑小城镇用地的将来的发展，在布局上保持一定的灵活性。

三、公共中心的分类

小城镇公共中心是小城镇人民公共活动的集中场所。按专项功能组织的活动中心，称专项公共中心。按综合功能组织的活动中心，称综合活动中心（图2-5-3-1、图2-5-3-2）。

图2-5-3-1　山东省淄博市临淄区
召口乡南今村活动场地

图2-5-3-2　浙江省绍兴县钱清镇清兰大厦
广场

（一）行政办公中心

包括党政工团、人大、政协、各级行政管理及社会团体等。

（二）金融、信息中心

主要有银行、信用、保险、证券和邮政、电信、广播、电视等建筑。

（三）商业贸易中心

主要有百货大楼、超市、批发商店、专业商店等及综合服务店等。

（四）饮食、服务中心

包括饭馆、酒楼、小吃、冷饮、酒馆、咖啡店、茶馆及洗浴、美容、发廊、照相、彩扩等（图2-5-3-3）。

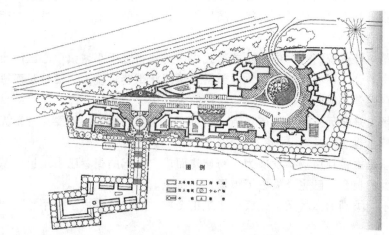

图2-5-3-3　吉林省白山市板石镇餐饮娱乐区详细规划

（五）科教、文化中心

主要有图书馆、文化馆、科技馆、博物馆、展览馆和纪念馆等。

（六）娱乐、休闲中心

主要有电影院、剧院、书场、录像厅、歌舞厅、棋社、乒乓球室、保龄球馆、弹子房及小型健身活动场所。

四、公共中心的布置模式

（一）中心式

集中布置公建项目，形成公共中心。或按专项集中形成专项公共中心，或按多项集中成为综合公共中心。集中式公共中心的设置，视小城镇人口规模而定。5万人以下的城镇，一般设一个公共中心，5～10万人的小城镇可增加公共中心。人口超过10万人且城镇面积较分散时，尚可适当增加公共中心的数量。

（二）散点式

是指不设公共中心的形式。而是把公共建筑散点式布置于小城镇街道、广场、路口、住宅、小区等适当的位置上。分级不明显，接近服务人群，使用方便。

（三）集中、散点混合式

这种形式较多，以商业为主，包括服务业、娱乐等组成公共中心，其他为散点布置于小城镇的适当位置。

五、公共中心的空间布局

（一）带状布局

沿街布置是带状的最常见形式。沿主干道布置商业街，人车混流，街面繁华，店铺街面长，综合布置以商业为主的各种公共活动项目。人们到达这里，交通方便，购买力集中，商业营业额高，效益高，成为全城的黄金地段。

步行商业街常设置在交通干线附近，和干道联系密切，交通方便。步行商业街在营业时间，禁止车辆进入，街面不宽，过往穿行近捷方便、安全，在旧区改建及新区规划中，都可以采用。

半边街是公共建筑沿街一侧布置的特殊形式。人们购物不必跨越道路，非常安全。这种商业街布置，常面对绿地或水面等开阔地带，动静分明，形成另有特色的街景面貌。

（二）街坊式布局

市场街是中外传统的公共中心布置形式之一，常布置于小城镇中心区闹市的某一区段内。高度集中的公共中心活动内向，内部交通呈网状街巷系统，店面特长而进深小，非常适合个体特色经营，成为小城镇中最受欢迎的公共中心形式。

带顶市场街是全天候活动式市场街，虽可不受风雨的影响，但要注意采光通风和防火措施，铺面特色也有所减弱。

单层商场是由带顶市场街发展为多跨连建而成，内部的街巷已由走道代替，店铺则变成了不同品类的柜台，已完全失去了市场街的特色。

将几个不同类别的商场及文化娱乐建筑组合在一起，则形成了一个较大型的公共建筑街坊。

（三）大型综合楼公共中心

大型综合楼公共中心是将商场组群的公共项目分层布置于一幢或一组大楼内。这种空间布置形式，建筑体量大，标准较高，集中紧凑，商业气氛浓，土地利用率高，适合于经济发展较快的小城镇。

（四）广场式布局

三合院式广场是最常采用的公共中心布置形式。一般以建筑物的长边沿广场边线围合布置，相互间的活动通过广场联系，广场可作为集交通和休闲功能于一体的特型街道。

双边围合广场一般布置在道路交叉口的一侧。广场另一侧的双边可布置体量相称的公共建筑，这也能创造繁华的公共中心氛围。

公共中心空间布局如图 2-5-3-4。

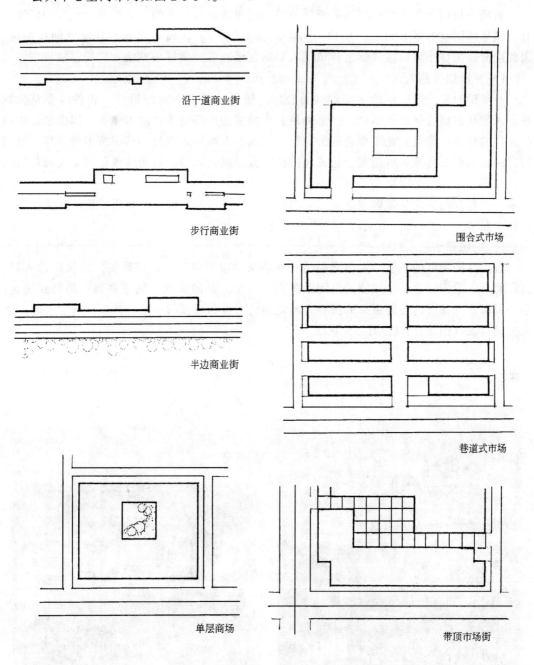

沿干道商业街

步行商业街

半边商业街

围合式市场

巷道式市场

单层商场

带顶市场街

图 2-5-3-4　小城镇公共中心空间布局模式图

第四节 重点地段景观详细规划

小城镇镇区景观详细规划的重点地段，包括小城镇出入口、中心广场、传统街区、景观走廊、滨水绿地以及公共建筑群体等场所。

一、小城镇入口

城墙、城门是我国历史城镇最典型的城镇区界和城镇门户的代表形象。现代小城镇没有古城那样明显的区界标志，门户的形象，已不是"门"，而是四通八达向外伸展的路。因此应充分关注小城镇区界标志和镇区入口的显示，着力做好小城镇入口的详细规划。

（一）城镇公路入口

小城镇对外交通联系的主要形式是公路。镇区的主道路向外延伸，和各级公路相联系。人们从公路直接进入镇区，也有的是和小城镇的外环路衔接进入镇区。因而象征小城镇入口的标志，常设置在主要道路的端部（始端和末端）入口处。其手法多种多样：可用醒目的指示牌、界牌；可用雕塑物或"门楼"提示城镇入口。有用体量相对高大的建筑物表示门户，有用广场绿地和建筑、小品来装点城镇的入口。

城镇外环路的街景轮廓很重要，它体现城镇经济、文化水平，体现城镇的性质、环境质量和品位。

（二）城镇水路入口

位于江河湖畔的城镇，水路交通是对外联系的重要通道。沿河码头，是城镇的入口。过往船只，沿河行进。小城镇的沿河景观，像一个流动的画面。从序幕到高潮再到终止，是一幅起伏、曲折的逐渐展开的长卷。河流的动态美和城镇的建筑群体美结合在一起，更为生动活泼（图2-5-4-1、图2-5-4-2）。

图 2-5-4-1 浙江省绍兴县新未庄入口

图 2-5-4-2 浙江省绍兴县钱清镇入口

河道上的桥梁，起着划分河流轴向空间的作用，有时起着中心构图的作用。桥头常是水陆交通的交叉点。因而，此处多是商业发达、交通人流集中之地段，是城镇具有特色的入口景观点。

应特别注意江河湖泊的功能，不仅是为城镇提供水源和交通运输，而且还是城镇的自然美景。沿河岸应设有供人们休息游览的风景绿化区及亲水环境，要和港口码头仓库区分开，并要注意保护水体的清洁。

（三）城镇铁路入口

有的城镇，铁路从镇边通过，这样，铁路沿线景观，就体现了小城镇一侧的入口景观。铁路贯穿车站，到达一定距离，就能看到城镇的自然环境和它的轮廓，进而看到铁路近旁的街景、站舍，使人们在进入镇区前，有个良好的印象。以高大的公共建筑或住宅来丰富和改善沿铁路的景观是不可取的，因为铁路灰尘、噪声污染严重，不适于人们在这里工作和居住。若沿铁路线建造体形色彩都较美观的仓库或辟为一条农、林绿化区带则更为合适。

车站广场建筑群（包括广场和绿地），是迎送人们来往的出入口，这里既要求交通方便，人行安全，进出站通畅，旅行服务业齐全等功能，同时又要有秩序、整洁，给人以美感。

二、小城镇广场

小城镇广场是镇区中由建筑物、道路或绿化地带围合而成的开敞空间，是镇区居民社会生活的中心，同时它还起着美化城镇空间的作用。小城镇广场应体现小城镇特色，根据城镇功能和具体条件设置。小城镇人口规模小，广场不宜过大，占地面积控制在1公顷为宜。小城镇广场一般具有集会、休憩、文化商贸、绿化等多种功能的综合性，应按使用要求和功能需要紧凑合理布局。

小城镇广场有多种处理手法和布局形式。就其空间的围合程度可分为封闭式、半封闭式和开敞式等几种形式。或用建筑围合、半围合；或用绿带、雕塑物、建筑小品等构成广场空间；或依地形采用低台式、下沉式、半下沉式来组织广场空间。设计时应处理好其比例、尺度。广场景观类型的构成要素有建筑、铺面、绿地、宣传橱窗和小品等，要通过规划设计，建成各具特点的广场，用以丰富小城镇的空间和景观（图2-5-4-3）。

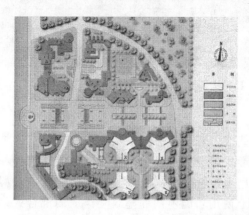

图2-5-4-3　浙江省台州市大陈岛城镇中心广场规划图

对于功能性强的回车停车广场、集市贸易广场等，常常忽视它的景观效果，有时给人以零乱的感觉。这些广场，有的占据在城镇很重要的位置上。应把它们作为城镇景观的一部分。根据所处位置和广场性质的不同，宜分别加以美化。对于回车场，停车场，农贸广场等，则应从秩序、整洁上下工夫，对其外围和不阻碍交通的地方，进行绿化。布置好配套的功能设施和服务设施。

三、小城镇街景

街道空间是人们进入镇区后，最先映入眼帘的，往往给人印象最深。因而街景的规划设计与建设，受到人们的普遍重视。

街道是呈线性向前延伸的。人们在街道上的视觉感受，可称为轴向景观。在这条轴上，贯穿着街道景观六大要素，即道路、绿地、建筑、广场、车和人的流动。

街道绿地、行道树加强了街道的轴线导向性，同时还丰富了街道景观，实用功能与美观和谐一致。

四、沿海城镇景观

沿海城镇一般有三种类型：一是由海上交通运输发展起来的工、商业海港城镇，这类城镇一般都发展得比较快；二是由海上渔业养殖业发展起来的小城镇；三是海上旅游城镇，常有很好的沙滩，有很好的自然风景资源。

小城镇和城市一样，必须注意控制港口码头所占据的沿海岸线的长度及其发展方向，使之向一端发展。要留有一定的海岸线，辟为海岸城镇的休息游览区，也是接待游客的景点，是小城镇发展的第三产业资源。开始就要从总体规划上予以重视。要把海水、沙滩、绿树、青山、建筑相互呼应，有机地组成沿海景观风景线（图2-5-4-4）。

图 2-5-4-4　广东省深圳市南澳镇滨海地段城市景观设计

五、小城镇建筑群

小城镇建筑群是指镇区中若干相邻建筑物构成的、在空间组织上紧密联系的建筑群体。按照建筑物的布置形式可分为：呈带状布置的沿街建筑群和成集团布置的组团式建筑群；按照建筑物的使用功能可分为：公共建筑群、住宅建筑群、商业建筑群、宫殿和宗教建筑群等；还有若干使用功能不同的建筑物组成的混合式建筑群；根据建筑所处的位置则可分为：镇区中心建筑群、沿街建筑群、水滨建筑群、山地建筑群、园林建筑群等。

建筑群应该充分结合地形、利用地形，并同周围的自然环境取得有机的联系。要根据城市景观的总体要求，进行规划设计。通常把镇区中心建筑群作为"点"，把镇区道路沿街建筑群作为"线"，把住宅建筑群作为"面"，将"点"、"线"、"面"互相结合和互相协调起来，使城镇景观取得较佳的整体效果（图2-5-4-5）。

图2-5-4-5　安徽省肥西县三河镇小南河沿线改造工程沿河立面图

建筑群空间组织、色彩、体形、风格要充分美化城镇景观，要体现历史文化传统。我国传统的城镇建筑群在空间形式上比较注意院落的组织和群体空间构图上的严谨、均衡、对称。国外城镇建筑群，则具有造型丰富、空间自由开朗的传统。在城镇新建筑群的规划设计中，既要继承和发扬优秀的历史文化传统，又要努力创新，创造与时代相适应的城镇空间环境。

六、小城镇建筑小品

小城镇建筑小品是指布置在镇区街头、广场、绿地等室外环境中的小型建筑元素。建筑小品大部分除具有使用功能外，还必须具有观赏或装饰功能，以及造型上的艺术性。

城镇的建筑小品大致可分为五类：生活服务设施，如商业服务亭、书报亭、饮食摊亭、饮水器等；美化环境的设施，如雕塑、喷水池、花坛等；公用工程设施，如交通标志、岗亭、候车站、自行车棚、加油站、路灯、邮亭、电话亭、废物箱等；文化宣传设施，如画廊、广告牌、招贴柱、阅报栏、展览橱窗等；休闲游憩设施，如休息廊、休息亭、供路人休息用的桌椅坐凳等。

城镇建筑小品的类型和形式随着城镇社会经济和文化生活的发展而变化。现代城镇建筑小品的造型反映出工业化、科技化时代的特色。新材料、新工艺的应用，使建筑小品更加实用、精致、简洁、美观。

建筑小品在城镇建筑中虽然不是主体，但以其特有的实用和观赏功能而成为城镇景观中的重要组成部分。一些优秀的装饰性建筑小品更以立意新颖、造型优美、制作精湛而受到赞赏和珍爱。

第五节　街道景观环境详细规划

小城镇道路除供交通之外，还具有多方面的功能，它是城镇居民的主要活动空间，也是展示小城镇面貌的主要场所。为此，应该精心搞好街道景观环境规划，尽可能创造出完美的街道环境，尤其是人流众多的主要商业街道环境。

街道景观环境规划首先是对小城镇道路的自然环境、沿街建筑群、广场、绿地、文化古迹以及各种公用设施等统一考虑，组成有韵律、有节奏的外部空间序列。街道景观环境的美化是综合的，根据街道的不同性质、长度、宽度和街道线型，因地因条件制宜地来安排条条（街道）和块块（街道两旁院落）的空间贯通关系，沿街建筑立面采取高低、进退、曲折、虚实等手法予以变化，再加上绿化、小品、色彩、照明等的辅助手段，从而形成统一而又丰富多变的街景空间（图2-5-5-1）。

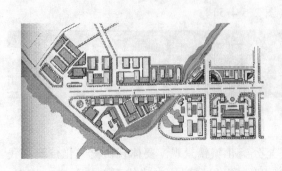

图2-5-5-1　浙江省诸暨市店口镇镇区
盾岸路详细规划

图2-5-5-2　江苏省常熟市梅李镇中心区
改造街景

一、建筑高度控制

小城镇人口较少，对各类公共建筑的面积要求不高，故沿街建筑的层数不会太高。根据小城镇人口数量及经济发展水平，主要街道两侧大部分建筑的高度选择3～5层较为适宜，但为了街景构图的需要，可建少量中高层或在某些建筑物上盖坡顶（图2-5-5-1）。

二、天际线起伏变化

控制建筑高度决不等同于推平头，在平均高度的控制下，应有高、有低，一定长度的某段街区内要做到：竖向上高低起伏，横向上街与坊贯通，轴向上有节奏地空间延续。在道路交叉或拐角、弯曲处还可点缀一些小塔楼，对天际线的变化可起画龙点睛作用（图2-5-5-2）。

三、建筑平面曲折

小城镇的建设用地较大、中城市宽松，沿街建筑没有必要拉成一条直线，切忌一律紧挨道路边线布置，顺应具体条件不妨将街道适度曲折，沿街建筑适度退让。这不仅可创造一些便于使用的有趣的外部空间，同时在视觉上可增添建筑环境的层次感和透视感，有利于避免千街一面的单调。

四、建筑尺度亲切适度

小城镇与城市的区别在于一个"小"字，在街道景观环境规划中决不可忽视这一点。作为小城镇环境重要组成部分的街道景观环境，其三维空间尺度都要落实在"小"字上，力求街道短些，路面窄些，两侧建筑低些。让新规划区的沿街建筑尺度较接近于历史现状，就易于融入居民对环境的习惯性需求，使他们感到亲切而乐于接受。建筑尺度亲切适度的街道环境，是强调小城镇特色的一个重要方面（图2-5-5-3）。

图2-5-5-3　浙江省绍兴县新未庄街景

五、点缀消闲空间

所谓街道景观环境规划，实际上是指对街区人体行为空间所作的设计。以商业街道为例，就是要创造一个人们集遛街、购物、娱乐、餐饮和休闲于一体的综合环境。过去的街景设计，重点放在沿街建筑的立面设计，把着眼点仅仅局限在建筑上，显然是不够的。小城镇一般规模不大，城区基本上在步行范围以内，镇区内的居民活动都以步行和自行车为主，机动车（包括公交车、出租车、私家车和货车）数量都很少。即使在一些经济发展较快的城镇，只要把过境交通疏导好，同时做好交通分流，合理调控街道机动车道宽度，并适当辅以非机动车道，就可妥善解决交通问题。值得强调的是上述遛街、购物、娱乐、餐饮和休闲等活动，对环境构成了特定的需要。遛街是边浏览边缓步行进，走走停停，其前进的速度远低于正常步行，需要考虑滞留空间；购物、娱乐和餐饮，都会形成商铺门前的人群聚散拥挤的现象，在入口处要求有集散空间，故人行道的宽度宜宽不能窄。在完成上述一个或多个行为的同时，人们需要适当的放松和休息，城镇人口少，乡亲熟人多，见面好攀谈几句，街道交往更属常见，可谓之休闲。在规划中提供适当的休闲空间，不仅满足了人们的行为要求，且能解除人们对遛街、购物等活动的疲劳，有利于促进消费和人际交往。

六、强化绿色环境

小城镇比城市更接近于大自然，应最大限度地利用自然环境的因素，亦即保护自然地貌，扩大各类绿地面积，以达到生态园林城镇的绿地率指标。除提高居住小区的绿色环境外，加强路边绿化也是收效较显著的措施。街道绿化包括三个方面：一是行道树的栽植，可构成绿色屏障，主要起遮阳和防风沙的作用；二是景观乔木，尤其是古木保护，可构成绿色景点；三是大块草坪加树木，可调节小气候，形成开阔的绿色景观。三者有机结合，可高度改善街道绿色环境质量，降低纯建筑环境的枯燥。

七、尊重传统建筑文化

小城镇地域文化影响较深，外来文化影响极少，特别是多数远离大城市和铁路和公路干线的内陆小城镇，至今仍保持着自身所固有的风俗习惯和经济文化特色，包括当地的传统建筑文化。显然经济文化在不断发展，风俗习惯也随之演变，但传统建筑文化应该得到延续和发扬。

世界上任何国家的城镇，至今都保存着历史上最优秀的城堡和民居，构成了历史建筑瑰宝的重要部分。我国各地区、各民族延续了几百年甚至上千年历史的民居，同样集中体现了世代祖先的生活习俗和智慧结晶，是子孙后代所熟悉、热爱并引以为荣的。在进行小城镇街道景观环境规划中，对当地的住宅建筑文化必须尊重，历史性建筑应予保存修复，新建筑要吸收传统建筑文化的精髓，从平面布局、立面处理、建筑装饰、建筑色彩等多方面来继承和发扬传统的建筑文化。中断了传统建筑文化，也就扼杀了城镇所固有的特色，其结果是千城一面，单调呆板，应该杜绝。

第六节　历史文化名镇保护与更新详细规划

一、历史文化名镇的概念与核定标准

历史文化名镇系指建筑遗产、保存文物特别丰富，具有重大历史价值和革命意义的城

镇。历史文化名镇由省级以上人民政府认定。

历史文化名镇的核定标准：

（一）具有悠久的历史，保存有较丰富完好的文物古迹和具有历史文化、科学、艺术价值与纪念意义；

（二）现状格局和风貌保留着历史特色，并具有代表传统风貌的历史性街区；

（三）文物古迹主要分布在镇区或郊区，保护和合理使用这些历史文化遗产对该镇的性质、布局和建设方针存在重要影响。

二、历史文化名镇规划的指导思想和原则

（一）规划依据：历史文化名镇保护规划应依据《中华人民共和国文物保护法》及其实施细则，并参考《历史文化名城保护规划编制要求》等文件进行编制。

（二）指导思想：珍惜保护历史文化名镇，合理利用现状，普遍改善环境，局部妥善改造，分期更新建设，提高城镇功能。使其既保护历史风貌，又满足现代生活的需求。

（三）规划原则：

1. 整体保护的原则。对历史街区乃至古镇整体的自然环境、历史环境和人工环境进行综合性保护。

2. 动态保护的原则。尊重历史，理解今天，城镇的扩建要满足历史文化的延续和城镇发展的需求。

3. 多维控制的原则。划定历史文化保护区（X、Y轴双向空间控制）；进行其周围建筑高度控制（Z轴竖向空间控制）；确定风貌建筑形式（S轴精神文明控制）；明确更新要求和时序（T轴时间控制）。

4. 可持续发展的原则。既满足当代人的需要，又不对满足后来人需要的潜力构成危害。

三、历史文化名镇保护的内容

（一）珍惜保护历史文化名镇的传统格局，如"方城十字街"、"方城井字街"，"鱼骨型"、"放射型"道路网等历史传统格局。

（二）整体保护历史街区，其范围划定应符合历史真实性，要求有相对的风貌完整性和管理的可操作性。

（三）重点保护文物古迹，古建筑群体及其周围空间肌理（图2-5-6-1）。

（四）选择保护典型民居、建筑小品以及建筑装饰等（图2-5-6-2）。

（五）严格保护古树以及古石、古井等环境要素。

（六）提倡保护传统建筑形式与风格。

四、历史文化名镇更新的意向

（一）保存完好的古镇要划定古镇保护区范围，严格整体保护古镇区，选择适宜方向开发建设与古镇协调的新镇区。

（二）划定历史街区和文物古迹、古建筑群等历史风貌保护区，严格限制其保护区内的建设行为，并整治周围环境。

（三）打通梳理街道、通畅交通环境，设置停车场地及必要的服务设施。

（四）有组织的外迁古迹和古镇内的工业企业，变更用地使用性质，开辟公共绿地、街坊绿地，增加绿地率，改善生态环境。

（五）配置排水管网、公厕、垃圾站点、消防设施和老年公寓、儿童活动场地、社会

服务中心等公用工程设施和社会服务设施，优化古镇功能。

（六）确定有待危房改造的地段、街坊，提出规划设计条件、控制指标和开发时序。

图 2-5-6-1　江苏省常熟市梅李镇
修缮后的"聚沙百福塔"

图 2-5-6-2　浙江省绍兴县新未庄住宅建筑设计

五、历史文化保护区的划定

通过视线分析，环境噪声分析和高耸建筑物观赏要求分析以及文物保护的安全要求，对历史文化名镇历史文化保护区按三级控制，其控制范围的划定应符合表 2-5-6-1 的规定。

（一）一级保护区（绝对保护区）

定义：已经公布批准的各级文物保护单位（包括待定保护单位或古镇）其本身和其组成部分的边界线以内。

保护项目：已公布批准和待定的各级文物保护单位。

保护要求：不能随意改变现状，不得施行日常维护外的任何修理、改造、新建工程及其他任何有损环境景观的项目。在必要的情况下，对其外貌、内部结构体系、功能布局、内部装修、损坏部分的整修应严格在原址依照原样修复，并严格遵守《中华人民共和国文物保护法》和其他有关法令法规所规定的要求。

（二）二级保护区（建设控制区）

定义：为了保护文物古迹的完整和安全所必须控制的周围地段以及有代表性的传统居民区、街区、沿街沿河风貌带等。

保护项目：为了保护文物古迹的完整和安全所必须控制的周围地段。

保护要求：各项修建需在城镇规划行政主管部门及文物管理委员会等有关部门严格审批下进行，其建设活动应以维修、整理、修复及内容更新为主。其建筑的内部整修应服从对文物古迹的保护要求，其外观造型、体量、材料、色彩、高度都应与保护对象相适应，较大的建筑活动和环境变化应由专家委员会评审认定。

（三）三级保护区（环境协调区）

定义：历史文化保护区整体协调所控制的区域。

保护项目：历史文化保护区内所有区域。

保护要求：在此范围内的新建建筑或更新改造，在不破坏整体风貌与环境的前提下，适当放宽建筑形式的限制。对不符合要求的已有建筑，应停止其建设活动，并在适当的条件下予以改造。该保护范围内的一切建设活动均应经规划部门审核、批准后方可进行。

六、历史文化名镇保护规划方法

为了保障历史文化名镇保护规划得以实施，并考虑建设管理的可操作性。在历史文化名镇保护规划编制时，可引入城市规划控制性详细规划方法，结合当地实际情况灵活运用（图 2-5-6-3、图 2-5-6-4）。

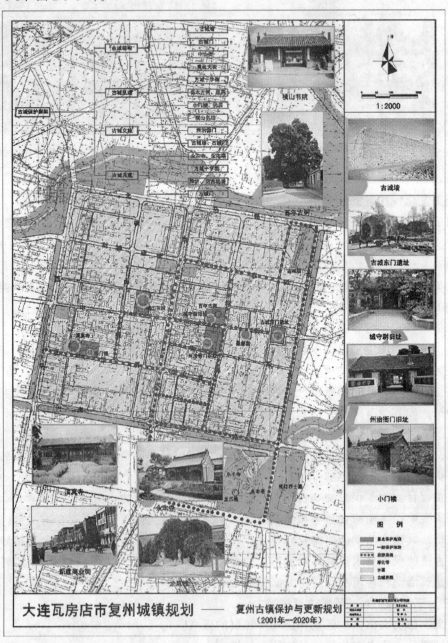

图 2-5-6-3　辽宁省瓦房店市复州历史文化名镇保护与更新规划

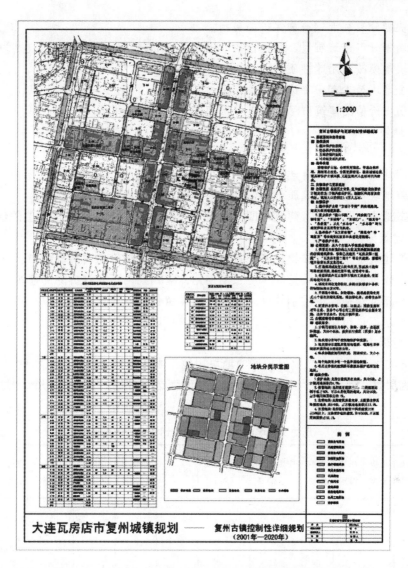

图 2-5-6-4　辽宁省瓦房店市复州历史文化名镇控制性详细规划

历史文化名镇历史文化保护区范围　　　　　　　　　　表 2-5-6-1

项　目　　　\　　类　别	一级保护区 （绝对保护区）	二级保护区 （建设控制区）	三级保护区 （环境协调区）
保护区范围（m）	50	100	300
周围建筑高度控制（m）	3	6	9

（一）地块划分

1. 历史文化名镇用地划分为保护、保留、改善、改造四种类型，按所在街区行政区划分编码。

153

2．地块划分有利于建筑物保护与更新。

3．地块划分以建筑质量、用地性质、道路里弄和现状所属用地自然边界为准。

4．地块规模按照用地性质，因地制宜，大小不等。

5．每个地块至少有一个边界面临街道。

6．有历史价值的建筑群尽量按其保护范围划定地块。

（二）地块分类

1．保护地块：是指历史文物古迹、古建筑所在地块。

2．保留地块：是指现有建筑中二、三类建筑比例不低于40％，可长期使用的。

3．改善地块：是指建筑质量尚好，且需要改善其环境的地块。

4．改造地块：是指现有建筑中四类建筑比例占50％以上，无保留价值的建筑区。

（三）建筑分类

1．一类建筑是指历史文物古迹、古建筑群和具有保护价值的传统民居。

2．二类建筑是指建筑质量好，可长期使用，规划期内不允许拆除的建筑。

3．三类建筑是指建筑质量较好，具有一定保留价值的建筑。

4．四类建筑是指建筑质量较差，在规划期内可以拆除的建筑。

（四）指标控制

对历史文化名镇历史文化保护区的地块用地性质、用地面积、建筑密度、容积率、绿化率、建筑层数、建筑风格、外檐色彩、实施时序进行控制，按表2-5-6-2的内容作出规定。

历史文化名镇控制性详细规划技术经济指标　　　　　　　表 2-5-6-2

行政区划	地块编号	地块分类	用地编码	用地性质	用地面积（ha）	建筑密度（%）	容积率	绿化率（%）	层数（层）	高度（m）	建筑风格	外檐色彩	实施时序

第七节 产业园区详细规划

一、小城镇产业概况

（一）小城镇产业过去比较单一，主要是结合自然资源，沿袭历史发展，继承传统而逐步发展起来的农业种植业、林业加工业、畜牧饲养业、副业手工业和渔业养殖业等。长期以来，这类资源型的单一生产模式，一直是小城镇经济的主体。

资源型的产业对自然资源的依存性较强，资源的匮乏以至枯竭，往往造成了许多小城镇产业经济的衰退。所以在发展资源型产业的同时，务必要加强节约自然资源和利用再生能源，以保障可持续发展。

（二）改革开放以来，少数位于比较优越地区的小城镇，首批得到了邻近大、中城市经济发展的泽惠。小城镇通过城市工业的扩散、移植、配套和协作，建立并发展了自己的乡镇工业。小城镇产业也由单一生产模式而扩展为多元结构。

小城镇工业的发展要严防各类生产性污染，对有严重污染的工业，决不能列入镇区范围。对有轻度污染的工业，可按轻、微程度分区设置。

（三）少数地域位置优越，且兼人文条件和基础设施较佳的小城镇，由于其投资环境的良好，通过招商引资开发工业项目，而较快地提升了小城镇经济发展速度。此类产业一般为加工业，但大多具有高科技、高效益、低污染、外向型的特点。这些先进的产业，对生产工人有一定的技术要求，往往就地招工就地培训。

二、产业用地规划

（一）产业用地应与小城镇保持既联系又分离的原则，要使职工上下班路程短捷，并能清除各类污染对城镇的影响。产业用地宜布置在镇区边缘的下风部位，并用绿化带与生活居住用地分隔开。

（二）产业用地应尽量连片、集中，组成产业园区。这样可节约土地和提高各项基础设施的效益。

（三）产业园区的不同产业项目，可分类集中布置。园区的规划地块，应能满足大、中、小型产业的生产、库存和经营面积要求。

（四）产业园区的产品销售外向性很强，对外交通和信息频繁密切，故其设施和条件要求较高。产业园区沿过境公路或城际公路布置时，路边应设绿化带，并尽量减少出入口。产业园区沿高速公路布置时，应遵照有关规定，在允许开口处设辅道，然后沿辅道单侧或双侧布置，园区边缘与高速公路间，设绿化隔离带。

三、产业园区的规划布局

（一）街坊型：全区由方格路网划分成若干个基本地块，每个基本地块又可分为 4 个单元地块，单元地块还可按用户要求以 $\frac{1}{2}$U、$\frac{1}{4}$U、$\frac{1}{8}$U 分块租让。

（二）带状型：沿交通干道或专用辅道单侧或双侧带状布置单元地块 U，以长边作进深，单元地块 U 也可按 1/2、1/4、1/8 再划分。对面积不大的小型产业园区，这种布局也很适用。

（三）组团型：即沿交通干道或专用辅道单侧或双侧连续布置若干专项地块，地块与干道和地块与地块间，设绿化带隔离。每个专项地块约占 3 个单元地块，由交通广场楔入，这种布局适用于面积较大、污染程度有差异的园区，如图 2-5-7-1 所示。

小城镇产业园区实例或规划图见图 2-5-7-2～图 2-5-7-6。

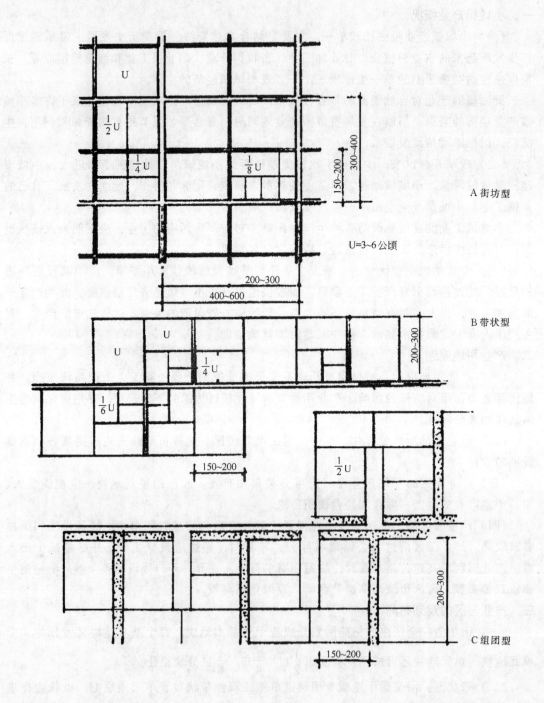

图 2-5-7-1 小城镇产业园区规划模式图（单位：m）

图 2-5-7-2　广东省东莞市长安镇上角工业区　　　　图 2-5-7-3　广东省东莞市长安镇霄边第二工业区

图 2-5-7-4　天津市静海县大邱庄镇产业园区　　　　图 2-5-7-5　广东省东莞市长安镇安力科技园

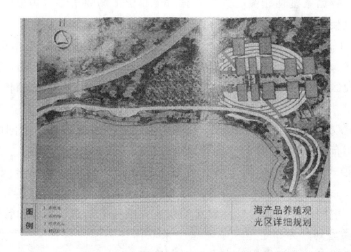

图 2-5-7-6　广东省深圳市南澳镇滨海地段海产品养殖观光区详细规划

第八节 集贸市场详细规划

集贸市场是我国小城镇物资交流的重要途径。集贸市场与群众的生产生活密切相关，属于第三产业，在小城镇规划建设中是一项占地面积大、人流和物流多、对环境面貌有重要影响的公共设施。因此，科学地进行集贸市场的规划设计，对于节约用地、节省资金、改善交通、优化环境，对于规范市场建设和管理，都有举足轻重的意义。

在小城镇集贸市场规划设计中，要全面贯彻勤俭建设、节约用地、不占良田、方便交通、优化环境等原则，并符合经济、实用、安全、卫生等要求。

小城镇集贸市场规划设计是小城镇规划建设的重要组成部分。应参照《乡镇集贸市场规划设计标准》（CGG/T 87—2000）进行编制。其内容包括：

1. 在县域城镇体系规划中，要调查各小城镇集市贸易的现状，了解附近地域的资源状况，分析生产生活的需求变化，依据县域集市贸易的发展需要，预测各小城镇集市贸易的发展前景，确定集贸市场的布点和规模。

2. 在小城镇镇域总体规划和镇区建设规划中，要配合镇区的用地布局，确定集贸市场用地的规模和选址。

3. 在编制集贸市场的详细规划中，根据人流、物流的要求，组织交通，布置市场建筑和各项设施，为市场建筑和工程设施的设计提供依据和要求。

一、小城镇集贸市场的类别和规模分级

（一）集贸市场类别

小城镇集贸市场从交易的品类、经营的方式、布局的形式、设施的类型、服务的范围等各方面均显示出多样性。它与当地的物产资源、生产特点、生活习俗、自然条件、民族风情、经济水平等因素密切相关。这些差异对于集贸市场的布点、规模、选址以及设施配置等方面都有直接影响，应在规划设计时予以考虑

1. 按交易的品类划分为综合型市场和专业型市场两大类。综合型市场经营的品类多，一般与本地生活、生产关系密切相关，服务范围一般较小；而专业型市场虽然经营品种单一，但多是本地区的特色产品或传统经营产品，其影响范围大，有的销售至县外、省外甚至国外。

2. 按经营的方式划分为批发市场、零售市场或批零兼营市场。不同的经营方式对于市场布局、设施布置、建筑构成、面积大小等均有不同的要求。

3. 按布局形式划分为集中式市场和分散式市场。布局形式要结合当地的市场现状、镇区规划、交易品类与经营方式等情况，因地制宜地加以确定。小型集市一般多采取集中一处布置，大、中型集市则多采取分成几处布置，以利于交易、集散和管理。

4. 按设施类型划分为固定型和临时型。采取何种类型，应视交易商品的类别、需求量、经营方式的特点、经济发展的水平等因素确定。

5. 按服务范围集贸市场分为镇区型、镇域型、域外型。由于服务范围的不同，将影响集市的规模、选址、布局、设施的确定。

镇区型系指集市贸易经营的商品主要为镇区居民服务，如蔬菜、副食、百货等商品。

镇域型系指集市贸易经营的商品为镇区及本镇辖区服务，交易本地的产品和本地生

产、生活所需的各类物品。

域外型集贸市场主要是为乡镇域之外的县域、县际、省际或国际交易服务，集市贸易经营的商品多为本地区的特色产品，或传统经营的产品。

（二）集贸市场规模分级

以零售为主的小城镇集贸市场的规模，应按平集日入集人次划分为小型、中型、大型和特大型四级，其规模分级应符合表 2-5-8-1 的规定。批发市场的规模应根据经营内容的实际情况分级。

小城镇集贸市场规模分级　　　　　　　　　　　　表 2-5-8-1

集贸市场规模分级	小型	中型	大型	特大型
平集日入集人次	≤3000	3001～10000	10001～50000	>50000

二、集贸市场布点和规模预测

（一）集贸市场布点

小城镇集贸市场的布点一般应在县域范围内进行，调查县域范围内各乡镇集贸市场的现状，根据市场经济发展的需要，分析发展的趋势，预测其发展前景，与县域城镇体系规划互相协调，对集贸市场进行统一规划，合理布点，包括配置的数量、市场的类型、规模及服务范围等。

1. 根据商品流通要求，从生产点至消费点流向出发，相应考虑行政区划的因素，合理进行县域集贸市场体系分布的规划。

2. 布点均匀，距离适当，方便购销，避免同类、同级市场过于靠近重复设置。

3. 结合集贸市场现状，尊重传统习俗，根据发展需要，对现有的市场进行调整完善。

4. 适应经济发展要求，选择位置适宜、交通便利、条件良好的地点，建设新的集贸市场。

（二）集贸市场规模预测

小城镇集贸市场发展规模预测，要在做好现状集市调查的基础上，综合分析影响集市规模的因素，充分考虑集市发展的优势和制约条件，预测发展的趋势来确定集市的发展规模，预测的期限应与相关规划期限相协调一致。

1. 集市现状调查的内容，一般包括集市的所在区位历史沿革、经营品类、产销地点、用地面积、设施状况、集市规模、交易特点、成交数额、集散方向、交通条件、资源状况、管理机构及存在问题等。

集市规模一般涉及以下内容：

（1）平集日的集市时间、入集人次、购物平均停留时间、在集平均人数、在集高峰人数。

（2）大集日的集市时间、入集人次、购物平均停留时间、在集平均人数、在集高峰人数。

集市规模的现状统计，一般采用以下方法：

1）人次统计法：可以测得入集人次。如分时统计进出集市人数，还可求得购物平均停留时间、在集平均人数与高峰人数。

2）地段抽样法：以不同典型地段人数在平均值及高峰值乘以集市总面积与该地段面积之比值，可求得在集人数的平均值及高峰值。

3）摊位抽样法：以各种摊位前的人数的平均值及高峰值，乘以摊位数，可求得在集人数的平均值及高峰值。

2. 集市发展规模预测的内容应包括：集市服务的地域范围、交易商品的种类和数量、入集人次和交易额、市场占地面积、设施类型以及分期建设的内容和要求等。其涉及的因素包括：集市影响范围的地域面积与人口数量；经济发展和人民生活的水平与增长速度；生产、消费、中转商品的品种、数量、流向与交通运输工具等。

3. 对于临近行政辖区边界和沿交通要道的集贸市场进行布置时，应考虑其影响范围内区域发展经贸活动的需要。

三、集贸市场用地和选址

（一）集贸市场用地

确定集贸市场的用地规模应以规划预测的平集日高峰人数为计算依据。大集日要增加临时交易场地时，不得占用公路与镇区主干道。

集贸市场的规划用地面积应为人均市场用地指标乘以平集日高峰人数。平集日高峰人数是平集日入集人次乘以平集日高峰系数。

集贸市场用地应按下式计算：

集贸市场用地面积＝人均市场用地指标×平集日入集人次×平集日高峰系数

人均市场用地指标应为 $0.8\sim1.2m^2/$人。经营品类占地大的、大型运输工具出入量大的市场宜取大值，以批发为主的固定型市场宜取小值。

平集日高峰系数可取 $1.3\sim1.6$。集日频率小的、交易时间短的、专业型的市场以及经济欠发达地区宜取大值，每日有集的、交易时间长的、综合型的市场以及经济发达地区宜取小值。

（二）集贸市场选址

1. 新建集贸市场选址应根据其经营类别、市场规模、服务范围的特点，综合考虑自然条件、交通运输、环境质量、建设投资、使用效益、发展前景等因素，进行多方案技术经济比较，择优确定。当现有集贸市场位置合理，交通顺畅，并有一定发展余地时，应合理利用现有场地和设施进行改建或扩建。

2. 集贸市场选址应有利于市场人流和货流的集散，确保内外交通顺畅安全，并与镇区公共设施联系方便，互不干扰。

3. 集贸市场用地严禁跨越公路、铁路进行布置，并不得占用公路、桥头、码头、车站等重要交通地段的用地。

4. 小型集市的各类商品交易场地宜集中选址，商品种类较多的大、中型集市，宜根据交易要求分开选址。

5. 为镇区居民日常生活服务的市场应与集中的居民小区临近布置，但不得与学校、托幼设施相邻。运输量大的商品市场应根据货源来向选择场址。

6. 影响镇区环境和易燃、易爆以及影响环境卫生的商品市场，应在镇区边缘，位于常年最小风向频率的上风侧及水系的下游选址，并应设置不小于 $50m$ 宽的防护绿地。

四、场地布置和布局形式

（一）集贸市场场地布置

1．集贸市场的场地布置应方便交易，利于管理，不同类别的商品应分类布置，相互干扰的商品应分隔布置。

2．集贸市场的场地布置应利于集散，确保安全。商场型市场场地的规划设计应符合国家现行标准《建筑设计防火规范》（GBJ 16）、《村镇建筑设计防火规范》（GBJ 39）、《商店建筑设计规范》（JGI 48）等的有关规定。

3．集贸市场的所在地段应设置不少于表2-5-8-2规定数量的独立出口。每一独立出口的宽度不应小于5m、净高不应小于4m，应有两个以上不同方向的出口联结镇区道路或公路。出口的总宽度应按平集日高峰人数的疏散要求计算确定，疏散宽度指标不应小于0.32m/百人，达到我国现行安全疏散时间标准的要求（图2-5-8-1）。

集贸市场地段出口数量 表2-5-8-2

集市规模	小型	中型	大型、特大型
独立出口数（个）	2～3	3～4	3＋市场规划人数/10000

4．集贸市场布置应确保内外交通顺畅，避免布置回头路和尽端路。市场出入口应退入道路红线，并应设置宽度大于出口、向前延伸大于6m的人流集散场地，该地段不得停车和设摊。大、中型市场的主要出口与公路、镇区主干道的交叉口以及桥头、车站、码头的距离不应小于70m。

5．集贸市场的场地应做好竖向设计，保证雨水顺利排出。场地内的道路、给排水、电力、电讯、防灾等的规划设计应符合国家现行有关标准。

6．集贸市场规划宜采取一场多用、设计成多层建筑、兼容其他功能等措施，提高用地使用率。

7．停车场地应根据集贸市场的规模与布置，在镇区规划中统一进行定量、定位。

（二）集贸市场布局形式

1．街市型：在镇区居住小区附近适当位置设置专供集市贸易用的步行商业街。沿街作铺面用房或固定性的摊、棚，严禁镇区交通穿越，内部通道考虑供应货流、购物人流方便通畅和疏散安全。

2．市场型：在镇区道路一侧，开辟独立地段或广场，设置适当封闭的露天集贸市场用地和方便的出入口，组织明确、通畅的进货路线和购物路线。设有固定的摊、棚和简易的附属设施，按商品类别分区布置，互不干扰，易于管理。亦不影响镇区交通，不扰民（图2-5-8-2）。

3．商场型：在镇区道路一侧建设低层或多层集贸商场建筑，出入口数量视商场规模设置，应避免设置在镇区主要道路上，要组织好进货和购物路线，设置必要的停车场地和消防设施。商场内部设置出租商间和出租柜台以及必要的附属设施（图2-5-8-3）。

4．超市型：随着小城镇居住生活水平的提高，城市文明的引入，小型超市的经营方式在小城镇特别是县城镇受到普遍欢迎。应按照超市经营和购物方式的需要进行布置。要特别注意进货路线、仓储设施、停车场地和门前广场绿地等设施。

5.专业市场型：随着农村产业结构的调整，小城镇就其自身经济发展的需要，大力发展第三产业，开始建设大、中型专业市场兼批发零售，面向本地、本省或全国以及国外。如服装市场、纺织品市场、小商品市场、食品市场、粮油市场、水产批发市场、药材市场、各种原材料市场等。专业市场应根据其经营商品的专业要求，按照相关规模进行选址和规划设计。但都必须认真解决购物环境、进货路线、安全疏散、停车场地、仓储面积、消防设施等基本问题。

6.仓储市场型：以批发为主，兼营零售展销，面向本地销售或全国及至国外，其场址应安排在镇区边缘，对外交通方便地段，除满足通常规划设计要求外，应设置标准库房、管理中心、信息网络和适当的停车场地（图2-5-8-4）。

图 2-5-8-1 吉林省白山市板石镇集贸市场入口

图 2-5-8-2 浙江省绍兴县新未庄农贸市场

图 2-5-8-3 天津市静海县城关镇集贸市场

图 2-5-8-4 天津市静海县城关镇服务交易大厅

五、集贸市场设施选型和规划设计

（一）市场设施选型

1.集贸市场设施按建造和布置形式分为摊棚设施、商场建筑和坐商街区等三种形式。

（1）摊棚设施：是设有营业摊位和防护设施的市场，摊棚设施分为行商使用的临时摊床和坐商使用的固定摊棚。

（2）商场建筑：是在建筑内布置的集市，采用柜台或店铺的形式，设有固定的摊位。

（3）坐商街区：是指每个坐商设有独立出口的店铺建筑群体。在通常情况下，建有居住或加工用房，如"下店上宅"、"前店后厂"式的街区。

2.集贸市场设施的选型应根据商品特点、使用要求、场地状况、经营方式、建设规模和经济条件等因素确定。

3. 集贸市场设施的选型，可采取单一形式或多种形式组成；多种形式组成的市场宜分区设置。

（二）市场设施的规划设计

1. 摊棚设施分为临时摊床和固定摊棚。摊棚设施的规划设计应符合下列规定：

（1）摊棚设施规划设计指标宜符合表2-5-8-2的规定。

摊棚设施规划设计指标　　　　表2-5-8-2

摊位指标＼商品类别		粮油、副食	蔬菜、果品、鲜活	百货、服装、土特、日杂	小型建材、家具、生产资料	小型餐饮、服务	废旧物品	牲畜
摊位面宽（m/摊）		1.5～2.0	2.0～2.5	2.0～3.0	2.5～4.0	2.5～3.0	2.5～4.0	—
摊位进深（m/摊）		1.8～2.5	1.5～2.0	1.5～2.0	2.5～3.0	2.5～3.5	2.0～3.0	—
购物通道宽度（m/摊）	单侧摊位	1.8～2.2	1.8～2.2	1.8～2.2	2.5～3.5	1.8～2.2	2.5～3.5	1.8～2.2
	双侧摊位	2.5～3.0	2.5～3.0	2.5～3.0	4.0～4.5	2.5～3.0	4.0～4.5	2.5～3.0
摊位占地指标（m²/摊）	单侧摊位	5.5～9.0	6.5～10.5	6.5～12.5	15.5～26.0	11.0～17.0	12.5～26.0	6.5～18.0
	双侧摊位	3.5～5.5	4.0～6.0	4.0～7.5	11.0～21.0	6.5～10.0	11.0～21.0	4.0～10.5
摊位容纳人数（人/摊）		4～8	6～12	8～15	4～8	6～12	6～10	3～6
人均占地指标（m²/人）		0.9～1.2	0.7～0.9	0.5～0.9	1.5～3.0	1.1～1.7	1.3～2.6	1.3～3.0

注：1）本表面积指标主要用于零售摊点。

　　2）市场内共用的通道面积不计算在内。

　　3）摊位容纳人数包括购物、售货和管理等人员。

（2）应符合国家现行的有关卫生、防火、防震、安全疏散等标准的有关规定。

（3）应设置供电、供水和排水设施。

（4）大中型并存批发业务的市场，规划设计中还应适当设置仓储设施和停车场。

2. 商场建筑分为柜台式和店铺式两种布置形式。商场建筑的规划设计应符合下列规定：

（1）应符合国家现行标准《商店建筑设计规范》（JGJ 48）等的有关规定；

（2）每一店铺均应设置独立的启闭设施；

（3）每一店铺应分别配置消防设施，柜台式商场应统一设置消防设施；

（4）宜设计为多层建筑，以利节约用地。

3. 坐商街区以及附有居住用房的营业性建筑的规划设计，应符合下列规定：

（1）应符合镇区规划，充分考虑周围条件，满足经营交易、日照通风、安全防灾、环境卫生、设施管理等要求；

（2）应合理组织人流、车流，对外联系顺畅，利于消防、救护、货运、环卫等车辆的通行；

（3）地段内应采用暗沟（管）排除地面水；

（4）应结合市场设施、购物休憩和景观环境的要求，充分利用街区内现有的绿化，规划公共绿地和道路绿地。公共绿地面积不小于市场用地的 4％。

六、集贸市场附属设施规划设计

（一）附属设施的内容

集贸市场主要附属设施是集贸市场不可缺少的组成部分，必须与集贸市场同时规划，同时建设，包括下列内容：

1．服务设施：市场管理、咨询、维修、寄存用房；

2．安全设施：消防、保安、救护、卫生防疫用房；

3．环卫设施：垃圾站、公厕；

4．休憩设施：休息廊、绿地。

（二）附属设施配置指标

集贸市场主要附属设施配置指标表应符合表 2-5-8-4 的规定。

集贸市场主要附属设施配置指标   表 2-5-8-4

集市规模 设施项目	小 型		中 型		大 型		特大型	
	数量	建筑面积 （m²）	数量	建筑面积 （m²）	数量	建筑面积 （m²）	数量	建筑面积 （m²）
市场服务管理	＜10 人	50～100	10～25 人	100～180	25～40 人	180～240	＞40 人	240～300
保卫救护医疗	2～5 人	30	5～8 人	50	8～12 人	70	＞12 人	90
休息廊亭	1 处	40	1～2 处	60～100	3～4 处	120～200	＞4 处	＞300
公共厕所	1～2 处	20～30	2～3 处	30～50	3～4 处	50～100	＞4 处	＞100
垃圾站	1 处	100	1～2 处	100～200	2～3 处	200～300	＞3 处	＞300
垃圾箱	服务距离不得大于 70m							
消火栓	按《建筑设计防火规范》（GBJ 16）设置							
灭火器	按《建筑灭火器配置设计规范》（GBJ 140）配置							

注：1）表中所列附属设施的面积，皆为市场中该类设施多处面积的总和；

    2）垃圾站一栏为场地面积，与周围建筑距离不得小于 5m。

参考文献

［1］村镇规划标准 （GB 50188）

［2］建设部村镇建设司编．建制镇规划设计管理法规文件汇编．北京：中国建筑工业出版社，1995

［3］何兴华．小城镇规划论纲．城市规划．北京：新华出版社，1999

［4］任世英．试谈中国小城镇规划发展中的特色．城市规划，1999

［5］中国城市规划设计研究院，中国建筑技术研究院，沈阳建筑工程学院．小城镇规划标准研究 2001

［6］肖敦余，胡德瑞．小城镇规划与景观构成．天津：天津科学技术出版社，1992

［7］全国城市规划执业制度管理委员会编．城市规划原理．北京：中国建筑工业出版社，2000

［8］王宁，王炜，赵荣山，杨谆，李宏伟．小城镇规划与设计．北京：科学出版社，2001

［9］寿民．村镇规划原理．天津市城市建设学院，1996

［10］建设部村镇建设办公室，中国建筑技术研究院村镇规划设计研究所，中国建筑学会村镇建设
分会编．全国村镇规划设计优秀方案图集．北京：中国建筑工业出版社，2001

第三篇

第一章 小城镇建筑设计概述

第一节　小城镇建筑特点

　　传统乡土聚落是在中国农耕社会中发展完善的。他们以农业经济为依托，采取因地制宜、依山就势、相地构屋、就地取材和因材施工的营建思想，体现出传统民居生态、形态、情态的有机统一。他们的保土、理水、植树、节能等处理手法充分体现了人与自然的和谐相处。既渗透着乡民大众的民俗民情——田园乡土之情、家庭血缘之情、邻里交往之情，又有不同的"礼"的文化层次。建立在生态基础上的聚落形态和情态，既具有朴实、坦诚、和谐、自然之美，又具有亲切、淡雅、趋同、内聚之情，神形兼备、情景交融。这种生态观体现着中国乡土建筑的思想文化，即人与建筑环境既相互矛盾又相互依存，人与自然既对立又统一和谐。这一思想是在小农经济的不发达生产力条件下产生的，但是其思想的内涵却反映着可持续发展最朴素的一面。

　　传统农村长期处于逐渐演化，相当缓慢的发展态势。而近年来随着城市化进入加速发展时期，经济社会结构的深刻变革对农村产生巨大影响，快速的经济增长和农民收入的迅速增加，二、三产业的迅速发展使村镇一改过去的封闭性内向型特点，转而向开放性外向型发展，村镇的布局和空间结构发生剧烈变化。我国城市化在空间上的突出表现就是小城镇建设的迅猛发展，极大地改变了我国的二元经济社会结构和二元人居环境，呈现出多元化的发展趋势。在小城镇中，形成了多元化的产业结构、中间型的技术结构、混合型的人口结构、城乡交融式的社会文化和城镇型的空间结构。

　　小城镇建筑设计要适应时代要求，采用适合自身发展需要的设计手法，即在择优继承传统建造方法的同时，要注重适宜的新技术的运用，关注节能环保问题，发扬传统建筑风格并创造崭新的小城镇建筑形象，以促进小城镇的可持续发展。

第二节　建筑的构成要素

　　建筑既是人类物质产品的一部分，又是人类精神产品的一部分。建筑物提供空间环境以满足人们的使用要求，使人们获得生活起居、工作、学习的条件；它还能以自身的形象满足人们的精神要求，陶冶人们的审美观点和审美情趣，使人们获得艺术上的享受。公元前1世纪罗马一位名叫维特鲁威的建筑师曾经称实用、坚固、美观为构成建筑的三要素。

后来，人们把建筑的要素概括为功能、技术和形象。

建筑的功能要素首先表现为满足使用要求。大致表现在三个方面：一是空间要符合人体活动尺度的要求，使人们能够在其中布置家具、设备，从事生产或生活；二是要满足人们的生理要求，包括良好的朝向，充足的日照以及防寒、隔热、通风、采光、防潮、隔声等条件；三是符合使用过程和特点，就是要按照人们使用建筑的顺序和路线进行空间布局，为人们在其中活动提供方便。

建筑的物质技术条件主要指房屋用什么建造和怎样去建造的问题。主要包括多样的建筑材料、合理的结构与构造、相应的建筑设备以及必要的施工技术。

建筑形象即是建筑物的外观。它涉及文化传统、民族风格、社会思想意识等多方面的因素，是建筑的美观问题。要求建筑具有适宜的空间比例、尺度，协调的色彩、质感，美好的形体和轮廓，同时，更应注意地方特色的继承和创造。

以上建筑三要素彼此之间是辩证统一的关系，不能分割。功能是建筑的目的；技术是达到目的的手段，同时对功能有约束和促进的作用；建筑形象是功能和技术的外在表现，但是在一定功能和技术条件下，会产生不同的建筑形象。

第三节 建筑设计的目的

建筑物不仅为人类提供了生产、生活的空间，而且又是一个地区在一段时间内社会经济发展和地方文化的象征。改革开放前，我国绝大部分村镇建筑的建造数量和建筑类型都很少，建筑功能和结构形式都比较简单，基本是砖混和土木结构的单层房屋，而且大多没有正规设计。近几年来，随着农村经济的全面发展，农民生活水平有了很大提高，小城镇建设全面展开。经过精心设计的居民小区、饭店、商场、办公大楼、影剧院等公共建筑和各类生产建筑拔地而起，多层建筑、大跨度建筑，甚至高层建筑屡见不鲜。建筑设计已成为小城镇建设的重要环节，是提高小城镇建设水平的主要手段之一。

一、建筑设计是实现小城镇规划的保证

规划是小城镇建设的依据。由于各类建筑物建筑设计水平的不同，统一规划将会产生不同的建设效果。因此，合理的规划必须有好的建筑设计来支持。一个优秀的建筑师能够根据特定的时代背景、地理位置和地域环境，设计出既能体现原有规划设想又能满足使用功能的建筑，既体现时代特点，又再现村镇原有特色，实现规划的综合效益。

二、建筑设计能够有效降低工程造价

通过精心设计，可以提高建筑的有效使用率。正确地选定结构形式，准确地确定构件尺寸，合理地选用设备、材料及其用量，能够达到降低工程造价的目的。

三、建筑设计是保证小城镇建设质量的必要条件

近几年来，我国小城镇建设有很大发展，但其中有相当数量的房屋质量低劣，甚至出现了一些质量事故。主要原因之一就是没有设计，无图施工。工程中有很多问题没有在施工前的设计阶段发现和解决。由于缺乏充分和全面的考虑，常常会顾此失彼，不仅造成建筑材料的浪费和使用功能上的不便，还有可能造成事故隐患，后果不堪设想。

第四节 建筑设计要满足的要求

一、符合城镇规划要求

单体建筑是城镇规划中的组成部分，建筑设计应充分考虑小城镇建设规划对建筑群体和个体的要求，符合城镇规划。在空间组织方面要与周围环境相适应，取得整体协调的效果；要注意对当地历史文物古迹的保护，突出地方特色；在建设范围内，要节约用地，明确功能分区，使各分区既联系方便，又不互相干扰；要注意建筑物与建筑物之间，建筑物与广场、道路、绿化之间的关系，使之有机结合，创造优美环境。

二、满足建筑功能要求

满足建筑物的功能要求，为人们的生产生活创造良好的空间环境，是建筑设计的首要任务。例如，学校设计要满足教学活动的需要，教室设置应布局合理，采光通风良好，同时安排好行政管理和辅助用房，并配置适宜的体育场和室外活动场地。又如，影剧院要满足听觉、视觉和安全疏散的要求，医院要满足防尘、无菌、清洁的要求等。

三、采用合理的技术措施

根据建筑空间组合的特点，相应确定合理的结构形式、节点构造和施工方案，使房屋坚固耐久、安全可靠，建造方便。同时，还要选择适宜的建筑材料、建筑产品及设备等。

四、具有良好的经济效果

建造房屋是一个复杂的物质生产过程，需要大量人力、物力和资金。在用地布局上，要紧凑合理，充分利用空间，节约面积和用地。在建筑设计和施工中，要因地制宜、就地取材，尽量节省劳动力，节约建筑材料和资金。设计和施工要有完备的计划和成本核算，注重经济效益。应将房屋设计的使用要求、技术措施和相应的造价、建筑标准统一起来。

五、注重建筑美观要求

建筑物是社会的物质和文化财富，它在满足使用要求的同时，还要以其形体和空间给人以精神上的感受，满足人们的审美要求。对于小城镇建筑设计来说，不仅要努力创造具有我国时代精神的建筑形象，更应注意地方特色的保护和发扬，以创造别具特色的有别于大中城市的格局与风貌。

第二章 小城镇建筑设计基本知识

第一节 建筑的分类和分级

一、按建筑的功能分类

生产性建筑，包括供工业生产的工业建筑和供农业生产的农业建筑。

民用建筑，包括居住建筑和公共建筑。其中，居住建筑指供人们生活起居的建筑，如住宅、公寓、宿舍等。公共建筑指为人们提供进行政治、经济、文化、科技等活动的场所，可分为以下类型：办公建筑（如各种办公楼等）、文教建筑（如文化馆、站，教学楼，图书馆、艺术馆等）、托幼建筑（如托儿所、幼儿园等）、科研建筑（如研究所、实验楼等）、商业建筑（如商店、商场、集贸和小商品批发市场等）、观演建筑（如电影院、剧场等）、医疗建筑（如医院、卫生所、门诊部等）、体育建筑（如体育场、馆，健身房，游泳池等）、旅馆建筑（如旅馆、宾馆、招待所等）、交通建筑（如机场、火车站、汽车站、水路客运站等）、广播电视通讯建筑（如广播站、台，邮电局，电视台等）、园林建筑（如公园、动物园、植物园、园林小品等）、纪念性建筑（如纪念碑亭、纪念堂馆等）。

二、按建筑的结构类型分类

砖木结构——主要承重结构用砖、木做成，如砖墙、砖柱、木楼板、木屋架等。

砖混结构——主要承重结构由两种以上的材料做成，如砖砌墙体，钢筋混凝土做楼板、楼梯、屋顶。

钢筋混凝土结构——主要的结构构件，如梁、柱、楼板、楼梯用钢筋混凝土，墙体用砖、砌块或其他材料。

钢结构——用钢梁、钢柱作为承重骨架的建筑。

其他结构——如充气建筑、塑料建筑、生土建筑等。

三、按建筑的层数和高度分类

低层建筑——指 1~2 层的建筑。

多层建筑——一般指 3~6 层的建筑。

高层建筑——指超过一定高度和层数的多层建筑。住宅建筑 7~9 层为小高层建筑，10 层及 10 层以上为高层建筑。公共建筑及综合性建筑总高度超过 24m 也属高层建筑。建筑物高度超过 100m 时，无论住宅或公共建筑均为超高层。

四、按建筑的耐火等级分类

建筑物的耐火等级是根据建筑物构件的燃烧性能和耐火极限确定的。分为四级。一级的耐火等级最好，四级最差。性质重要、规模宏大或具有代表性的建筑，视情况按一、二级耐火等级进行设计；大量性的或一般的建筑亦视具体情况分别按二、三级耐火等级设计；很次要的或临时建筑按四级耐火等级设计。

一级耐火等级的建筑采用钢筋混凝土楼板、屋顶和砌体墙；二级耐火等级的建筑与一级做法相似，只是所用材料的耐火极限低一些；三级耐火等级的建筑可用木屋架、钢筋混凝土楼板和砖墙体；木屋架、难燃烧体楼板和墙体建筑的耐火等级则为四级。

五、按建筑的耐久年限分类

以主体结构确定的建筑耐久年限分为四级：

一级建筑：耐久年限为 100 年以上，适用于重要的建筑和高层建筑。

二级建筑：耐久年限为 50～100 年，适用于一般建筑。

三级建筑：耐久年限为 25～50 年，适用于次要的建筑。

四级建筑：耐久年限为 15 年以下，适用于临时性建筑。

第二节　建筑设计的内容

每一项工程从立项到建成使用都要通过编制工程设计任务书、选择建设用地、场地勘测、设计、施工、工程验收及交付使用等几个阶段。设计工作是其中的重要环节，具有较强的政策性和综合性。

广义的建筑工程设计是指设计一个建筑物或建筑群所要做的全部工作，即按照设计任务书的要求，对建筑物及其周围环境进行全面的计划，通过图纸和文件的方式表达出来，作为投资、备料、工程招投标、施工组织、施工操作等的依据。一般包括建筑设计、结构设计、设备（水、暖、电、讯、气）设计和工程预算等几个方面的内容。

一、建筑设计

建筑设计是在总体规划的前提下，根据设计任务书的要求和工程技术条件，综合考虑基地环境、使用功能、结构施工、材料设备、建筑经济及建筑艺术等问题，着重解决建筑物与周围环境、与各种外部条件的协调配合，建筑物内部各种使用功能和使用空间的合理安排，内部和外观的艺术效果，以及细部的构造方式等，创造出既符合科学性又具有艺术性的生产生活环境。

建筑设计在整个工程设计中起主导作用，既要考虑上述各种要求，还应综合考虑建筑、结构和设备等各专业技术要求，协调各专业的关系，以及如何以更少的材料、劳动力、投资和更短的时间来完成建设，使建筑物达到适用、经济、坚固、美观。

二、结构设计

结构设计主要是根据建筑设计选择切实可行、经济合理的结构方案，进行结构计算及构件设计，结构布置及构造设计，保证建筑的坚固、安全。这部分工作由结构工程师负责。

三、设备设计

设备设计包括给水排水、电气照明、电讯、采暖、空调通风等方面，某些工程还包括声学、光学、自动化控制管理等方面。由相关的设备工程师配合建筑设计来完成。

以上几方面的工作既有分工又密切配合，形成整体。各专业设计的图纸、计算书、说明书及造价预算书汇总，就构成一个建筑工程的完整文件，作为建筑工程施工的依据。

限于篇幅，本篇只讨论建筑设计部分。

第三节 建筑设计的程序

为了保证建筑设计的顺利进行，建筑设计应按规定的步骤逐步完成，一般包括设计前的准备工作、初步设计、技术设计、施工图设计几个阶段。

一、设计前的准备工作

建筑设计是一项复杂而细致的工作，涉及的学科较多，同时要受到各种客观条件的制约。为了保证设计质量，设计前必须做好充分准备，包括熟悉设计任务书、可行性报告，广泛深入地进行调查研究，收集包括城市规划、市政管线、地质勘探等基础资料，为设计提供可靠的依据。

二、初步设计

初步设计是建筑设计的第一阶段，其主要任务是提出设计方案，即根据设计任务书的要求和收集到的必要基础资料，结合基地环境，综合考虑技术经济条件和建筑艺术的要求，对建筑总体布置、空间组合进行合理安排，提出两个或多个方案供建设单位讨论选择。在选定方案的基础上，进一步修改完善，综合成为较理想的方案并报请规划及建设主管部门批准。初步设计是技术设计和施工图设计的依据。

三、技术设计

在初步设计经建设单位同意和主管部门批准后，就可以进行技术设计。技术设计是初步设计深化的阶段，也是综合解决各专业各种技术问题的定案阶段。主要任务是在初步设计的基础上全面落实各专业的设计内容，协调并妥善解决各工种之间技术上的矛盾。经审查批准后的技术设计图纸和说明书即为编制施工图、主要材料、设备定货及工程拨款的依据文件。

对于不太复杂的工程，技术设计阶段可以省略，把这个阶段的一部分工作纳入初步设计阶段（承担技术设计部分任务的初步设计称为扩大初步设计），另一部分工作则留待施工图设计阶段进行。

四、施工图设计

施工图设计是建筑设计的最后阶段，是提交施工单位进行施工的设计文件，必须根据上级主管部门审批同意的技术设计（或扩大初步设计）进行施工图设计。

施工图设计的主要任务是满足施工要求，即在技术设计（或扩大初步设计）的基础上，将建筑、结构、设备各工种设计的尺寸、材料及构造交待清楚，施工图应符合规定的统一技术措施，做到整套图纸齐全统一，明确无误。

第四节 建筑设计依据的诸要素

一、人体尺度及人体活动空间尺度

人体尺度及人体活动空间尺度是确定民用建筑内部各种空间尺度的主要依据之一。建筑物门洞、窗台及栏杆的高度，走道、楼梯踏步的宽度，家具设备尺寸，以及建筑内部使用空间的尺度等都与人体尺度及人体活动所需的空间尺度直接或间接有关。我国成年男子和成年女子的平均身高分别为 1678mm 和 1570mm，图 3-2-4-1、图 3-2-4-2 示意了人体尺度和活动空间尺度。

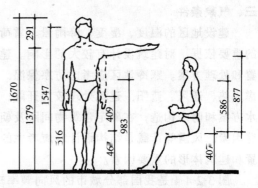

图 3-2-4-1　中等身材成年男子的人体基本尺度

二、家具设备要求的空间

家具、设备直接影响着房间的尺寸，设计中既要考虑家具所占用的空间，还应注意人在使用家具时的活动空间。图 3-2-4-3 为居住建筑常用家具尺寸示意。

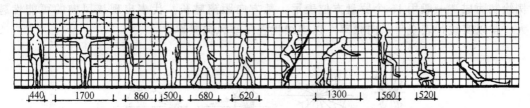

图 3-2-4-2　人体基本动作尺度

图 3-2-4-3　常用家具尺寸

三、气象条件

建设地区的温度、湿度、降雨量、雪荷载、日照、风向、风速等气候条件是建筑设计的重要依据，对建筑设计有较大的影响。建筑设计应根据不同的气候条件，采用不同的布置和处理方案。寒冷地区应考虑防寒保温，建筑处理较封闭，体形紧凑；而炎热地区应考虑隔热、通风、遮阳，建筑处理较为开敞；多雪、多雨地区要注意屋顶形式以及屋面的排水方案和防水构造；在确定建筑物间距及朝向时，应考虑当地纬度、日照情况及主导风向等因素。风雪等荷载是结构设计时应考虑的因素。风速还是高层建筑等设计中考虑结构布置和建筑体形的重要因素。

图 3-2-4-4 是我国部分城市的风向频率玫瑰图，即风玫瑰图。玫瑰图上的风向是指由外吹向坐标中心的，是根据该地区多年平均统计的各个方向吹风的平均日数的百分数按比例绘制而成，一般用 16 个罗盘方位表示。某方向距离越长，代表出现该风向的可能性越大，常以实线代表全年风向频率，以虚线代表夏季风向频率。

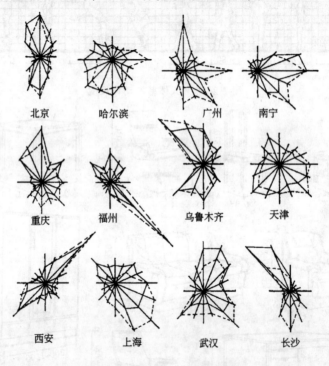

北京　　　哈尔滨　　　广州　　　南宁

重庆　　　福州　　　乌鲁木齐　　　天津

西安　　　上海　　　武汉　　　长沙

图 3-2-4-4　我国部分城市风玫瑰图

四、地形、地质及地震

基地地形平缓或起伏，基地的地质构成、土壤特性和地耐力的大小，对建筑物的平面组合、结构选型、建筑构造处理和建筑体形都有明显的影响。建筑设计应充分结合地形，对地形以利用为主，改造为辅。同时，地质条件是基础设计的主要依据，应针对不同的地质条件采用不同的结构构造措施。

地震对建筑物的破坏程度用地震烈度表示。烈度 6 度以下的地区，地震对建筑影响较小；9 度以上地区，地震破坏力很大，一般不宜进行大规模建设。按《建筑抗震设计规范》（GBJ11—89）中有关规定及《中国地震烈度区规划图》的规定，地震烈度为 6 度、7 度、8 度、9 度地区均需进行抗震设计。

五、水文

水文条件是指地下水位的高低及地下水的性质，会直接影响到建筑物基础及地下室。一般应根据当地的水文条件确定是否在该地区建造房屋或采用何种相应的防水和防腐蚀措施。

第五节 建筑设计的相关规范简介

国家有关部委颁发的建筑设计规范、标准等是建筑设计中应遵循的原则，设计人员应对有关技术法规有一个总体的了解并贯彻执行，以免设计成果和规范发生冲突。

现行建筑设计规范有几十种，涉及各专业制图标准、模数协调标准、热工、暖通、隔声、照明、防火、防雷及各类建筑物的设计要求。主要分为两大类，一类是通用性规范，如《民用建筑设计通则》、《建筑设计防火规范》以及制图标准、模数协调标准等，带有普遍性。另一类是专项性规范，针对各类建筑提出更具体的要求，如《宿舍建筑设计规范》、《住宅建筑设计规范》、《图书馆建筑设计规范》、《旅馆建筑设计规范》、《公路汽车客运站设计规范》、《城市垃圾转运站设计规范》、《城市公共厕所规划和设计标准》等。

现将最常用的规范做简要介绍。

一、《民用建筑设计通则》（JGJ37—87）

《民用建筑设计通则》是各类民用建筑设计必须遵循的共同规则，主要包括以下几个方面：

1. 城市规划对建筑的要求

基地应与道路红线相连接或设通路与道路红线相连接。基地与道路红线相连接时，一般以道路红线为建筑控制线。如因城市规划需要，主管部门可在道路红线外另订建筑控制线。建筑物不得超出建筑控制线建造。

基地地面高程应按城市规定的控制标高设计，宜高出城市道路路面，否则应有排出地面水的设施。

2. 建筑突出物

不允许突出道路红线的建筑突出物有建筑的台阶、平台、窗井，地下建筑及基础，除基地内连接城市管线以外的其他地下管线。

允许突入道路红线的建筑突出物包括窗扇、窗罩、活动遮阳、凸形封窗、雨篷、挑檐等。按其处在人行道上空和非人行道上空两种情况分别作出规定。

3. 建筑高度

建筑高度应符合规划的控制要求，建筑局部突出屋面的楼梯间、电梯机房、水箱间及烟囱等一般不计入建筑高度，但在建筑保护区、建筑控制地带和有净空要求的控制区，上述突出部分应计入建筑控制高度。

4. 建筑覆盖率、建筑容积率

建筑的覆盖率、容积率应符合规划要求。在既定的覆盖率或容积率的建筑基地内，如建设单位愿意以部分空地或建筑的一部分（如天井、低层的屋顶平台、底层、廊道等）作为开放空间，无条件地、永久提供作公众交通、休息、活动之用时，经当地规划主管部门确认，该用地内的建筑覆盖率和建筑容积率可予提高。开放空间的技术要求应符合当地城市规划部门制定的实施条例。

5. 建筑总平面

建筑布局的间距应满足防火要求、当地规划部门制定的日照间距的要求、夏季自然通风的要求，控制与污染源的距离。

基地内应设通路与城市道路连接。道路应能通达建筑物的各个安全出口及建筑物周围应留的空地。通路间距不宜大于160m，长度超过35m的尽端式车行路应设回车场，供消防车使用的回车场不应小于12m×12m。基地车流量大时应设人行道。

通路宽度考虑机动车与自行车共用时不小于4m，双车道不小于7m，消防车通路宽度不应小于3.5m，人行道路宽度不小于1.5m，车行道边缘至相邻有出入口的建筑物的外墙距离不小于3m。

二、《建筑设计防火规范》(GBJ16—87)

本规范适用于新建、扩建和改建的9层及9层以下的住宅（包括底层设置商业服务网点的住宅）和建筑高度不超过24m的其他民用建筑及高度超过24m的单层公共建筑，单层、多层和高层的工业建筑，不适用于炸药厂（库）、花炮厂（库）、无窗厂房、地下建筑、炼油厂和石油化工厂的生产区。

1. 民用建筑的耐火等级

民用建筑的耐火等级、层数、长度、面积应符合表3-2-5-1的规定。

民用建筑的耐火等级、层数、长度和面积　　　　　表 3-2-5-1

| 耐火等级 | 最多允许层数 | 防火分区 | | 备注 |
		最大允许长度（m）	每层最大允许建筑面积（m²）	
一、二级	按本规范第1.0.3条规定	150	2500	1. 剧院、体育馆等的长度和面积可以放宽 2. 托儿所、幼儿园的儿童用房不应设在4层及4层以上
三级	5	100	1200	1. 托儿所、幼儿园的儿童用房不应设在3层及3层以上 2. 电影院、剧院、礼堂、食堂不应超过3层 3. 医院、疗养院不应超过3层
四级	2	60	600	学校、食堂、菜市场不应超过1层

建筑物内如设有上下连通的走马廊、自动扶梯等开口部位且开口部位没有防火门窗及水幕保护时，应按上、下连通层作为一个防火分区。地下室、半地下室应采用防火墙分隔成面积不超过500m²的防火分区。

2. 民用建筑防火距离

民用建筑之间的防火间距应不小于表3-2-5-2的规定。

民用建筑防火间距　　　　　　　　　　表 3-2-5-2

防火间距(m) 耐火等级 \ 耐火等级	一、二级	三级	四级
一、二级	6	7	9
三级	7	8	10
四级	9	10	12

3．民用建筑的安全疏散

（1）公共建筑和通廊式居住建筑安全出口的数目不应少于两个，但符合下列要求者可设一个安全出口。

1）一个房间的面积不超过 60m²，且人数不超过 50 人时，可设一个门；位于走道尽端的房间（托儿所、幼儿园除外）内由最远一点到房门口的直线距离不超过 14m 且人数不超过 80 人时，也可设一个向外开启的门，门的净宽不应小于 1.4m。

2）二、三层的建筑（医院、疗养院、托儿所、幼儿园除外）符合表 3-2-5-3 要求时，可设一个疏散楼梯。

设置一个疏散楼梯的条件　　　　　　　　表 3-2-5-3

耐火等级	层数	每层最大建筑面积（m²）	人　　数
一、二级	二、三层	400	第二层和第三层人数之和不超过 100 人
三级	二、三层	200	第二层和第三层人数之和不超过 50 人
四级	二层	200	第二层人数不超过 30 人

3）单层公共建筑（托儿所、幼儿园除外）如建筑面积不超过 200m² 且人数不超过 50 人时，可设一个直通室外的安全出口。

4）设有不少于两个疏散楼梯的一、二级耐火等级的公共建筑，如顶层局部升高时，其高出部分的层数不超过两层，每层面积不超过 200m²，人数之和不超过 50 人时，可设一个楼梯，但应另设一个直通平屋面的安全出口。

（2）地下室、半地下室有两个或两个以上防火分区时，每个防火分区可利用防火墙上一个通向相邻分区的防火门作为第二安全出口，但每个防火分区必须有一个直通室外的安全出口。

4．消防车道

消防车道应结合街区内道路考虑，其道路中心线间距不宜超过 160m，当建筑物沿街部分长度超过 150m 或总长度超过 220m 时，均应设置穿过建筑物的消防车道，消防车道穿过建筑物的门洞时，其净高和净宽不应小于 4m，门垛之间的净宽不应小于 3.5m。

沿街建筑应设连通街道和内院的人行通道（可利用楼梯间），其间距不宜超过 80m。建筑物的封闭内院，如其短边长度超过 24m 时，宜设进入内院的消防车道。环形消防车道至少应有两处与其他车道连通，尽端式消防车道应设回车道或面积不小于12m×12m的回车场。

第六节 建筑统一模数制和定位轴线标注

一、建筑统一模数制

进行建筑设计要尽量遵循国家颁布的《建筑模数协调统一标准》的有关规定。

模数是一种选定的标准尺度单位，使建筑制品、建筑构配件和组合件实现工业化大规模生产，使不同材料、不同形式和不同制作方法的建筑构配件、组合件符合模数并具有较大的通用性和互换性，以加快设计速度，保证施工质量，降低工程造价。

模数尺寸中的基本数值为基本模数，为100mm，用M表示，即1M＝100mm，建筑各部分的尺寸，应是基本模数的倍数。为适用于各种情况，还规定了分模数和扩大模数。

扩大模数有3M（300mm）、6M（600mm）、12M（1200mm）、15M（1500mm）、30M（3000mm）、60M（6000mm）等。其中3M（300mm）在民用建筑中使用最多，用于开间、进深、门窗洞口尺寸。

分模数为1/2M（50mm）、1/5M（20mm）、1/10M（10mm），主要用于建筑构件、节点构造等尺寸。

二、建筑定位轴线的标注

建筑的定位轴线是尺寸的基准线，用于确定主要构件（柱、墙、梁、板等）位置。定位轴线是施工放样的依据，在满足使用要求的前提下，应尽可能减少构件的种类和数量，以简化结构、构造及施工。一般轴线标注方式见图3-2-6-1、图3-2-6-2。

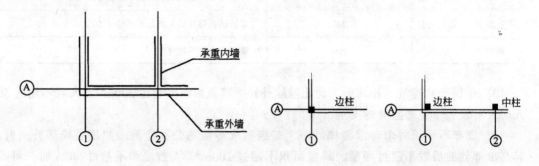

图 3-2-6-1 砖混结构定位轴线   图 3-2-6-2 砖混结构定位轴线

第七节 建筑设计的技术经济问题

小城镇建筑设计者不仅要掌握建筑设计方法，也要重视建筑的经济问题。要在保证创造良好空间环境的前提下，做到尽可能的节约。当然，在考虑建筑经济的同时，也要防止片面追求节约而影响建筑功能，降低建筑质量标准，增加经常性维修费用。

一、平面形状的选择

建筑平面形状的选择，对占地面积和墙长度、墙外围面积有直接关系。面积相同的两栋住宅，如果采用不同的形状，它的占地不同，用砖量也不同。

　　另外，面阔相等，进深不同的建筑物，其经济性也不同。进深越大，单位面积墙体增加值越小，也就越经济。

二、层高与层数

　　建筑在保证空间使用合理的条件下，层高越高，墙体工程量越大，在建筑使用中能源的消耗越大。

　　同时，建造多层楼房时，建筑物层数的变化，对经济性也有一定的影响。在保证结构强度符合标准，墙身截面不变的情况下，层数增加单方造价会随着降低。

三、结构选择与门窗设计

　　在砖混结构中有纵墙承重和横墙承重两种方式。纵墙承重使得建筑物开间有较大的灵活性，但建筑物的进深会有一定的限制。与横墙承重相比，纵墙承重降低了每平方米承重墙长度，相应减少了地基基础工程量。其不利因素是建筑层数越多，房屋的承载力不如横墙承重有利；同时，如果进深加大，楼层和屋顶的构件尺寸特别是高度也需增大。因此，在选择承重方案时，应对两种方案进行全面的比较。

　　基础方案的选择应根据地质情况、建筑物荷载以及当地条件等做全面的分析而确定。方案选择得恰当与否，对房屋造价影响很大。而同样的基础形式，因材料不同，造价也不同。

　　另外，建筑物门窗的数量与面积大小对房屋的造价有直接的关系，对使用过程中的能源消耗也有较大的影响。在设计中，不仅要考虑减少一次性投资，而且更应重视节省常规能源在建筑长期使用中的消耗及其费用。

四、节地问题

　　人多地少是我国的基本国情，在小城镇建设中尤其要重视节约用地。小城镇建筑方案的选择对节约用地有很大的影响。一般来说，建筑层数越高，节约用地的效果越好；适当增加房屋的进深也有利于节约用地；在满足使用功能的前提下尽量降低层高，对节约用地也有效果。同时，建筑用地增加，会相应增加道路、给排水、电力、通讯等管网的建设投资。所以，在小城镇建设中适当地提高建筑层数，提倡多建公寓式楼房具有经济意义。

五、常用技术经济指标

　　一个建筑设计是否经济，通常用建筑系数指标来衡量。常用的建筑系数有：

　　1．结构面积系数：结构面积与建筑面积之百分比。

　　结构面积是指建筑平面中结构（墙、柱等）所占面积。

　　2．有效面积系数：有效面积与建筑面积之百分比。

　　有效面积是指除去结构面积的可供使用的面积。显然，影响有效面积系数的主要因素是结构面积，因为结构面积不能使用。所以，在满足结构本身经济合理的条件下，应减少结构面积，争取有效面积的增加。

　　3．使用面积系数；使用面积与建筑面积之百分比。

　　使用面积是指主要使用房间和辅助使用房间的净面积。

　　4．交通面积系数：交通面积与建筑面积之百分比。

　　交通面积是指走道，楼梯间等交通联系设施的面积。

　　5．辅助面积系数：辅助面积与建筑面积之百分比。

辅助面积是指储藏、服务等辅助使用房间的净面积。

在建筑设计的经济分析中，使用面积系数越大越好，而交通面积系数和辅助面积系数在满足使用功能的前提下，越小越好。

在建筑设计方案选择中，对经济分析要全面、客观，防止片面追求各项指标系数的表面效果。否则，不仅不能带来经济效果，而且会严重地损害建筑物的使用功能和空间环境，造成真正的不经济。

第三章 小城镇居住建筑及设计要点

随着农村经济的快速发展，农民生活水平的不断提高，富裕起来的农民已不满足世代相传的"一明两暗"的住宅模式，他们迫切需要环境优美，功能布局合理，造型美观的新模式住宅。

小城镇住宅在设计上应做到：建筑造型美观，平面功能齐全，布局合理，流线便捷，结构简单，安全可靠，施工方便，空间组织完整实用，体现节能要求，主要居室应有良好的朝向；满足各种房间采光通风及卫生条件；庭院布局合理；考虑经济发展的需求，室内外空间有机结合。创造安静、舒适的居住环境。

同时，各地由于自然条件、经济发展状况、风俗习惯以及地方材料、施工技术等方面的差异，住宅建筑设计应因地制宜、因时、因条件制宜，既满足近期使用要求，又兼顾远期发展。

第一节 居住建筑的功能组成

一、小城镇小康住宅家居功能模式

跨世纪小城镇小康住宅的合理家居功能模式，可分为两个方面的内容：一是要满足基本的生活模式，即达到适用、安全、方便、卫生、舒适的要求。包括户内外空间过渡，宅内的合理功能分区，以及各功能空间的界定及彼此适度变通的可行性等等，统称为基本功能需求。二是要顾及到小城镇家居功能的多样性。即不同职业和较高经济收入的住户有其超越于上述基本生活模式之外的特殊家居功能需要。诸如农具粮食贮藏、手工作坊、营业店铺、仓库以及专用的书房、客厅、客卧、健身娱乐活动室等等，统称为附加功能需求。

将上述两项功能需求加以合成，从而得出一个科学合理的小城镇小康家居功能模式（图3-3-1-1）。这个家居功能模式，表述了跨世纪小城镇小康住宅构成的全部内涵以及各组成部分彼此之间的关系。应按照这个模式框架并遵循科学的设计程序去深化小城镇小康住宅设计，妥善解决套型种类问题、套内功能布局问题、各专用功能空间项目的合理配置与自身构成问题，以及设备设施的配置标准问题等等。

二、小城镇住宅的基本功能空间

小城镇住宅的基本功能空间包括：门厅、起居厅、餐厅、卧室（含老人卧室）、厨房、卫生间及贮藏间等。表3-3-1-1列出了有关研究机构通过大量调研分析而拟定的基本功能空间弹性面积标准。

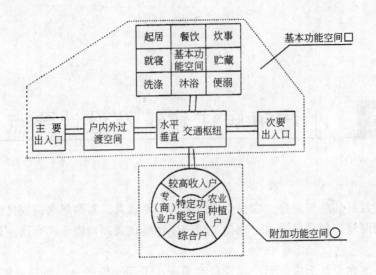

图 3-3-1-1　住宅功能模式图

基本功能空间建议面积标准　　　　　　　　　　　表 3-3-1-1

名称	门厅	起居厅	餐厅	主卧室（老人卧室）	次卧室	厨房	卫生间	基本储藏间	
面积（m²）	3～5	14～30	8～15	12～18	8～12	6～10	4～8	数量	总面积
									2～4	4～12

三、小城镇住宅的附加功能空间

　　根据住户职业特点或依据住户的经济水平、个人爱好选定，附加功能空间可分三类：中级附加功能空间包括客厅、书房、家务室、宽敞阳台及平台；高级附加功能空间包括客人卧室、健身娱乐活动室和阳光室（封闭起来的阳台或屋顶平台）；生产性辅助功能空间包括加工间、库房、商店、粮仓、菜窖、农具库以及宅院等。附加功能空间建议面积标准参见表 3-3-1-2。

附加功能空间建议面积标准　　　　　　　　　　　表 3-3-1-2

类别	中级					高级			生产经营性附加功能空间		
名称	客厅	书房	家务室	宽敞阳台	平台	客卧	健身房	阳光室	生产加工类	书画刺绣类	店铺
面积（m²）	16～30	10～16	8～12	4～8	12～20	12～15	14～20	8～12	面积大小根据实际需要确定		

　　小城镇住宅有别于城市住宅的首要特点就是城市住宅所没有的生产性附加功能空间和粮食、农具一类的贮藏空间。不同户类型所形成的套型之间的区别主要体现在生产性附加功能空间上，小城镇住宅的厨房、卫生间也具有不同于城市住宅的某些特点，在下一节逐一分述。

第二节　居住建筑各部分设计要点

一、客厅与起居厅

客厅与起居厅的功能是不同的。客厅（即堂屋）对外，起居厅对内。凡邻里社交、来访宾客、婚寿庆典、供神敬祖等活动均应纳入客厅的使用功能；而起居厅仅供家人团聚休息、交谈和看电视之用。在小城镇单元式住宅中，起居厅和客厅一般是合一的，而在庭院式住宅中，二者一般分离，客厅在一层，起居厅在二层，少数也有两者合一，设在一层的。

1. 起居厅、客厅合一布置

这种合二为一的厅，其功能包括：家庭成员团聚、起居；接待亲朋来客；看电视、听音响等娱乐活动；庆典宴请；供神敬祖。其使用面积一般要求 $20^2 \sim 30m^2$，可相应分为会客区、娱乐区、祭祖区等。由于小城镇居民有在家中宴请亲朋的习惯，故起居厅的面积要求较大，最好与餐厅毗连隔而不断，厅内家具可移动，可与餐厅一起连成大空间。由于家人起居、团聚一般和会客不同时进行，故可不设家人团聚起居区，利用会客区即可。两厅合一，其面积稍大一些为好。

鉴于敬祖供神是小城镇的一大特点，故在堂屋（客厅）要专门辟出空间供放祖宗牌位或遗像、骨灰盒之用的"神龛"，供家人缅怀祭祖，称之为祭祖区（中国大部分小城镇有此传统、部分小城镇此传统已有些弱化），也是客厅、起居厅不可分割的重要组成部分（图3-3-2-1）。

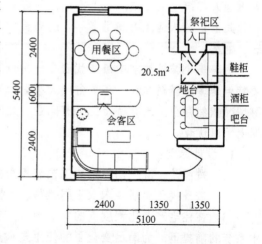

图 3-3-2-1　起居厅、客厅大空间布局举例

2. 客厅、起居厅独立布置

起居厅一般布置在二层，功能较单一，专为家人起居团聚和看电视而设，面积为15 $\sim 18m^2$ 即可，由于活动频繁，利用率高，故朝向要好，厅内空间要相对完整，切忌搞成四角（或四面）开门的过厅，以确保起居空间的有效使用。客厅布置在一层，基本功能如前所述以接待宾朋、祭祖宴请为主，此外尚可兼作家人起居之用。

在一些民俗传统意识较浓的地方，堂屋世袭的内涵特征（如中堂正座对称布置，当中设壁龛，供设财神、佛像或祖宗牌位等）符合当地小城镇居民的风俗习惯，可予保留。

二、卧室

目前，小城镇住宅卧室的功能较为混乱，一些本应属于起居社交的活动甚至是家务劳动亦混杂其中，而有的卧室则长期闲置，空间既未得到充分利用，又影响了生活质量。因此，小城镇住宅卧室的设计，首先要明确卧室的功能，做到生理分室。同时，各种类型的卧室应有其相应的特点，以满足不同使用者的要求。

1. 主卧室

面积在 $12 \sim 18m^2$ 之间较为合适。有专用卫生间，专用壁柜贮存衣物，应有好的朝

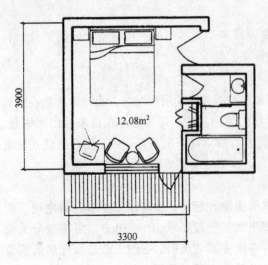

图 3-3-2-2　主卧室布置举例

向。庭院式住宅的主卧，宜布置在二层，单元式住宅的主卧，则布置在住套的尽端为好（图 3-3-2-2）。

2. 老人卧室

家庭养老、多代同堂，是村镇家庭的一大特点，因此，在三代、四代同堂的住户中必须设置老人卧室。老人卧室最好在一层，朝南，阳光充足，有利于老人的健康。老人卧室还应邻近出入口使之出入方便，利于交往。此外，尚应设专用卫生间，供老年人使用。

老人卧室面积 13～15m² 即可（不包括专用卫生间）。应采用圆角低矮家具，保持老人喜闻乐见的传统风格。老人卧室还应靠近客厅（起居室），以利老人看到厅堂，便于来到厅堂与家人或来客聊天，消除孤独感。为尊重老人传统生活习惯，在严寒地区最好视具体条件采用火炕或作成仿火炕形式（暖气片搁置其下）的床铺，以满足老年人的需要。

三、厨房

厨房是小城镇住宅中最能代表乡村特色的功能空间之一。目前，小城镇住宅厨房的主要特点是多种燃料并存，双灶台（大小灶台）、双厨房（但厨房设施不全，操作流程不顺）等情况依然存在，既有特点，又有问题。是问题的要解决，是特点的要保持，并从总体布局上予以优化。

1. 设计原则：

（1）按照贮、洗、切、烧的工艺流程布置设施；

（2）按现代化生活要求及不同燃料、不同习俗等具体条件配置厨房设施；

（3）在住宅产业化程度高的发达地区，空壳体与填充体可分别对待，在能利用同一下水系统的前提下，为满足变化了的使用要求，厨房设施可就近成套移动；

（4）考虑到各地村镇的传统、不同年龄段生活习惯的差异以及燃料互补等因素，在一户多套内可以是多厨房、多灶台。

2. 厨房设施的分级设置。

根据小康居住标准和地方传统特点及建筑面积的大小，将厨房设施按二级进行分级设置。一级配置（基本配置）：过渡性的煤灶台或燃气灶台、案板台、洗菜池（无家务室时，可利用厨房的"潜空间"设施）、拖布池、吊碗柜、排油烟机、电源插座。操作台延长线长度≥3.0m（图 3-3-2-3）。二级配置（高级配置）：燃气灶台、案板台、洗菜池、吊碗柜、

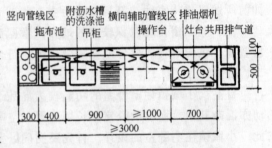

图 3-3-2-3　厨房设施设置及尺寸要求

排油烟机、电冰箱、拖布池、微波炉，其他电器设备。操作台延长线长度≥3.3m。

3. 厨房多种形式的平面及空间布局

作为洗切、烹调等主要操作空间外，厨房宜设有附属贮藏间（包括粮食、蔬菜及燃料贮藏等），其功能布局可视具体条件采取多种形式，即

（1）双排布置平面（图 3-3-2-4）

（2）单排布置平面（图 3-3-2-5）

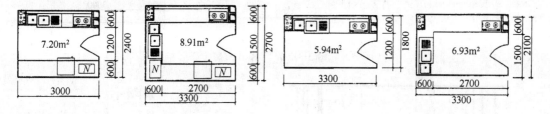

图 3-3-2-4 双排布置平面举例　　　　　　图 3-3-2-5 单排布置平面举例

（3）双厨房

a. 多代同堂户一户可用两套甚至多套厨房。楼上设年轻人厨房、楼下设老人厨房。上下对齐，共用一个上下水管道系统。水平分户单元式住宅，两套可毗连布置，即共用一个上下水系统。b. 个别地方由于受燃料问题的牵制，一定时期内，允许其设置冬夏分别使用的厨房；一个在本体住宅里，供春、冬、秋使用，另一个在院内附属房内，供夏天使用。

（4）双灶台（间）厨房

对于中心村庄的小康初级居住标准住户，其燃煤、燃柴的大灶台允许短时期内继续使用，作为就餐人多时的应急补充，平时还应主要使用燃气灶台（图 3-3-2-6）。而在北方，特别是东北地区，大灶台一般常用作火炕加热升温而保留下来。一旦条件成熟，燃煤、燃柴灶台必须废除，用现代化的燃气灶台取代。

（5）DK 式厨房

厨房面积适当扩大，可摆放小餐桌，作为特殊情况下个别人临时就餐之用（图 3-3-2-7）。全家的正式就餐有另设的正式餐厅。

（6）开敞式厨房

南方有些地区，开敞式厨房越来越多地

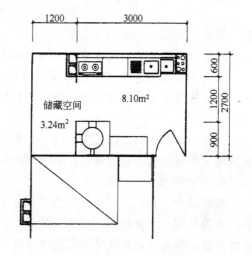

图 3-3-2-6 双灶台厨房示意

进入村镇住宅，但"开敞式"厨房要求设施水平高，机械排风能力强，对烹调方式最好也有所限制。就我国具体条件而言，厨房不宜全开敞，可代之以玻璃隔断。

同时，厨房空间应统筹安排。厨房内灶具、洗涤池、工作台和煤气热水器等设备的定位安装及其上、下部空间的利用，还有垂直管道井、水平管道带等的走向及定位，都应细致、周到、统筹安排，做到适用、方便、安全和美观（图 3-3-2-8）。

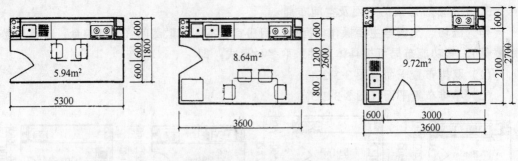

图 3-3-2-7　DK 式厨房

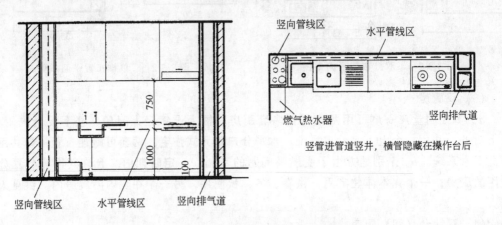

竖管进管道竖井，横管隐藏在操作台后

图 3-3-2-8　厨房管线系统综合举例

四、卫生间

和厨房一样，卫生间既是住宅的关键部位之一，同时也是衡量文明居住的一个重要尺度。目前小城镇住宅卫生间仍存在不少问题：包括住宅内无卫生间，在宅院一角搭建旱厕；跃层式住宅仅在底层有卫生间其余各层未设；卫生间设施功能不全，面积不当，有的过大（10m² 以上），有的过小（2m² 左右）；在经济发达的有些地方，则卫生间数量过多，一个卧室一个卫生间，超过了合理的数量，等等。这些问题表明，我国小城镇住宅卫生间现状离文明居住标准相差甚远，必须予以优化。

1. 设计原则

按照适用、卫生、舒适的现代文明生活准则，卫生间设计应做到功能齐全，标准适当，布局合理，方便使用。洗面、梳妆、洗浴、便溺、洗衣等五大功能，要能按不同情况可分可合。垂直独户式住宅每层至少应有一个卫生间。主卧宜有专用卫生间。如设有老人卧室，则应设老人专用卫生间，并配置相应的安全保障设施，单元式多层住宅，每套（3个卧室以上）应有两个卫生间；考虑到各地村镇不同的卫生习惯，应因地因条件制宜地安排卫生间的位置及其设施；为保障住宅的可改性，在技术经济条件允许的情况下，宜采用框架结构或将空壳体与填充体分离，必要时卫生间设施设备可成套移动、分离置换。

2. 分级配置卫生间设备设施

一级配置（基本配置）：蹲便器（坐便器）、面盆、淋浴器、镜箱、通风道、地漏、电源插座、洗衣机位。二级配置（高级配置）：坐便器、洗面台、浴缸、梳妆台、通风道、地漏、电源插座、洗衣机。特殊配置：如有老年人或残疾人，要考虑其特殊使用要求，配置相应的设备及安全和无障碍设施。诸如防滑地面，浴盆及坐便器旁设把手，地面高差采用礓磋斜坡联系，对卫生设备及内墙的阳角给予"圆"、"软"处理，以及门洞口宽度便于轮椅通过等等。

3. 卫生间多种形式的平面布局

广义的卫生间应包括：A）洗面 B）梳妆 C）洗衣 D）洗浴 E）便溺等五个部分。在按分级配置原则确定设备设施项目后，再选定相应的面积并进行平面布局。其布局组合方案有如下几种（图3-3-2-9）：

(1) （A+B+C）+ （D+E）；

(2) （A+B+D+E）+ （C）；

(3) （A+B）+ （C+D）+ （E）；

(4) （A+B+D）+ （C）+ （E）；

(5) （A+B）+ （A+D）+ （C）+ （E）。

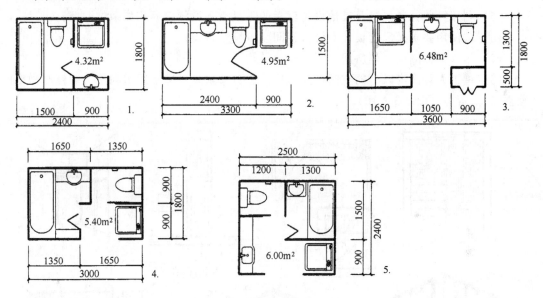

图 3-3-2-9　卫生间布局组合方案举例

五、储藏间

贮藏物品种类多，贮藏空间数量多，贮藏面积大是小城镇住宅的一大特点，这是由于村镇居民的生产和生活方式决定的。目前小城镇住宅在贮藏方面存在的问题是：随意堆放，贮藏室和其他功能空间混杂，没有明确划分；不同种类的物品未能分类贮藏，亦没有按使用要求定位，造成使用上不便；贮藏间内部缺乏合理安排，建筑空间没有得到充分利用；贮藏间不够时，临时就地搭建平房，从而导致脏乱差，环境质量下降，等等。为了改变这种状况，在小城镇小康住宅贮藏间的设计中，无论是新建还是改建，均必须按分类、就近贮藏，充分利用空间的原则予以优化。

1. 设计原则

（1）相对独立，使用方便。贮藏空间要和其他功能空间加以区分，应就近分离设置。

（2）分类贮藏。贮藏空间应满足类别和数量的要求，每一项基本功能空间都有相应的贮藏空间，或是由建筑墙体砌筑的专用贮藏室，或是用板块活动隔断围合而成；或是用贮藏物品的橱柜等家具进行分隔。

（3）隐蔽。贮藏空间位置要隐蔽，不宜外露，避免空间凌乱，影响美观。

（4）不准破坏原有规划设计的格局，不得随意在室外临时搭建贮藏间。

2．开拓贮藏空间手法

目前，小城镇住宅在空间利用方面存在的问题是：空间浪费严重，且未能利用建筑物的有利部位开拓新的贮藏空间。因此，在小城镇小康住宅贮藏空间设计中，主要着眼于一方面挖掘潜力，创造新的贮藏空间；另一方面则是要将那些零散的消极空间充分利用，扩大贮藏面积。具体的措施是：

（1）利用常人高度以上空间（2.2m）做贮藏间；

（2）抬高基座（1.2m室内外高差）做贮藏空间；

（3）底层梯段下部及梯间顶部空间利用；

（4）阁楼作为贮藏空间；

（5）利用管井、通风道及其他设备就近的零星空间设置壁橱用作杂物贮藏；

（6）按使用要求及尺度设计专设衣柜间、专设贮藏间；

（7）用壁柜做隔墙分隔房间（适合框架结构）；

（8）过道人行高度以上的空间用作吊柜，窗台及家具下部空间的利用（装修时做出贮藏空间），等等（图3-3-2-10）。

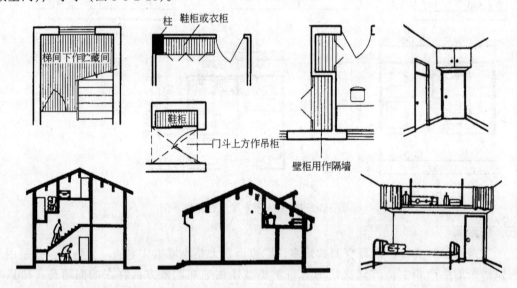

图 3-3-2-10 开拓储藏空间举例

六、门厅

小城镇住宅设门厅的不多，进门直接是堂屋、起居厅，没有空间的过渡。按照合理文明的居住行为，应设置门厅（斗）作为户内外的过渡空间，在此换鞋、更衣、脱帽以及存放雨具、大衣等，同时还起到屏障及缓冲的作用。门厅的面积以 3～5m² 较为合适。其地面做法应以容易打扫、清洗、耐磨为原则。门厅最好单独设置，或是大空间中相对独立的一部分。鞋架（柜）、大衣柜和雨具柜应统一考虑，最好为一个整体，且顺应进出流线（图3-3-2-11）。

七、餐厅

20世纪80年代前建设的村镇住宅，一般不设单独的餐厅，起居厅（堂屋）或卧室同时起着餐厅的作用。20世纪80年代以来，发达地区的小城镇住宅就餐空间已开始独立设置。考虑到不同住户的不同习俗和需求，可采取以下几种餐厅布置方式。

1. 独立设置的餐厅。面积一般较大（8～15m²），可供6～10人用餐，应和厨房、起居厅（客厅）联系紧密，要求功能明确、单一，但必要时有与客厅连通使用的可能。此种独立式餐厅，多为垂直分户及独户式住宅采用（图3-3-2-12）。

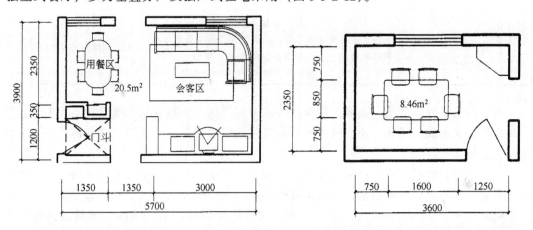

图3-3-2-11　门厅、餐厅、客厅举例　　　　图3-3-2-12　独立餐厅举例

2. 就餐空间和起居厅（客厅）是一个大空间，前者相对独立，两者可分可合，灵活性强，有利于多人用餐或举办其他活动时形成大空间（参见图3-3-2-11）。

3. 在厨房一隅设小餐桌供特殊情况下单独就餐之用。这是一种辅助就餐位，较随意、方便。这在垂直分户及水平分户的单元式住宅中均可采用。

4. 设酒吧餐饮区。经济发达地区的餐厅面积可大些，将酒吧包括在内，约为12～20m²，经济条件较好的独户式住宅采用此种餐厅者为多（参见图3-3-2-1）。

起居厅（客厅）、餐厅、过厅三者的关系密切，应做到既相互独立，又可互为联通，以达到更高、更好的使用效果。

第三节　住宅套型与住栋组合

一、住宅套型设计

目前在小城镇住宅套型设计中普遍存在的问题是：功能不全且与住户的特定要求不相适应，面积大而不当，使用不得法以及生搬硬套城市或外地住宅模式等等。因此，套型设计至关重要。

户类型、户结构、户规模是决定住宅套型的三要素。除每个住户必备的基本生活空间外，各种不同的户类型（不同职业）还要求不同的特定附加功能空间；而户结构的繁简和户规模的大小则是决定住宅功能空间数量和尺度的主要依据。根据分析，其规律可如表3-3-3-1所示。

户类型及其特定功能空间　　　　　　　　　　　表 3-3-3-1

序号	户类型	与家居功能有关的生产经营活动	特定功能空间	备注
1	农业户	种植粮食、种植蔬菜果木、饲养家禽家畜	小农具贮藏、粮仓、微型鸡舍、猪圈等	少量家禽饲养要严加管理，应确保环境卫生
2	专（商）业户	竹藤类编制、刺绣、服装、雕刻、书画等	小型作坊、工作室、商店、业务会客室、小库房	垂直分户，联立式或联排式建造。多为下店（坊）上宅
3	综合户	以从事专（商）业为主，早晚兼种自家的口粮田或自留地	兼有 1、2 类功能空间、但规模稍小、数量较少	在经济发达地区，此类户型所占比重较一般地区大
4	职工户	在机关、学校或企事业单位上班，以工资收入为主	以基本家居功能空间为主，较高经济收入户可增设客厅、书房、阳光室、客卧、家务室、健身房、娱乐活动室等	一般采用单元式多层住宅

　　由于道德观念、传统习俗和经济条件等多方面原因，家庭养老仍然是我国农村住户的一种主要养老形式。因此，小城镇住户的家庭结构主要有二代户、三代户和四代户，人口规模大多为 4～6 人。

　　按照不同户类型、不同户结构和不同户规模的组配系列及小康住宅的不同层次，对应设置具有不同种类、不同数量、不同标准的基本功能空间和辅助功能空间的套型系列。

　　同时，为了达到既满足住户使用要求，又节约用地的目的，还应恰当地选择住栋类型，以便更好地处理建筑物的上下左右关系，随即妥善处理住栋的水平或垂直分户，联立、联排和层数等问题，详见表 3-3-3-2。

不同户类型、不同套类型系列的住栋类型选择　　　　　表 3-3-3-2

户类型	套型系列建议	垂直分户	水平分户
农业户、综合户	一户一套型	中心村庄居住密度小，建筑层数低，用地规定许可时，可采用垂直分户	在确保楼层在地面层有存放农具和粮食专用空间的前提下，可采用水平分户（上楼），但层数最多不宜超过四层
	一户两套型	建造在中心村庄的一户两套型，可采用垂直分户	可采用水平分户，其要求同上。必要时，楼层户可采用内楼梯跃层式以增加居住面积
	一户三套型	无论该型住宅建造在中心村庄或镇小区，均宜采用垂直分户	不宜采用水平分户
专（商）业户	一户一套型	此种户类型的附加生产功能空间较大，几乎占据整个底层，生活空间安排在二层以上，故宜垂直分户	为保证附加生产功能空间使用上的方便并控制建筑物基底面积，不可能采用水平分户
	一户两套型	必须采用垂直分户，理由同上	不可能采用水平分户，理由同上
职工户	一户一套型	基本上与城市多层单元式住宅相同，不可能采用垂直分户	为节约用地，职工住宅一般均建楼房少则 3、4 层，多达 5、6 层，采用水平分户
	一户两套型	不采用垂直分户，理由同上	采用水平分户，但要保证两个套的相对独立

二、小康住宅功能布局

功能布局问题是住宅设计的关键。目前，小城镇住宅功能布局中存在的问题有：生产生活功能混杂，家居功能未按生活规律分区，功能空间的专用性不确定以及功能布局不当等等。因此，我们必须更新观念，革除陋习，以科学的小康家居功能模式为准绳，优化住套设计。

1．小康家居功能及其相互关系综合解析

基于实态调查收集到的大量资料，按照小城镇住户一般家居功能规律及不同户类型的特定功能需求，可以推出一个小城镇家居功能的综合解析图式（图 3-3-3-1）。这个图式表达了小城镇家居功能的有关内容、活动规律及其相互关系。其要点是：

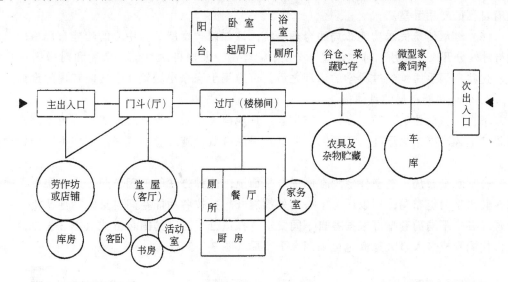

图 3-3-3-1　小城镇家居功能综合解析图

（1）强调了设置室内外过渡空间、家务室和次要出入口，以改善家居环境卫生、加强安全保障利于灾险疏散；

（2）为提高生活质量和家居的私密性，将对内的起居厅与对外的客厅分设；

（3）基于小城镇居民收入和生活水平的提高，家居功能中增设了书房（工作室）、健身活动室和车库等高层次的功能空间；

（4）基于小城镇二、三产业的蓬勃发展和市场经济的繁荣，为专业户和商业户开辟加工间、店铺及其仓库等专用空间；

（5）根据农业户的实际需要，配置农具及杂物贮藏、粮食菜蔬贮藏以及微型封闭式禽舍等等。

2．功能布局设计原则

（1）生产与生活区分。凡是对生活质量有影响的生产功能，一般应拒之于住宅乃至住区之外。若受经济水平限制或出于特定条件的需要，可以允许某些无污染的生产功能及虽有轻度污染但采用"微型"、"分区"、"严控"等手段能确保环境不受污染的部分生产功能纳入住宅或住区；

（2）内与外区分，即：a．由户内到户外，必须有一个更衣换鞋的户内外过渡空间；

b. 客厅、客房及客流路线应尽量避开家庭内部生活领域;

（3）"公"与"私"区分。"公"即是公共活动房间,如起居、餐厅、过厅（道）等应与私密性强的卧室、梳洗间等分离。从一定意义上说,若做到了"公"与"私"的区分,基本上也就是做到"动"与"静"的区分了。

（4）"洁"与"污"区分。诸如烹调、洗涤、便溺、农具、燃料、杂物贮藏,特别是禽舍等具有不同程度污染性,应远离清洁功能区;

（5）生理分室。生理分室是居住文明的一项重要标志,它包括如下几个方面的内涵,即 5 岁（推荐 6、理想 5）以上的儿童应与父母分寝;6 岁（推荐 7、理想 6）以上的异性儿童应予分寝（8 岁以上的异性少儿应予分室）;16 岁（推荐 17、理想 16）以上的青少年应有自己的专用卧室。

（6）继承传统民居功能布局的合理传统,诸如以"堂屋"为中心的功能布局格局,对内与对外分开,"正房"与"杂屋"分开,"客房"及对外区在前,杂屋和对内区在后等等。这些布局手法均经过科学的调理之后,可应用于当今小城镇住宅功能布局的设计。

3. 优化功能布局的具体措施

根据小城镇住宅户类型多,户结构繁,户规模大以及户均建筑面积大等特点,为了确保贯彻上述功能布局原则,必须因地制宜地采取有效措施。总的说来,有如下三种处理方法。

（1）水平布局。整套住宅均在同一层平面上,此种方法一般用于职工户多层单元式住宅。其水平功能布局,均以厅为中心向外围展开,并按各功能空间自身的特性及相互关系定位。各个不同的套型可根据各自不同要求选择适合于自己的围合方式（图 3-3-3-2）。对于多代同堂或多人口大家庭也可采用水平布局（图 3-3-3-3）。

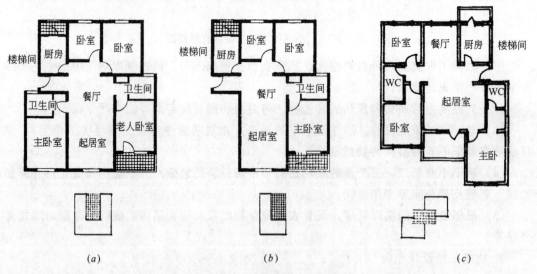

图 3-3-3-2　多层组合型住宅实例
（a）以厅为中心 "U" 字形围合；（b）以厅为中心 "L" 形围合；（c）以厅为中心对角线围合

（2）垂直布局。将同一住户的各功能空间分布在两层或两层以上的楼层,多用于农业种植户、专业户、商业户或综合户等户类型。尤其适合于这些户类型中多代同堂或雇用工人（保姆）的多辈份、多人口的大家庭住宅。其通常的布局方法是,附加功能空间在下,生活功能空间在上，对外部分在下，对内部分在上（图3-3-3-3）。垂直布局的优点是，必要时各层均可毗连管道井配置厨房、卫生间，且有各自的起居厅，亦可相应配置户外活动场所（楼层为大阳台或屋顶平台），具有相对的独立性。它以各层的厅为中心，以垂直交通枢纽——楼梯间为纽带，将各层联成一个统一体，整体性强，可分可合，十分方便（图3-3-3-4）。

水平多代同堂方案(1)

水平多代同堂方案(2)

一层平面

二层平面

阁楼层平面

垂直多代同堂方案

图3-3-3-3 多代同堂方案举例

此种垂直布局方法可分为整层跃层式和整半复合式两种。根据小城镇住区的具体情况，垂直分户套型可采用两层半至四层半不等。垂直分户套型可两户联立或多户联排建造，每两个单元共用一个外楼梯，在保障外楼梯顺利通行的前提下，其上、下空余空间可加以利用，作为各层的辅助用房。

（3）空壳体内灵活布局

为了适应小城镇家居功能多样化特点，满足不同户类型、不同户结构和不同户规模所产生的多元多层次套型系列的各种需求，还可以采用在同一套型内灵活改变其功能布局的

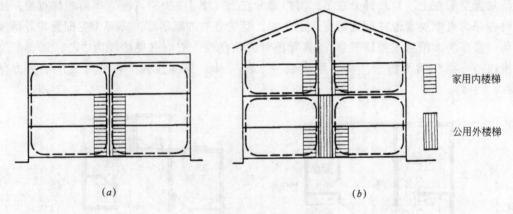

图 3-3-3-4 垂直布局举例

（a）以垂直交通为纽带三层整层式组合（两户联立，平屋顶）；
（b）以垂直交通为纽带两层整层式及整半式复合（两户联立，坡屋顶）

方法。该方法源于荷兰 SAR 住宅建筑体系，是建立在住宅高度产业化、住宅构配件及住宅产品商品化基础上的。结合我国小城镇 21 世纪初叶的经济水平和住宅产业化水平，应用此法时必须把握如下要点：

　　a．根据不同户类型、南北不同地理气候等条件，空壳体可相应采取不同的平面形状；

　　b．户结构、户规模相同的多层次面积标准可通过调整空壳体的柱网（开间、进深）尺寸来解决；

　　c．住宅建筑分空壳体和填充体两大部分。空壳体包括主要承重墙、柱，是不变的；填充体包括轻质隔断、家具隔断和各种软质隔断，是可拆卸改装的。套内功能布局的改变，是通过填充体（隔墙、其他隔断）安装位置的变换，套内空间的再划分来实现的（图 3-3-3-5）。

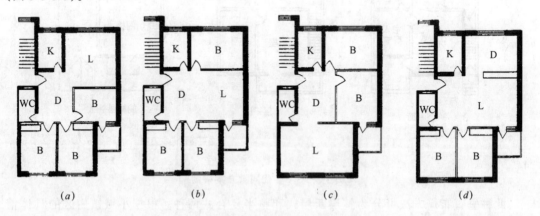

图 3-3-3-5 套内灵活布局举例

　　d．厨、卫是住宅的心脏，水、暖、气、电管缆较多，构造复杂，为确保套内空间灵活性和可变性的顺利实施，宜采取厨卫定位，不予变动。

　　e．空壳体住宅套内功能的灵活布局可分两个层次实施：第一个层次由设计者提供多种方案，经住户择定后按常规施工方法进行建造，方案可自由选择，但建成进驻后，要改变套内布局的难度较大；第二个层次适合于经济基础好，住宅产业化及构配件和住宅产品商品化、装配化程度较高的建造体系。这种灵活布局方法，可最大限度满足因家庭人口结构变化、人口数量变化、季节变化以及生活模式变化等不同需求，随时可根据需要进行改变。

三、住宅住栋组合

组织住宅套内功能布局的途径有两种：一是合理调整不同功能空间的区位，使之各得其所；二是通过改变住套平面形状来进一步完善住宅套内的功能布局。而住套平面形状的变化，又必然带来住栋组合的变化，即改变住栋外形，达到住栋形式多样化的目的。当然，住栋形式的多样化应以保证每一住套的主要功能空间具有良好的朝向为前提。

住套平面形状的改变，大多是通过改变其内部某一功能空间（厅、卧室、厨、卫）或在住套与楼梯间之间嵌入一异型连接体来实现的。具体来说，就是要突破四方形这一传统模式而代之以五边形、扇形（梯形）和Z形等异型空间。此外，尚可通过对常规四边形单元采用规律性和非规律性的错位或正斜拼接等组合手法来丰富住栋形体的变化。现将常见的几种组合手法分述如下。

1．多边形插入法

通过用两个正反毗连多边形空间的过渡，改变拼接体的朝向，从而形成围合式的庭院，这对空间领域的界定，居民活动范围的引导，邻里社交空间的形成，以及半公共环境的创造，起到了积极的有效的作用。组合单元个数的多少，决定着所围合的庭院空间的围合程度，组合单元的数目越多，则其闭合度越大，反之，则闭合度越小。或大或小，可根据需要或具体环境条件决定（图3-3-3-6）。

2．扇形插入法

采用扇形转角单元作为插入体，可形成一个"L"形的圆弧形拐角住栋。若插入体为1/4圆的扇形，则连成的住栋将是一个直角（90°）"L"形；若插入体扇形小于1/4圆，则所连成的住栋将是一个钝角（＞90°）"L"形；若插入体扇形大于1/4圆，那所连成的住栋将是一个锐角（＜90°）"L"形。到底取何种形式，可根据具体情况自行确定（图3-3-3-7）。

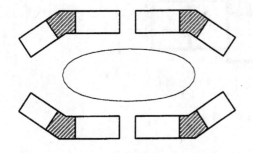 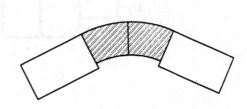

图3-3-3-6　多边形插入法举例图　　　　图3-3-3-7　扇形插入法举例

3．"Z"字形插入法

将两个方块形彼此上下对角部位重叠所形成的"Z"字形块体，对活化住栋形式效果显著。重叠部分可布置成两个相邻方块住户共用的楼梯间，此种布局平面紧凑合理，交通流线顺畅，若采用不同数目单元正反随机组合，能使住栋平面紧凑合理，交通流线顺畅，体形变化丰富，对美化建筑、活跃空间十分有效（图3-3-3-8）。

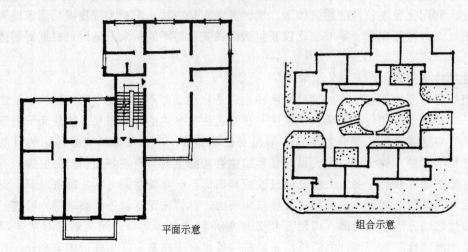

平面示意　　　　　　　　组合示意

图 3-3-3-8　Z字形插入法举例

4．方块错位组合法

用最简单的四方块体附加一个条状梯间错位排列组合，亦可得出体形多变的住栋来，诸如锯齿形、"V"形、"L"形以及"山"字形等等。方块形体的结构和构造相对简单，施工方便，但将其错位组合，仍能获得如此多样化的体型，实属最佳选择（图3-3-3-9）。

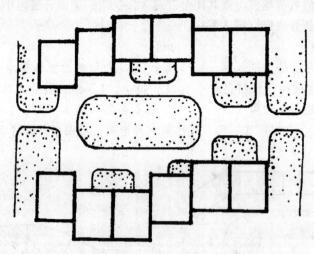

图 3-3-3-9　方块错位组合法

第四节　居住建筑剖面和平面设计

一、剖面设计

一般来说，住宅空间变化较少，剖面设计较简单。在剖面设计中，主要是解决好层高和空间利用等几个问题。

农村住宅的层高，一般为2.8～3.0m，底层比上面楼层略高。现在有些地方受传统观念的影响，左邻右舍在建房上存在比高低的心理，出现房屋的层高越造越高的情况。其实，盲目增加层高，有很多弊端。在居室面积不大的情况下，房间太高，会显得空旷不亲切；层高加大会使材料耗量和建筑造价相应提高；另外，楼房的底层如果太高，楼梯步数增多，占用面积大，平面设计时梯级很难安排。

当然，层高过低又使人产生压抑感，同时也不利于通风，对健康不利。所以，从心理学和生理学的角度来看，层高又以不低于 2.7m 为宜。

二、立面设计

建筑立面是构成房屋立体形象的重要部分，通过屋顶、门窗、阳台等的造型和安排，材料、线条、色彩的选择和应用以及细部处理等一系列具体设计手法，使整个建筑立面达到简洁、明快、美观大方的效果，并充分体现住宅建筑的风格特征。

住宅的立面设计，应注意与环境相配合，吸取当地民居的优良传统和做法。（图 3-3-4-1）同时，也应兼顾院落、围墙、大门、附属房间的建筑处理，使各部分有机组合，形成统一的建筑整体。

图 3-3-4-1 住宅立面

1. 屋顶选择

屋顶在建筑立面造型中占有突出的地位。应综合研究周围环境、建筑平面、气候条件、地方传统、材料供应等因素，选用坡屋顶、平屋顶或其他的屋顶形式。

2. 门窗设置

住宅的门，可以考虑与阳台位置相配合，使阳台起到雨篷的作用。

窗的开设，应尽量做到整齐统一，窗户规格不宜太多。当同一个立面上窗户有高低之别时，一般沿上口取齐，既显立面规整，也有利于窗过梁的设置。

另外，因为楼梯间功能与一般房间不同，应对其门窗进行重点处理，发挥其在立面构图中的重要作用；可以做成通透的大玻璃窗，也可以采用水泥花格或漏窗。

3. 阳台安排

住宅阳台是建筑立面中最活跃的因素，其排列组合对立面设计影响很大，可以使建筑立面富有变化，增加生活气息。其形式有凹阳台、挑阳台、半凹半挑阳台、角阳台等。可以单独设置，也可以将两个阳台组合在一起，或采用大小、上下阳台交错布置，以产生较强的韵律感。

4. 墙面颜色、质感与线条划分

建筑立面上色彩的运用得当与否，将直接关系到立面的艺术效果。住宅墙面色彩宜采用淡雅、明快的色调，并应综合考虑地区气候特点、风俗习惯等因素。应力求和谐统一，切忌在一幢建筑物的几个立面上，出现色彩品种繁多和大红大绿等杂乱无章的现象。

在墙面色彩统一的前提下，应适当注意材料质感和对比变化。住宅的外墙，一般以砖石为主要材料，并大量使用粉刷饰面。在经济条件许可时，可选用水刷石，彩色涂料、斩假石、面砖、马赛克乃至铝塑板等材料。通过将不同材料搭配使用，可以丰富立面造型。

对外墙面采用线条划分处理，是建筑立面设计中常用的手法之一。可采用将窗台、窗眉、墙裙、阳台等线脚作延伸凹凸、加水平或垂直引条线等各种线条的处理方法，丰富立面效果。

5. 立面细部装饰

适当的立面细部装饰可以对住宅立面起到画龙点睛的作用。如使用山花、墀头、脊饰、窗罩、花格、门套、漏窗等。立面细部装饰应尽量结合建筑功能进行设计，力求大方、得体，避免生搬硬套。

第四章 小城镇公共建筑及设计要点

第一节 公共建筑设计要点概述

一、公共建筑的设计原则

1. 统一规划，分级配置，分期实施

小城镇公共建筑设施的配置要按小城镇总体规划要求分级进行。对于中心镇、一般镇以及中心村等，在公共建筑的规模和类型上要统一规划，不能搞攀比，充分注意中心镇、一般镇和中心村的互补作用。根据各地区的经济发展水平，逐级确定公共建筑的内容和规模。

镇小区公建不包括镇级公建，其配置项目规模等级应参照本小区人口规模确定，项目配置从简，主要依靠并集中于镇中心。而中心村配置的公建则要求相对较全，除为本中心村庄服务外，还要为周围基层村服务。

在统一规划的前提下，各项公共建筑的实施要分轻、重、缓、急，分期实施，统一安排。同时要注意既不能盲目模仿城市模式，也不能降低配置要求。

2. 注重对原有公建的改造利用并建设多功能综合体

若建设区已有可利用的建成项目，则可视具体情况对该项目作适当调整，加以利用。特别是要注意保留和改造现存具有传统民俗特色的公建项目，如茶馆、酒楼、戏台、书场等。

小城镇公共建筑本身的特点是规模小，功能全。因此提倡开发综合体建筑，综合使用，或将同一场所在同一时间派不同用场；或将同一场所在不同时间派不同用场。如一店多用、一厅多用、一站多用等。例如，小城镇的剧院，不但能演戏，也要求可以放电影和作为会堂开会等。

3. 创造优美的环境

小城镇公共建筑一般设置在小城镇或住区的中心地带，也是体现村容镇貌的标志之一。公共建筑的设计和布置，除注意建筑体型、立面造型等以外还要注重环境设计，创造优美的室外环境。

二、小区公建配置特点

在市场经济条件下，镇中心级和小区级公共建筑，将由社会公益型公共建筑和社会民助型公共建筑两部分组成（图 3-4-1-1）。从居民的使用频率来衡量，可将其分为日常式和周期式两种。

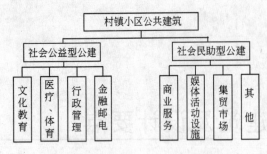

图 3-4-1-1 小城镇小区公共建筑构架图

镇小区和中心村庄的公建一般不分级设置，只有一级即小区级或村级公建。

1. 社会公益型公共建筑：即主要由政府部门主抓的文化、教育、行政管理、医疗卫生、体育场馆等项公共建筑。这类公共建筑主要为小区（中心村庄）自身的人口服务，也同时服务于周围村庄的居民。

2. 社会民助型公共建筑：系指可市场调节的第三产业中的服务业，即国有、集体、个体等多种经济成分并存，根据市场的需要而兴建的与本住区居民生活密切相关的服务业。如日用百货、集市贸易、食品店、粮店、综合修理店、小吃店、早点部、娱乐场所等服务性公建。民助型公建有以下特点：

（1）民助型公共建筑与公益型公共建筑的区别在于，前者主要根据市场需要决定其存在与否，其项目、数量、规模具有相对的不稳定性，定位也较自由，后者承担一定的社会责任，受市场经济影响较小，相对稳定些。

（2）民助型公共建筑中有些对其他环境有一定的干扰或影响，如农贸市场、娱乐场所等建筑，宜在相对独立地段分类集中设置。

民助型公建还可设立物业管理服务公司，负责民助型公建及社区服务，包括房屋及设备维修、收发信函报刊、代购车、船、机票、自行车存放、汽车场库管理以及公厕经营管理等，既方便居民，还能获取收益。

三、公共建筑设计要点

1. 总平面设计

总平面设计应充分考虑小城镇建设规划对群体和个体的总要求。在空间组织方面要与周围环境相适应，取得整体协调的效果；要注意当地的文物古迹的保护，使之具有地方特点；在建设范围内，应明确功能分区，使各分区既联系方便，又不互相干扰；节约用地，充分利用原有公共设施；要注意建筑物与建筑物之间，建筑物与广场、道路、绿化之间的关系，使之成为有机的结合题，以便从总体上反映出良好的艺术面貌。

2. 建筑平面设计

建筑平面设计主要考虑建筑物水平各方向之间的组合关系，要做到建筑各部分的关系合理，平面布局和建筑面积能满足使用要求，结构布置方案应经济安全。平面设计图要标注轴线及编号，各部分平面尺寸，包括各类功能空间、墙、柱、门、窗、楼梯、阳台、踏步、散水等内容，还有诸如大堂、会议室、客房、卫生间、厨房等内部布置，室内外标高、剖切线位置及序号、索引号，以及建筑技术经济指标等。

3. 建筑立面设计

建筑立面设计的主导思想应是内容和形式的统一。综合建筑物的功能、采光、日照、节能、美观等要求，处理好建筑物的造型和体量，并运用材料的色彩和质感，墙柱、门窗、阳台等尺度的变化，建筑花饰的适度点缀来表现其建筑的美好形象，设计出造型新颖别致、显现地方特色的小城镇建筑。立面设计图要准确表示出立面外轮廓、门窗、雨篷、檐口、屋顶、阳台、栏杆、踏步、勒脚、雨水管及装饰线脚等内容。

4．建筑剖面设计

建筑剖面设计主要考虑建筑物垂直方向上主要部位的空间组合关系，确定各部分的高度、层数、层高、结构、构造以及彼此衔接等问题。剖面设计是对于平面、立面设计的进一步表述，是从另一个角度对建筑设计的补充和完善。剖面图应剖切在有楼梯、空间复杂、层数和层高变化的部位。一般应绘出：轴线及编号、内外墙、柱、门窗、地面、楼板、屋顶、槽口、女儿墙、出屋顶烟囱、天窗、楼梯、雨篷、平台、阳台、踏步、坡道等。要标注：建筑总高度、门窗洞口高度、层高及其他必须表示的尺寸。

5．房间高度及门窗设计

房间净高是指楼地面（含抹灰）至上层结构板底的高度，南方应不低于 2.8m，北方不低于 2.7m。当房间单侧采光时，一般窗户上沿距楼地面的高度，应大于房间进深的一半，双侧采光时，其高度应大于房间进深的 1/4。室内长、宽、高比例适度，会给人以舒适的感觉，窄而高的房间会使人感到拘谨。住宅建筑的层高降低 100mm，能节约投资 1%，要从建筑功能、技术、经济和建筑艺术等方面，合理确定建筑层高。一般建筑室内外高差为 150～450mm，厨房、厕所、阳台等地面应比楼地面低 20～30mm。

6．建筑物的水平与垂直交通设计

门厅是建筑物的主要出入口，是人流集散的交通枢纽，常设在建筑物的中部或一端，要保证人流疏散的安全和正常使用，其宽度一般不小于走廊与楼梯宽度之和。

房间门的设置应考虑出入方便，疏散安全，室内面积的合理使用，家具布置方便，有利于组织穿堂风等。楼梯是垂直交通枢纽，与门厅、走廊相连接。常见楼梯有单跑、双跑、三跑楼梯（参见图 3-7-5-2）；从受力方式分有梁式、板式、墙承式和悬臂楼梯几种。双跑楼梯平台宽度应大于或等于楼梯净宽。楼梯踏步应多于 3 步并不大于 18 步。

第二节　中小学校建筑设计要点

一、总平面设计要点

1．学校建筑用地的组成

学校用地应包括建筑用地、运动场地、其他用地和道路三部分。

学校建筑主要包括各类教室、实验室等教学用房，以及图书阅览室、科技活动室、教师办公室等教学辅助用房，宿舍、厕所、行政办公室、保健室等附属用房，传达室、自行车棚等其他用房。除这些建筑用地，还有房前屋后的小片绿化、小型游戏场，利用空地布置的球台、必要的体育设施用地等。

运动场用地。主要包括小学低年级的游戏场、学生课间操用地，各类球场、田径场地，可附设在田径场地内或周围的器械运动等场地。

其他用地。包括实验场地，气象观测场地，校前区绿化用地，预留发展用地，附属设施用地等。

2．设计原则

建校前应根据国家定额指标以及当地人口预测，确定学校合理规模，进行全面规划，编制近、远期发展规模，明确用地范围，制定修建计划。

总平面布置要节约用地、不占或少占良田。设计要充分利用地形，合理布置出入口，

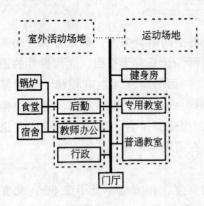

图 3-4-2-1　学校用地功能组成

注意不要使学校主入口面临交通繁忙的公路或干道。各类用地功能既要分区明确，又要相互联系方便（图3-4-2-1）。注意满足主要建筑的朝向、日照、通风要求，创造优美的学校环境。

3．主要用地的安排

小城镇以建设中、小学为主，教学用房主要包括教室和理化实验室。校门与建筑之间应有校前区、以美化环境和解决学生集散问题。建筑之间留出低年级学生的活动游戏区。

建筑层数，小学以二层，中学以三层较为合适。建筑容积率为总建筑面积与基地面积之比，其值，若为平房则不大于 0.35，二层为主，不大于 0.5，三层为主，不大于 0.7，四层以上为 0.8～1.0。

小学校应设有能容纳全校学生作广播操的场地，以集中布置为好，若条件限制不能集中，可以高低班分设，但不应过于分散，面积按 2.3m²/生安排；低年级游戏场要与高年级运动场分设，以免大龄学生强占场地；应设独立的篮排球场，以六个班设一个为最低标准；田径场以建 200m 环形跑道为好，最低限度要保证 1～2 条 60m 直线跑道，总长度84m。

中学应设置容纳全校学生同时做操的场地。面积为 3.3m²/生。六个班最少各设一个独立的篮、排球场；足球场设于环形跑道内；一般应设 250～300m 环形跑道田径场，县级中学设标准 400m 环形跑道和 1～2 道 100m 直线跑道，总长度124m，一般应南北方向布置（表 3-4-2-1）。

中、小学校运动场的用地规定　　　　　　　　　　　　　　表 3-4-2-1

类别	规模（班）	跑道规模（m）		足球场（m²）	篮球场（m²）	排球场（m²）	其他（m²）	总计（m²）	每学生用地（m²/生）
		规模	用地（m²）						
小学	6	60m直跑道	640		1/608		300	1548	5.73
	12	200m环形跑道	6532	小	1/608	1/286		7426	13.75
	18				2/1216	1/286	300	8334	11.57
	24	2×60m			2/1216	2/572	300	8822	8.16
中学	12	200m环形跑道	6532	小	1/608	1/286	200	7626	12.71
	18	250m环形跑道	7031	小	2/1216	1/286	300	8833	9.81
	18	250m环形跑道	7031					9419	7.85
	24	300m环形跑道	9105	大	2/1216	2/572	600	11493	9.57

二、建筑平面设计要点概述

1．设计原则

教学用房要有合适的朝向和良好的通风条件，各教学用房之间应避免噪声干扰，教学、办公室等不同性质的用房应分区布置，避免相互干扰。应以教学年级为单位设计平面，如同年级布置于同栋或同楼层中，相关的辅助和管理房间靠近设置。门厅要既能顺畅疏散人流，又能美化建筑。厕所应设于偏僻处或门不直接开向过道，不要将厕所设于交通拥挤的楼梯口附近，厕所与教室的距离不要超过60m。楼内饮水处可凹进室内，以免影响过道交通。

2．设计要点

（1）建筑平面组合形式有以下几种。无廊式，即各房间直接通向院落；外廊式，即房与房以明廊连接；边内廊，建筑布置与外廊式基本相同，只是将外廊用窗封闭；中内廊，以中间为过道，两侧布置房间。

（2）教室与其他教学用房的相对关系。实验室应单独组建，布置于主体建筑的尽端或另组单元，音乐教室最好与普通教室分开设置；学生阅览室应靠近教室以方便学生借阅，但要有安静的环境。教师办公室应设在靠近教室的安静区域；行政办公室布置在学校或教学楼入口处比较合适。

（3）主要指标：教学楼的内廊宽度应大于2.1m，外廊大于1.8m；行政办公区的走廊不小于1.5m；阅览室面积，教师用$2.1m^2$/座，学生用$1.5m^2$/座；学生厕所$0.12m^2$/生，普通教室、音乐教室面积为$1.10\sim1.22m^2$/生，实验室$1.8m^2$/生，合班教室$1.0m^2$/生。班容量按中学50人，小学45人计算；楼梯总宽度按1～2层为0.63～0.80m/百人，3层及3层以上0.80～1.25m/百人计算。

三、普通教室设计要点

1．教室的平面布置，要满足课桌椅的排列、采光及眩光控制、通风换气、保温隔热、减少燥声、隔声及采暖、照明等要求。常见的教室平面型式有长方形、方形、五角形、六角形等。教室的长度不宜超过10m，前排边座到黑板远端的夹角不得小于30°，教室纵向走道宽度不小于550～600mm（表3-4-2-2）。

教室常用尺寸及面积　　　　　　　　　　　　　　表3-4-2-2

校别	教室容纳人数 人/班	轴线尺寸 进深×开间（m）	净尺寸 进深×开间（m）	使用面积 （m²）	每生占使用 面积（m²/生）
小学	45	6.0×8.4	5.76×8.18	47.0	1.04
		6.3×8.4	6.06×8.18	49.5	1.09
		6.6×8.4	6.36×8.18	51.9	1.15
		7.2×8.4	6.96×8.18	56.8	1.26
中学	50	6.3×9.0	6.06×8.76	53.1	1.06
		6.6×9.0	6.36×8.76	55.7	1.11
		7.2×9.0	6.96×8.76	61.0	1.12

2．室内设施与装修

普通教室室内设黑板、讲台、清洁柜、窗帘杆、银幕挂钩、广播喇叭箱、学习园地栏、挂衣钩、简易存物柜、雨具架等，在教室前后墙各设一组电源插座。

黑板应以粗糙且无光泽，书写流畅的材料制作。黑板下沿至讲台面的距离，小学为

0.8～0.9m，中学为 1.0～1.1m，低年级用下限。讲台尺寸，若讲桌在讲台上，宽度1.2m，讲桌摆在地板上，宽度 0.6～0.7m，讲台每端伸出黑板端部外缘不小于 0.2m，高度为 0.2m，清洁用具柜一般是与教室的隔墙作为整体处理，或设计成长方形布置于教室门的后面。

教室各表面及桌椅面的颜色，以浅色明快的色调为宜，色彩不宜过多，教室门在构造上要耐用，后部门在视平线高度设有观察孔，不应设置门槛。教室窗要满足采光、通风、安全的要求，在视线高度内安装压花、控光或磨砂玻璃。

3. 采光、防噪声及通风

教室天然采光，其最低采光系数为 1.5%，约相当于采光窗玻璃净面积与室内使用面积之比为 1:6，采光窗外面不要种植高大的树木，窗与低矮树之间距离一般不小于 3m。

教学楼的平面形式、楼梯间的位置、教室门窗开向等对保持教室安静起重要作用，要注意处理好；中内廊产生噪声较大，墙面使用一些吸声材料，会产生明显的改善效果；门窗隔声效果差，应使用厚或双层玻璃窗及厚重门板。

为使教室空气新鲜，教室容积应满足小学生 $3.8～4.2m^3$/每人，中学生 $4.2～5m^3$/每人的要求，采取组织穿堂风和安装吊扇等措施。

教室应采用日光灯或荧光灯，灯具的悬挂高度，距桌面不小于 1.7m。

四、专业教室设计要点

1. 实验室。中小学实验室一般有三种，物理实验室、化学实验室和生物实验室。每个实验室应设一准备间。规模小的中学，可设三科综合实验室，而将准备室和辅助用房适当分开，在满足平面布置使用功能要求的前提下，实验室的轴线尺寸有（每班 48～50人）：$7.8×11.7m$，$7.8×12.0m$ 和 $8.4×11.1m$ 几种。

2. 合班教室。随着科学技术的进步，有条件采用新的教学手段来提高教学质量，丰富教学内容。例如在合班教室中装银幕，可放幻灯、投影、电视等进行辅助教学。合班教室的位置应便于学生利用并由专人管理，要位置适中、环境安静、朝向、通风较好、便于疏散。可设于教学或实验楼内，也可做成单层，用通廊与教学楼相连。

3. 音乐教室。应设置在远离教学区或运动场地的部位，或布置在教学楼的尽端或顶层，以避免干扰。教室面积，小学不应小于 $1.57m^2$/人，中学不应小于 $1.5m^2$/人。

4. 语音教室。供语言教学之用，$1.57～1.73m^2$/座，内设隔音座位和电教设备。

5. 微型计算机教室。可按一个标准班人数设置。教室应有良好的温湿度，并应注意防尘。

五、图书阅览室设计要点

图书阅览室环境要安静，避免人流交叉和噪声干扰，还要有防火的设备与设施。一般将其建在教学楼内，规模较大的中学，可独立布置图书馆。小学按全校学生的 1/20，中学按 1/12，教师阅览室按教师的 1/3 设置座位。

六、附属用房设计要点

小城镇中小学校附属用房，有行政、教师办公室、保健室、宿舍、食堂、厕所等。行政办公室可按党、政、工、团、行政分设，也可合设，面积指标 $3.5m^2$/人。小学按年级设教师教研室，有利于教师备课和分析研究学生情况，中学则多按科别设教研室。每个教师的办公面积不应低于 $3.5m^2$/人。

县镇中小学学生路途较远，应考虑设学生宿舍 $2.7m^2/$人，要建有食堂。教师宿舍应考虑备课条件，每人使用面积 $6m^2$，每间 2 人为宜。

第三节　文化建筑设计要点

随着经济条件的改善以及物质生活内容的不断丰富和文化生活水平的提高，小城镇对文化建筑建设要求越来越高，以满足广大群众的文化生活需要，为居民创造丰富多彩的文化娱乐基地，提高村镇居民的文化素质。一般情况下中心镇应设有影剧院、文化站、图书馆、青少年之家、老年活动中心等。一般镇、中心村可适当减少。

一、影剧院设计要点

1．影剧院的组成和规模

小城镇影剧院一般设在镇区，应能满足开会、演出小型歌舞、地方戏、曲艺、放映电影等多功能需要，主要由观众厅、放映室、舞台、化妆室、休息室、售票室及附属房间组成，以中小型规模为宜，观众厅容量在 $800\sim1200$ 座之间，建筑面积不大于 $2.6m^2/$座，占地面积 $5m^2/$座以内。主要出入口一般设在影剧院正面或是侧面，门前设有观众集散广场和停车场。

2．观众厅的设计要求

观众厅的面积指标，有固定座位的为 $0.5\sim0.7m^2/$座，无固定座位的为 $0.3\sim0.5m^2/$座，跨度一般为 $10\sim24m$，长度不宜超过 $40m$，容积按 $4\sim5m^3/$座计算。

安全出口不得少于 2 个，每出口的平均疏散人数不应超过 250 人。出口总宽度，当有固定座位时不小于 $0.85m/100$ 座，每条疏散走道的宽度不应小于 $1.1m$，疏散门必须向外开，不设门槛，紧靠门口处不设踏步，疏散门的宽度不应小于 $1.4m$，疏散楼梯宽度不应小于 $1.1m$。

看电影时通常要求第一排观众与银幕距离为普通幕宽的 1.2 倍，宽银幕时不小于 0.6 倍，看剧时要求边座在水平控制角以内（水平控制角是天幕中点和台口连线的夹角，通常为 $45°$）。观众厅地面升高，通常按隔一排或两排升高 $12cm$ 的原则绘升高曲线，也有采用将前面 $1/3$ 做成平地面，后面 $2/3$ 做成 $1:6\sim1:10$ 的坡度的做法。

3．舞台基本要求

小城镇影剧院台口宽度一般为 $12m$，高为 $7m$ 左右；基本舞台宽近似为台口宽度的 2 倍，常和观众厅跨度相同，深度为 $14\sim16m$，高度通常为 $14\sim16m$；侧舞台一般设在基本舞台一侧或两侧，便于乐队演奏和堆放布景，宽度通常为 $8\sim9.6m$，深度为 $9\sim12m$，高 $6\sim7m$，侧台均应设双扇门通室外，舞台口上部与观众厅之间应用非燃或难燃墙分隔。

4．放映室基本要求

小城镇影剧院放映室通常设两台放映机和一台幻灯机，长度大于 $6m$，宽度大于 $3m$。

二、文化站设计要点

小城镇文化站是国家最基层的文化事业机构，是乡镇政府所设立的当地群众进行各种文化娱乐活动的场所。

1．规模和组成

由于我国地域广阔，各地经济条件和文化生活的需求有差异，因此各地应根据自身需求和发展方向合理确定其规模和组成，进行统一规划及设计，分期实施。

文化站主要房间包括群众活动、专业工作和行政管理三部分。其中群众活动用房包括观演用房、游艺用房、交谊用房、展览用房、阅览用房和学习辅导用房。专业工作用房包括音乐、美术、书法、摄影等工作室。

2．设计原则

(1) 集会和观看演出或参加舞会的群众，来馆及离馆时间均较集中，人流量大。为便于使用管理，在设计时应设配套的服务房间，考虑便于组织入场及疏散。这些厅室应设独立出入口。

(2) 游艺活动内容多，趣味性强，吸引群众，人流活动频繁，噪声较大。因此游艺用房宜单独设区，并宜接近主要入口，以免对其他用房造成干扰。

(3) 文化馆为多层建筑时，应将活动频繁人数众多的观演厅、游艺厅、展厅等设在低层，减少对其他部分的干扰。

(4) 各种用房的设计，应有较大的适应性及灵活性，以适应文化活动的不断充实和发展。因此应慎重确定各厅室的适宜面积，各主要厅室的柱网尺寸、结构形式和空间高度，各厅室的连接及交通路线的组织。对相关的厅室应尽量靠近，以便根据需要综合作用。

(5) 对于小规模的文化馆，应尽量考虑将某些厅室合并构成较大空间，以便在安排活动时可一室多用，适应开展文化活动的需要；对于规模较大的文化馆，在安排一定比例的活动厅室的同时，宜增设多用途厅，以利灵活组织馆内大型活动。

(6) 文化馆的建筑组合，应尽量采用天然采光、自然通风及选择良好的建筑朝向等，以创造良好的室内环境。

3．部分房间的设计要点

(1) 观演用房

观演用房包括门厅、观演厅、舞台、化妆室、放映室和卫生间等。小城镇文化站观演厅不宜大于 300 座。地面宜采用平坦的多用途厅。其使用面积包括开敞式舞台面积在内按 $0.5\sim0.7m^2$/座计算。舞台可与厅的屋面同高。多用途厅应满足观演、交谊、游艺等活动的使用要求。使用面积不少于 $200m^2$。房屋宽度不少于 10m，并要有足够的面积存放桌椅。

(2) 游艺用房

根据需要设置若干大、中、小游艺室，并设管理间与贮藏室，有条件时可考虑设置残疾人卫生间。当规模大时可分设儿童游艺室、老人游艺室等，游艺室外面可设儿童活动场地。游艺室使用面积的上限为：大游艺室 $65m^2$，中游艺室 $45m^2$，小游艺室 $25m^2$。

(3) 交谊用房

交谊用房包括舞厅、歌厅、歌舞厅、管理间、卫生间等。舞厅应设存衣间、吸烟室、声光控制间和贮藏间等，活动面积按 $2m^2$/人计算，座席占定员人数 80% 以上。矩形舞厅宽度不小于 10m，应设独立的出入口。舞池地面光滑，厅内应有较好的防火装修和灯光照明。

歌舞厅应设准备间、配餐间，厅内要有较好的音质条件。应设置舞池和声光控制间。

(4) 阅览用房

阅览用房包括阅览室、资料室、书报贮存库等。应布置在馆内安静位置，光线应充足，照度均匀，避免眩光及直射光。采光窗宜设遮光设施。规模较大时宜分设儿童阅览室，并邻近儿童游艺室与室外活动场地相通。儿童阅览室宜布置较灵活的轻巧桌椅和别致的组合书架。

第四节　医院建筑设计要点

一、总平面布置原则

1. 分类

我国乡村地区医疗卫生机构由县医院、中心卫生院、乡（镇）卫生院和村卫生室等组成。本文侧重于介绍中心卫生院亦即小城镇医院的设计特点（表3-4-4-1）。

乡村医院的分级与一般规模　　　　　表 3-4-4-1

序号	名称	病床数（床）	门诊人数（人次/日）
1	县医院	100～300	400～1200
2	中心卫生院	50～100	200～400
3	乡（镇）卫生院	20～50	100～250
4	村卫生室	1～2 张观察床	50 左右

2. 定额指标

我国小城镇卫生院及村镇医院，目前还没有制定国家统一的设计标准。设计时可参考下列因素和指标：

卫生院的规模应按农村医疗网点的服务范围、对象、当地人口密度，以及发病率等因素进行综合分析。一般小城镇医院病床 50 张以上，乡镇卫生院 30 张左右，村卫生室一般不设病床。

卫生院用地大小，应符合使用及日照、通风、隔离等卫生防护要求，以及节约用地原则，并按小城镇规划要求，适当考虑发展余地。一般床位越少，则单床占地指标越大，小城镇医院及乡镇卫生院用地参考指标为：乡镇卫生院为 $280～300m^2$/床；小城镇医院为 $200～240m^2$/床。

3. 小城镇医院的功能构成及安排

一般而言，小城镇医院主要由医疗（包括门诊、住院、辅助医疗部）、总务供应、行政管理和职工生活四部分构成。

医疗区是医院的主体，用地安排首先要满足它的使用功能要求，把它布置在交通方便、自然环境幽静、日照通风条件良好而不受污染的地段上。如有传染病区，应布置在非传染病区和职工生活区的下风向，设专用车道，用绿篱与其他区段相隔离，不宜接近水面。门诊部是病人活动最频繁的处所，大多数病人都在门诊部得到诊断和治疗。辅助医疗是现代医院的诊疗中心，同时为门诊和住院两部分病人服务。住院部是病人在医院进行较长时间诊疗的场所，应设置于幽静、卫生的环境。门诊、住院与辅助医疗三部分关系密切，应有直接的联系，但住院部应与其他两个部门有适当的距离。

总务供应包括食堂、锅炉房、洗衣房、库房等，是为整个医院服务的，尤其与住院部关系密切，要综合处理好各类清、污关系，严格避免交叉干扰。有污染的部门应布置于侧风或下风向。

行政管理部分要便于对内、对外的管理和联系。

职工生活区宜有相对的独立性。

医院各部分的内外交通联系应满足各种要求（图3-4-4-1）。

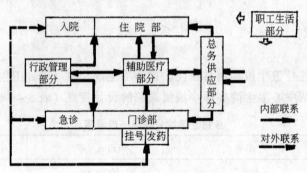

图 3-4-4-1　医院功能组成及联系

4．布置原则

医院的主要出入口，布置在路旁明显，出入方便的地方，要便于医院管理，有利于创造院内安全、洁净的环境；常分设医疗、总务两个出入口。

应结合小城镇特点，创造良好的卫生条件。建筑物朝向，要考虑日照和自然通风的要求，一般为坐北朝南，避免东西晒；建筑物的间距，要综合考虑日照、通风、卫生隔离和防火等因素，建筑应座落于向阳坡面；要处理好医院的排污系统，污水必须经消毒灭菌后才允许排放。

建筑布置宜简捷，应为分期建设和改建扩建创造条件。

5．建筑组合形式

医院建筑以满足医疗需要，结合地形，减少造价为原则，一般可采用下列方式灵活布置医院建筑（图3-4-4-2）：

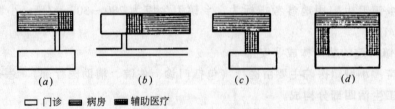

图 3-4-4-2　医院平面组合

（1）分立式，将医院的各组成建筑按不同功能分幢建设。优点是互相干扰少，易于卫生隔离。缺点是占地多，交通路线长。

（2）集中式，将医院全部建筑组合在一幢建筑里称为集中式。这种布置互相干扰多，适合于门诊量较少的乡级卫生院。

（3）联立式，将门诊部和住院部分设两幢建筑，其间用辅助医疗部分有机地联系起来，而总务供应和职工生活则另成一局。此种方式，用地经济，道路、管线较短，便于管理，又不互相干扰，适于分期建设。但部分房间的朝向、通风、采光较差。

（4）庭院式，是以庭院组合各功能建筑物。便于管理，但相互干扰较大，东西方向房间较多。

二、医院门诊部设计

1．小城镇医院门诊特点

村镇医院病人有危急病患者多、老幼病患者多、陪诊人员多、就诊高峰出现在工余时间多、看病认定医师就诊多的特点；以农村人口为主要治疗对象的门诊部门诊分科较少，小型卫生院仅设中医、西医两科，较普遍地实行昼夜门诊制，以方便农民看病，挂号、收费、发药统一管理，不少地方设家庭病床，医护人员出诊治疗。

2．门诊部组成及设计要求

一般由各科诊室和公共厅室组成。中心卫生院一般设有内、外、中医、西医科和简易门诊。乡镇卫生院一般只设中、西医科和简易门诊。公共厅室包括门厅、挂号、收费、药房、候诊、注射等。规模不大的医院也将辅助医疗、行政办公用房设在门诊部内。

门诊部科室较多，各类病人在此集中通行，容易相互交叉传染。因此，它的平面布局应从便利病人出发，合理组织人流，尽量使不相干的科室互不影响，可能产生影响的科室应相互隔离；争取各科室内具有良好的通风采光条件；房间的组合还应便于管理，尽量绿化、美化庭院环境，供病人诊间等候或休息。

3．诊室设计要点

诊室是门诊部的主要用房，一般可统一考虑面积和进深标推，以便于门诊部平面结构规格化。内科一名医师诊室的面积需要 $8m^2$ 左右，二名医师的需要 $12m^2$ 左右。诊室一般取 $3.3\sim3.6m$ 开间，$4.2\sim4.5m$ 进深。外科患者多行动不便，宜将该科布置在门诊部的底层并邻近入口处，与手术室、辅助医疗部分联系方便。规模较小的卫生院，门诊部不独立设妇产科，而是附设在妇产科病房，共用一套人员和设备。十五岁以内的儿童均由儿科接诊，一般由父母相陪，诊室及等候面积应予以考虑，尺度不宜过小。为便于会诊，中、西医诊室不宜相隔太远。在小型医院，五官科合并于外科之内。该科设备复杂，设计时应充分了解诊疗情况和要求，避免医师操作和病人出入流线不合理。乡镇医院一般不独立设置急诊部。而是以急病先治的办法处置。

公共厅室在门诊中应具有重要位置。病人要在这里挂号、计价、交费、取药等，等候时间长，人流密集，病种复杂，易受交叉感染。因此，该厅室不但应有合适大小的等候面积，而且还应创造安静、卫生的等候环境。

门诊部的平面组合方式有内廊式、外廊式、敞厅式、敞院式几种，可结合地段条件和功能要求灵活布置。

三、医院住院部设计

1．使用特点

住院部是病人留院诊治的场所，小城镇医院的住院部具有明显的农村特色。如：农民住院周期较短，危重病人多，陪伴的人多，膳食一般自理，住院率受季节影响较明显。规划设计时应予以注意并尽量适合需要。

2．护理单元的划分与设计要点

护理单元是构成病房的基本单元，由病室、医护用房和辅助用房组成。小城镇医院设内科（含儿科）护理单元和外科（含妇产、五官科）护理单元。中小型卫生院设混合护理单元。乡卫生院只设简易病床。

病室是住院部的主要用房，应有良好的日照和通风条件，一般设有单床、三、四、六床等四种病室。规模小的医院，多床室不宜过多，要保证一定数量的单床室，以便于安排不同病种和性别的病人。病室门的净宽不宜小于1m。靠走道处宜开高窗，医护用房宜布置在护理单元的中部，以减小护理半径。辅助用房主要指配餐间、卫生间、贮藏间，以及交通部分。楼梯是病房的主要垂直交通，位置应明显易找，宽度不宜小于1.4m，楼梯平台不小于1.8m，坡道是不设梯步的垂直交通道，坡度不应大于1.8，宽度不小于1.8m。走廊是病房的水平交通，净宽以大于2.1m为宜，应做1.4m高的墙裙。

四、辅助医疗部设计要点

辅助医疗部是医院的重要组成不分，一般含放射、手术、检验、理疗等内容。中型医院内放射科多设在门诊部内。为避免交叉感染，应位于建筑的尽端，设计时应为技术更新留有余地。小型卫生院、站，一般在门诊部设小型简易手术室，镇医院一般将手术室布置在住院部内。检验科（化验室）要求光线均匀不宜阳光直射，一般布置在门诊部内。理疗是物理治疗，一般要求靠近门诊，与住院部也有方便联系。

第五节 办公建筑设计要点

近年来，随着农村经济的不断发展，小城镇规模逐渐扩大，社会生活的各个方面也发生了较大的变化。办公建筑在使用功能上应能适应这种新的变化。

一、办公建筑的平面组合设计

办公建筑平面组合设计的主要任务是根据建筑物的使用要求，合理安排各组成房间的位置，同时组织好建筑物内部及内外之间方便和安全的交通联系。

1. 建筑物的平面组合要综合考虑房屋设计中多方面因素，处理好各类用房之间的关系以及室内外环境，根据使用要求、结构选型和施工条件确定布局形式，并应为今后改造及灵活使用创造条件。

2. 一般应将对外联系多的部分，布置在主要出入口附近。机要部门相对集中，与其他部门适当分隔。其他部门也因按其相互关系分区布置。

3. 对于小城镇办公建筑，一般情况下，单个房间面积不大而同类房间较多，因此常采用内廊式或外廊式的走廊式组合。走廊式组合能使各个房间不被穿越，较好地满足各个房间单独使用的要求。

二、办公建筑的组成及各部分设计要点

小城镇办公建筑应根据使用性质、建设规模的不同确定各类用房。

1. 办公室

小城镇办公建筑的办公室可设计成单间式和大空间式。

普通办公室每人使用面积不应小于$3m^2$，一般可按每个办公人员$3.5m^2$建筑面积来计算，单间办公室净面积不宜小于$10m^2$。通常办公室开间不小于3m，进深不小于4.2m。

办公室的室内净高不得低于 2.6m，设空调的可不低于 2.4m，走道的净高不得低于 2.10m。

办公用房宜有良好的朝向和自然通风。办公室的窗地面积比不应小于 1:6。

办公楼走廊宽度，外廊式为 1.5~1.8m，内廊式为 2.1~2.4m。

大空间办公室中应利用建筑构件、家具做好吸声和隔声处理。

2. 会议室

小城镇办公建筑的公共用房主要包括会议室、接待室、厕所等。

会议室可根据实际需要分设大、中、小会议室。多功能会议室宜有电声、放映、遮光等设施。

会议室分有会议桌与无会议桌两种。中、小会议室的使用面积，有会议桌的不应小于 1.80m²/人，无会议桌的不应小于 0.8m²/人。一般小会议室的使用面积宜为 30m² 左右，中会议室的使用面积宜为 60m² 左右，大会议室应根据使用人数和桌椅设置情况确定使用面积。

会议室因使用面积较大，应适当增加室内净高。

根据建筑设计防火规范要求，对使用面积超过 60m² 的会议室需要设 2 个门作为主要出入口。

3. 其他房间

主要包括：接待室、打字室、档案资料室、图书阅览室、贮藏间、开水间、厕所以及一些设备机房等。

接待室应根据使用要求设置，专用接待室应靠近使用部门，群众来访接待室宜靠近主要出入口。

开水间应设在直接采光和通风处。条件不许可时，可设置排风装置。

厕所距离最远的工作点不应大于 50m。厕所应设前室，前室内宜设置洗手盆。

第六节　商业金融建筑设计要点

近年来，广大农村人民的物质生活水平不断提高，人们对商品的需求也日新月异。商业金融建筑是小城镇公共建筑的一个重要部分，并且通常还是城镇中心的组成部分。因此小城镇商业金融建筑的设计在满足房屋使用要求的同时，建筑物的形象也要起到丰富城镇面貌，改善空间环境质量的作用。

按照建筑物的使用功能及根据小城镇物质文化生活的特点，小城镇商业金融建筑主要分为商店、商场、银行营业所、邮电所等一些建筑类型。

一、商店设计

小城镇商店主要经营日用百货、副食、土产、日杂、五金等。各营业项目可集中在一个商店，也可按不同项目分设为几个小商店。商店的经营模式也可以多种多样，有条件的地方商店还可和其他公共建筑合并，融入餐饮、娱乐等内容，形成购物中心或综合楼，以节省用地。

1. 房间组成及基本要求

商店主要由营业厅、库房、办公及辅助用房三部分组成。

（1）营业厅。营业部分的设计应按商品的种类、选择性和销售量进行适当的分柜、分区或分层，顾客较密集的售货区应位于出入方便地段。

营业厅设货架、柜台。营业厅开间、进深尺寸根据商店规模大小、经营方式和结构选型而定，应便于柜台、货架布置并有一定灵活性。通道应便于顾客流动并有均匀的出入口。货架、柜台可单面或双面沿墙布置，也可布置在营业厅中间岛式布置或混合布置。一般要求货架到柜台外缘的尺寸不小于 2m，顾客活动宽度不小于 3m。

营业厅内各售货区面积可以按不同商品的种类和销售繁忙程度而定。营业厅面积指标可按平均每个售货岗位 $10\sim15m^2$ 计算。日用百货等销售量大而选择性弱的商品应布置在显著的位置上；类别相近的商品如服装，针织、鞋帽柜台应紧连在一起。

营业厅为展出商品可设橱窗。橱窗有外凸式、内凹式，比较简单的做法是加宽窗台构成出挑的橱窗。为便于橱窗布置，在内侧应设小门。

橱窗应符合防晒、防眩光、防盗等要求。

（2）库房。库房所需面积与营业厅面积有关，在小城镇商店设计中，一般库房不应小于营业厅面积的 50%。库房内货架可单面或双面设置。走道宽度应能满足搬运货物的要求。库房前后应有一定的堆货场地。

库房设计应符合防火、防盗、通风、防潮、防晒和防鼠等要求。设有货架的库房净高不应小于 2.10m；设有夹层的库房净高不应小于 4.60m；无固定堆放形式的库房净高不应小于 3m。

（3）办公及辅助用房设计　办公及辅助部分应根据商店规模大小和经营需要而设置。在小城镇商店设计中，其所占商店总建筑面积的比例一般不超过 18%。办公室可和营业部分组合在一幢建筑内，也可以单独建造。

2．商店平面组合（图 3-4-6-1）

（1）毗连式组合。商店的营业部分和库房可组合在一起，采取毗连建造的方式。这样能节约建设用地，联系方便，但通风不好。

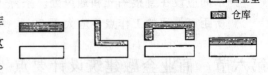

　□ 营业室
　▨ 仓库

图 3-4-6-1　供销社平面组合

（2）院落式组合。当建设场地较宽敞时，可将营业部分和库房分设，营业厅在前部，库房在后院。优点是可以为合成院落，通风好，库容量大；缺点是占地较大，管理不便。

二、银行营业所、邮电所设计

1．银行营业所

小城镇银行营业所主要负责办理贷款、信用、储蓄等业务。

营业所主要活动空间为营业（厅）室，此外有办公室、库房（金库）、值班室等基本房间。

出入口位置应能有利吸引顾客和有利安全。柜台组合布置应符合业务流程，出纳、储蓄和金银总柜均可相对独立。库房应远离出入口，既隐藏安全又便于使用。柜外面积与柜内面积之比为 $\geqslant1:2$。

另外，营业厅地面应考虑用耐磨、不起尘和防滑的材料。应有良好的采光通风，通道流线明确，为顾客创造便利、安全和舒适的环境。

营业所的建筑面积可根据服务内容、服务范围及所在小城镇的具体情况来确定。一般小城镇银行营业所建筑面积在 $100\sim200m^2$ 即可满足使用要求。

2. 邮电所

小城镇邮电所主要业务项目有邮件、挂号、汇款、取款、电话、电报以及报刊订购等。

邮电所基本房间包括营业室、邮件分发室、仓库及办公值班室等。

邮电所的建筑面积一般需要 $100m^2$ 左右。近年来，随着邮政业务的不断发展和扩大，在邮电所设计时，建筑面积的考虑应留有适当的发展余地。

第五章 小城镇生产性建筑及设计要点

第一节 小城镇生产性建筑概述

小城镇生产建筑是指供农村工副业生产的各种建筑物和构筑物。它和住宅建筑、公共建筑相比，在设计原则、建筑用料和建筑技术等方面有许多共同点。但由于其生产工艺的特殊要求，形成了一个新的建筑分支，属于农业工程范畴。

近几年来，随着我国农村经济的全面发展，小城镇生产建筑也正在迅速发展，目前已建成一批新型农业生产建筑，其工艺设计、建筑设计、新材料、新设备的应用和环境控制手段，传统的家庭作坊式的生产建筑正在被现代化的农业生产建筑所代替。

一、生产建筑的分类

1. 禽畜建筑。它是小城镇生产建筑的一个主要组成部分，包括饲养鸡、猪、牛、羊、兔、鸭、皮毛兽等禽畜建筑，有不同的饲养工艺要求。

2. 村镇小型工业建筑，主要用于乡镇企业生产所需的中小型厂房、农禽副产品加工建筑、农机具生产和维修建筑。

3. 温室建筑。它是一种农业保护地栽培设施，能减少或完全摆脱自然环境对农作物等的影响，包括玻璃温室、玻璃钢温室、塑料大棚等。

4. 农业仓储建筑。农产品生长受季节的限制，创造保证产品数量和质量的贮藏条件要由农业仓储建筑来完成。农产品贮藏库有谷物库、种子库、蔬菜果品贮藏库、食用油库等，农机具库有车库、农机库、物料库等。危险品库有机用油库、化肥库、农药库等。

5. 农村能源建筑。它主要包括小型水力发电、沼气的发生及其热能转换、太阳能、风力、地下热能的开发利用等等。

6. 其他建筑。包括水产品养殖和菌类种植建筑等副业建筑。如蘑菇房、香菇房等。

二、生产建筑的设计原则

1. 必须适应相应的生产工艺要求，创造最适宜生物的环境。例如禽畜建筑，不仅要解决禽畜在舍内吃、饮、排粪尿，还要解决有害气体、灰尘、微生物等的污染，这就要求根据禽畜的生物学特点，进行科学的设计。提供禽畜生长和生产的最佳环境，以节约饲料、有效地提高禽畜的生产力，获得低成本的优质产品。

2. 适应工业化生产的工艺要求。工业化生产要求有一定的规模，有计划地成批生产，机械化、自动化生产程度高。为适应工业化生产的需要，生产建筑的规模越来越大，相应地给建筑设计带来更高的要求，如结构造型、通风采光、屋面排水处理等。

216

3.注意环境保护和节约用地。注意环境保护，不仅要防止禽畜场本身对周围环境的污染，还要避免周围环境对禽畜场的危害，以保证禽畜生产顺利进行。同时，要合理规划村镇建设，妥善处理禽畜粪尿，解决乡镇企业所产生的污染；要组织大规模的生产，降低成本，充分利用土地；生产建筑除了向多跨联栋发展外，还要向多层发展。这样不仅节约用地，而且减少管线、道路长度，有利于实现机械化、自动化。

第二节　禽畜饲养建筑设计要点

一、总平面设计要点

1.建筑物布局

畜牧业生产过程大致包括以下几个环节：（1）种畜的饲养管理和繁殖；（2）幼畜的培育；（3）商品畜（生产群）的饲养管理；（4）饲料的运进、贮存、加工、调制与分发；（5）畜舍清扫、粪尿的清除及运输、堆贮；（6）产品的加工、保存、运送；（7）疫病的防治。

根据生产功能，禽畜场可以分成若干区。各个建筑按它们彼此间的功能联系统筹安排，建筑物之间的距离在考虑防疫、防火、通风、日照要求的前提下，尽量使总体布置紧凑，节约建设用地。

（1）生产区。包括禽畜舍、饲料贮存、加工、调制建筑等，组成禽畜场的核心。为保证防疫安全，在同一禽畜场里，宜将种禽畜，幼禽畜与生产群禽畜分开，设在不同地段，分区饲养管理。种禽畜、幼禽畜应设在防疫比较安全的地方。

（2）管理区。包括与经营管理有关的建筑物、畜产品加工、贮存和农副产品加工建筑物以及职工生活建筑与设施等。管理区与生产区应加以隔离，外来人员只能在管理区活动，不得进入生产区。负责场外运输的车辆也禁止进入生产区，以防止疫病传播。

（3）病畜管理区。包括兽医室、隔离室等。为防止疫病传播与蔓延，这个区应设在生产区的下风向与地势低处。设单独的道路与出入口，该区的污水与废弃物，应严格控制，防止疫病的蔓延和对环境的污染。

场内建筑之间应有一定距离，一般为禽畜舍高度的3倍左右。

2.运输路线组织

（1）道路分工。禽畜场的运输是很频繁的。由于禽畜的高度集中，防疫的任务特别重，车辆与人员进入生产区，必须进行严格的消毒。

场内道路应该有所分工，如饲料供应、蛋品的调运等清洁的物品要与粪便的运出、病畜的处理等污秽的东西采用不同的交通路线，确保分工明确，互不相交，并设置相应的回车场地，以防止交叉感染（图 3-5-2-1）。

（2）饲料供应。在禽畜场的整个生产过程中，组织好饲料供应路线十分重要。当设有饲料加工车间时，饲料供应路线主要包括：

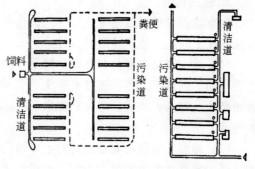

图 3-5-2-1　道路分工示意

由饲料产地运送饲料到场内各饲料仓库;由饲料仓库运送饲料到加工车间;再由加工车间把饲料送到各禽畜舍去。在总体设计中要求饲料供应路线短捷,尽量不要交叉,以及避免污染等。随着饲料工业的发展,采用饲料工厂集中加工饲料后,饲料供应路线比较简单,只需在禽畜舍外建造饲料塔,由专用饲料车进入场内塔下加料。

(3)粪便处理。在禽畜场设计过程中,必须重视粪便处理问题。它直接影响禽畜场的环境卫生。运送粪便的路线也和供应饲料的路线一样,要求短捷,并且要尽量利用直线运输,减少转弯及运输机械的空行,提高效率。

二、建筑设计要点

1.建筑形式

根据地区气候条件的不同,禽畜建筑一般分开敞式、有窗式、密闭式几种,各种形式的禽畜建筑都有自己的特点(图3-5-2-2)。

(1)开敞式建筑。最彻底开敞的建筑是棚舍,已很少采用。部分有墙、部分无墙的建筑是半开敞建筑。炎热地区可以采用开敞式禽畜舍,冬季在房屋开敞部分设置有塑料薄膜或树脂制的卷帘,可以取得防寒的效果。开敞式建筑以自然采光和自然通风为主,节约能源、施工方便,土建造价低。

(2)有窗式建筑。有窗式禽畜舍适用于夏季热、冬季冷的地区。开窗的面积应满足夏季自然通风要求,南向外墙冬季受寒影响小,日照率高,因此可以比北墙开设较多面积的窗户。

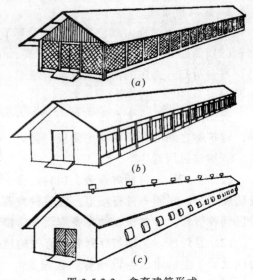

图3-5-2-2 禽畜建筑形式
(a)开敞式;(b)有窗式;(c)密闭式

(3)密闭式建筑。外墙与屋顶均有良好的保温性能。机械通风、人工照明能控制舍内的温度、湿度、气流和光照等,克服了季节的影响,大大提高了禽舍的生产力,但对建筑物和附属设备的要求也很高,且能耗大、土建费用高。

此外还可以采用组装式禽畜舍,天热时可将房舍的门窗、墙壁局部或全部取下来,成为开敞式建筑,冬季则装配起来,形成密闭式建筑。

2.建筑构造

禽畜建筑应根据工艺生产需要,提供各种适当的建筑形式和构造。禽畜舍环境的控制很大程度上取决于建筑外围护结构。

(1)墙。墙是禽畜舍与外部空间隔开的主要外围护结构,对舍内温湿状况的保持起着重要作用。据测定,冬季通过墙散失的热量占整个禽畜舍总失热量的35%~40%。墙壁除须坚固、耐久、抗震、耐火、防水、抗冻等外,要便于清扫、清毒,并有良好的保温隔热性能。

(2)地面。地面是禽畜建筑的主要结构,关系到舍内的空气环境、卫生状况和使用功能。因为禽畜在舍内地面上生活(包括躺卧休息、睡眠、排泄),地面散失的热量约占禽畜舍总失热量的12%~15%。地面除要求坚实、平整、有弹性、防滑外,还要求温暖不透水、易于清扫消毒。禽畜舍不同部位可用不同材料，如畜床采用三合土、木板，通道采用混凝土。

（3）门窗。窗户的功能在于保证舍内的白然光照和自然通风，应通过有效地组织通风换气对禽畜舍进行环境控制。外门的作用是保证禽畜的进出，以及满足运饲料、清粪便的需要等，一般宽 1.5～2.0m，高 2.0～2.4m。每栋禽畜舍通常至少须有两个外门，一般设在两端墙上，以便实现机械化作业。禽畜舍门应向外开，不应有木槛、台阶等。

（4）屋顶。屋顶是禽畜舍上部的外围护结构，用以防止漏水和风沙侵袭及隔绝太阳的强烈辐射。屋顶的保温与隔热的意义相对要大于墙。屋顶除要求防水、保温、承重外，还要求耐火、结构轻便，并有足够的结构刚度。

第三节　小型厂房建筑设计要点

改革开放前，广大农村的工业建筑很少。随着农村经济的全面发展，农业经济的全面调整，小城镇工业企业也正在迅速发展，目前已成为农业经济的坚强支柱和国民经济发展中一支重要的生产力量。伴随乡镇企业的发展，小城镇工业建筑也得到了大量的建造和使用，其中小型厂房建筑使用得最为普遍。

一、建筑特点

小型厂房与住宅建筑、公共建筑相比，在设计原则、建筑技术和建筑材料等方面有共同之处，但由于生产工艺不同，技术要求高，对建筑空间布局、建筑构造、结构等都有很大影响，形成了自己的特点。

1. 各种生产建筑的设计是在各专业工艺设计的基础上进行的。厂房的跨度、柱距、高度、结构形式及起重运输设备等都要根据生产工艺要求来确定，生产工艺不同的厂房具有不同的特征。

2. 由于厂房中有大量的生产设备及起重机械，因此厂房内部都为敞通的大空间，无论在采光、通风、屋面排水和构造处理上都较一般民用建筑复杂。

3. 为了满足自然通风和采光的需要，厂房的外墙开窗洞口较大，这对结构设计带来较大的影响，尤其是对抗震要求较高。通常中小型厂房采用钢筋混凝土骨架承重，小型厂房也可选用砖墙承重结构。

二、设计原则

1. 厂房建筑必须适应相应的生产工艺要求，做到技术先进、经济合理。同时，还要满足厂房所需机器设备的安装、操作、运转、检修等方面的要求。

2. 建筑的坚固性及耐久性应符合建筑的使用年限。由于厂房静荷载和活荷载比较大，建筑设计应为结构设计的经济合理性创造条件，使结构设计满足坚固和耐久的要求。

同时，应具有一定的灵活应变能力。在满足当前使用的基础上，适当考虑今后设备更新和工艺改革的需要，为以后的厂房改造和扩建提供条件。

3. 应创造良好的操作环境，防止生产中有害因素对人体健康、生产设备、建筑物结构的影响。厂房内应有良好的声、光、热环境质量及必须的生活福利设施。

4. 要具有良好的综合效益。既要注意节约建筑用地和建筑造价，降低材料消耗和能源消耗，缩短建设周期，又要有利于降低经常性维修及管理费用。要特别注重综合治理废渣、废水、废气和控制生产噪声，注意保持生态平衡。

三、建筑设计要点

1. 厂房平面形状的选择

厂房的平面设计要满足生产工艺的要求。平面形式直接影响厂房的生产条件、交通运输和生产环境（如采光、通风、日照等），也影响建筑结构、施工及设备等的合理性与经济性。

厂房平面形式一般有矩形、方形、L形和山形等。矩形平面形式形状规整、占地少、运输路线简捷、工艺联系紧密、工程管线较短、构造简单、造价省，较容易解决室内通风采光。方形平面外墙面积少，冬季可减少外墙的热量损失，夏季可以减少太阳辐射热传入室内，对保温和降温都有好处。L形和山形平面主要用于生产工艺复杂的大中型厂房。

2. 柱网的确定

在厂房中，为支承屋顶和吊车须设柱子。为确定柱位，在平面图上要布置定位轴线。柱子纵向定位轴线间的距离称之为跨度（L），横向定位轴线间的距离称之为柱距（B）（图 3-5-3-1）。柱网的选择实际上就是选择厂房的跨度和柱距。柱网尺寸的选择不但对厂房生产使用有密切的关系，而且还能直接影响厂房结构的经济合理和先进性。

在我国的实践中常用的柱网有：$6m \times 9m$，$6m \times 12m$，$6m \times 15m$，$6m \times 18m$，$6m \times 24m$；砖木结构常用 3m、3.6m 和 4m 柱距。

3. 厂房内部空间高度的确定

厂房高度是指室内地面至柱顶（或倾斜

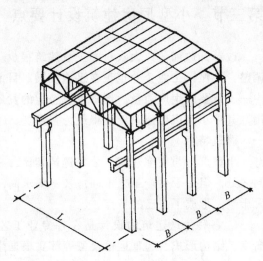

图 3-5-3-1　厂房柱网尺寸示意

屋盖最低点，或下沉式屋架下弦底面）的距离。厂房高度的确定必须根据生产设备和检修所需的空间、起重运输设备，加工件大小以及建筑统一化的要求来确定，同时还应综合考虑空间的合理利用，采光、通风及排水等问题。

（1）无吊车厂房的高度：此时高度一般按厂房内取最高的生产设备及其安装检修时所需的净高，同时考虑采光、通风的需要来确定，一般不低于 4m。

（2）有吊车厂房的高度：不同的吊车类型对厂房高度的影响不同。对于一般常用的梁式吊车来说，厂房室内的高度是根据室内地面至吊车轨道顶的高度，加上吊车轨道顶至柱顶（或下撑式屋架下弦底面）的高度来决定的。

（3）室内外地面标高差：厂房室内外地坪需设置一定的高差，以防雨水侵入室内。同时为了运输车辆出入方便，室内外相差不宜太大，一般取 150~200mm，且常常用坡道连接。

4. 采光和通风

小型厂房一般都采用自然通风和采光。其采光、通风效果与侧窗的布置和屋面的形式有关。厂房采光的效果直接关系到生产效率、产品质量以及公认的劳动生产条件，是衡量厂房建筑质量标准的一个重要因素。根据采光口所在的位置不同，有侧面采光、顶部采光以及侧面和顶部相结合的混合采光三种形式（图 3-5-3-2）。

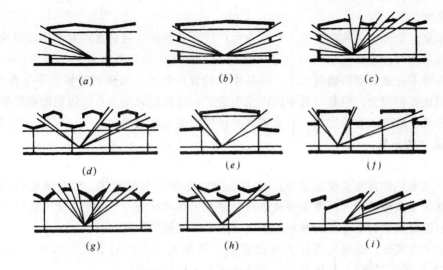

图 3-5-3-2　小型厂房天然采光方式

（a）、（b）、（e）侧面彩光；（d）、（f）、（g）、（h）、（i）顶部采光；（c）混合采光

　　当厂房跨度或进深不大时，一般可用侧面采光来满足采光要求，但侧窗采光对室内照射有一定的有效深度。一般中等照度要求的厂房单侧采光的有效深度大约可按工作面至窗口上缘高度的 2 倍考虑。当厂房跨度超越单侧采光所能解决的有效范围时，就用双侧采光或混合采光或辅以人工照明。

　　厂房的自然通风是利用室内外冷热空气的温度差所形成的热压作用和室外空气流动时产生的风压作用，使室内外空气不断变换而形成的。利用热压作用时的效果取决于室内外温度差和上下进、排风口的高度差。因此在一定的发热量和一定的厂房高度范围内，进风口布置尽可能低些，排风口则尽可能高

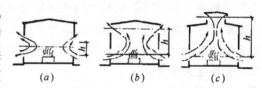

图 3-5-3-3　风口位置与通风

（a）只设低侧窗；（b）设高低侧窗；（c）设低侧窗及天窗

些，并选择良好的通风天窗形式，以增强通风效果（图 3-5-3-3）。以风压为主进行自然通风的厂房，主要是通过侧窗和大门进行穿堂风来通风的。

　　窗台愈低，进排风口的高差愈大，进风愈有利，并使室外新鲜空气大量吹到工作地点。在炎热地区，热加工厂房的窗台最好低于 1m。寒冷地区的进风侧窗宜分上下 2 排，夏季将下排窗开启，上排窗关闭；冬季关闭下排窗，由上排窗进风，以免冷风直接吹向工人身上。为了提高通风能力和便于启闭窗扇，低侧窗宜采用平开窗和立旋窗。中侧窗常采用固定窗或中悬窗。

第四节　温室建筑设计要点

一、温室建筑概述

　　采用透光覆盖材料作全部或部分围护结构材料，可供冬季或其他不适宜栽培植物的寒冷季节栽培植物的房屋，统称为温室。一般的温室都设采暖设备，无采暖设备而又可越冬生产植物的温室称为日光温室。在我国，习惯上把用塑料薄膜覆盖、无采暖设备的温室称

为塑料大棚。

近年来，世界上一些科学技术和工业生产较发达的国家温室建筑发展速度很快，有些国家不仅采用大型连栋温室，而且还广泛应用了自动控制装置来调节环境条件的先进技术。而我国不论是温室的建筑水平，还是生产的管理技术，大多还停留在手工操作阶段，同国外相比差距很大。但是，近年国内也引进了一些现代温室，自行研制的各种新型温室也不断出现。随着农业的发展，温室建筑必将得到迅速地发展。

1．温室的分类

温室按其用途不同可以分为：生产温室（从事商业和生产栽培的蔬菜温室、花卉温室、水果温室、育苗和育秧温室等）、科研温室（指那些能够较多、较精确地控制环境因子或能够造成某些特殊的环境条件从事科学研究的各类温室）、观赏温室（栽培与陈列观赏植物的温室或者为了增加园林建筑的观赏效果而配置的温室）。

按建筑形式分，温室又可分为传统温室（不加温或不控制温度的温室）、普通温室（主要控制温度的温室）、高级温室（自然光照人工气候温室）。

按温室的覆盖材料又可分为玻璃温室、玻璃纤维增强的复合板温室和塑料薄膜温室等。

2．温室建筑设计原则

温室建筑设计的关键是如何创造条件促使植物正常地生长发育。多年来的实践表明，要把温室植物栽培好，必须创造好以下8个条件：保持温度、掌握采光、通风换气、空气湿度、栽培土壤、增施肥料、灌溉用水、培植管理。这些条件中，除培植管理多半依靠人工外，其他7项都直接或间接的同温室建筑设计有关系。因此，温室的建筑设计，既需要从建筑工程的角度来保证温室建筑的坚固耐用以延长其使用寿命，同时还必须从植物栽培的角度认真设计，针对栽培植物的不同生长要求采取相应的处理方法。

二、常见温室设计

1．塑料薄膜温室。也叫塑料大棚。主要用于不加温下栽培蔬菜。利用塑料薄膜作为采光、保温材料建筑温室，其造价低，透光性强，还可把采光面作成弧形，其吸热和采光比玻璃更为有利。分为竹木支架大棚、镀锌钢管装配式塑料大棚和钢筋塑料大棚。采光方向多为东西向。

2．侧窗式温室。为我国最古老的一种温室。结构简单，投资少，保温功能好，采光材料为玻璃。适用于我国北方地区，冬季进行韭黄、蒜苗的栽培以及各种盆花的促成栽培，也可用于植物园、公园冬季半耐寒植物越冬的温室。

3．单坡屋面温室。也称北京式改良温室，采用3mm厚的普通玻璃作采光屋面并用2个不同的屋面坡角组成折式屋面，以利于北方地区冬季太阳高度较小时的透光。

4．双坡屋面温室。主要包括立式前窗垂直温室和2/3式前窗垂直温室。

5．双层膜充气温室。该温室是在引进美国的先进技术基础上，经过开发生产的新型现代化全天候温室。主要包括XA型系列、EM型和97日光型等不同结构的温室。同时配置专用设施设备，为作物生长创造适宜的环境条件，可用于高寒地区冬季蔬菜、花卉的栽培。

6．其他温室。如华北型连栋塑料温室结构、东北型节能日光温室结构、华东型连栋塑料温室结构、智能型连栋塑料温室结构、华南性塑料温室结构。

第六章 小城镇建筑环境设计

所谓小城镇建筑环境设计，简单地说就是处理好建筑物的单体与单体，单体与群体，建筑物与地形、山水等自然环境之间的关系，使之有机、和谐地结合，避免随意性和盲目性，让建筑所构成的室外环境优美、舒适。

第一节　环境设计的意义和要求

一、环境建设中存在的主要问题

在城镇建设中，建筑群及环境的设计愈来愈显得重要。过去很长一段时间，由于这一问题未能得到重视，导致了很多失误。小城镇住区最薄弱的环节就是室外环境的脏、乱、差和配套设施的不完善。集体经济比较薄弱的小城镇，这一现象更为明显。在一些经济比较发达的地区，情况虽有所改观，但仍然存在不少问题，主要反映在以下几个方面：

1. 缺少室外环境的总体设计。外部空间零乱，缺乏"高潮"或"母题"，街景呆板、单调，缺少乡村和地方特色。

2. 没有建立室外公共活动中心及场所。根据调查统计，有85％的小区没有考虑老人和儿童的活动场地，缺少室外活动设施。

3. 绿地率低或根本没有绿化。根据调查统计，有16％的小区没有集中绿地。绿化不成系统，形不成小城镇特有的生态环境。

4. 基础设施不完善，缺乏必要的规章制度，从而导致室外环境脏乱。如管线在住区上空杂乱交织；明沟排放污水；自然水体污染严重；公厕多是旱厕；街道缺少路灯；垃圾随处堆放；无正规化停车场地；畜禽散养等。

5. 生产生活功能交混。有污染的工业设在住区内或与其毗连，影响住区环境质量。

二、环境设计的意义

1. 科学合理地利用自然条件，更好地保护环境，将人工建造活动给自然造成的破坏降低到最小。

2. 有效地组织好建筑物之间的关系，使建筑之间联系便捷、交通顺畅、功能分区合理，减少干扰。

3. 有机和谐地处理好建筑群空间组合，使各建筑彼此呼应，形成良好的视觉环境，搞好形象建设。

4. 可采取多种手段使室外活动条件得到改善，满足人们室外活动的要求。

三、环境设计的原则和要求

1. 搞好室外环境的总体设计。注重环境的整体美，从全局出发，结合地形、地貌、地物，处理好外部环境的空间布局及景观。

2.美化主要景观路线和景观节点。对主要街道、街区、地段及河道的景观进行规划设计，对入口、街心广场、道路交叉口等主要景观节点应做重点处理。

3.提供良好的户外交往空间。根据小城镇居民的生活习惯和活动规律，设置多层次的户外交往空间，满足休憩交往需要，使乡村传统的亲密乡情和睦邻观念得以更好地继续发扬。

4.做好环境的绿化、美化工作。从绿化布局、绿化方式、绿化构成等多方面入手，分级进行绿化，充分发挥绿色空间的环保、美化作用，提高人居环境质量。

5.加强相关设施建设。合理配置各项设施，方便服务和管理，适应现代小城镇居民的生活需求，从而达到美化、亮化、净化的目的。

第二节 外部空间设计

一、建筑群体布局设计

在建筑外部空间环境设计中应该做到以下几点：

1.因地制宜，灵活布置外部空间。平原地带——应注意运用建筑物的布局来围合、界定外部空间和院落。山地（丘陵地）——结合地形运用建筑物垂直于等高线的布局手法形成地面高低起伏的外部空间；运用建筑物平行于等高线的布局手法，形成向心式或开放式的外部空间（图3-6-2-1）。水乡——结合水网河道形成自然流畅的带状、网状外部空间、营造宜人的亲水环境。

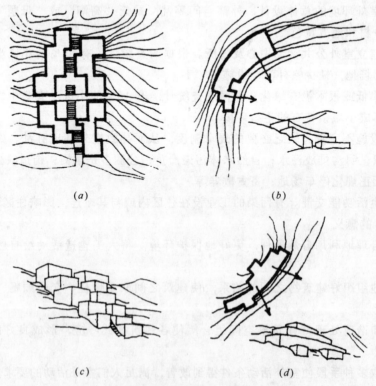

(a) 　　　　　　　　　　　　　(b)

(c) 　　　　　　　　　　　　　(d)

图 3-6-2-1 结合山地地形灵活布置外部空间

(a)垂直等高线跨越式布置；(b)顺应等高线向心式布置；(c)垂直等高线台阶式布置；(d)顺应等高线开放式布置

2．将点状的宅院空间、带状的街道空间和块状的广场、庭院空间有机组织起来，形成一个条块结合，疏密有致，多层次的外部空间体系。

3．参照人们户内外活动的行为规律，妥善利用半室外空间如建筑的外廊、敞厅、架空层、亭子、过街楼、骑楼等丰富外部空间的层次。

4．建筑布局和单体设计应避免形成外部阴角空间，特别是面积较小的阴角空间以及人的视线不易看到的空间，以减少脏乱和不安全隐患。

二、景观路线和景观节点设计

1．组织好景观路线的空间序列

通过街道空间的收放、转折及地面的高低使景观路线富于变化（图3-6-2-2）；运用虚实对比，高低错落，曲直进退，疏密相间等手法组织沿街建筑；利用对景、借景、框景等手法，随道路走向设定观赏对象，达到步移景异；利用树木、花坛、椅凳及广告牌、宣传橱窗等丰富美化街道的景观；山地街区的景观路线应对仰视（或俯视）景观和第五立面的景观效果进行规划设计。

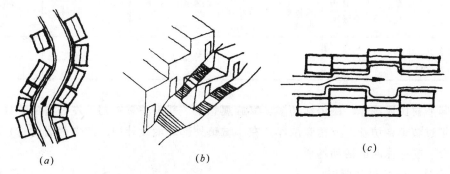

(a) (b) (c)

图 3-6-2-2　景观路线的空间序列示意

（a）曲线进行序列；（b）起伏空间序列；（c）收放空间序列

2．景观节点是景观路线的高潮，应重点设计、美化

运用象征、对比等手法突出景观节点（入口、道路的交叉口或中心广场）的标志性和可识别性。图3-6-2-3 结合现状地形、地貌、地物突出节点特征，如古树、碑亭或地形起伏、凹凸的变化等等。运用具有传统空间象征意义的构筑物如钟楼、牌楼、照壁等丰富景观节点的构成。

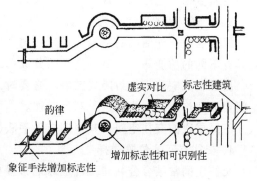

图 3-6-2-3　景观节点示意

三、交往空间的规划设计

1．室外交往空间系列特点及功能要求。以居住小区为例，户外交往空间包括小区中心、组群中心、院落和私家宅院多个层次，其特点及功能要求如表3-6-2-1所示。

不同层次交往空间的特点及功能要求　　　　　　　　　　　　　　　　表 3-6-2-1

交往空间分级	小城镇中心	镇小区与中心村庄	住宅组群中心	院落	私家宅院（露台）
使用对象	小城镇镇区居民	镇小区居民与中心村村民	组群内居民	院内居民	独户居民

使用对象关系	乡里	乡里	邻里	邻居	家人
使用频率	周期式	周期式	日常式	日常式	时常式
功能属性	交往休闲、娱体活动	集会、观演、民俗活动、娱体活动、交往休闲	交往休闲、老人、儿童活动	邻居交谈休闲、老人、幼儿活动	邻居交谈休闲、老人、幼儿活动
活动场地和设施	运动场地如篮球场，排球场及民间娱乐体育活动设施；供老人、儿童活动的场地；游戏器械设施，供休息的台桌、椅凳、花架、凉亭、宣传栏等小品及绿地	集会广场（可设舞台、戏台）；运动场地如篮球场、排球场及民间娱乐体育活动设施；供老人、儿童活动的场地；游戏器械设施；供休息的台桌、椅凳、花架、凉亭、宣传栏等小品及绿地	运动场地及设施，如乒乓球台等；供老人和儿童活动场地；儿童游戏器械，台桌、椅凳（结合花架、凉亭等小品布置）、绿地	供老人、幼儿活动的场地（有日照、以平地为主、减少高差）；台桌、椅凳、绿地	铺地、桌凳、花架
空间的公共与私密程度	公共	公共	半公共	半私密	私密

我国乡村民风淳厚、民俗活动多、家族观念重、邻里关系密切。左邻右舍平日见面交谈，逢年过节走亲访友，人情味浓厚。在小城镇外部环境设计中，应多为居（村）民创造用于集会、交往休闲的活动场所。

2．交往空间的设计要点

环境清洁、舒适、优美；具有安全感，不受交通的干扰；有必要的消闲、交往设施；交往空间多和绿地结合布置。

3．交往空间的层次设置

根据居民户外活动的范围、频率和内容的不同，小城镇住区应分级设置交往空间，使之具有不同的功能属性。交往空间的分级可结合小城镇小康住区规划组织结构进行划分。

提倡私家宅院不设封闭式围墙。必要时，或设绿篱，或以空透围栏相隔，总之，内外空间要彼此沟通，互为渗透，利于交往。

不同层次的交往空间，其规划布局手法、设施配置和场地面积，应各有不同。

4．交往空间的位置选择

交往空间常结合公共建筑群或绿地布置在地域（如小城镇、镇小区、住宅组群）的中心地带。可与公共建筑群结合布置成中心广场（活动场地）；或结合自然景观和古迹布置，如池塘、碑亭、寺庙、祠堂、参天古树以及山地小城镇的台地或盆地等等；交往空间还可设置在居民生活中常去活动、相聚的地方或必经之处，如天然小树林、芳草地以及住区出入口和道路交叉口的就近地段等（图3-6-2-4）。

5．交往空间的领域划分

交往空间的领域划分，宜根据空间的使用对象、使用要求、公共与私密程度等因素区别对待。如小区中心的交往空间应设计得较开敞；儿童活动场地要保证安全、设施尺度小；住宅庭院私密性较强，可适当象征性围合。其具体的划分手法有：以建筑构件如外墙、院墙等实体围合、分隔出明确的交往空间领域；以道路、绿化、水体及地面的变化为手段，形成无形界面，灵活划分领域；或以牌楼、门垛、门洞自身或彼此联合等虚拟界面限定空间领域（图 3-6-2-5）。

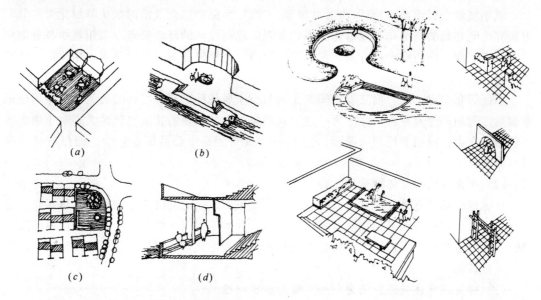

图 3-6-2-4　交往空间位置选择举例
（*a*）道路交叉口；（*b*）临水广场；
（*c*）利用古树、古井；（*d*）亲水性空间

图 3-6-2-5　交往空间领域划分手法举例

第三节　环境绿化与建筑小品

环境绿化是创造优美空间不可缺少的要素，它在建筑群体中起到联系、分隔、衬托和重点美化的作用。树荫便于村民休息纳凉，草坪、花坛和水池也会增添生活情趣。建筑小品在建筑群体中则可起到画龙点睛的作用，使群体空间更加丰富多彩。

一、环境绿化

1. 小城镇住区绿地的功能

通过绿化的合理设计和巧妙组织，可以美化建设用地的小环境，对建筑物起到衬托作用；同时，可以构建居民户外生活空间，满足休息、散步、游览等活动需要；净化空气、水质、土壤，减低噪声，起到环境保护作用；种植经济作物，既起到绿化的作用，又能增加经济收益。

2. 绿化构成及绿化指标

小城镇小区的绿化构成可分为两类：一类是景观植物绿化，另一类是既能观赏又有经济价值的植物绿化，如苗圃、果树、药材、花卉和葡萄一类的藤架等，后者正是小城镇绿化构成的一大优势，应大力提倡。在具体布置时，两类绿化可相对区分，也可穿插相间或结合在一起布置。

小城镇示范小区的绿化应纳入规划统一布置，合理安排公共绿地。小区绿地率不低于

30%，镇住宅小区公共绿地指标应≥2.5m²/人，中心村庄公共绿地（纯观赏植物）指标≥1.5m²/人。

3．绿化方式

（1）"点"、"线"、"面"相结合

就小城镇小区而言，"点"为公共绿地，"线"为路旁绿化及沿河绿化等绿化带，"面"为所有住宅建筑的宅旁和宅院绿化。绿化布置应根据住区的环境特点，采用集中与分散相结合，点、线、面相结合的方式，使其形成网络，有机地分布于住区环境之中，形成完整的体系。

小区绿化中点、线、面三者之间的比例与小康居住标准有着密切的关系：小康居住标准越高，绿地率也就越大，称之为"点"式的集中公共绿地的比重也就越大。对小康居住一般标准来说，绿地率可相对较低，但不小于30%。集中公共绿地较少，而以庭院宅旁绿地为主。

（2）平面绿化与立体绿化相结合

立体绿化的视觉效果非常引人注目，在搞好平面绿化的同时，也应加强立体绿化。立体绿化有多种方式，除采用植被、绿篱、灌木、乔木等多层次绿化外，尚可对院墙、屋顶平台、阳台进行绿化，还可棚架绿化以及篱笆与栅栏绿化等。立体绿化可选用地锦、爬藤类及垂挂植物。

（3）绿化与水体（道）结合布置，营造亲水环境

应尽量保留、整治利用小区内的原有水系，包括河、渠、塘、池。尚应充分利用水景条件，在小区的河流、池塘边种植树木花草，修建小游园或绿化带；处理好岸形，岸边宜设让人接近水面的小路、台阶、平台，还可设置花坛、座椅等设施；水中养鱼，水面可种植荷花。在有条件的河网地区，还可设小型码头、游船以增加水体的旅游功能，丰富居民生活。

（4）绿化与各种用途的室外空间场地、建筑及小品结合布置

结合建筑基座、墙面，布置藤架、花坛等，丰富建筑立面，柔化硬质景观；将绿化与小品融合设计，如坐凳与树池边结合，铺地砖间留出缝隙植草等，以丰富绿化形式，获得彼此融合的效果（图3-6-3-1）；利用花架、树下空间布置停车场地；利用植物间隙布置游戏空间，等等。

（5）多种绿化种类相结合，观赏绿化与经济作物绿化相结合

绿化中要注意乔木、灌木和草地相结合，速生树与慢生树相结合，常绿树与落叶树相结合，高大树种与低矮树种相结合，形成不同的绿化效果和绿化层次。

图 3-6-3-1 绿化和室外空间场地、小品的结合布置

镇住宅小区及中心村庄的绿化，特别是宅院和庭院绿化，除种植观赏性植物外，尚可种植一些诸如药材、瓜果和菜蔬类的花卉和植物。

（6）绿地分级设置

小城镇小区内的绿地应根据居民生活需要，与小区规划组织结构对应分级设置。分为集中公共绿地、分散公共绿地、庭院及宅旁绿地等四级。

二、建筑小品布置

建筑小品是小城镇外部环境设计中的点睛之笔。其形式灵活，轻快活泼，易于与周围环境结合。小品按使用状况，可分为实用型和观赏型两种。

1. 实用型小品。实用型小品是把室外有实用意义的构筑物加以艺术处理，使之兼有实用和观赏的双重功能。包括亭、廊、桥、坐凳、饮水器、果皮箱、候车亭等（图3-6-3-2）。

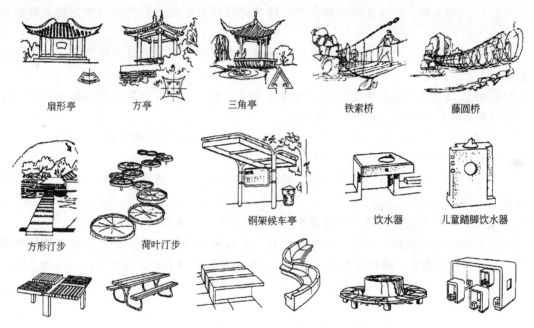

图 3-6-3-2 实用型小品

2. 观赏型小品。主要指雕塑、花架、假山、喷泉等只具观赏作用的小品。它们不受功能限制，创作自由性大。既可以布置在视线的交汇点，与道路形成对景，也可布置在广场、路旁、树下，形成亲切的户外环境（图3-6-3-3）。

图 3-6-3-3 观赏性小品

第四节　环境净化与亮化

在注意小城镇环境绿化和小品设置的同时，还应注重净化人居环境，亮化小城镇夜晚。

一、净化住区环境

1. 小城镇与乡村住区要远离有污染的乡镇企业，要确保住区的大气质量达到国家大气环境质量二级标准。

2. 管线埋入地下，保证环境的整洁。污水经处理达标后方可排放，禁止明渠排放污水。

3. 取缔旱厕，公厕应为粪便无害化处理的卫生厕所，位置应设在隐蔽而易找到的地方。

4. 在公共活动场所和住宅组群设置垃圾箱或收集点，推行垃圾分类收集的方式，垃圾箱（收集点）的设置距离不大于80m。

5. 家禽家畜应在中心村庄或小城镇农户住区外一定距离的地段圈地集中饲养。

二、配置照明设施，亮化小城镇夜晚

1. 小城镇干路和街道应设置路灯，路灯应明亮整齐。宅前路或巷路的照明灯可附墙设置；

2. 公共中心和主要街道可增加静态或动态的广告灯、霓虹灯；

3. 茶楼酒肆、饭馆门前可采用灯笼光环、光柱等装饰性照明，突出小城镇和地方特色；条件许可的地方，逢年过节可用轮廓灯、定向投射灯等勾画、突出小区中心和主要景观。

第七章 建筑构造设计

第一节 概述

建筑构造是一门研究建筑物各组成部分的构造原理和构造方法的学科，是对建筑设计中平面、立面和剖面的继续和深入。建筑构造设计的任务是根据建筑的功能、材料、性能、受力情况、施工方法和建筑艺术等要求选择经济合理的构造方案，并作为建筑设计中综合解决技术问题及进行施工图设计的依据。

一、建筑物的构造组成

一幢民用或工业建筑，一般是由基础、墙、梁、柱、楼地层、楼梯、屋顶和门窗等主要部分所组成。

1. 基础

基础是房屋底部与地基接触的承重结构，它的作用是把房屋上部的荷载传给地基。因此，基础必须坚固、稳定而可靠，能经受冰冻、地下水及其所含化学物质的侵蚀。

2. 墙、梁、柱

墙是建筑物的承重构件和围护构件。作为承重构件，承受着建筑物由屋盖或梁板传来的荷载，并将这些荷载再传给基础；作为围护构件，外墙起着抵御自然界各种因素对室内的侵袭作用；内墙起着分隔空间、组成房间、隔声、遮挡视线以及保证室内环境舒适的作用。因此，要求墙体具有足够的强度、稳定性、保温、隔热、隔声、防火、防水等能力。

梁柱是框架或排架结构的主要承重构件，柱和承重墙一样承受屋盖和梁板及吊车传来的荷载，它必须具有足够的承载力和刚度。

3. 楼板层和地坪层

楼地层是房屋的水平承重和分隔构件，包括楼板和地坪层两部分。楼板把建筑空间划分为若干层，支承着人和家具设备的荷载，并将这些荷载传递给梁、墙、柱，它应有足够的承载力和刚度及隔声、防火、防水、防潮等性能。地坪层是指房屋底层之地坪，地坪层应具有均匀传力、防潮、坚固、耐磨、易清洁等性能。

4. 楼梯

楼梯是多层房屋的垂直交通工具，作为人们上下楼层和发生紧急事故时疏散人流之用。楼梯应有足够的通行能力，并做到坚固和安全。

5. 屋顶

屋顶是房屋顶部的围护构件，抵抗风、雨、雪的侵袭和太阳辐射热的影响。屋顶又是房屋的承重结构，承受风、雪和施工期间的各种荷载。屋顶应坚固耐久，不渗漏水和保暖隔热。

6.门窗

门是供人们及家具设备进出房屋的建筑配件。在遇有灾害时，人们要经过门进行紧急疏散。应有足够的宽度和数量。窗主要用来采光和通风。处于外墙上的门窗又是围护构件的一部分。应考虑防水和热工要求。

除上述六部分十大构件以外，还有一些附属部分，如阳台、雨篷、台阶、烟囱等。组成房屋的各部分各自起着不同的作用，但归纳起来有两大类，即承重结构和围护构件。墙、柱、基础、楼板、屋顶等属于承重结构。墙、屋顶、门窗等，属围护构件。有些部分既是承重结构也是围护结构，如墙和屋顶。

二、建筑构造的设计原则

房屋构造设计应妥善处理各种影响因素，满足使用、安全、工业化、经济、美观等各项要求。

1.坚固实用

建筑物的构造设计要满足建筑物的功能要求和某些特殊需要，如隔热、保温、隔声、防射线、防腐蚀、防震等，应综合有关技术知识，进行合理的设计、计算，并选择经济合理的构造方案。同时，在构造方案上应采取措施，保证房屋的整体刚度，使之安全可靠，经久耐用。

2.技术先进

建筑构造设计应该从材料、结构、施工三方面引入先进技术，选择新型建筑材料，采用标准设计和定型构件，为制品生产工厂化、现场施工机械化创造有利条件。但是必须注意因地因条件制宜，切实可行，不能脱离实际。

3.经济合理

考虑成本核算、注意造价指标是构造设计的重要原则之一。在选用材料上应就地取材，注意节约钢材、水泥、木材等材料，并在保证质量前提下降低造价。

4.美观大方

建筑构造设计是初步设计的继续和深入，构造的处理是否精致和美观，都会影响到建筑物的细部处理和整体效果，因此，在设计中要予以充分考虑和研究。

第二节 基础与地下室

一、地基与基础的基本概念

基础是建筑地面以下的承重构件，建筑物的重要组成部分。它承受建筑物上部结构传下来的全部荷载，并把这些荷载连同自身的重量一起传到地基上。地基则是承受由基础传下的荷载的土层。直接承受建筑荷载的土层为持力层。持力层以下的土层为下卧层（图3-7-2-1）。

二、地基的分类

地基分为天然地基和人工地基两大类。凡天然土层具有足够的承载力，不需经过人工加固，可直接在其上建造房屋的称为天然地基。天然地基是由岩土风化破碎成松散颗粒的土层或是呈连续整体状的岩层。

当土层的承载力较差或虽然土层较好，但上部荷载较大时，为使地基具有足够的承载能力，可以对土层进行人工加固，这种经人工处理的地基，称为人工地基。

三、基础的类型和构造

在小城镇建筑构造设计中，建筑基础的类型较多，按构造形式可分为：有条形基础、独立基础、满堂基础、箱形基础、柱下交叉梁基础和桩基础等。按所用材料分为有砖基础、毛石基础、混凝土基础和钢筋混凝土基础等。按受力特点可分为：有刚性基础和非刚性基础。

1. 条形基础（又称带形基础）

（1）灰土基础。主要由灰土垫层、砖砌大放脚和基础墙组成（图 3-7-2-2）。

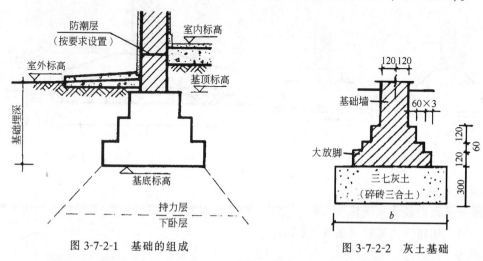

图 3-7-2-1　基础的组成

图 3-7-2-2　灰土基础

（2）碎砖三合土基础。主要由碎砖三合土垫层、砖砌大放脚和基础墙所组成（图 3-7-2-2）。

（3）砖基础。基础墙是砖墙的延伸不分。基础墙的下部做成台阶形，叫做大放脚。大放脚的作用是增加基础的宽度，并能使上部荷载均匀地传到地基上（图 3-7-2-3）。

（4）毛石基础。主要用不整齐的毛石及混合砂浆或水泥砂浆砌筑而成。剖面形式有矩形、台阶梯形等多种。其台阶高与宽之比常为 3:2，毛石基础上部宽度一般比勒脚部分的墙宽出 100~200mm，毛石基础底面宽度应根据计算确定，同时应满足毛石基础的刚性角要求（图 3-7-2-4）。

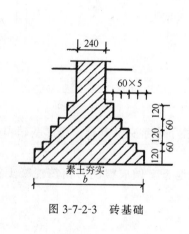

图 3-7-2-3　砖基础

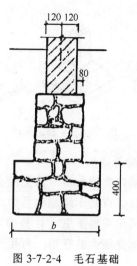

图 3-7-2-4　毛石基础

　　（5）混凝土基础。混凝土基础具有坚固、耐久、耐腐蚀、耐水的特点，可用于地下水位以下。混凝土基础是用不低于 C10 的混凝土浇筑而成的。混凝土基础断面可做成矩形、台阶梯形和锥形（图 3-7-2-5）。

　　（6）钢筋混凝土基础。当上部荷载较大，地基承载力不大，采用上述各类基础均不能满足要求时，可采用钢筋混凝土基础（图 3-7-2-6）。

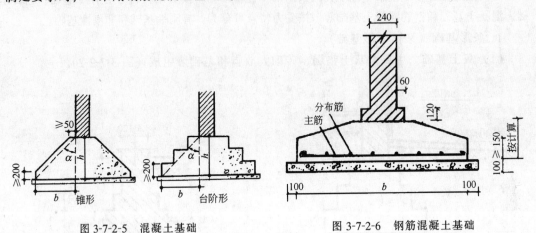

图 3-7-2-5　混凝土基础　　　　　　　图 3-7-2-6　钢筋混凝土基础

2. 独立基础

　　当地基承载力较弱或埋深较大时，为了节约基础材料，减少土石方工程量，加快工程进度，亦可采用独立式基础（图 3-7-2-7）。

3. 桩基

　　当建筑物荷载较大，地基弱土层较厚，采用浅埋基础不能满足承载力和变形限制要求，做人工基础有没有条件或不经济时，常采用桩基础。桩基由设置于土中的桩和承接上部结构的承台组成。桩基的桩数不只一根，各桩在桩顶通过承台连成一体（图 3-7-2-8），按桩的受力方式分为端承桩和摩擦桩。

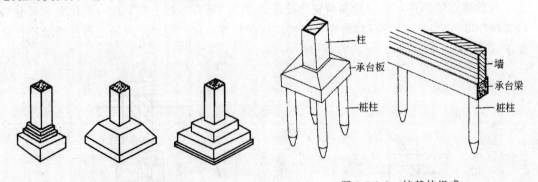

图 3-7-2-7　独立基础　　　　　　　　图 3-7-2-8　桩基的组成

4. 联合基础

　　联合基础类型较多，常见的有柱下条形基础、柱下十字交叉基础、筏形基础和箱形基础。联合基础有利于跨越软弱的地基。

　　当建筑设有地下室，且基础埋深较大时，可将地下室做成整浇的钢筋混凝土箱形基础，它能承受很大的弯矩，可用于特大荷载的建筑。

四、基础与埋深的关系

基础的埋置深度称为埋深。一般基础的埋深应考虑地下水位高低和水质、冻土线深度、相邻基础、基础承载能力、房屋的用途、有无地下室和地下管线以及设备布置等方面的影响。

五、地下室的防潮与防水

由于地下室经常受到下渗地表水、土壤中的潮气和地下水的侵蚀，容易导致内墙面生霉，抹灰脱落，甚至危及地下室使用和建筑物的耐久性，因此防潮、防水问题便成了地下室构造设计中所要解决的一个重要问题，应妥善处理地下室的防潮和防水构造。

1. 地下室防潮构造

地下室的防潮是在地下室外墙外面设置防潮层（图3-7-2-9）。

地下室顶板和底板中间位置应分别设置水平防潮层，使整个地下室防潮层交圈封闭，以达到防潮目的。

2. 地下室防水构造

常用的地下室防水措施有以下三种：

（1）沥青卷材防水

卷材防水是以沥青胶为胶结材料的一层或多层防水层。根据卷材与墙体的关系，可分为内防水和外防水。

（2）防水混凝土防水

混凝土防水结构是由防水混凝土依靠其材料

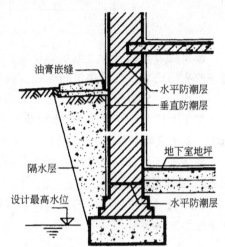

图3-7-2-9　地下室防潮构造

本身的憎水性和密实性来达到防水目的。混凝土防水结构既是承重、围护结构，又应有可靠的防水性能。它有利于简化施工，加快工程进度，改善劳动条件。防水混凝土可分为普通防水混凝土和掺外加剂防水混凝土两类。

（3）弹性材料防水

前面两种防水方法为柔性防水和刚性防水。但防水材料必须具备耐环境变化、耐外伤的优点，以形成整体的不透水薄膜。即对防水材料要求有耐候性、耐化学腐蚀性及温度适宜性，并具有一定的拉伸强度和承受一定的荷载冲击力。因此，可采用高分子合成材料的弹性涂膜防水层。如三元乙丙橡胶卷材和聚氨酯涂膜防水材料等。

第三节　墙体

一、墙体的类型及设计要求

1. 墙体的分类和作用（图3-7-3-1）

墙体是建筑物的重要组成部分，按平面位置有内墙、外墙之分。凡位于建筑物内部的墙称为内墙，内墙主要起分隔房间的作用。凡位于建筑物外界四周的墙称为外墙，外墙是房屋的外围结构，起着挡风、防晒、阻雨、保温、隔热等围护室内房间不受侵袭的作用。

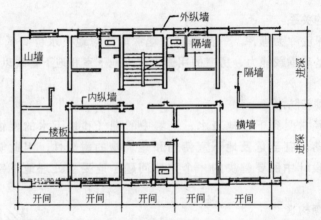

图 3-7-3-1　墙体名称

按布置方向又可分为纵墙和横墙。凡沿建筑物短边方向布置的墙体称为横墙，横向外墙一般称为山墙。凡沿建筑物长边方向布置的墙称为纵墙，纵墙有内纵墙和外纵墙之分。在一片墙上，窗与窗或门与窗之间的墙称为窗间墙，窗洞下部的墙称为窗下墙。

按受力特征又有承重墙和非承重墙之分。承重墙直接承受上部屋顶、楼板、梁所传来的荷载。非承重墙不承受上部荷载，只承受风荷载和地震作用。包括隔墙，填充墙和幕墙。

墙体按所用材料不同，可分为砖墙、石墙、土墙及混凝土墙等。

2. 墙体的结构布置

在砖混结构中，墙体的结构布置有横墙承重、纵墙承重、纵横墙混合承重、墙和部分框架柱承重 4 种形式（图 3-7-3-2）。

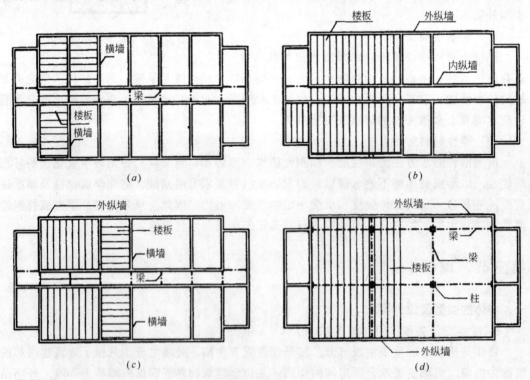

图 3-7-3-2　墙体承重方案

（a）横墙承重体系；（b）纵墙承重体系；（c）双向承重体系；（d）局部框架承重体系

（1）横墙承重。横墙承重就是将楼板、屋面板搁置在横墙上。优点是横墙较密，且又承担竖向荷载，故建筑物的横向刚度较好；纵墙不承重，所以开窗比较自由。缺点是墙体材料用量较多，横墙间距小，房间布置不灵活。此种布置方式适用于房间的使用面积不大、墙体位置比较固定的建筑，如住宅、宿舍、旅馆等。

（2）纵墙承重。结构布置有2种：一是楼板直接搁在纵墙上，另一种是在内外纵墙上设梁，板搁在梁上，板的荷载先传到梁上，再由梁传到纵墙上去。横墙仅起分隔房间和增强横向稳定的作用。优点是横墙间距不受板跨限制，开间大小和平面布置比较灵活，墙体材料用量较少，适用于空间要求较大且墙体位置可能有变化的建筑，如教学楼中的教室、阅览室和实验室等。缺点是纵墙上门窗洞口的开设受到一定限制，建筑物横向刚度差。

（3）双向承重。这种布置的建筑物平面布置灵活，刚度较好。

（4）局部框架承重。此种布置方案适用于建筑物内部需布置较大房间的情况，如商店、综合楼等。

二、隔墙

非承重的内墙通常称为隔墙，起着分隔房间的作用。作为隔墙，根据所处条件和使用情况，对其自重、隔声、防火、防潮、防水等有着不同的要求。常见的隔墙有砌筑隔墙、立筋隔墙和条板隔墙等。

三、墙体饰面

1．外墙面装修

外墙面装修是为了保护墙体不受外界侵袭而破坏，提高墙体保温、防潮、隔声等物理性能，并满足卫生、美观等要求。外墙饰面主要有以下几类：

（1）抹灰类

外墙抹灰分为一般抹灰和装饰抹灰两类。一般抹灰指混合砂浆、水泥砂浆等。装饰抹灰指水刷石、干粘石、斩假石等。

（2）贴面类

即在外墙面铺贴花岗岩板、水磨石及陶瓷面砖、陶瓷锦砖、玻璃马赛克等装饰材料。

2．内墙面装饰

内墙面装修可分为抹灰类、贴面类、涂料类和裱糊类等。

（1）抹灰类

内墙抹灰中，对于容易受碰撞和有防潮、防水要求的墙面（如浴厕、门厅等），应做墙裙，墙裙的高度一般不小于1.2m。

（2）贴面类

内墙贴面材料有大理石板、预制水磨石板、陶瓷面砖及陶瓷锦砖，主要用于装修要求较高的房间，如门厅、实验室、厕所、浴室等。

（3）涂料类

包括刷浆、油漆和塑料涂料等。

（4）裱糊类

常用的裱糊类材料是塑料壁纸和壁布，塑料壁纸和壁布色彩丰富，可印成各种图案，具有良好的装饰效果，粘贴壁纸、壁布的粘结剂采用聚醋酸乙烯乳液或107胶均可，而以107胶居多。

四、小城镇建设中的墙体材料优化

我国的小城镇住宅，至今仍大量沿用砖混结构模式，绝大多数的墙体材料仍然是用的粘土砖，于节地和保护农田不利，急需取代。以下是经过比较研究和筛选，提出的几种适用于小城镇建设的墙体材料

1. 新型混凝土砌块体系

新型混凝土砌块（包括粉煤灰）建筑体系是一种适应小城镇建设条件，集承重、保温隔热、防渗漏和装饰美于一身的砖混结构的最佳建筑体系。除标准砌块外，尚有装饰承重砌块、装饰砌块和保温空心砌块三大系列。这些砌块已通过部级鉴定并获准推广使用。

与砖墙比，其优点是：1）墙体自重可减轻 12% ～15%；2）产品生产能耗可减少 20% ～40%；3）可增大住宅使用面积 5%；4）与粘土砖墙比，每砌筑 $1m^3$ 墙体，可减少取砖挂灰的劳动量 90%；5）便于就地取材及利用工业废料，从而降低产品成本。6）节约燃料，不破坏农田；7）砌块之质感和色泽多样，有利于建筑美观。

（1）砌块尺寸（mm：长×宽×高）系列

● 装饰承重或承重砌块 90 系列

390×190×190　　390×190×90 ——主砌块
290×190×190　　290×190×90 ——辅砌块
190×190×190　　190×190×90 ——辅砌块
90×190×190　　90×90×90 ——辅砌块

● 装饰砌块 90 系列

390×90×190　　390×90×90 ——主砌块
290×90×190　　290×90×90 ——辅砌块
190×90×190　　190×90×90 ——辅砌块

（2）新型混凝土砌块体系主要技术规定

a. 新型砌块尺寸系列符合我国建筑平面网格 3M 及竖向网格 1M 的规定。若平面网格改用 2M，则可减少砌块的产品规格，方便设计和施工。

b. 建筑物高度低于 15m 时，承重墙厚一律为 190mm。通过在墙体转角、相交、开口部位设置芯柱，每层设置圈梁，以及配钢筋网片等措施，其抗震设防烈度可达 6～8 度。

c. 保温空心砌块主要用于屋顶保温、隔热；装饰承重砌块与内保温墙板复合；装饰砌块与保温板及承重普通砌块复合应用于寒冷地区外墙；装饰砌块与承重普通砌块复合应用于夏热冬冷地区外墙。

d. 基于不同色泽水泥及砂石的选配，通过生产过程中的劈裂、浮雕等多种表面处理，可生产出数十种色泽和质感各异的砌块产品，这就为创造丰富多彩的建筑美提供了有效的手段和条件。

2. 小城镇住宅建设的节能节地墙体材料

立足于保护耕地，就地取材，不用或少用粘土砖，尽可能采用混凝土、工业废料和植物纤维作为墙体材料，现推荐如下几种适合于小城镇住宅建设的墙体材料。

（1）模数粘土多孔砖

模数粘土多孔砖也称模数多孔砖，只能在国家允许使用粘土砖的地区使用。其砖型尺寸模数化。包括承重粘土空心砖及非承重粘土空心砖。

（2）硅酸盐砖

系用砂子或工业废料（如粉煤灰、煤渣、矿渣等）配以少量石灰与石膏，经拌制、成型、蒸汽（常压或高压）养护而成。品种有蒸养灰砂砖、蒸养粉煤灰砖和蒸养煤渣砖等。

（3）混凝土砌块

混凝土砌块是一种用混凝土制成，外形主要为直角六面体的建筑制品，主要用于建造房屋，也可用于围墙和铺设路面等，用途广泛。包括普通混凝土空心砌块、轻集料混凝土空心砌块以及粉煤灰混凝土砌块等。

（4）植物纤维板

系以植物纤维为原料，经原料破碎、筛选处理、拌胶（或水泥）、热压成型（或常温加压成型）等工艺制成的板材。板材规格尺寸可根据需要确定。按其密度不同，有软质、半硬质和硬质纤维板之分。软质纤维板主要用于保温吸声；硬质纤维板则可用作芯材、底板、装饰板、外墙板等。品种有稻草（麦秸）板、稻壳板和麻屑板等。

第四节　楼地层

一、概述

楼地层包括楼板层和地坪层，是水平方向分隔房屋空间的承重构件。楼板层的结构层为楼板，楼板将所承受的上部荷载及自重传递给墙或梁柱，并由墙、柱传给基础，楼板层有隔声等功能要求；地坪层的结构层为垫层，垫层将所承受的荷载及自重均匀地传给夯实的地基（图3-7-4-1）。另外，阳台和雨篷也是建筑物中的水平构件。阳台是楼板层延伸至室外的部分。雨篷设置在建筑物外墙出入口的上方，用以遮挡雨雪。

图 3-7-4-1　楼地层的组成

为了满足使用要求，楼板层通常由面层、楼板、顶棚三部分组成。

（1）面层：又称楼面或地面。起着保护楼板、承受并传递荷载的作用，同时对室内有很重要的清洁及装饰作用。

（2）结构层：位于面层和顶棚层之间，是楼板层的承重部分，成为楼板。一般包括梁和板。主要功能在于承受楼板层上的全部荷载，并将这些荷载传给墙或梁柱，同时还对墙身起水平支撑的作用，增强房屋刚度和整体性。

（3）顶棚层：它是楼板层的下面部分。根据其构造不同，有抹灰顶棚、粘贴类顶棚和吊顶棚三种。

现代化多层建筑中楼板层往往还需设置管道敷设、防水、隔声、保温等各种附加层。

根据使用的材料不同，楼板分木楼板、钢筋混凝土楼板、钢楼板等。

1）木楼板

木楼板是在由墙或梁支承的木搁栅上铺钉木板，木搁栅间设置增强稳定性的剪刀撑构成的（图3-7-4-2）。木楼板具有自重轻、保温性能好、舒适、有弹性、节约钢材和水泥等优点。但易燃、易腐蚀、易被虫蛀、耐久性差，特别是需耗用大量木材。

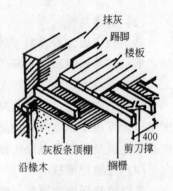

图 3-7-4-2　木楼板

2）钢筋混凝土楼板

钢筋混凝土楼板具有强度高、防火性能好、耐久、便于工业化生产等优点。此种楼板形式多样，是我国应用最广泛的一种楼板。

3）压型钢板组合楼板

压型钢板组合楼板的做法是用截面为凹凸形的压型钢板与现浇混凝土面层组合形成整体性很强的一种楼板结构。其整体连接是由栓钉（又称抗剪螺钉）将钢筋混凝土、压型钢板和钢梁组合成整体。压型钢板的作用既为面层混凝土的模板，又起结构作用，从而增加楼板的侧向和竖向刚度，使结构的跨度加大、梁的数量减少、楼板自重减轻、施工进度加快，在国外高层建筑中得到广泛的应用（图3-7-4-3）。

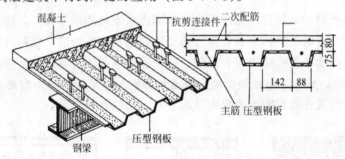

图 3-7-4-3　压型钢板组合楼板

二、钢筋混凝土楼板

钢筋混凝土楼板按施工方式不同，分现浇整体式、预制装配式和装配整体式三种类型。这里着重介绍前两种。

1. 预制装配式钢筋混凝土楼板

预制钢筋混凝土楼板是将楼板在预制厂或施工现场预制，然后在施工现场装配而成。这种楼板可节省模板，改善劳动条件，提高劳动生产率，加快施工速度，但楼板的整体性相对较差。预制钢筋混凝土楼板应用较普遍。预制钢筋混凝土楼板有实心平板、槽形板、空心板等多种类型。

2. 现浇整体式钢筋混凝土楼板

现浇式钢筋混凝土楼板，即在现场就地支模浇注而成。这种楼板具有成型自由、整体性、防水性能好等优点，但需用大量模板、耗费木材和钢材，且施工工期长，目前多用于防水性和整体性要求高或孔洞较多的楼板。

现浇整体式楼板按结构方式可分为板式楼板、肋形楼板、井式楼板、无梁楼板等几种（图3-7-4-4、图3-7-4-5）。

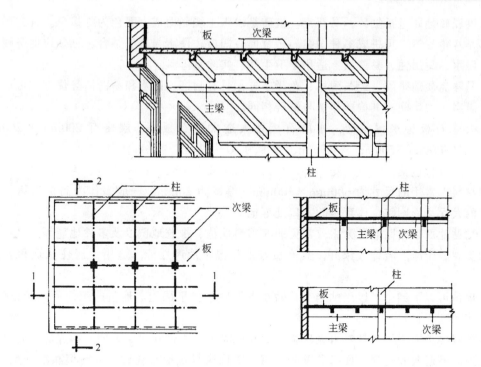

图 3-7-4-4 现浇肋梁楼板

三、地坪层构造

地坪层是建筑物底层与土壤相接的构件，和楼板层一样，它承受着底层地面上的荷载，并将荷载均匀地传给地基。

地坪层由面层、结构层、垫层和素土夯实层构成。根据需要还可以设各种附加构造层，如找平层、结合层、防潮层、保温层、管道敷设层等。

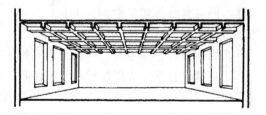

图 3-7-4-5 井式楼板

四、楼地层装修

楼地面装修主要是指楼板层和地坪层的面层装修。面层一般包括面层和面层下面的找平层两部分。楼地面的名称是以面层的材料和做法来命名的，如面层为水磨石，则该地面称为水磨石地面，面层为木材，则称为木地面。常见地面有下列几类：整体类地面（如水泥砂浆、细石混凝土、水磨石地面）、镶铺类地面（如粘土砖、水泥花砖、地砖、天然石板地面）、粘贴类地面（如橡胶地毡、塑料地毡等地面）、涂料类地面（如油漆以及各种高分子合成涂料所形成的地面）。

水泥地面构造简单，坚固耐磨，防潮、防水、造价低，是目前使用最普遍的一种普通低档地面。但水泥地面蓄热系数大，冬天感觉冷，空气湿度大时易产生凝结水，而且表面起灰，不易清洁。

水磨石地面具有良好的耐磨性、耐久性、防水防火性，并具有质地美观，表面光洁，不起尘，易清洁等优点。通常应用于居住建筑的浴室、厨房、厕所和公共建筑门厅、走道及主要房间地面、墙裙等。

陶瓷砖地面包括缸砖、马赛克。缸砖是由陶土烧制而成，颜色为红棕色。有方形、六角形、八角形等，可拼成多种图案。砖背面有凹槽，便于与基层结合。缸砖质地坚硬，耐磨、防水、耐腐蚀、易清洁，适用于卫生间、实验室等。

马赛克质地坚硬、经久耐用、色泽多样，具有耐磨、防水和易清洁等优点。可用于厕所、厨房、卫生间。其构造作法与缸砖相同。

人造石板有水泥花砖，水磨石板和人造大理石板等。规格有 200mm×200mm，300mm×300mm，500mm×500mm，厚度为 20~50mm。

天然石板包括大理石、花岗石板磨光，由于质地坚硬，色泽艳丽、美观，属高档地面装修材料，常用的尺寸为 600mm×600mm。厚度为 20mm，一般多作为高档宾馆、公共建筑的大厅、影剧院、体育馆的入口处等地面。

粘贴地面以粘贴卷材为主，常见的有塑料地毡、橡胶地毡以及多种地毯等。这些材料表面美观、干净，装饰效果好，具有良好的保温、消声性能，适用于居住建筑和公共建筑。

地毡可以平铺也可以用粘结剂粘贴在水泥砂浆找平层上。地毡施工简便，价格低廉，是经济的地面材料。

涂料类地面主要是针对水泥砂浆地面和混凝土地面进行表面处理而形成的，它对解决水泥地面易起灰和美观方面起了重要作用。常见涂料包括水乳型、水溶型和溶剂型 3 种。这些涂料与水泥表面的粘结力强，具有良好的耐磨、抗冲击、耐酸、耐碱等性能。

木地面的主要特点是有弹性、不起尘、不反潮、导热系数小，常用于住宅、宾馆、体育馆、剧院舞台等建筑中。

五、顶棚

顶棚同墙面、楼地面一样，是建筑物主要装修部位之一。有直接顶棚和吊顶两大类。

直接顶棚包括一般楼板板底、屋面板板底直接喷刷、抹灰、贴面。在较大空间和装饰要求较高的房间中，因建筑声学、保温隔热、清洁卫生、管道敷设、室内美观等特殊要求，常用顶棚把屋架、梁板等结构构件及设备遮盖起来，形成一个完整的表面。由于顶棚是采用悬吊方式支承于屋顶结构层或楼板层的梁板之下，所以称之为吊顶。吊顶的构造设计应综合上述多方面因素进行综合考虑确定。

六、阳台和雨篷

1. 阳台

阳台是楼房各层与房间相连并设有栏杆的室外小平台，是多层或高层建筑中不可缺少的室内外过渡空间，为人们提供户外活动的场所。阳台的设置对建筑物的外部形象也起着重要的作用。阳台主要由阳台板和栏杆扶手组成。

根据阳台与建筑物外墙的关系，阳台可分为挑（凸）阳台、凹阳台（凹廊）和半挑半凹阳台（图 3-7-4-6）。按阳台在外墙上所处的位置不同，有中间阳台和转角阳台之分。

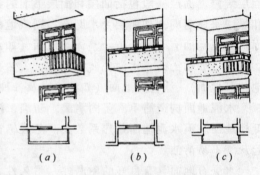

图 3-7-4-6 阳台类型
(a) 挑阳台；(b) 凹阳台；(c) 半凸半凹阳台

当阳台的长度占有两个或两个以上开间时，称为外廊。

阳台的栏杆是阳台的围护构件，设于阳台临空一侧，有实体和搂空之分。阳台栏杆承受人们倚扶的侧向推力，以保障人身安全。同时，栏杆对建筑物起装饰作用。低层和多层住宅中栏杆的竖向净高不得小于1.05m，中高层、高层住宅不得低于1.1m。搂空栏杆的竖直杆件之间的净距离不应大于0.11m且栏杆的设计应防止儿童攀登。对于中高层、高层以及北方严寒地区住宅的阳台宜采用实体栏板。若阳台上考虑放置花盆时，必须有防坠落措施。

2. 雨篷

雨篷是建筑物外墙出入口上部用以遮挡雨水，保护外门免受雨水侵害的水平构件，也具有一定的装饰作用。多采用悬挑钢筋混凝土现浇板，其悬挑长度一般为0.9~1.5m，也可以采用其他形式，如带有挑梁等，其伸出长度可以增大。

常见的钢筋混凝土悬挑雨篷有板式和梁板式两种，为防止雨篷板面积水向墙内渗入，常将雨篷与门顶过梁浇在一起（图3-7-4-7）。

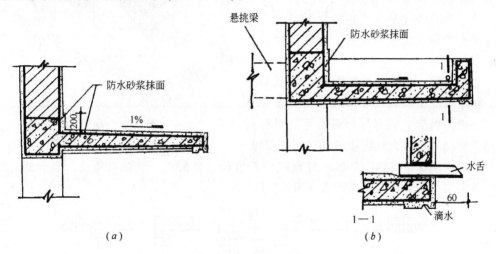

图 3-7-4-7　雨篷构造
(a) 板式雨篷；(b) 梁板式雨篷

雨篷顶面应做好防水和排水处理。由于集水面积不大，其排水方式多为自由落水即无组织排水方式，这时应在板底周边设滴水。也可以采用有组织排水，如因美观需要板式雨篷作翻边，或做成梁板式雨篷等。

第五节　楼梯

建筑空间的竖向组合交通联系，依靠楼梯、电梯、自动扶梯、台阶、坡道以及爬梯等。电梯、自动扶梯一般用于高层建筑、大规模公共建筑，有时多层建筑如医院、疗养院、高级宾馆等为满足一些特殊需求，也需要设置电梯。台阶用于室内外高差之间和室内局部高差之间的联系；坡道用于建筑中有无障碍交通要求的高差之间的联系。而楼梯作为竖向交通和人员紧急疏散的主要交通设施，使用最为广泛。即使设有电梯或扶梯的建筑物，楼梯的设置也是不可缺少的，以保证安全疏散。

　　此外，建筑物的入口处，考虑防水和使用习惯等要求，需设置台阶或坡道，以解决室内外高差的问题，方便室内外之间的联系。

一、楼梯的组成与形式

　　楼梯主要由楼梯段、平台（休息板）和栏杆扶手几部分组成（图 3-7-5-1）。

　　楼梯段是联系两个不同标高平台的倾斜构件，由踏步和梯段板（或梯梁）组成。踏步是由水平的踏板和垂直的踢板组成。梯段不宜过长，通常不超过 18 步，也不宜少于 3 步，少于 3 步易被忽略，而发生事故。楼梯段之间的空间称为楼梯井。平台（休息板）是供行走时调节疲劳和转换梯段方向用的。标高和楼层相同者，称为楼层平台；在楼层之间的，称为中间平台。栏杆扶手是设在梯段及平台边缘上的保护构件，以保证楼梯交通安全。

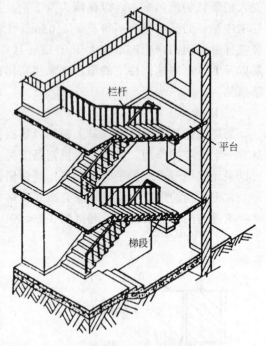

栏杆

平台

梯段

图 3-7-5-1　楼梯的组成

　　在建筑设计中因楼梯间的平面形状和大小、楼层高低于层数、安全疏散、美观等要求，可选用的形式很多。如最常见的双梯段并列式楼梯，也称为双跑楼梯或双折式楼梯。另外，还有单梯段楼梯、双梯段直跑式、折角式、双折式、双向折角式、合分式、三折式、剪刀式、弧形螺旋式等形式（图 3-7-5-2）。

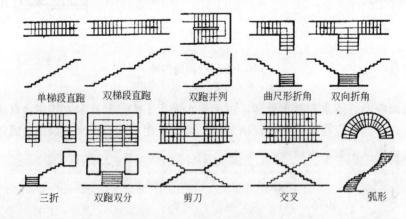

单梯段直跑　双梯段直跑　双跑并列　曲尺形折角　双向折角

三折　双跑双分　剪刀　交叉　弧形

图 3-7-5-2　楼梯的形式

二、楼梯的尺寸

　　楼梯的坡度应满足人们行走舒适、方便及经济节约的要求。楼梯的常见坡度范围为 25°～45°，其中以 30°左右较为通用。对人流量较大，安全要求较高的建筑物，应使楼梯坡度平缓些。

　　楼梯踏步面一般不宜小于 250mm，较常用为 250～320mm。另外，踏步高度成人以

150～160mm 比较合适，太高则行走不便，太低则浪费空间。踏步高宽之间的关系常用经验公式 $2h + b = 600$（h 为踏步高度，b 为踏步宽度）来调整。民用建筑中常用适宜踏步尺寸见表 3-7-5-1。

民用建筑的踏步尺寸

表 3-7-5-1

名　　称	住　宅	学校、办公楼	医　　院	剧院、会堂	幼儿园
踏步高 h（mm）	150～175	140～160	120～150	120～150	120～150
踏步宽 b（mm）	250～300	280～340	300～350	300～350	250～280

楼梯的宽度包括梯段宽和平台宽，应根据通行的人数、安全疏散和使用要求来决定。居住建筑中楼梯的宽度一般不宜小于 1100mm；公共建筑楼梯一般不宜小于 1400mm；专用服务楼梯不小于 750mm。

楼梯平台的宽度一般应等于或大于梯段的宽度。当平台上设有消防栓或暖气片时，应扣除它们所占的宽度。

栏杆扶手的高度是指踏步面至扶手面的垂直距离，一般室内楼梯取 900mm，室外楼梯，考虑人们的心理作用，不宜太低，常取 1050mm。另外，在托幼建筑中，为方便儿童使用，除设成人扶手外，还应考虑增设儿童扶手，高度一般取 600mm。

楼梯的净空高度是指平台下或梯段下通行人时的竖向净空高度。楼梯下面净空高度控制为：梯段上净高大于 2200mm，楼梯平台处梁底下面的净高大于 2000mm。

三、台阶与坡道

在建筑物的设计中，建筑的室内地面均应高于室外地坪，才能保证不被雨水侵入。同时，为了便于人流或车辆的出入，需在建筑入口处设置台阶或坡道，方便室内外的联系。

1. 台阶

室外台阶是建筑出入口处室内外高差之间的交通联系部件，主要包括踏步和平台两部分。室外台阶的坡度比楼梯小，以提高行走舒适度。每级踏步高度约为 100～150mm，宽度为 300～400mm。在台阶与出入口之间，设有平台作为缓冲，平台长度应大于门洞口尺寸，平台宽度至少应保证在门开启后，还有能站立 1 个人的位置，一般宽度为 1000～1500mm，以减少局促感和增加安全性。

平台的表面应做成向室外倾斜 1%～4% 的流水坡，或低于室内地面 20mm，以利排水。

室外台阶应采用耐冻性材料，并有较好的耐磨性。如混凝土、天然石材、缸砖等。普通砖台阶由于其抗水性和抗冻性差，很容易受冻融循环而破坏，即使有水泥砂浆抹面也容易脱落，北方寒冷地区不宜采用。而混凝土台阶由于其耐久性好、造价低等特点，在大量性建筑中广泛应用。

2. 坡道

室内外需要通行车辆的建筑，如医院、疗养院或有残疾人使用的建筑，室内外高差除用台阶解决外，还必须设置坡道，或把台阶与坡道相结合，如入口平台左右作坡道，正面作台阶等。

坡道的坡度应根据通行车辆来考虑，一般应为 1:6～1:12。坡度大，使用不便；坡度小，占地面积大。残疾人使用的坡度一般为 1:12，不大于 1:10。

坡道一般需考虑防滑措施，尤其是当坡度较大时（如大于 1:8）应做成锯齿形或作防滑条。

第六节　屋顶

屋顶是建筑物的重要组成构件，它一方面起围护作用，挡风遮雨，保温隔热，抵抗侵蚀，另一方面还要承受风、雪等各种荷载和屋顶本身自重。同时，屋顶还是建筑造型的重要组成部分，直接影响建筑的美观。

一、屋顶类型和设计要求

1. 屋顶的类型

屋顶按其外形一般可分为平屋顶、坡屋顶及其他形式的屋顶。

平屋顶易于协调统一建筑与结构的关系，节约材料，屋面可供多种利用，如设露台屋顶花园等。

坡屋顶是指屋面坡度较陡的屋顶，其坡度一般在 10% 以上。坡屋顶在我国有着悠久的历史，广泛运用于民居等建筑，即使是一些现代的建筑，在考虑到景观环境或建筑风格的要求时也常采用坡屋顶。坡屋顶的常见形式有：单坡、双坡屋顶，硬山及悬山屋顶，歇山及庑殿屋顶，圆形或多角形攒尖屋顶等（图 3-7-6-1）。

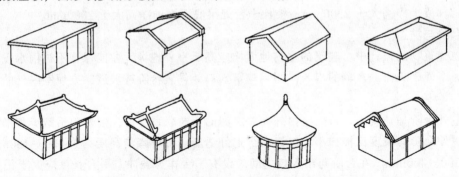

图 3-7-6-1　坡屋顶的常见形式

随着建筑科学技术的发展，也出现了许多新型结构的屋顶，如拱屋顶、薄壳屋顶、折板屋顶、悬索屋顶、网架屋顶等（图 3-7-6-2）。这些屋顶的结构形式独特，使得建筑物的造型更加丰富多彩。

2. 屋顶的设计要求

屋顶设计应考虑其功能、结构、建筑艺术三方面的要求。

首先，屋顶是建筑物的围护结构，应能抵御风、霜、雨、雪的侵袭。其中，防止雨水渗漏是屋顶的基本功能要求。同时，屋顶应能抵御气温的影响。通过采取适当的保温隔热措施，使屋顶具有良好的热工性能，给建筑提供舒适的室内环境。

其次，屋顶要承受风、雨、雪等的荷载及其自身的重量，上人屋顶还要承受人和设备等的荷载，所以屋顶也是房屋的承重结构，应有足够的承载力和刚度，以保证房屋的结构安全，并防止因结构变形过大引起防水层开裂、漏水。

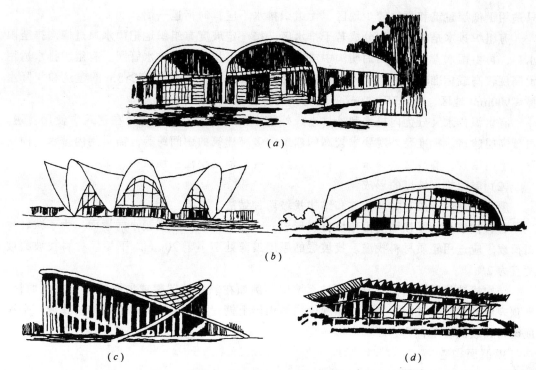

图 3-7-6-2 新型结构形式屋顶

（a）拱屋顶；（b）薄壳屋顶；（c）悬索屋顶；（d）折板屋顶

再有，屋顶的形式对建筑的造型极具影响，中国传统建筑的重要特征之一就是其变化多样的屋顶外形和装修精美的屋顶细部，现代建筑也应注重屋顶形式及其细部的设计，以满足人们对建筑艺术方面的需求。

二、平屋顶构造

平屋顶是当今采用最广泛的屋顶，它节约材料、构造简单、施工方便，适于机械化生产，便于平面组合，适用于各种平面形状，可做成上人屋顶，容纳各种活动，还可在屋顶蓄水和绿化。平屋顶也有一定的排水坡度，其排水坡度小于 5%，最常用的排水坡度为 2%～3%。

1. 平屋顶的组成

平屋顶由防水层、保温层、隔热层、结构层、顶棚层以及找平层、结合层、保护层和隔汽层等构造组成。这些构造层可根据实际情况和所用材料进行增减（图 3-7-6-3）。

2. 平屋顶的排水

（1）屋顶的排水方式

屋顶排水可分为无组织排水和有组织排水两类。

无组织排水是雨水沿屋面坡度直接落到室外地面的排水方式，这种方式要求屋檐出挑，以免雨水污染墙体，它构造简单、经济，

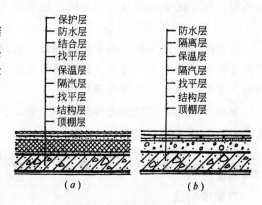

图 3-7-6-3 平屋顶的基本层次

（a）油毡层面基本层次；（b）刚性层面基本层次

只适用于低层建筑和雨水较少地区。无组织排水不应排向街道一侧。

有组织排水是将屋面划分成若干排水区，按一定坡度有组织地把雨水通过槽沟排至雨水口，再由雨水管排到地面的明沟中或散水上，也可排入地下排水管网。有组织排水适用于高度较高或标准较高的建筑。当年降水量＞900mm 地区、檐口高＞8m 的建筑和年降水量≤900mm 地区、檐口高＞10m 的建筑，均需设有组织排水。

有组织排水又分为内排水和外排水。外排水雨水管沿外墙布置，在建筑中使用普遍。对于高层建筑、标准及外观要求较高的建筑、多跨建筑的中间跨等，需采用内排水。雨水管在室内沿柱、墙或管道井布置，保证室内美观，但是要注意预留检查维修口。

(2) 屋面排水坡度的形成

屋顶坡度的形成有材料找坡和结构找坡两种做法。

材料找坡是指屋顶坡度由垫坡材料形成，一般用于坡向长度较小的屋面。为了减轻屋面荷载，应选用轻质材料找坡。找坡层的厚度最薄处不小于 20mm。平屋顶材料找坡的坡度宜为 2%。

结构找坡使屋顶结构自身带有排水坡度，例如在倾斜的屋架或屋面梁上安放屋面板，屋顶表面即成倾斜坡面。又如在顶面倾斜的山墙上搁置屋面板时，也形成结构找坡。平屋顶结构找坡的坡度宜为 3%。

3. 屋面构造

(1) 柔性防水屋面

以沥青、油毡等柔性材料铺设和粘结的屋面防水层称为柔性防水屋面。此外，尚有三元乙丙橡胶、氯化聚乙烯、铝箔塑胶、橡塑共混等高分子防水卷材，还有加入聚酯、合成橡胶等制成的改性沥青油毡等。柔性防水屋面的主要优点是对房屋地基沉降，房屋受震动或温度影响的适应性较好，缺点是施工复杂，又要高温操作，如出现渗漏水后维修比较麻烦。

油毡防水屋面自下而上由结构层、找平层、结合层、防水层和保护层等组成。

(2) 刚性防水屋面

以细石混凝土或防水砂浆做防水面层称为刚性防水屋面。这种屋面施工层次比柔性防水屋面少，造价低，施工方便，便于上人使用屋面，但抵抗变形的性能差，抗拉强度低，易开裂，故不适于温差较大的地区，也不适于有振动和基础不均匀沉降较大的建筑。

4. 平屋顶的保温与隔热

屋顶除了遮挡风雨，还要保温隔热，使房间在冬季不因热量的过量散失而寒冷，夏季不因太阳辐射热太大而过热，以创造舒适的生活条件。因此，冬季寒冷地区屋面应设置保温层，夏季炎热地区应设置隔热层。

平屋顶的保温材料应选择空隙多、重量轻、导热系数小的材料，分为散料、现场浇筑的混合料、板块料三大类。

平屋顶的隔热降温措施则包括通风隔热、蓄水隔热、植被屋面隔热、反射屋面降温隔热等做法。

三、坡屋顶构造

1. 坡屋顶的形式与组成

坡屋顶有单坡顶、双坡顶和四坡顶等三种形式。

中国古建筑将四坡顶做成反弧曲线，称之为庑殿顶，将山墙屋顶上部有三角形垂直面的屋顶叫歇山顶。坡屋顶的各部分名称见图3-7-6-4。

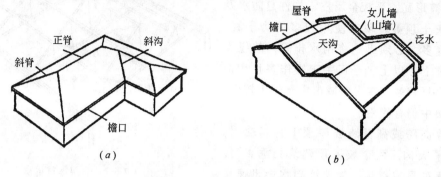

图3-7-6-4　坡屋顶各部分名称
(a)四坡屋顶；(b)并立双坡屋顶

坡屋顶主要由屋面面层（最上层是各类瓦或其他盖料，下面是挂瓦条、顺水条、防水油毡和屋面板等）和承重结构（一般包括屋架、檩条和椽子）两部分组成，根据需要还可设保温层、隔热层及顶棚等（图3-7-6-5）。

2．坡屋顶的排水

坡屋顶的排水同样分为无组织排水和有组织排水两类，有组织排水又分为檐沟外排水和檐沟女儿墙外排水。

3．坡屋顶的承重结构

坡屋顶现在常用的承重方式可分为横墙承重、屋架承重两种形式。

当横墙的间距＜4m时，坡屋顶可砌成尖顶形状，直接搁置檩条承受屋顶的重量；这种做法也称硬山搁檩，简单、经济，适用于宿舍、办公等开间较小的房屋（图3-7-6-6）。

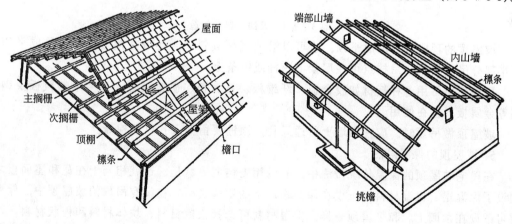

图3-7-6-5　坡屋顶的组成　　　　图3-7-6-6　横墙承重示意

屋架承重中的屋架多为三角形，也可做成多边形，上面支承檩条以承受屋顶的重量，屋架可搁于建筑纵向外墙或柱上。可做成较大跨度，木屋架可达18m，钢筋混凝土可达24m，钢屋架可达26m以上。跨度较大时室内可设柱或纵向内墙作为屋架的支点，形成三点、四点支撑，以节约用材（图3-7-6-7）。屋架之间间距即为檩条长度，一般为3～6m。屋架结构有利于建筑平面转折及纵横交接时的屋顶处理。

4.平瓦屋面构造

坡屋顶的屋面盖料有平瓦、弧形瓦（小青瓦）、波形瓦、平板金属皮、构件自防水及草顶、灰土顶等。现在使用较多的为平瓦。平瓦接缝多，必须迅速将雨水排除，故屋面坡度要求1:2以上。平瓦手工操作多且构造中使用木材较多，在大中城市中已使用较少，但小城镇中仍有使用。

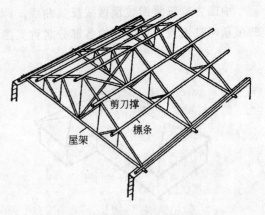

图 3-7-6-7 屋架承重示意

当等高跨或高低跨坡屋顶平行相交时，就出现了天沟，两个坡屋顶建筑相垂直时，常在屋面处形成斜沟，为保证雨水能迅速排走，沟上口宽度应大于300mm，沟内可铺镀锌铁皮或缸瓦，铁皮伸入瓦片下面大于150mm，缸瓦用麻刀灰浆窝实，高低跨处天沟与包檐口相同（图3-7-6-8）。

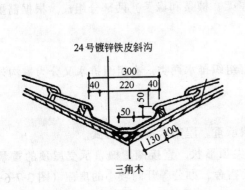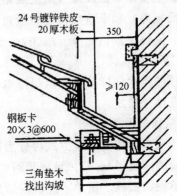

图 3-7-6-8 天沟、斜沟构造

坡屋顶的顶棚可以吊成平顶，也可以沿坡度吊成斜顶，还可在接近顶部时吊成平顶，下半部分吊成斜顶，吊挂点可在屋架下弦杆或檩条上。

顶棚面层可用各种板材如胶合板、纤维板、石膏板、矿棉板等，近年来塑料板及钢、铝等金属板料也在使用。

坡屋顶做吊顶时，应在山墙上留通风孔，顶棚要留上人孔以便检修。

5.坡屋顶的保温隔热

在民宅坡屋顶的保温传统做法中，有的用麦秸泥等窝瓦，这就相当于在瓦和屋面板之间设了保温层。保温材料还可设在屋面板以下的檩条之间。在设有吊顶的坡屋顶中，保温层可铺设在顶棚上。和平屋顶一样，保温材料可选择松散材料、块体材料和板状材料。

坡屋顶有吊顶时，吊顶就会起到很好的隔热作用，在山墙、檐口、屋脊等处设通风口。在屋面上设老虎窗有助于提高隔热效果，对于木结构屋顶还可以起到防潮防腐作用。

第七节 门窗

门和窗是房屋的重要组成部分。门的主要功能是交通联系，窗主要供采光和通风之用，它们均属建筑的围护构件。

在设计门窗时，必须根据有关规范和建筑的使用要求来决定其形式及尺寸大小。造型要美观大方，构造应坚固、耐久，开启灵活，关闭紧严，便于维修和清洁，规格、类型应尽量统一，并符合现行《建筑模数协调统一标准》的要求，以降低成本并适应建筑工业化生产的需要。

门窗按其制作的材料可分为：木门窗、钢门窗、铝合金门窗、塑料门窗和彩板门窗等。

一、门的形式与尺度

门窗的形式主要是取决于门窗的开启方式，不论其材料如何，开启方式均大致相同。

1. 门的形式

门按其开启方式通常有，平开门、推拉门、折叠门、卷帘门、转门等。

（1）平开门

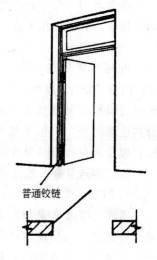

平开门是水平开启的门，它的铰链装于门扇的一侧与门框相连，使门扇围绕铰链轴转动。其门扇有单扇、双扇，向内开和向外开之分。平开门构造简单，开启灵活，加工制作简便，易于维修，是建筑中最常见、使用最广泛的门（图 3-7-7-1）。

将平开门的铰链换成弹簧铰链则为弹簧门。广泛用于商店、学校、医院、办公和商业大厦。为避免人流相撞，门扇或门扇上部应镶嵌玻璃。

普通铰链

（2）推拉门

推拉门开启时门扇沿轨道向左右滑行。通常为单扇和双扇，也可做成双轨多扇或多轨多扇，开启时门扇可隐藏于墙内或悬于墙外。根据轨道的位置，推拉门可分为上挂式和下滑式。当门扇高度小于 4m 时，一般采用上挂式推拉门，即在门扇的上部装置滑轮，滑轮吊在门过梁的预埋铁轨（上导轨）

图 3-7-7-1　平开门

上；当门扇高度大于 4m 时，一般采用下滑式推拉门，即在门扇下部装滑轮，将滑轮置于预埋在地面的铁轨（下导轨）上。

推拉门开启时不占空间，受力合理，不易变形，但在关闭时难以严密，构造亦较复杂，较多用作工业建筑中的仓库和车间大门。在民用建筑中，一般采用轻便推拉门分隔内部空间（图 3-7-7-2）。

（3）折叠门

可分为侧挂式折叠门和推拉式折叠门两种。由多扇门构成，每扇门宽度 500～1000mm，一般以 600mm 为宜，适用于宽度较大的洞口。侧挂式折叠门与普通平开门相似，只是门扇之间用铰链相连而成。当用普通铰链时，一般只能挂两扇门，不适用于宽大洞口。如侧挂门扇超过两扇时，则需使用特制铰链。

推拉式折叠门与推拉门构造相似，在门顶或门底装滑轮及导向装置，每扇门之间连以铰链，开启时门扇通过滑轮沿着导向装置移动（图 3-7-7-3）。

折叠门开启时占空间少，但构造较复杂，一般用作商业建筑的门，或公共建筑中作灵活分隔空间用。

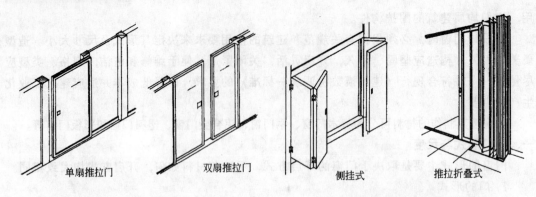

单扇推拉门　　　　双扇推拉门　　　　　侧挂式　　　　推拉折叠式

图 3-7-7-2　推拉门　　　　　　　　　图 3-7-7-3　折叠门

（4）卷帘门

通常用同一尺寸且与地面平行组成，固定于门洞口上部，通过电动开关或遥控装置自动关闭或开启。多用于店面、橱窗、车库和仓库等。

（5）转门

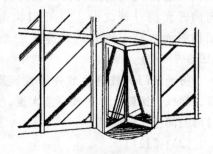

由两个固定的弧形门套和垂直旋转的门扇构成。门扇可分为三扇或四扇，绕竖轴旋转（图3-7-7-4）。转门对隔绝室外气流有一定作用，可作为寒冷地区公共建筑的外门，但不能作为疏散门。当设置在疏散口时，需在转门两旁另设疏散用门。

转门构造复杂，造价高，不宜大量采用。

2. 门的尺度

门的尺度通常是指门洞的高宽尺寸。门作为交通疏散通道，其尺度取决于人的通行要求，家具器械的搬运及与建筑物的比例关系等，并要符合现行《建筑模数协调统一标准》的规定。

图 3-7-7-4　转门

一般民用建筑门的高度不宜小于2100mm。如门设有亮子时，亮子高度一般为300～600mm，则门洞高度为门扇高加亮子高，再加门框及门框与墙间的缝隙尺寸，即门洞高度一般为2400～3000mm。公共建筑大门高度可视需要适当提高。

门的宽度：单扇门为700～1000mm，双扇门为1200～1800mm。宽度在2100mm以上时，则做成三扇、四扇门或双扇带固定扇的门，因为门扇过宽易产生翘曲变形，同时也不利于开启。辅助房间（如浴厕、贮藏室等）门的宽度可窄些，一般为700～800mm。

为了使用方便，一般民用建筑门（木门、铝合金门、钢门）均编制成标准图，在图上注明类型及有关尺寸，设计时可按需要直接选用。

二、窗的形式与尺度

1. 窗的形式

窗的形式一般按开启方式定。而窗的开启方式主要取决于窗扇铰链安装的位置和转动方式。通常窗的开启方式有以下几种：

（1）平开窗

铰链安装在窗扇一侧与窗框相连，向外或向内水平开启。有单扇、双扇、多扇及向内开与向外开之分。平开窗构造简单，开启灵活，制作维修均方便，是民用建筑中使用最广泛的一种（图 3-7-7-5）。

（2）悬窗

根据铰链和转轴位置的不同，可分为上悬窗、中悬窗和下悬窗（图 3-7-7-6）。

上悬窗铰链安装在窗扇的上边，一般向外开，防雨好，多用作外门和窗上的亮子。

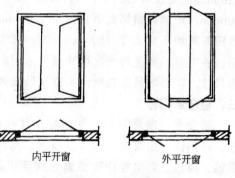

内平开窗　　　　外平开窗

图 3-7-7-5　平开窗

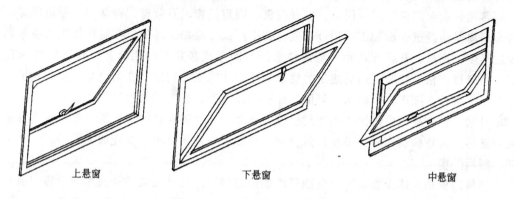

上悬窗　　　　　下悬窗　　　　　中悬窗

图 3-7-7-6　悬窗

下悬窗铰链安在窗扇的下边，一般向内开，通风较好，不防雨，不能用作外窗，一般用于内门上的亮子。

中悬窗是在窗扇两边中部装水平转轴，窗扇绕水平轴旋转，开启时窗扇上部向内，下部向外，对挡雨、通风有利，并且开启易于机械化，故常用作大空间建筑的高侧窗。

上下悬窗可联动，也可用做外窗或靠外廊的窗。悬窗不便于纱窗的安装。

（3）固定窗

无窗扇、不能开启的窗为固定窗。固定窗的玻璃直接嵌固在窗框上，可供采光和眺望之用，不能通风。固定窗构造简单，密闭性好，多与门亮子和开启窗配合使用（图 3-7-7-7）。

（4）推拉窗

推拉窗分为水平推拉和垂直推拉两种，推拉窗在铝合金和塑钢门窗中使用较多，其中水平推拉窗使用最为广泛，它抗风能力强，可用于多层及高层建筑，开启时不占用室内外空间，便于纱窗的安装，但只能部分开启，缩小了通风面积。木质推拉窗密闭效果差，只适用于室内各房间之间。

此外还有立转窗等。

2. 窗的尺度

窗的尺度主要取决于房间的采光、通风、构造做法和建筑造型等要求，并要符合现行《建筑模数协调统一标准》的规定。为使窗坚固耐久，一般平开木窗的窗扇高度为 800～

1200mm，宽度不宜大于 500mm，上下悬窗的窗扇高度为 300 ～ 600mm，中悬窗窗扇高不宜大于 1200mm，宽度不宜大于 1000mm；推拉窗高宽均不宜大于 1500mm。对一般民用建筑用窗，各地均有通用图，各类窗的高度与宽度尺寸通常采用扩大模数 3M 数列作为洞口的标志尺寸，需要时只要按所需类型及尺度大小直接选用。

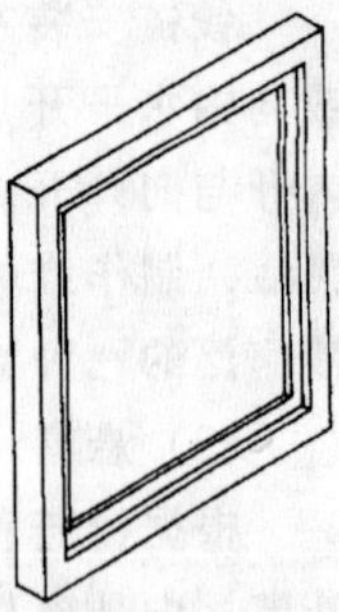

三、铝合金门窗

铝合金门窗质量轻、性能好，具有良好的气密性、水密性，隔声性、隔热性、耐腐蚀性都较普通钢、木门窗有显著的提高，对有隔声、保温、隔热、防尘等特殊要求的建筑以及多风沙、多暴雨、多腐蚀性气体环境地区的建筑尤为适用。

图 3-7-7-7　固定窗

常用铝合金门窗有推拉门窗、平开门窗、固定门窗、百叶窗、弹簧门、卷帘门等。铝合金门窗是由经过表面加工的铝合金型材在工厂或工地加工而成。在制作加工时应根据门窗的尺度、用途、开启方式和环境条件选择不同形式和系列的铝合金型材及配件精密加工，并经过严格地检验，达到规定的性能指标后才能安装使用。在铝合金门窗的强度、气密性、水密性、隔声性、防水性等诸项标准中，对型材影响最大的是强度标准。

目前，铝合金门窗的加工和使用已较为普及，各地铝合金门窗加工厂都有系列标准产品供选用，需特殊制作时一般也只需提供立面图纸和使用要求，委托加工即可。

四、塑料门窗

塑料门窗是采用添加多种耐腐蚀等添加剂的塑料，经挤压成各种截面的空腹门窗异型材，再根据不同的品种规格选用不同截面异性材料组装而成。由于塑料的变形大、刚度差，一般在型材内腔加入钢或铝，以增加抗弯能力，即塑钢门窗。塑料门窗线条清晰、挺拔，造型美观，表面光洁细腻，不但具有良好的装饰性，而且有良好的隔热性和密封性。同时，塑料本身具有耐腐蚀等功能，不用涂涂料，可节约施工时间及费用。目前在建筑上得到广泛使用。

第八节　变形缝

由于温度变化、地基不均匀沉降和地震因素的影响，使建筑物发生裂缝或破坏，故在设计时将房屋划分成若干个独立的部分，使各部分能自由地变形。这种将建筑物垂直分开的预留缝称为变形缝。墙体结构通过变形缝的设置分为各自独立的区段。变形缝包括温度伸缩缝、沉降缝和防震缝三种。

一、伸缩缝

为防止建筑构件因温度变化、热胀冷缩使房屋出现裂缝或破坏，在沿建筑物长度方向相隔一定距离预留垂直缝隙。这种因温度变化而设置的缝叫做温度缝或伸缩缝。

结构设计规范对砖石墙体伸缩缝的最大间距有相应规定，一般为 50 ～ 75mm。伸缩缝间距与墙体的类别有关，特别是与屋顶和楼板的类型有关，整体式或装配整体式钢筋混凝土结构，因屋顶和楼板本身没有自由伸缩的余地，当温度变化时，在结构内部产生的温度应力大，因而伸缩缝间距比其他结构形式小些。大量性民用建筑用的装配式无檩体系钢筋混凝土结构，有保温层或隔热层的屋顶，相对说其伸缩缝间距要大些。

伸缩缝是从基础顶面开始，将墙体、楼板、屋顶全部构件断开，因为基础埋于地下，受气温影响较小，因此不必断开。伸缩缝的宽度一般为 20～30mm。

伸缩缝在墙体中可做成平缝、错缝或企口缝等形式（图 3-7-8-1）。外墙伸缩缝内应填充防水、防腐的弹性材料，如沥青麻丝、塑料条、橡胶条、金属调节片等；室内伸缩缝处理应考虑美观，一般用装饰性木板或金属调节片遮挡，注意应保证水平相互错动，使之伸缩变形时不损坏（图 3-7-8-2）。

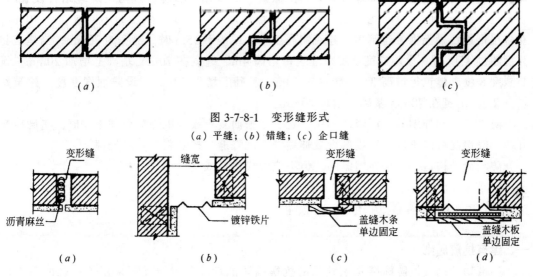

图 3-7-8-1 变形缝形式
（a）平缝；（b）错缝；（c）企口缝

图 3-7-8-2 变形缝构造
（a）外墙；（b）外墙；（c）内墙；（d）内墙

楼地板层处伸缩缝位置、大小应与屋顶和墙体一致，缝内可嵌入油膏、沥青麻丝或金属、塑料调节片等材料，上铺活动的钢、铜、花岗岩、水磨石等盖板，顶棚处以木条遮盖。

屋顶处伸缩缝如果两边屋面在同一标高上，非上人屋顶可在伸缩缝处加砌矮墙，两边做好防水和泛水，矮墙上用镀锌铁皮盖缝，注意留有余地保证伸缩；上人屋顶用嵌缝油膏嵌缝。当水平屋顶与垂直墙面相交时，变形缝也有相应的做法。

二、沉降缝

为防止建筑物各部分由于地基不均匀沉降引起房屋破坏所设置的垂直缝称为沉降缝。沉降缝将房屋从基础到屋顶全部构件断开，使两侧各为独立的单元，可以垂直自由沉降。

沉降缝一般在下列部位设置：平面形状复杂的建筑物的转角处、建筑物高度或荷载差异较大处、结构类型或基础类型不同处、地基土层有不均匀沉降处、不同时间内修建的房屋各连接部位。

沉降缝的宽度与地基情况及建筑高度有关。地基越弱的建筑物，沉陷的可能性越高，沉陷后所产生的倾斜距离越大，其沉降缝宽度一般为 30～70mm，在软弱地基上的建筑物其缝宽应适当增加。

沉降缝可以起伸缩缝的作用，但其构造措施应保证水平和垂直两个方向的变形。伸缩缝由于基础没断开，故不能代替沉降缝。

屋顶部分的沉降缝做法与伸缩缝相同。

沉降缝在基础部分的处理方案有双墙式和挑梁式两种。双墙式在沉降缝两侧都设承重墙，各自设基础，此时基础偏心受力；挑梁式是在挑梁上设钢筋混凝土梁，梁上砌轻质隔墙。

三、防震缝

在抗震设防烈度 7～9 度地区内应设防震缝，一般情况下防震缝仅在基础以上设置，但防震缝应同伸缩缝和沉降缝协调布置，做到一缝多用。当防震缝与沉降缝结合设置时，基础也应断开。防震缝的宽度 B，在多层砖墙房屋中，按设防烈度的不同取 50～70mm，在多层钢筋混凝土框架建筑中，建筑物高度小于或等于 15m 时，缝宽为 70mm；当建筑物高度超过 15m 时，设防烈度 7 度，建筑每增高 4m，缝宽在 70mm 基础上增加 20mm；设防烈度 8 度，建筑每增高 3m，缝宽在 70mm 基础上增加 20mm；设防烈度 9 度，建筑每增高 2m，缝宽在 70mm 基础上增加 20mm。

防震缝应同伸缩缝、沉降缝协调设置。当平面复杂或与沉降缝合并考虑时，基础应断开，一般情况可以不断。地震区设置伸缩缝、沉降缝，按防震缝要求处理。

防震缝的构造要求与伸缩缝同，但不应做成错口或企口缝。

第九节 小城镇建筑的抗震设计

一、建筑抗震原则

建筑物的抗震设防标准是该地区的抗震设防烈度，一般情况下采用该地区的基本烈度。《建筑抗震设计规范》GB 50011—2001 对新建工程的抗震设防提出的要求是："小震不坏，中震可修，大震不倒"。也就是，当建筑物遭受到低于设防烈度的多遇地震影响时，不需修复，仍可满足正常使用的要求，当遭受设防烈度的地震影响时，可能损坏，但不需修复或经一般修理即可继续使用；当遭受高于本地区设防烈度的罕遇地震影响时，不致倒塌或发生危及生命安全的严重破坏。

二、建筑抗震设计的基本要求

房屋的抗震能力，一方面取决于其所使用的建筑材料、结构形式、施工质量、使用维修情况，另一方面又与所处的场地条件、地基、基础的好坏有关。

为了使建筑物满足抗震设防要求，在进行设计时，要根据《规范》进行抗震设计，包括强度验算和弹塑性变形验算。同时，还要在以下几个方面采取行之有效的抗震措施，以便提高房屋的抗震能力。

1. 建筑场地的选择

选择对抗震有利的场地和地基，避免由于不利场地条件而加重建筑物的危害。

历史地震震害表明，不同的建筑场地对震害有较大影响。从场地土类别讲，岩石、半岩石类土、砂砾石类土等坚硬土层是良好的抗震场地；而故河道、冲积层、人工填土层、河湖岸边等处，由于土质松软，地震时易产生塌陷或滑动，对抗震很不利。地下水位较高的亚粘土和亚砂土地基，地震时易于产生砂土液化，应采取可靠的预防措施。从地形上讲，条状山脊，高耸独立的山区，非岩质的陡坡是对建筑物抗震不利地段。不得在可能发生滑坡、山崩和地陷地段进行建筑。

2．地基和基础设计

同一建筑单元不宜设置在性质截然不同的地基土上；同一建筑单元宜采用同一类型的基础，不宜部分采用天然地基，部分采用桩基；同一建筑单元的基础埋置在同一标高上，而对于地基软弱粘性土、可能液化土、新填土或严重不均匀土层，应加强基础的刚性和整体性；对桩基还应采用低承台。

3．建筑的平面、立面布置

在进行小城镇房屋设计时，除满足使用要求和建筑艺术要求外，还必须选择合理的结构方案，这是抗震设计的重要一环。抗震设计应使结构受力明确，传力简捷，规整匀称，并注意各部分的刚度、质量和结构布置的均匀对称。对砖石结构，宜采用钢筋混凝土梁和构造柱，配筋砌体或钢筋混凝土和砌体组合柱等措施。

选择有利抗震的建筑平面，可减轻某些建筑部位的震害。矩形、方形、圆形的平面，因形状规整，可使结构处理简化，地震时能整体协调一致，有较好的抗震能力。而Ⅱ形、L形、Ｖ形平面，因形状凸出凹进，地震时转角处应力集中，易于破坏，需从结构设计和构造上加以处理。在建筑立面上各部分参差不齐，有局部突出或质量相差悬殊，刚度突变等，地震时容易发生局部严重损坏。建筑物的质量和刚度分布应力求对称和均匀，以防止地震时因受扭而破坏。因此，对于较复杂的建筑体形，应采取必要的措施，如设置防震缝，将建筑物划分成规则的结构单元，相邻的上部结构应完全分开并预留足够的缝宽，伸缩缝、沉降缝应符合防震缝的要求。

为了使建筑物在受到地震力的作用时不致破坏，就得加强建筑物的自身强度、刚度和空间整体性。建筑物的纵横墙间距要适当缩小，房间的平面尺寸不宜过大，层高应适当降低，墙体上开的窗口不宜过大，位置要适中，不要使之破坏纵横墙的拉结，各种设备管道尽量不要埋于墙内，以免减小墙的厚度，使墙体刚度在此处发生突变，产生应力集中，而降低建筑物对地震的抗御能力。

4．非结构构件

附属的结构构件，应与主体结构有可靠的连接或锚固，避免倒塌伤人或砸坏重要设备；围护墙和隔墙应考虑对结构抗震的不利或有利影响，应避免不合理的设置而导致主体结构的破坏；装饰贴面与主体结构应有可靠连接；应避免吊顶塌落伤人和贴镶或悬吊较重的装饰物，当不可避免时应有可靠的防护措施。

5．材料、施工质量

抗震结构对各类材料的强度等级应符合最低要求。对钢筋接头及焊接质量应满足规范要求。对构造柱、芯柱及框架的施工，对砌体房屋纵墙及横墙的交接处等应保证施工质量。

第八章 建筑结构设计

房屋建筑主要由屋盖、楼板、墙体、楼梯、基础和门窗六大部分组成。这些组成部分中，用来抵抗外力（如风力、地震力等）和变形（如温度、沉降等）、承受荷载（自重、活荷载等）、保持建筑物具有一定空间形状不致破坏的骨架称为结构。

第一节 建筑结构的分类

常用的分类方法有以下几种：

1. 按结构所用材料可分为土结构、砖石结构、木结构、混凝土结构、钢结构等。各类结构材料可以在一个建筑中混合使用，则称为混合结构。如砖混结构一般由砖石基础和砖、墙体、和钢筋混凝土（楼板、屋盖）组成。

2. 按结构受力特点有：梁（又分为简支梁、连续梁、挑梁等）、板（有简支板、连续板、双向板等）、柱、桁架、框架、折板、壳体、网架、墙板结构等等。

3. 按建筑使用功能分为：民用建筑（居住、公用建筑）、工业建筑（单层、多层厂房）和特种工程结构（烟囱、水塔、管道支架等）。

4. 按建筑的外形特点划分有：低层（1~2层）、多层（3~6层）、小高层（7~9层）、高层（10层及10层以上）建筑结构，大跨度以及高耸建筑结构等。

5. 按施工程序可分为：现浇结构、预制装配式结构、预制现浇结构等。

各种结构均有一定的适用范围，应根据材料特性、结构型式、受力特点和建筑的要求进行合理地选用。

第二节 各种结构的特点及主要形式

1. 钢结构

与其他结构相比，钢结构的优点是：自重轻，机械性能好，能承受较大荷载，运输方便；由于内部组织均匀，塑性和韧性好，因此它不会因超载而突然断裂；机械化施工程度高，质量容易保证，适于批量生产；适于建造高层和大跨度建筑物。

钢结构也有容易锈蚀、经常性维护费用高、耐火性能差等缺点。

钢结构的主要构件有：

（1）柱。它是支撑屋架、梁（吊车梁）等结构，并将荷载传至基础的一种构件。按其截面的型式，钢柱可分为实腹柱和格构柱两种。

（2）桁架。它是由许多杆件按一定几何形状连接起来的格构式结构。由于桁架刚度大，用钢量省，可以制成任意形状的外形，因此应用十分广泛，如屋架、桥架、塔架等都是桁架结构。

（3）梁。这是一种受弯构件，常见的有吊车梁、楼面梁、平台梁和屋面檩条等。与桁架比较，梁的高度小，制作简单。但跨度大时不如桁架经济。梁可分为型钢梁和组合梁两种，前者多用工字钢或槽钢，后者一般由三块钢板焊成工字形截面。

2．混凝土结构

它的主要优点是：耐火性强、耐久性强，混凝土的强度随龄期的增加而逐渐增长；整体性好。这种结构的楼板、梁、柱和基础可以浇注成为一个整体，有较强的抗震性能；因其刚度大，适用于对变形要求较小的建筑物；由于混凝土可以浇注成任何形状和尺寸的构件，因此说这类结构可塑性强；钢筋混凝土构件中占最大体积的是砂和石，可以就地取材、能降低造价；与钢、木结构相比，钢筋混凝土构件的维护费用低。

它也存在一些缺点：制造工序多、工期长、用工多；而且现浇构件需大量的钢、木模板；自重大，运输起吊费用高；隔热、隔声性能较差。

钢筋混凝土屋面的主要构件有：

（1）大型屋面板。它可分为预应力和非预应力两类。这种板的板型简洁、施工方便、运输及吊装损耗少，屋面水平刚度好，适用于中、重型和振动较大的单层工业厂房。

（2）空心板。可分为预应力和非预应力钢筋混凝土空心板两种。这种板具有一定保温隔热性能，制作、运输、安装均比较简便。板跨一般为 2～6m，适用于一般民用建筑。

（3）檩条。分为预应力和非预应力混凝土檩条两种，跨度一般为 4～6m，具有制作、运输和安装均较简单的优点。

3．木结构

它具有制作简单，自重轻，取材容易等优点，但有易开裂、易腐朽、易引燃又极易迅速蔓延、不耐酸碱腐蚀等缺点。目前我国木材缺乏，在建筑中应提倡以钢代木。

木结构主要用作屋盖结构。木屋盖由屋架和基层组成。木屋架有三角形、梯形和多角形三种形式。木基层可以是在屋架上由檩条、屋面板、挂瓦条、瓦片组成；也可以由檩条、椽条、挂瓦条和瓦片组成。木檩条采用园木或方木均可，简支梁结构。

4．砌体结构的特点和设计要求

砌体结构应用广泛，具有下列优点：就地取材、造价低；耐久、耐火性强，隔声、隔热性能好；施工技术易于普及。它也具有自重大，机械化施工程度低，整体性、抗震性能差，生产粘土砖需占用耕地等缺点。

《建筑抗震设计规范》（GB 50011—2001）规定，多层房屋的层数和高度应符合下列要求：

（1）一般情况下，砌体房屋的层数和总高度（m）不应超过表 3-8-2-1 的规定。

房屋的层数和总高度限值（m） 表 3-8-2-1

房屋类别		最小墙厚度(mm)	烈 度							
			6		7		8		9	
			高度	层数	高度	层数	高度	层数	高度	层数
多层砌体	普通砖	240	24	8	21	7	18	6	12	4
	多孔砖	240	21	7	21	7	18	6	12	4
	多孔砖	190	21	7	18	6	15	5	—	—
	小砌块	190	21	7	21	7	18	6		
底部框架—抗震墙		240	22	7	22	7	19	6	—	—
多排柱内框架		240	16	5	16	5	13	4	—	—
最 大 高 宽 比			2.5		2.5		2.0		1.5	

注：①房屋的总高度指室外地面到主要屋面板板顶或檐口的高度，半地下室从地下室室内地面算起，全地下室和嵌固条件好的半地下室应允许从室外地面算起；对带阁楼的坡屋面应算到山尖墙1/2高度处；
②室内外高差大于0.6m时，房屋总高度应允许比表中数据适当增加，但不应多于1m；
③本表小砌块砌体房屋不包括配筋混凝土小型空心砌块砌体房屋。
④单面走廊房屋的总宽度不包括走廊宽度；建筑平面接近正方形时，其高宽比宜适当减小。

（2）对医院、教学楼等及横墙较少的多层砌体房屋，总高度应比上表的规定降低 3m，层数相应减少一层；各层横墙很少的多层砌体房屋，还应根据具体情况再适当降低总高度和减少层数（注：横墙较少指同一楼层内开间大于 4.20m 的房间占该层总面积的 40% 以上）。

（3）横墙较少的多层砖砌体住宅楼，当按规定采取加强措施并满足抗震承载力要求时，其高度和层数应允许仍按上表的规定采用。

（4）普通砖、多孔砖、小型砌块砌体承重房屋的层高，不应超过 3.6m；底部框架—抗震墙房屋的底部和内框架房屋的层高，不应超过 4.5m。

（5）多层砌体房屋总高度与总宽度的最大比值，宜符合上表的要求。

砖石墙和柱是最普通的结构形式。承重墙体的厚度和柱的截面尺寸，主要根据强度计算和高厚比验算（稳定性）来确定，外墙厚度则应同时受热工计算要求控制。此外，应使墙柱和楼板、屋盖间有牢固的拉结，以提高房屋的整体性和空间刚度。建造砖石结构房屋必须满足下列要求：

受振动或层高大于 6m 的墙、柱所用材料的最低强度等级，应符合下列要求：砖采用 MU10、砌块采用 MU7.5，石材采用 MU30，砂浆采用 M5。

承重独立砖柱的最小截面尺寸不应小于 240mm×370mm。毛石墙的厚度不宜小于 350mm，毛料石柱较小边长不宜小于 400mm（当有振动荷载时，墙、柱不宜采用毛石砌体）。

砌体的转角处和纵横墙交接处应同时砌筑；对不能同时砌筑而又必须留置的临时间断处应砌成斜槎，斜槎水平投影长度不应小于高度的 2/3。非抗震设防及抗震设防烈度为 6 度、7 度地区的砖砌体临时间断处，当不能留斜槎时，可留直槎，但必须做成凸槎。留直槎处应加设拉结钢筋，每 120mm 墙厚放置 1φ6 拉结钢筋（240mm 厚墙放置 2φ6 拉结钢筋），间距沿墙高不应超过 500mm；对抗震设防烈度 6 度、7 度的地区，不应小于 1000mm；末端应有 90°弯钩。

预制钢筋混凝土板在墙上的搁置长度不宜小于100mm，在钢筋混凝土圈梁上不宜小于80mm。

跨度大于6m的屋架和支撑在砖砌体上跨度大于4.8m的梁的支承面下，应设置混凝土或钢筋混凝土垫块。当墙中设有圈梁时，垫块和圈梁宜浇成整体。当梁跨大于或等于下列数值时，其支承处的墙体宜加设壁柱，或采取其他加强措施：（1）对240mm厚的砖墙为6m，对180mm厚的砖墙为4.8m；（2）对砌块、料石墙为4.8m。

填充墙、隔墙应分别采取措施与周边构件可靠连接。

山墙处的壁柱应砌至山墙顶部，山墙应与屋面板或檩条可靠拉结。

钢筋砖过梁的跨度不应超过1.5m，砖砌平拱的跨度不应超过1.2m。砖砌过梁的砌筑砂浆的不宜低于M5；砖砌平拱用竖砖砌筑部分的高度不应小于240mm；钢筋砖过梁底面砂浆一般采用水泥砂浆，厚度不宜小于30mm，钢筋直径不应小于5mm，间距不宜大于120mm，钢筋伸入支座砌体内的长度不宜小于240mm。

第三节　小村镇建筑构件选用的原则

小城镇建筑所使用的构件，一般应根据受力特点和选用的材料情况，经计算确定。但对于农宅等小型建筑的常用构件，为了使用方便起见，根据不同情况，绘制了相应的图表，只要经过简单的计算，就可以直接查用。

选用所列构件时须注意，所列图表仅适用于地震设防烈度6度以下的建筑和地区；若设防烈度等于或大于6度时，应按《建筑抗震设计规范》（GB 50011—2001）的规定进行设防。实际所使用的构件的跨度和荷载与选用表不符时，应选表内其值略大者。各种构件均未考虑施工荷载，当施工荷载超过构件的允许荷载，或有施工集中荷载时，应按实际情况做施工荷载验算，以防发生事故。所用材料规格必须与图表相一致。

第四节　刚性条形基础的选用

根据刚性角的要求及荷载，材料的特点，将5种刚性条形基础基本数据编制成表（表3-8-4-1），并分别绘出了基础剖面图，可根据实际情况进行选用。

1．选用要求

基础的宽度类型为10种，从600mm至1500mm，宽度级差为100mm。表中"允许承载力"是按允许承载力 $= f_a - H\gamma$ 求得的，f_a 为修正后的地基承载力特征值，单位为 kN/m^2；H 为墙两侧地坪至基础底的深度的平均值，单位为 m，γ 为每立方米基础和土的平均重度，单位为 kN/m^3，一般取 $20kN/m^3$。允许荷载的级差为10kN，每 m^2 取 $50\sim150kN$。根据基础宽度算出了每 m 条形基础允许承受地面以上荷载的数值。刚性条形基础可用于6层以下的民用建筑和墙承重的小型厂房。

2．选用方法

计算出基础室外地面以上每 m 传下来的线荷载，包括墙重和楼板屋顶传来的荷载。

确定基础的埋置深度和地基的承载能力。

计算地基的允许承载力。假如地基承载力设计值为 $100kN/m^2$，埋深为 0.7m，则允

许承载力为 $100 - 20 \times 0.7 = 86kN/m^2$。

选择基础形式。依据计算出来的允许承载力，查表 3-8-4-1 中相应的允许承载力，然后从上到下找到与基础以上线荷载相等或稍大一些的数值，并横向往左选用合适的基础形式，确定垫层厚度及基础大放脚，从图 3-8-4-1 中选基础剖面形式。

3. 选用实例

例：一幢三层住宅楼的内承重墙，通过墙身传到基础上的荷载是 87 kN/m，地基表层为杂填土，承载能力不高，埋深 1m 处的地基承载力设计值为 120 kN/m²，应选用哪种基础？

解：地基允许承载力为 $120 - 1 \times 20 = 100kN/m^2$，在表 3-8-4-1 中 100kN/m² 一栏，往下查到线荷载值 90kN/m，大于 87kN/m，可以采用。往左查到基础宽度为 900mm，在四种基础中可以任选一种。由于基础埋置较深，采用三合土或毛石混凝土基础比较合适。

根据结果，再参照图 3-8-4-1 绘制基础施工图。

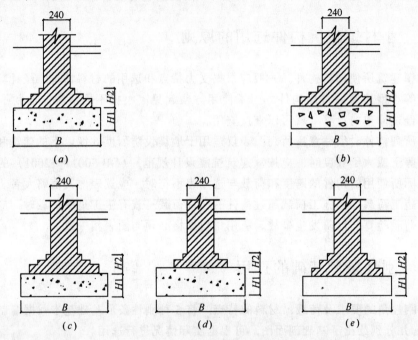

图 3-8-4-1　刚性条形基础剖面图

(a) 混凝土基础；(b) 毛石基础；(c) 灰土基础；(d) 三合土基础；(e) 砖基础

第五节　轴心受压砖砌体选用

1. 轴心受压砖砌体选用要求

表 3-8-5-1 中列出了不同墙高对每 m 长度的轴心受压承载能力，是以 1m 墙的长度为计算单元。选用时按墙的实际长度以"m"为单位乘以表中所列承载能力，即为该墙的承载能力。按《砌体结构设计规范》GB 50003 第 3.2.3 条规定，对无筋砌体构件，其截面积 A 小于 $0.3m^2$ 时，砌体强度设计值应乘以调整系数 γ_a（式中，构件截面面积 A 以 m^2 计）。$\gamma_a = 0.7 + A$；对配筋砌体构件，其截面积 A 小于 $0.2m^2$ 时，$\gamma_a = 0.8 + A$。这样，

砌体的抗压强度设计值为 $\gamma_a \cdot f$，截面的承载能力设计值为 $\phi \cdot f \cdot A$。ϕ 系轴心受压构件高厚比和轴向力的偏心距 e 对受压构件承载力的影响系数，可按《砌体结构设计规范》(GB 50003—2001)附录 D 的表 D.0.1-1 至表 D.0.2 采用。如采用水泥砂浆，承载能力均应乘以 0.9 的调整系数。

按照初步确定的墙身厚度、砖的强度等级，根据墙的实际高度按照表 3-8-5-1 计算墙的计算高度 H_0，然后查表 3-8-5-1 中相应的承载能力，并选用所需要的砂浆强度等级。

有门窗洞口的墙，极限高度值应予降低，按墙的横截面长度 B 与门窗所占的横截面长度 B_0 之比，查表 3-8-5-2 确定，然后查表 3-8-5-1 确定墙身的承载能力。

每 m 实砌墙轴心受压承载能力选用表（kN）　　　　　表 3-8-5-1

砖强度等级	墙厚 (mm)	砂浆强度等级	墙体计算高度 H_0（m）									极限计算高度 H_0（m）
			2.0	2.5	3.0	3.5	4.0	4.5	5.0	5.5	6.0	
MU10	120	M10	158	137	118							2.9
		M5	126	108								2.9
		M2.5	99	84								2.6
MU10	240	M10	410	390	366	343	316	294	274	254	235	5.8
		M5	325	306	290	266	252	234	216	201		5.8
		M2.5	274	255	238	219	198	184	168			5.3
MU10	370	M10	653	632	612	598	571	544	520	503	474	8.9
		M5	518	502	486	475	453	432	413	399	378	8.9
		M2.5	439	425	411	393	374	358	333	318	297	8.1

有门窗洞口的矩形墙体极限计算高度值（H_0）　　　　　表 3-8-5-2

砂浆强度等级	B_0/B = 洞宽/开间		0	0.1	0.2	0.3	0.4	0.5	0.6	0.7	≥0.75
≥M5	承重墙厚度（mm）	120	2.8	2.6	2.5	2.4	2.3	2.2	2.1	2.0	1.9
		240	5.7	5.4	5.2	5.0	4.7	4.5	4.3	4.1	4.0
		370	8.8	8.4	8.0	7.7	7.3	7.0	6.6	6.3	6.0
	非承重墙厚度（mm）	120	4.0	3.7	3.6	3.4	3.3	3.1	3.0	2.8	2.7
		240	6.8	6.4	6.2	6.0	5.6	5.4	5.1	4.9	4.8
M2.5	承重墙厚度（mm）	120	2.6	2.4	2.3	2.2	2.1	2.0	1.9	1.8	1.8
		240	5.2	4.9	4.7	4.5	4.3	4.1	3.9	3.7	3.6
		370	8.1	7.7	7.4	7.1	6.8	6.4	6.1	5.8	5.6
	非承重墙厚度（mm）	120	3.7	3.4	3.3	3.1	3.0	2.8	2.7	2.5	2.5
		240	6.2	5.8	5.6	5.4	5.1	4.9	4.6	4.4	4.3

混凝土空心板外加荷载及适用荷载见表 3-8-5-3。

表 3-8-5-3

荷载等级	外加均布荷载（kN/m²）	适用范围
I	2.0	一般居室、办公室走道、不上人、不晒粮的楼盖、屋盖
II	4.0	杂用、上人和晒粮的楼盖、屋盖
III	7.0	堆放粮食不超过600mm高，种植铺土小于250mm，养鱼水深低于500mm

混凝土空心板配筋见表3-8-5-4，构造见图3-8-5-1。

表 3-8-5-4

序号	开间（mm）	板长L（mm）	截面尺寸（宽×高）（mm×mm）	荷载等级	①	②	③	④	⑤	⑥
1	3000	2980	440×140	I	2φ8	2φ8	2φ6	3φ6	φ6@200	2φ6
2				II	2φ10	2φ8	2φ6	3φ6	φ6@200	2φ6
3				III	2φ12	2φ10	2φ6	3φ6	φ6@200	2φ6
4			590×140	I	3φ8	2φ8	2φ6	3φ6	φ6@200	2φ6
5				II	3φ10	2φ8	2φ6	3φ6	φ6@200	2φ6
6				III	3φ12	2φ10	2φ6	3φ6	φ6@200	2φ6
7	3300	3280	440×140	I	2φ10	2φ8	2φ6	3φ6	φ6@200	2φ6
8				II	2φ10	2φ10	2φ6	3φ6	φ6@200	2φ6
9				III	2φ14	2φ12	2φ6	3φ6	φ6@200	2φ6
10			590×140	I	3φ8	2φ8	2φ6	3φ6	φ6@200	2φ6
11				II	3φ10	2φ8	2φ6	3φ6	φ6@200	2φ6
12	3600	3580	440×140	I	2φ10	2φ8	2φ6	3φ6	φ6@200	2φ6
13				II	2φ12	2φ8	2φ6	3φ6	φ6@200	2φ6
14			590×140	I	3φ10	2φ10	2φ6	3φ6	φ6@200	2φ6
15				II	3φ12	2φ12	2φ6	3φ6	φ6@200	2φ6

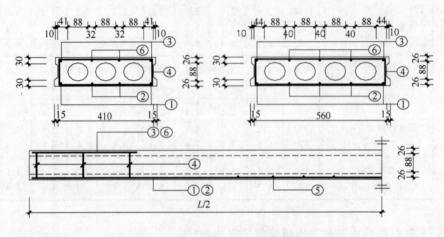

图 3-8-5-1　混凝土空心板构造图

264

第六节　钢筋混凝土空心板选用

1．选用要求

预制钢筋混凝土空心板适用荷载见表 3-8-5-3。

采用这种楼板，捶灰屋面白灰炉渣厚度要小于 50mm；卷材屋面保温层厚度小于 60mm；材料自重不大于 6.5kN/m³，刚性防水屋面的厚度不大于 50mm。

空心板按简支计算，采用 C25 混凝土，石子粒径不大于 10mm，受力钢筋采用 HPB235 级热轧钢筋。

空心板预制时，要按《混凝土结构工程施工质量验收规范》GB 50204—2002 进行施工。主筋保护层为 15mm，端部为 10mm，将较大直径的钢筋放在两侧。混凝土应振实，不能露筋，不能有影响结构使用的蜂窝、麻面和裂缝。混凝土达到强度的 75% 时才能搬运，吊点距板端 300mm 左右，板支承在砖墙上不小于 100mm，支承在梁上不小于 80mm，支承处用 20mm 厚 M10 水泥砂浆找平，安装后板缝填 C20 细石混凝土。承受内力的接头和拼缝，当其混凝土强度未达到设计要求时，不得吊装上一层结构构件；当设计无具体要求时，应在混凝土强度不小于 $10N/mm^2$ 或具有足够的支承时方可吊装上一层结构构件。

2．选用实例

某住宅开间为 3.3m，楼盖不上人，不晒粮，查表 3-8-5-3 和表 3-8-5-4，可选用 I 级荷载的空心板。

钢筋混凝土檩条配筋查用表　　　　　　　　　　　　　表 3-8-6-1

序　号	开间 (mm)	构件长度 (mm)	屋面做法	截面尺寸 （宽×高） （mm×mm）	钢筋编号	钢筋根数和直径
1	3000	2980	机瓦座泥	120×180	1	2 Φ 12
					2	2 Φ 8
					3	Φ 6@200
2			青瓦座泥	120×180	1	2 Φ 14
					2	2 Φ 8
					3	Φ 6@200
3	3300	3280	机瓦座泥	120×200	1	2 Φ 12
					2	2 Φ 8
					3	Φ 6@200
4			青瓦座泥	120×200	1	2 Φ 14
					2	2 Φ 8
					3	Φ 6@200
5	3600	3580	机瓦座泥	120×210	1	2 Φ 14
					2	2 Φ 8
					3	Φ 6@200
6			青瓦座泥	120×210	1	2 Φ 16
					2	2 Φ 10
					3	Φ 6@200

第七节　钢筋混凝土檩条选用

1. 钢筋混凝土檩条选用要求

钢筋混凝土檩条选用表 3-8-7-1，适用于地震烈度小于 6 度的地区的村镇民用建筑屋面，平屋顶坡度 2%，坡屋顶坡度为 1:2。跨度为 3.0、3.3、3.6m 三种。机瓦屋面外加均布荷载（包括檩条自重的荷载）2.5 kN/m²，青瓦屋面外加均布荷载（包括檩条自重的荷载）3 kN/m²。雪荷载考虑 0.5 kN/m²；检修时考虑了跨中重 0.8kN 的集中荷载，两者取大值进行计算。混凝土 C25，石子粒径 0.5～1.5cm，底部纵向受力钢筋采用 HRB335 级热轧钢筋，上部架立钢筋采用 HPB235 热轧钢筋，箍筋可采用 HPB235 热轧钢筋。

构件制作应符合有关要求，受力主筋保护层为 25 mm，允许偏差 +10mm～-5 mm，长度允许偏差为 +10mm～-5 mm，高度、宽度允许偏差为 ±5 mm，达到设计强度 75% 时，才能搬运，并注明上下面，檩条允许挑出山墙极限长度为 450 mm。

2. 选用实例

某住宅开间 3.0m，采用机制瓦坡屋面。查选用表 3-8-7-1，檩条截面选用 120mm×180mm。

第八节　木檩条的选用

根据木材材质、房屋开间及屋面防水材料的不同，木檩条的经验断面见表 3-8-8-1 和 3-8-8-2。檩材的强度设计值及调整系数见表 3-8-8-3 和表 3-8-8-4。

木檩条选用表（单位：mm）　　　　　　　　　　　　　　　　　表 3-8-8-1

材　别	水平中距	强度等级 TC13							
		粘 土 平 瓦							
		开　　间							
		3000	3200	3300	3400	3600	3800	3900	4000
方木（正放）	600	80×100	70×120	70×120	70×120	70×120	80×120	80×150	80×150
	650	80×100	70×120	70×120	70×120	80×120	80×150	80×150	80×150
	700	70×120	70×120	70×120	70×120	80×120	80×150	80×150	80×150
	750	70×120	70×120	70×120	80×120	80×150	80×150	80×150	80×150
	800	70×120	70×120	70×120	80×120	80×150	80×150	80×150	80×150
	850	70×120	70×120	80×120	80×120	80×150	80×150	80×150	80×150
	900	70×120	80×120	80×120	80×120	80×150	80×150	80×150	80×150
	950	80×150	80×150	80×150	80×150	80×150	100×150	100×150	100×150

续表

材别	水平中距	强度等级 TC13							
		粘 土 平 瓦							
		开　间							
		3000	3200	3300	3400	3600	3800	3900	4000
脊檩		80×150	100×150	100×150	100×150	100×150	100×150	100×150	100×150
原木（梢径）	600	100	100	100	100	110	110	110	120
	650	100	100	110	110	110	110	120	120
	700	100	110	110	110	110	120	120	120
	750	100	110	110	110	110	120	120	120
	800	100	110	110	110	120	120	120	130
	850	110	110	110	110	120	120	130	130
	900	110	110	120	120	130	130	130	130
	950	110	120	120	120	120	130	130	130

木檩条选用表（单位：mm）　　表 3-8-8-2

材别	水平中距	强度等级 TC11							
		水泥平瓦或小青瓦							
		开　间							
		3000	3200	3300	3400	3600	3800	3900	4000
方木（正放）	600	60×120	60×120	60×140	60×140	60×140	60×150	60×150	60×150
	650	60×120	60×140	60×140	60×140	60×140	60×150	60×150	70×150
	700	60×120	60×140	60×140	60×140	60×150	60×150	70×150	70×150
	750	60×120	60×140	60×140	60×140	60×150	70×150	70×150	70×150
	800	60×140	60×140	60×140	60×140	60×150	70×150	70×150	70×170
	850	60×140	60×140	60×140	60×150	70×150	70×150	70×170	70×170
	900	60×140	60×150	60×150	60×150	70×150	70×170	70×170	70×170
	950	60×140	60×150	60×150	60×150	70×150	70×170	70×170	70×170
	1000	60×140	60×150	60×150	60×150	70×170	70×170	70×170	70×170
原木（梢径）	600	100	110	110	110	110	120	120	120
	650	100	110	110	110	110	120	120	120
	700	110	110	110	110	120	120	120	130
	750	110	110	110	110	120	120	130	130
	800	110	110	120	120	120	130	130	130
	850	110	120	120	120	120	130	130	130
	900	110	120	120	120	120	130	130	140
	950	110	120	120	120	130	130	130	140
	1000	120	120	120	120	130	130	140	140

常用树种木材的强度设计值和弹性模量（N/mm²）　　　　表 3-8-8-3

强度等级	组别	适用树种	抗弯 f_w	顺纹抗压及承压 f_c	顺纹抗拉 f_t	顺纹抗剪 f_v	横纹承压 $f_{c,90}$ 全表面	局部表面及齿面	拉力螺栓垫板下面	弹性模量 E
TC17	A	柏木	17	16	10	1.7	2.3	3.5	4.6	10000
	B	东北落叶松		15	9.5	1.6				
TC15	A	铁杉、油杉	15	13	9	1.6	2.1	3.1	4.2	10000
	B	鱼鳞云杉、西南云杉		12	9	1.5				
TC13	A	油松、新疆落叶松、云南松、樟子松	13	12	8.5	1.5	1.9	2.9	3.8	10000
	B	红皮云杉、丽江云杉、红松、樟子松		10	8.0	1.4				9000
TC11	A	西北云杉、新疆云杉	11	10	7.5	1.4	1.8	2.7	3.6	9000
	B	杉木、冷杉		10	7.0	1.2				
TB20	—	栎木、青冈、稠木	20	18	12	2.8	4.2	6.3	8.4	12000
TB17	—	水曲柳	17	16	11	2.4	3.8	5.7	7.6	11000
TB15	—	锥栗（栲木）、桦木	15	14	10	2.0	3.1	4.7	6.2	10000

注：1. 对位于木构件端部（如接头处）的拉力螺栓垫板，其计算中所取的木材横纹承压强度设计值，应按"局部表面及齿面"一栏的数值采用。

2. 木材树种归类说明见《木结构设计规范》GB 50005—2003 的附录 G。

某住宅开间 3.0m，采用机制瓦坡屋面。查选用表 3-8-8-1，檩条截面选用 120mm×170mm。

木材强度设计值和弹性模量的调整系数　　　　表 3-8-8-4

项 次	使 用 条 件	调整系数 强度设计值	弹性模量
1	露天结构	0.9	0.85
2	在生产性高温影响下，木材材表面温度达 40～50℃	0.8	0.8
3	恒荷载验算（注1）	0.8	0.8
4	木构筑物	0.9	1.0
5	施工荷载	1.2	1.0

注：1. 仅有恒荷载或恒荷载所产生的内力超过全部荷载所产生的内力的 80% 时，应单独以恒荷载进行验算。

2. 当若干条件同时出现，表格各系数应连乘。

第九节　钢筋混凝土过梁的选用

1. 钢筋混凝土过梁选用要求

钢筋混凝土过梁选用参照有关表格，适用于一般村镇建筑的民用过梁，跨度为 0.9、1.0、1.2、1.5、1.8、2.1、和 2.4m 七种。荷载分为：1/3 净跨高的墙重；1/3 净跨高的墙重加 15kN/m 均布线荷载；1/3 净跨高的墙重加 25 kN/m 均布线荷载。采用 C25 混凝土，石子粒径 1~3cm。钢筋采用 HPB235 级热轧钢筋、HRB335 级热轧钢筋。

施工要符合有关构造和施工要求，可以预制和现浇，受力主筋保护层为 20mm；允许偏差 +10mm~-5 mm，长度允许偏差为 +10mm~-5 mm，高度、宽度允许偏差为 ±5 mm，现浇时，强度达到 100% 时才能拆模；预制过梁达到设计强度 75% 时搬运，达到 100% 时才能安装。

选用时，若过梁以上 1/3 净跨高度内无外加荷载，则不论墙高多少，均采用有关表格中 1/3 净跨高的墙重一栏，确定截面和配筋，按有关规定进行配筋；若过梁以上 1/3 净跨高度内有外加荷载，则表中有外加荷载的一栏选用。

2．选用实例

墙厚 240mm，门洞宽 1200mm，门洞上墙高 400mm，空心板传给墙的均布线荷载为 24kN/m，试选过梁截面。查有关表并根据有关规定求得截面为 240mm×120mm，受力钢筋 2 ϕ 6。此值所在栏的允许荷载是：1/3 净跨度高的墙重加上 25kN/m 的均匀布线荷载，能满足使用要求。

第十节　小城镇建筑的抗震设防与加固

1．设防原则

建筑物的抗震设防标准是该地区的抗震设防烈度，一般情况下采用该地区的基本烈度。《建筑抗震设计规范》GB 50011—2001 对新建工程的抗震设防提出的要求是："小震不坏，中震可修，大震不倒"。也就是，当建筑物遭受到低于本地区抗震设防烈度的多遇地震影响时，一般不受损坏或不需修理仍可继续使用；当遭受相当于本地区抗震设防烈度的地震影响时，可能损坏，经一般修理或不需修理仍可继续使用；当遭受高于本地区抗震设防烈度预估的罕遇地震影响时，不致倒塌或发生危及生命的严重破坏。

2．抗震设防措施

房屋的抗震能力，一方面取决于其所使用的建筑材料、结构形式、施工质量、使用维修情况，另一方面又与所处的场地条件、地基、基础的好坏有关。

建筑设计应符合抗震概念设计的要求，不仅使建筑物满足抗震设计计算要求，包括强度验算和弹塑性变形验算；更重要的是，还要在以下几个方面采取行之有效的抗震措施，以便提高房屋的抗震能力。

（1）选择对抗震有利的场地和地基，避免由于不利场地条件而加重建筑物的危害。

历史地震震害表明，不同的建筑场地对震害有较大影响。从场地土类别讲，岩石、半石类土，砂砾石类土等坚硬土层是良好的抗震场地；而古河道、冲积层、人工填土层，河湖岸边等处，由于土质松软，地震时易产生塌陷或滑动，对抗震很不利。地下水位较高的亚粘土和亚砂土地基，地震时易于产生砂土液化，应采取可靠的预防措施。从地形上讲，条状山脊，高耸独立的山区，非岩质的陡坡是对建筑物抗震不利地段。不得在可能发生滑坡、山崩和地陷地段进行建筑。在对房屋的地基和基础设计时，应符合如下要求：

同一建筑单元不宜设置在性质截然不同的地基土上，同一建筑单元宜采用同一类型的基础，不宜部分采用天然地基，部分采用桩基；同一建筑单元的基础埋置在同一标高上，而对于地基软弱粘性土、可能液化土、新填土或严重不均匀土层，应加强基础的刚性和整体性；对桩基还应采用低承台。

（2）选择合理的结构、建筑平面和立面布置方案，以增强建筑物的抗震能力。

在进行小城镇房屋设计时，除满足使用要求和建筑艺术要求外，还必须选择合理的结构方案，这是抗震设计的重要一环。抗震设计应使结构受力明确，传力简捷，规整匀称，并注意各部分的刚度、质量和结构布置的均匀对称。对砖石结构，宜采用钢筋混凝土圈梁和构造柱，配筋砌体或钢筋混凝土的砌体组合柱等措施。

选择有利抗震的建筑平面，可减轻某些建筑部位的震害。矩形、方形、圆形的平面，因形状规整，可使结构处理简化，地震时能整体协调一致，有较好的抗震能力。而Ⅱ形、L形、V形平面，因形状凸出凹进，地震时转角处应力集中，易于破坏，需从结构设计和构造上加以处理。在建筑立面上各部分参差不齐，有局部突出或质量相差悬殊，刚度突变等，地震时容易发生局部严重损坏。建筑物的质量和刚度分布应力求对称和均匀，以防止地震时因受扭而破坏。因此，对于较复杂的建筑体形，应采取必要的措施，如设置防震缝，将建筑物划分成规则的结构单元，相邻的上部结构应完全分开并预留足够的缝宽，伸缩缝、沉降缝应符合防震缝的缝宽要求。

3．多层粘土砖房抗震构造措施

（1）多层普通砖、多孔砖房，应按下列要求设置现浇钢筋混凝土构造柱（以下简称构造柱）：

1）构造柱设置部位，一般情况下应符合表3-8-10-1的要求。

2）外廊式和单面走廊式的多层房屋，应根据房屋增加一层后的层数，按表3-8-10-1的要求设置构造柱，且单面走廊两侧的纵墙均应按外墙处理。

3）教学楼、医院等横墙较少的房屋，应根据房屋增加一层后的层数，按表3-8-10-1的要求设置构造柱；当教学楼、医院等横墙较少的房屋为外廊式或单面走廊式时，应按1）款要求设置构造柱，但6度不超过四层、7度不超过三层和8度不超过二层时，应按增加二层后的层数对待。

砖房构造柱设置要求 表3-8-10-1

房 屋 层 数				设 置 部 位	
6度	7度	8度	9度		
四、五	三、四	二、三		外墙四角，错层部位横墙与外纵墙交接处，大房间内外墙交接处，较大洞口两侧	7、8度时，楼、电梯间的四角；隔15m或单元横墙与外纵墙交接处
六、七	五	四	二		隔开间横墙（轴线）与外墙交接处，山墙与内纵墙交接处；7~9度时，楼、电梯间的四角
八	六、七	五、六	三、四		内墙（轴线）与外墙交接处，内墙的局部较小墙垛处；7~9度时，楼、电梯间的四角；9度时内纵墙与横墙（轴线）交接处

（2）多层普通砖、多孔砖房屋的构造柱应符合下列要求：

1）构造柱最小截面可采用240mm×180mm，纵向钢筋宜采用4φ12，箍筋间距不宜大于250mm，且在柱上下端宜适当加密；7度时超过六层、8度时超过五层和9度时，构造柱纵向钢筋宜采用4φ14，箍筋间距不应大于200mm；房屋四角的构造柱可适当加大截面及配筋。

2）构造柱与墙连接处应砌成马牙搓，并应沿墙高每隔 500mm 设 2φ6 拉结钢筋，每边伸入墙内不宜小于 1m。

3）构造柱与圈梁连接处，构造柱的纵筋应穿过圈梁，保证构造柱纵筋上下贯通。

4）构造柱可不单独设置基础，但应伸入室外地面下 500mm，或与埋深小于 500mm 的基础圈梁相连。

5）房屋高度和层数接近抗震规范的限值时，纵、横墙内构造柱间距尚应符合下列要求：

a. 横墙内的构造柱间距不宜大于层高的二倍；下部 1/3 楼层的构造柱间距适当减小；

b. 当外纵墙开间大于 3.9m 时，应另设加强措施。内纵墙的构造柱间距不宜大于 4.2m。

（3）多层普通砖、多孔砖房屋的现浇钢筋混凝土圈梁设置应符合下列要求：

1）装配式钢筋混凝土楼、屋盖或木楼、屋盖的砖房，横墙承重时应按表 3-8-10-2 的要求设置圈梁；纵墙承重时每层均应设置圈梁，且抗震横墙上的圈梁间距应比表内要求适当加密。

2）现浇或装配整体式钢筋混凝土楼、屋盖与墙体有可靠连接的房屋，应允许不另设圈梁，但楼板沿墙体周边应加强配筋并应与相应的构造柱钢筋可靠连接。

砖房现浇钢筋混凝土圈梁设置要求 表 3-8-10-2

墙 类	烈 度		
	6、7	8	9
外墙和内纵墙	屋盖处及每层楼盖处	屋盖处及每层楼盖处	屋盖处及每层楼盖处
内横墙	同上；屋盖处间距不应大于 7m；楼盖处间距不应大于 15m；构造柱对应部位	同上；屋盖处沿所有横墙，且间距不应大于 7m；楼盖处间距不应大于 7m；构造柱对应部位	同上；各层所有横墙

（4）多层普通砖、多孔砖房屋的现浇钢筋混凝土圈梁构造应符合下列要求：

1）圈梁应闭合，遇有洞口圈梁应上下搭接。圈梁宜与预制板设在同一标高处或紧靠板底；

2）圈梁在本节第（3）条要求的间距内无横墙时，应利用梁或板缝中配筋替代圈梁；

3）圈梁的截面高度不应小于 120mm，配筋应符合表 3-8-10-3 的要求；按《抗震结构设计规范》GB 50011—2001 第 3.3.4 条 3 款要求增设的基础圈梁，截面高度不应小于 180mm，配筋不应少于 4φ12。

砖房圈梁配筋要求 表 3-8-10-3

配 筋	烈 度		
	6、7	8	9
最小纵筋	4φ10	4φ12	4φ14
最大箍筋间距（mm）	250	200	150

（5）多层普通砖、多孔砖房屋的楼、屋盖应符合下列要求：

1）现浇钢筋混凝土楼板或屋面板伸进纵、横墙内的长度，均不应小于 120mm。

2）装配式钢筋混凝土楼板或屋面板，当圈梁未设在板的同一标高时，板端伸进外墙的长度不应小于 120mm，伸进内墙的长度不应小于 100mm，在梁上不应小于 80mm。

3）当板的跨度大于 4.8m 并与外墙平行时，靠外墙的预制板侧边应与墙或圈梁拉结。

4）房屋端部大房间的楼盖，8 度时房屋的屋盖和 9 度时房屋的楼、屋盖，当圈梁设在板底时，钢筋混凝土预制板应相互拉结，并应与梁、墙或圈梁拉结。

（6）横墙较少的多层普通砖、多孔砖住宅楼的总高度和层数接近或达到抗震规范规定限值，应采取下列加强措施：

1）房屋的最大开间尺寸不宜大于 6.6m。

2）同一结构单元内横墙错位数量不宜超过横墙总数的 1/3，且连续错位不宜多于两道；错位的墙体交接处均应增设构造柱，且楼、屋面板应采用现浇钢筋混凝土板。

3）横墙和内纵墙上洞口的宽度不宜大于 1.5m；外纵墙上洞口的宽度不宜大于 2.1m或开间尺寸的一半；且内外墙上洞口位置不应影响内外纵墙与横墙的整体连接。

4）所有纵横墙均应在楼、屋盖标高处设置加强的现浇钢筋混凝土圈梁：圈梁的截面高度不宜小于 150mm，上下纵筋各不应少于 3 φ 10，箍筋不小于 φ 6，间距不大于300mm。

5）所有纵横墙交接处及横墙的中部，均应增设满足下列要求的构造柱：在横墙内的柱距不宜大于层高，在纵墙内的柱距不宜大于 4.2m，最小截面尺寸不宜小于 240mm×240mm，配筋宜符合表 3-8-10-4 的要求。

增设构造柱的纵筋和箍筋设置要求　　　　　　　　　　　　　　表 3-8-10-4

位　　置	纵 向 钢 筋			箍 筋		
	最大配筋率 （%）	最小配筋率 （%）	最小直径 （mm）	加密区范围 （mm）	加密区间距 （mm）	最小直径 （mm）
角柱	1.8	0.8	14	全高	100	6
边柱			14	上端 700 下端 500		
中柱	1.4	0.6	12			

6）同一结构单元的楼、屋面板应设置在同一标高处。

7）房屋底层和顶层的窗台标高处，宜设置沿纵横墙通长的水平现浇钢筋混凝土带；其截面高度不小于 60mm，宽度不小于 240mm，纵向钢筋不少于 3 φ 6。

提高建筑物的抗震能力，还要抓好以下抗震措施：

（1）纵横墙同时咬槎砌筑。在 8、9 度烈度区可在房屋外墙转角处和内外墙交换处，沿墙高每 0.5m 高在灰缝配置 2 φ 6 钢筋，并伸入每边内 1m（图 3-8-10-1）；也可在内外墙交接处的砌体灰缝内配置竹筋、荆条等拉结材料代替钢筋。后砌的非承重隔墙在与承重墙交接处，也应按上述原则配置钢筋和竹片等（图 3-8-10-2）。

（2）确保楼屋盖与墙体之间的整体连接，特别是预制钢筋混凝土楼板，板缝应大于40mm，并用混凝土浇灌密实，以保证板间地震水平荷载的传递。

（3）加强檩条，木屋架与山墙和纵墙的连结（图 3-8-10-3、3-8-10-4）。

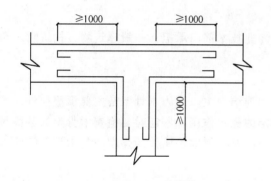

图 3-8-10-1　纵横墙咬槎砌筑处理

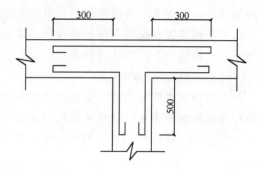

图 3-8-10-2　隔墙与承重墙的交接处

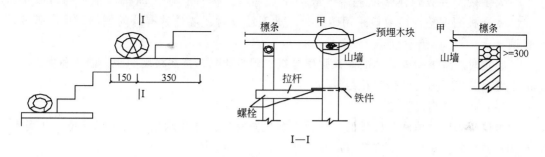

图 3-8-10-3　屋架、檩条与山墙的连接

（4）减轻建筑物自重，降低其重心。地震作用是一种惯性力，它和建筑物自重有直接关系，减轻建筑物自重等于直接减小地震作用。

（5）注意非结构构件的处理，防止次要构件倒落伤人。建筑物的高门脸、雨篷、女儿墙、屋顶烟囱、挑檐及其他装饰物，地震时常常掉落伤人或砸坏屋顶造成附加破坏。防止措施是：加强锚固连接；降低这些附属物的高度，减小挑出尺寸。

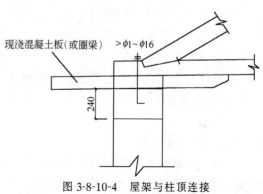

图 3-8-10-4　屋架与柱顶连接

（6）设计中要提出保证质量的要求，施工单位必须按设计要求施工。

4．抗震加固原则

小城镇建筑既要注意新建工程的抗震设防，而对于不符合抗震设防要求的建筑，则要采取必要的抗震加固措施，提高其抗震能力，以确保人民生命财产的安全。

位于地震烈度六度及其以上地区的现有建、构筑物，凡是没有进行抗震设防的，均应进行抗震鉴定。经过鉴定不能满足《工业与民用建筑抗震鉴定标准》要求且有加固价值的，均应逐步采取抗震加固措施。

鉴定与加固所采用的设防烈度，应以本地区的基本烈度为准。要求加固后建筑物当遭遇到相当于设防烈度的地震影响时，能满足"裂而不倒"的要求。

5．抗震鉴定

抗震鉴定的目的是为了对建筑物有一个科学的分析和评定，指出建筑物不符合鉴定标准的部位，以便有针对性地进行设计和加固。

重要建筑物、构筑物的抗震鉴定，应由专业技术部门承担；一般建筑物、构筑物，可采用"土洋结合"的办法进行鉴定。

（1）木骨架房屋的鉴定

此类房屋以检查木骨架和围护墙的质量和连结为主。因为木骨架是主要承重构件，而围护墙体虽然不承重，但对承重构件起着一定的稳定作用。鉴定时要检查木骨架的截面尺寸、形状、纵横向的稳定、构件间的连结等，同时检查围护墙体的强度和与木骨架间的连结。

（2）砖木楼房的鉴定

大多砖木楼房砌体强度差，一般的不设圈梁，内部空旷，纵横墙不是同时咬槎砌筑，木楼板刚度差，门窗口采用砖过梁，七度地震时，墙体就有外闪倒塌现象，破坏较普遍。

鉴定时应着重检查砌体的砂浆强度等级，砌筑质量、抗震横墙间距、圈梁和屋盖支撑的设置以及楼屋盖与墙体的拉结等。

（3）多层砖房的鉴定

多层砖房以墙体和各构件的连结为主要检查对象，对非承重但易倒塌部位，如隔墙、女儿墙、出屋顶小屋、烟囱等也应注意检查。

（4）单层工业厂房的鉴定

应着重检查屋盖、屋架、柱的支撑系统，屋面板、檩、梁、屋架的连结，山墙、女儿墙、高低跨间的封墙，圈梁的设置和墙体质量等。

（5）空旷房屋的鉴定

如餐厅、影剧院等，应着重检查墙体质量，柱的强度和屋盖系统的连结等。

经过检查鉴定和必要的计算，对建筑物提出书面鉴定报告，作为加固设计的依据。

6. 抗震加固措施

抗震加固就是针对鉴定时提出的问题，采取必要的加固补强措施，提高建筑物的抗震能力，以满足"裂而不倒"的要求。

抗震加固要做到符合标准、经济合理、方便施工和使用，并注意美观。不论结构形式如何，都要考虑其整体性要求，不能随意改变原建筑的结构形式，也不能采取"头病医头、脚痛医脚"的局部加固方法。

（1）加固方案与构造措施

唐山地震后国内总结出了抗震加固的五大法宝，即：后加抗震墙、拉杆、圈梁、构造柱、夹板墙（含压力灌浆）。这些方法对提高墙体的抗震能力，加强墙体间的拉结，增加房屋的整体性和空间刚度以及房屋的延性等起着重要作用。

后加抗震墙。内部纵横墙较多的房屋，破坏相应较轻；而内部空旷的房屋，抗震能力差。因此，适当加设抗震墙，是改善和提高房屋抗震能力的有效方法。后加抗震墙分砖墙、钢筋混凝土墙两种，应视原建筑情况选定。

夹板墙与压力灌浆。砖墙抗剪强度不足，可选用夹板墙。其做法是将砌体抹灰层去掉后，在墙面上布设单面或双面钢筋网，与墙体牢接，再用强度等级高的水泥砂浆喷射或人工压抹。如果墙体出现酥裂，也可用压力灌浆的方法补强。夹板墙的纵向钢筋必须通过楼板。

圈梁与拉杆。圈梁是加强纵横墙的拉接，保证震时墙体结构整体性的构造措施。它能减少楼板在水平方向的弯曲，增加预制板的整体性，圈梁能作为墙体在竖向的支点，从而提高墙体平面的稳定性；墙内圈梁还能抵抗基础不均匀沉降对墙体的破坏作用，控制裂缝的进一步延伸。

钢拉杆可替代内圈梁，配合外加圈梁形成一个结构整体；单独使用可加强纵横墙拉接，以防止纵横外闪倒塌（图3-8-10-5）。

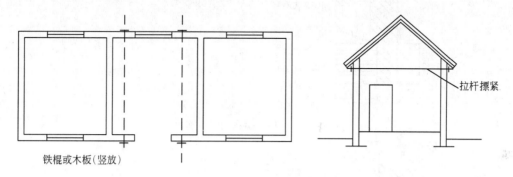

铁棍或木板(竖放)　　　　　　　　　　　　　　　拉杆摽紧

图 3-8-10-5 　内外墙用拉杆加固法

构造柱。可设置在砖石房屋的内侧或外侧，与墙体共同承担地震力。柱内钢筋一般按构造选用，不需要计算。

构造柱与圈梁形成外框架式的空间网络体系，使建筑物具有可靠的空间稳定性能。构造柱应深入地下"生根"，要做好基础处理，与墙体要有可靠的锚固。

构造柱可采用多种形式：在墙体内外做现浇钢筋混凝土板，并连接成一整体，称夹板式（图3-8-10-6）；矩形构造柱是一种普遍采用的形式，和圈梁构成楼房的外框架；包角构造柱主要用于房屋角部加固。抗震加固要注意建筑的美观要求，为适应原建筑造型，也可采用异形构造柱。

（2）其他加固措施

根据实际情况还可采取"换、补、加"三字措施。

"换"，即将严重破坏的墙体拆除重砌，并适当考虑抗震构造措施；"补"，拆除局部

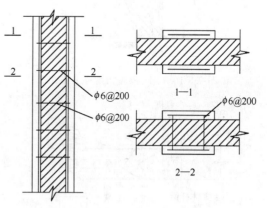

图 3-8-10-6 　砖墙加固构造柱方案

破坏部分，重新补砌；"加"，对于有中等破坏或轻度破坏的墙体不需拆除，而采取钢筋混凝土或型钢加固方法。

承重木构件加固。木构件腐朽、劈裂，丧失承载能力者，应更换或采取附加构件加固（图3-8-10-7～图3-8-10-11）；木檩条明显下垂的加固方法如图3-8-10-12。

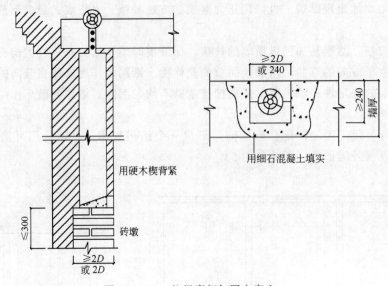

用硬木楔背紧

≤300

砖墩

≥2D
或 2D

≥2D
或 240

≥240 盲墙

用细石混凝土填实

图 3-8-10-7　柱根腐朽加固方案之一

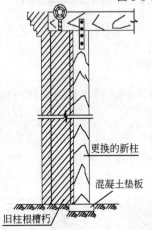

更换的新柱

混凝土垫板

旧柱根槽朽

图 3-8-10-8　柱根腐朽加固方案之二

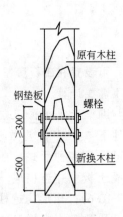

原有木柱

钢垫板　　螺栓

≥300

<500

新换木柱

图 3-8-10-9　柱根腐朽加固方案之三

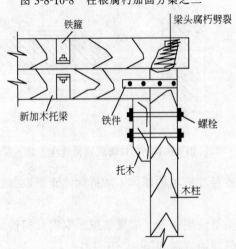

铁箍

梁头腐朽劈裂

新加木托梁

铁件

螺栓

托木

木柱

图 3-8-10-10　木梁腐朽劈裂加固方案之一

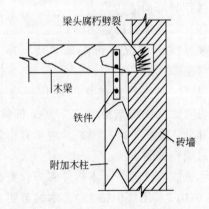

梁头腐朽劈裂

木梁

铁件

砖墙

附加木柱

图 3-8-10-11　木梁腐朽劈裂加固方案之二

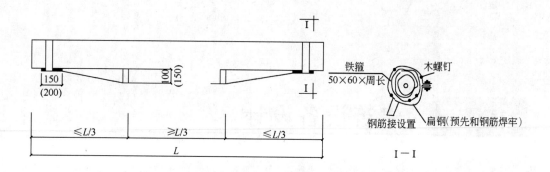

图 3-8-10-12   木檩下垂加固方案（括号内数字用于木梁）

第九章

建筑设备设计

第一节　给水排水工程

给水排水系统是建筑设备的重要组成部分。其任务是在满足用户对水压和水量要求的条件下，将水经济合理的通过室内管网系统及装置送到建筑物内的各种配水龙头、生产设备及消防设备处，并将上述各种设备用过的水通过卫生器具，排水管道收集顺畅地排到室外排水管网中去。

一、给水系统

1．室内给水系统的分类

室内给水系统按供水对象可分为生活给水系统、生产给水系统和消防给水系统。生活给水系统是提供人们生活中所需要的饮用、盥洗、洗涤等用水的室内给水系统，称生活给水系统。生产给水系统是提供生产过程中所需的设备冷却、产品洗涤或作为产品原料用水的室内给水系统，称生产给水系统。消防给水系统是提供扑灭火灾所需用水的室内给水系统，称消防给水系统。

上述三种给水系统，在实际工程中不一定单独设置，可根据具体情况组合成不同形式的给水系统。如生活—生产—消防共用系统，生活—消防共用系统，生产—消防共用系统等。

2．室内给水系统的组成

室内给水系统是由给水引入管、干管、立管、横管和用水设备组成，见图3-9-1-1。

给水引入管是室内和室外给水系统的连接管，一般上面装有水表，用来计量水量；

给水干管是将给水引入管的水输送到各给水立管的水平管道；

给水立管是将给水干管送来的水送给各楼层给水横管或给水支管的垂直管道；

给水横管是将来自立管的水送给支管的水平管道；

给水支管是指仅向一个用水设备供水的

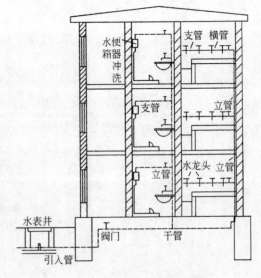

图 3-9-1-1　室内给水系统的组成

278

管道；

用水设备指各种配水龙头和其他用水器具。

3. 室内给水方式

建筑物内的给水系统采用哪种方式，取决于室外给水系统所能提供的水质、水量和水压是否能满足室内用水设备的要求，具体有以下几种。

当室外给水系统水质、水量和水压能满足室内使用要求时可采用直接给水方式，见图3-9-1-2。

当室外给水系统的水质和水量能满足室内使用要求，但水压间断不足时，可采用设有水箱的给水方式，见图3-9-1-3。

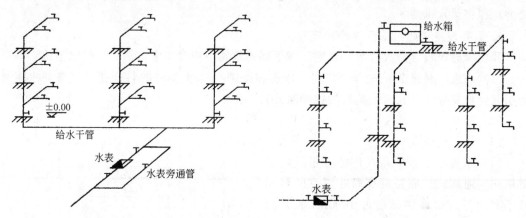

图3-9-1-2　直接给水方式　　　　　图3-9-1-3　设有水箱的给水方式

当室外给水系统的水质和水量能满足要求，而水压不能满足要求时，可采用设有贮水池、水箱或水泵的给水方式，如图3-9-1-4所示；

建筑物的低层利用室外管网水压直接供水，高层由水泵和其他设备共同供水为分区给水方式，见图3-9-1-5。

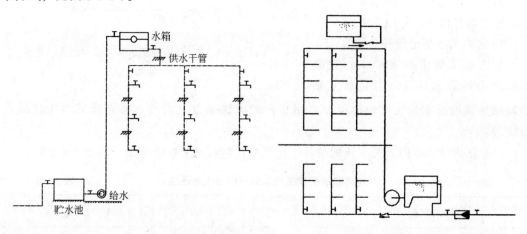

图3-9-1-4　设有贮水池、水箱和水泵的给水方式　　　图3-9-1-5　多层建筑分区给水方式

4. 管材及附件

建筑给水系统常用的管材有钢管、铸铁管、塑料管和铝塑复合管。

生活给水管过去采用镀锌钢管（DN＜150mm），强度高，承受压力大，抗震性能好，接头少，加工安装方便，但造价高，抗腐蚀性差，目前已较少使用。

当室内给水管道 DN≥75mm 时，应采用给水铸铁管。这类管材耐腐蚀，造价低，耐久性好，在埋地管中采用较多。

此外还使用硬聚乙烯塑料管。塑料管有良好的化学稳定性，耐腐蚀，重量轻，管壁光滑，安装方便，但其强度低，耐久性差，不耐高温。

目前应用越来越广泛的是铝塑复合管。该管中间以铝合金为骨架，内外壁均为聚氯乙烯。具有重量轻，耐压好，阻力小，耐腐蚀，且可曲挠，安装方便。目前规格为 DN15～50mm。铝塑复合管连接配件已成系列，螺纹压挤连接，管道安装非常方便，且铝塑管能较好地保证供水水质。

5. 需要设置消防给水系统的建筑

我国《建筑设计防火规范》规定，在下列建筑物中应设置室内消火栓给水系统：

（1）高度不超过 24m 的单层厂房、库房和高度不超过 24m 的科研楼（存有与水接触能引起燃烧爆炸或助长火逝蔓延的物品除外）；

（2）超过 800 个座位的剧院，电影院，俱乐部和超过 1200 个座位的礼堂、体育馆；

（3）体积超过 5000m³ 的火车站，码头，展览馆，商店，医院，学校，图书馆等；

（4）超过七层的单元式住宅，超过六层的塔式、通廊式、底层设有商业网点的单元住宅和超过五层或体积超过 1000m³ 的其他建筑。

（5）国家级文物保护单位的重点木结构古建筑。

6. 室内消火栓消防系统的组成

室内消火栓消防系统由消火栓、水龙带、消防水枪、消火栓箱，消防管道、消防水箱，水泵结合器等组成，见图 3-9-1-6。

7. 室内给水管道管径的估算

室内给水管道的管径，一般需要经过详细水力计算来确定，但比较复杂。一般

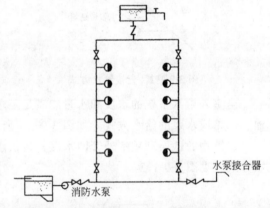

图 3-9-1-6 低层建筑水箱水泵的消火栓系统给水方式

小城镇建筑的给水系统比较简单，可用估算的方法确定室内给水管网所需水压和给水管管径。

（1）室内给水管网所需水压的估算，主要根据建筑物层数来确定，见表 3-9-1-1。

住宅建筑按建筑物层数所需最小水压值　　　　表 3-9-1-1

建筑物层数	1	2	3	4	5	6	7	8
地面上最小水压值（kPa）	100	120	160	200	240	280	320	360

（2）室内给水管径的确定

　　给水管径的大小，与管中通过的流量有关，管中通过的流量大，管径就大，反之管径就小。而管道中的流量大小与该管段负担的卫生器具数量与种类有关。卫生器具越多，流量越大，卫生器具少，则流量小。另外，不同的卫生器具单位时间的用水量也不相等。有的大，有的小。我们把卫生器具单位时间的用水量称额定流量。为了估算管径，引出一个与额定流量有关的"给水当量"概念。使给水管径与流量的关系转化为与给水当量有关。

　　卫生器具的给水当量是以污水池水龙头的额定流量（0.2L/s）为一个当量来确定的。其他卫生器具的额定流量分别与污水池龙头的额定流量相比较，是污水池额定流量的多少倍，它的给水当量数就是多少。

　　如洗手盆水龙头的额定流量为 0.1L/s，为污水池水龙头的额定流量的 1/2 倍，则它的给水当量为 0.5。当我们知道了某种卫生器具的给水当量后，也可以算出它的额定流量。各种卫生器具的给水当量与支管管径见表 3-9-1-2。

卫生器具的给水当量和支管管径　　　　　　　表 3-9-1-2

序　号	卫生器具名称	当量	支管管径（mm）
1	污水池水龙头	1.0	15
2	厨房洗涤池水龙头	1.0	15
3	公共食堂水龙头	2.2	20
4	洗手盆水龙头	0.5	15
5	洗脸盆水龙头	1.0	15
6	盥洗槽水龙头	1.0	15
7	浴盆水龙头	1.0	15
8	淋浴器	0.5	15
9	大便器冲洗水箱	0.5	15
10	大便槽冲洗水箱	0.5	15
11	小便器手动冲洗阀	0.35	15
12	小便自动冲洗水箱	0.5	15
13	小便槽多孔冲洗管（每米长）	0.25	15～20
14	单联化验龙头	0.35	15
15	双联化验龙头	0.75	15
16	三联化验龙头	1.0	15
17	妇女卫生盆	0.35	15
18	饮水器	0.25	15
19	洒水栓	1.0～3.5	15～25
20	手动冲洗阀水箱进水管	1.75～2.75	20～25

　　只负担一个卫生器具的给水支管管径按表 3-9-1-3 中的支管管径确定。负担两个及两个以上卫生器具的给水管径要先画出室内给水管道系统草图，即不按比例画出的给水管道系统轴测图。根据管道系统草图确定出每段管道负担的给水当量总数，根据建筑物的类型按表 3-9-1-3 确定每段给水管道的管径。

给水当量与管径对照表　　　　　　　　　表 3-9-1-3

建筑物名称	管段负担的给水当量总数							
公共浴室、公共食堂、洗衣房、实验室、礼堂、影剧院	0.5 −1.0	1.1 −2.0	2.1 −5.0	5.1 −10.0	10.1 −14.0	14.1 −20.0	20.1 −40.1	40.1 −60.0
集体宿舍、旅馆	0.5 −1.0	1.1 −2.5	2.6 −5.0	5.1 −12.0	12.1 −20.0	20.1 −60.0	60.1 −140.0	140.1 −320
医院、学校、办公楼	0.5 −1.0	1.1 −2.5	2.6 −5.5	5.6 −18.0	18.1 −30.0	30.1 −100	100.1 −260	260.1 −500
幼儿园、托儿所、诊疗所	0.5 −1.0	1.1 −3.0	3.1 −10.0	10.1 −35.0	35.1 −60.0	60.1 −160	160.1 −450	450.1 −650
住宅	0.5 −1.0	1.1 −4.0	4.1 −18.0	18.1 −50.0	50.1 −100	100.1 −300	300.1 −550	550.1 −700
管径（mm）	15	20	25	32	40	50	70	80

二、排水系统

1. 按所排除污水的性质，室内排水系统可分为三类：

生活污水排水系统排除人们日常生活中产生的污水，如盥洗水、洗涤水，厕所冲洗水等；

工业污（废）水排水系统排除工业生产过程中产生的生产污水和生产废水；

雨水排水系统排除屋面的雨水和融化的雪水。

2. 室内排水系统的组成

室内排水系统由污（废）水收集器，排水支管，排水横管，排水立管，排出管，通气管及清通设备组成，如图 3-9-1-7 所示。

（1）污（废）水收集器是指各种产生和收集污水的卫生器具，排放生产污废水的设备及雨水斗等，是室内排水管道的起端。在民用建筑中，应尽可能将这些器具布置的紧凑一些，以减少管道长度，降低造价，并能使水流通畅。排放生产污（废）水的设备按工艺要求布置。

（2）排水支管是只连接一个卫生器具的排水管。除坐便器外，排水支管上均设有水封装置，防止排水管道中有害气体进入室内。常用的水封装置有 P 型与 S 型存水弯，存水弯中的水封深度 50～80mm。

（3）排水横管是连接两个及两个以上卫生器具排水支管的水平管。排水横管应有坡向立管的坡度，并且尽量不转弯，直接与立管相接。与立管连接处尽可能采用斜三通或顺流三通，以防堵塞。

（4）连接排水横管的垂直排水管的过水部分称排水立管。其作用是接受各层排水横管污水，并排至排出管。

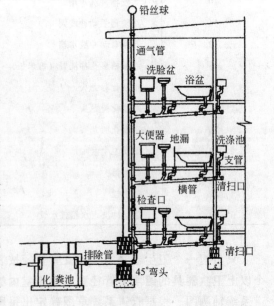

图 3-9-1-7　室内排水系统组成

立管一般在墙角处明装，靠近杂质多，水量大的排水点，穿过现浇楼板时应预留孔洞，立管中心与墙面距离及楼板留洞尺寸见表3-9-1-4。

立管中心与墙面距离及留洞尺寸   表 3-9-1-4

管径（mm）	50	75	100	125～150
管中心与墙面距离（mm）	100	110	130	150
楼板留洞尺寸（mm）	100×100	200×200	200×200	300×300

（5）排水立管上部不过水部分称通气管，也称透气管，通气管应伸出顶层屋面 0.3m 以上，并要大于积雪厚度。

通气管的作用是将排水系统中的臭气排到室外，使新鲜空气在管道中畅通，减少废气对管道腐蚀，并可防止损坏系统中的水封。

（6）将立管的污水排往室外排水系统的水平排水管称排出管。排出管是室内排水系统与室外排水系统的连接管。与室外排水管道连接处应设检查井。粪便污水一般先进入化粪池，再经过检查井进入室外排水管道。

（7）清通设备，为了清通室内排水管道，应在排水管道的适当部位设置清扫口，检查口和室内检查井，如图 3-9-1-8 所示。

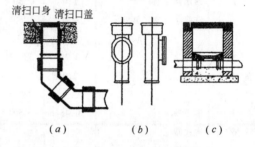

图 3-9-1-8　清通设备
（a）清扫口；（b）检查口；（c）室内检查井

3. 排水管材

室内排水管材有排水铸铁管，硬聚氯乙烯管、钢管、陶土管等。生活污水管道一般采用排水铸铁管或硬聚氯乙烯管，工业废水管应根据废水的性质，管材的强度，耐腐蚀、耐温情况结合就地取材等因素加以选用。

排水铸铁管的管壁比给水铸铁管薄，不能承受高压，管径 50～200mm，常用于生活污水管，埋地管等；在振动较轻的场所，也可作生产排水管。接口为承插式，一般采用石棉水泥、水泥砂浆和膨胀水泥接口。排水铸铁管耐腐蚀，使用寿命长，但性脆，自重大。

硬聚氯乙烯塑料管适宜作酸碱性生产排水管，可以焊接、法兰或配件接口，也可用粘合剂承插接口。硬聚氯乙烯塑料管耐腐蚀性好，重量轻，但强度低，易老化，耐温性差。

随着科学技术的发展，目前新型的硬聚氯乙烯排水管材 U-PVC 管得到了广泛应用，其内壁光滑，水力条件好，不易堵塞，施工速度快，接口处理简单，遇到非标准尺寸时方便截取组合。其缺点是排水噪声较大。

焊接钢管管径小于或等于 50mm，焊接或用管件连接。用作卫生器具或生产设备非腐蚀性生产废水的排水支管。

陶土管分一般与耐酸陶土管两种。一般陶土管又称缸瓦管，耐酸陶土管又称双面彩釉陶土管。陶土管表面光滑，耐酸碱腐蚀，但强度低，损耗率大，宜设在荷载不大及振动不大的地方。陶土管可采用承插连接，接口材料可采用水泥砂浆，沥青水泥砂浆，沥青玛琋脂等。

排水管件，常用的有弯头、乙字管、存水弯、三通、四通、管箍等。

4．卫生器具

卫生器具是室内排水系统的重要组成部分，是用来满足日常生活中各种卫生要求，收集和排除生活及生产中产生的污、废水的设备。分为便溺用卫生器具、盥洗淋浴用卫生器具和洗涤用卫生器具。

便溺用卫生器具有蹲式大便器、坐式大便器、小便器和小便槽等。

盥洗淋浴用卫生器具有、洗脸盆、盥洗槽、浴盆、淋浴器、净身器等。

洗涤用卫生器具有、洗涤盆、污水池、地漏等。

5．室内排水管道管径的确定

（1）连接一个卫生器具的排水支管管径按表 3-9-1-5 确定。

卫生器具的排水当量、排水支管管径　　　　表 3-9-1-5

序号	卫生器具名称		排水当量	管径（mm）	序号	卫生器具名称	排水当量	管径（mm）
1	污水盆（池）		1.0	50	7	大便槽（每蹲位）	4.5	150
2	洗涤盆（池）单格		2.0	50	8	小便器		
		双格	3.0			手动冲洗阀	0.15	40～50
3	洗脸盆		0.75	32～50		自动冲洗水箱	0.50	40～50
4	浴盆		2.0	50	9	小便槽（每米长）		
						手动冲洗阀	0.15	
5	淋浴器		0.45	50		自动冲洗水箱	0.50	
6	大便器				10	妇女卫生盆	0.30	40～50
	高水箱		4.5	100				
	低水箱		6.0	100	11	饮水器	0.15	25～50
	自闭式冲洗阀门		4.5	100				

表中各种卫生器具的排水当量，是以污水池的排水量 0.33L/s 为一个当量确定的，其他卫生器具的排水量是污水池排水量的多少倍，其当量即为多少。

（2）连接两个及两个以上卫生器具的排水横管及立管的管径，当排除生活污水时，可根据建筑物的类别及排水管负担的排水当量总数，按表 3-9-1-6 确定。

生活污水排水管允许负荷的当量总数　　　　表 3-9-1-6

建筑物类别	管径（mm）	横管当量总数		立管当量总数
		最小坡度	标准坡度	
住宅	50	3	6	16
	75	8	14	36
	100	50	100	250
集体宿舍、旅馆、医院、办公楼、学校	50	3	5	10
	75	8	12	22
	100	30	80	120
工业企业卫生间、公共浴室、洗衣房、公共食堂、实验室、影剧院、体育馆	50	2	3	5
	75	4	6	12
	100	8	18	22

利用表 3-9-1-5、3-9-1-6 确定排水管管径时，还应注意：

1）凡是连接大便器的排水管管径均不得小于 100mm。连接大便槽的管径不得小于 150mm。

2）排水横管的管径不应小于接入的支管管径。

3）立管管径不得小于接入的任一横管管径。

4）考虑到管内结垢的影响，小便槽或连接两个以上小便器的排水横管，管径不宜小于 75mm。

5）公共食堂厨房内污水含有油脂、菜叶泥沙等杂质，易堵塞管道，因此，支管管径不得小于 75mm，干管管径不得小于 100mm。

6）医院污物洗涤间内洗涤盆（池）和污水盆（池）的排水管管径不得小于 75mm，防止针头、药棉等杂物堵塞管道。

6. 室内排水管道坡度的确定

水平安装的排水管道，必须具有一定的坡度，使污水在重力作用下流过。管道坡度分为最小坡度和标准坡度。一般情况下，应采用标准坡度，当采用标准坡度有困难时，可采用最小坡度。生活污水和工业废水的标准坡度和最小坡度见表3-9-1-7。

排水管道的标准坡度和最小坡度　　　　　　　　表 3-9-1-7

管径 (mm)	工业废水（最小坡度）（‰）		生活污水（‰）	
	生产废水	生产污水	标准坡度	最小坡度
50	20	30	35	25
75	15	20	25	15
100	8	12	20	12
125	6	10	15	10
150	5	6	10	7
200	4	4	8	5

三、污水处理与中水利用

室内污水未经处理不能直接排入管道，应在建筑物内或附近设置污水局部处理构筑物予以处理。常用的污水局部处理构筑物有隔油井、沉淀池、化粪池等。

1. 隔油井

肉类加工厂、食品加工厂及食堂、餐厅的厨房等污水中，含有较多的动植物油脂，此类油脂进入管道后，随水温的下降，能凝固并附着在管壁上，缩小管道过水断面并最终堵塞管道。由汽车库修理排除的汽车冲洗污水或其他一些生产废水中，含有的汽油等轻油类进入排水管道内，挥发并聚集于检查井处，当达一定浓度时，易发生爆炸而破坏排水管道的正常工作。因此必须对含油污水进行除油处理。污水除油处理的构筑物称隔油井。

隔油井的作用是使含油污水以很低的速度并改变方向在井中流过，使油类浮在水面上，被隔板截留住，然后将其收集排除，隔油井的构造见图3-9-1-9。

2. 沉淀池

沉淀池的作用是使污水缓慢流过池内，由于流速下降，泥砂颗粒就会在重力的作用下从水中沉降到沉淀池底部，从水中分离出来。沉淀到池底的泥砂通过水力或机械设施定期清理排除。其构造如图3-9-1-10所示。

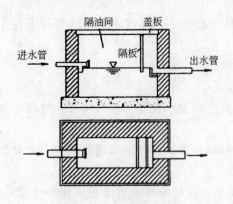

图 3-9-1-9　隔油井示意图

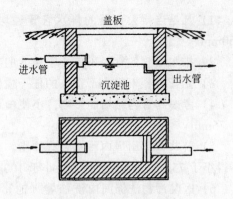

图 3-9-1-10　污水沉淀池

3. 化粪池

化粪池的作用一方面是沉淀污水，使污水与杂质分离后进入排水管道，污水得到净化；另一方面是使沉淀下来的污泥在其中厌氧分解，杀死粪便中的寄生虫卵。污泥在化粪池中停留三个月到一年。化粪池的构造如图 3-9-1-11 所示。

4. 中水利用

我国水资源（淡水资源）虽然就其总量来说不算少，但按人口和面积平均拥有的水资源却比较少，并且我国的淡水资源分布很不均衡。尤其是随着城市建设的发展和人民生活水平的提高，人们对水的需求量越来越大，供求矛盾日益突出，我国北方广大城乡地区都面临缺水问题。另一方面，我国目前

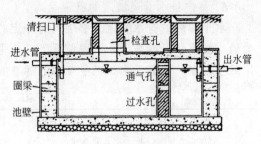

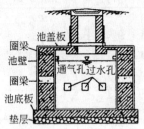

图 3-9-1-11　化粪池的构造

绝大部分城市，乡镇给水系统的水质均按饮用水水质标准供应，人们洗衣、淋浴，包括便溺冲洗水都是用的达到饮用标准的水，对水的利用又造成成了很大浪费。因此，如何节约用水，重复用水提到了重要议事日程。中水利用就是水重复利用的一种方式。

中水利用系统是指生活污水如淋浴、盥洗、洗涤、厨厕等排水，经处理达到一定的水质标准后，可在一定范围内的非饮用水供水系统中使用。其水质介于上水（自来水）与下水（污水）之间，可用于小区浇灌绿地，冲洗车辆，浇洒道路，也可在建筑中象给水系统一样多布设一套管路系统，供人们洗涤，冲厕之用，以节约用水。

中水利用是对水资源的有效利用，也是保护水环境的一种形式。

第二节　采暖工程

采暖的任务是在需要时向室内供给适量的热量，补偿房间热量的损耗，使室内温度保持在人们所需要的温度。而空调设备是提供空气的处理方法，通过加热或者冷却，加湿或者去湿控制空气的温度和湿度，并且不断地进行调节，为生产、生活和科研创造一定的恒

温、高清洁度和适当气流速度的空气环境。

一、热水管网

热水管网是以热水作为热媒的采暖系统。热水采暖系统的热量损失小，热能利用率较高，并且容易随着室外气温的变化集中调节水的温度，并可节省锅炉耗煤量，因此，在一般的民用建筑与公共建筑内采用较多。

1. 热水采暖系统由热源、热力网和热用户三大部分组成。热源一般指锅炉房，其作用是使燃料产生热能，将热媒加热成热水。热力网的作用是输送热媒。热用户是指建筑物内供暖、生活、生产用的系统和设备。

2. 热水采暖系统的管路布置

（1）干管布置

干管布置根据系统的形式不同而有不同的要求。对上分式系统，供水干管可沿墙敷设在窗过梁以上，顶棚以下的地方；不得遮挡窗户；距顶棚的距离要考虑管道坡度和安装排气装置的要求。

对下分式干管与上分式回水管的布置，当有地下室时布置在地下室中；没有地下室时，可布置在底层地面下的不通行地沟或半通行地沟内；也可在底层地面上沿墙敷设。

水平干管的布置应具有一定的坡度，通常为3/1000，坡向干管引入处，以利于空气排除。

（2）立管布置

立管应布置在外墙墙角及窗间墙处，因外墙角受热面积小，易发生结露冰冻现象。立管在窗间墙处便于连接二侧窗下散热器，并且对称美观。双管系统的供水立管一般布置在右侧，回水立管布置在左侧，供回水管中心距80mm。

（3）闸阀的布置

供回水管道上需设置闸阀用来开闭和调节流量。一般用于开闭的闸阀用截止阀；用于调节流量的闸阀用闸板阀。所有管道上安装的闸阀，都应安装在便于操作的地方，以利于安装和检修。

（4）伸缩器的设置

管道布置时要考虑金属的热胀冷缩性质，以避免管道形变和破裂。一般情况下温度每升高1℃，每 m 管道伸长0.12mm，因此当直线段管长超过25～30m 时，应设方形伸缩器或其他伸缩器吸收其膨胀量。当管道不在一条直线上时，可将两端固定，靠管道弯曲弹性吸收其伸长量。

二、供暖热负荷的估算

在供暖工程的规划或初步设计阶段，往往还没有建筑物的设计图纸，无法详细计算供暖热负荷。此外，采用公式计算供暖热负荷比较麻烦。因此通常情况下，也可采用估算的方法确定每幢建筑的供暖热负荷。目前常采用单位面积耗热量指标进行估算。

单位面积耗热量指标就是每小时每 m^2 建筑面积的平均耗热量，也即供暖系统每小时应供给每 m^2 建筑面积的热量。可按下式计算：

$$Q = q \cdot A \ （W）$$

式中　Q——建筑物供暖热负荷（W）；

q——单位面积耗热量指标（W/m^2）；

A——总建筑面积（m^2）。

这种估算方法常在选择锅炉及计算室外供暖管道时使用。目前，我们国家对建筑物节能提出了更高的要求，现给出我国部分城市建筑物耗热量、采暖耗煤量指标，见表 3-9-2-1。

我国部分城市建筑物耗热量、采暖耗煤量指标　　　　　表 3-9-2-1

地　名	耗热量指标（W/m^2）	耗煤量指标（kg/m^2）
北京	20.6	12.4
天津	20.5	11.8
石家庄	20.3	11.0
太原	20.8	13.5
沈阳	21.2	15.5
哈尔滨	21.9	18.2
郑州	20.0	9.4
西安	20.2	9.7

具体方法是先按表 3-9-2-1 确定耗热量指标，然后按公式计算出建筑物的供暖热负荷，再根据采暖面积，估算出村镇集中供集中供暖的热负荷。

三、锅炉房的布置

锅炉房的布置是指对锅炉房及与有关的各种设施的安排，主要包括确定锅炉房的位置、规模及各种附属设施的位置等。

1. 锅炉房的位置

锅炉房的位置应结合小城镇总体规划确定，并考虑以下几个方面的要求：

（1）应尽量靠近热负荷中心，以缩短供暖管道长度，减少压力损失和热损失，减少工程投资。

（2）应尽量布置于地势较低处，以利于蒸汽系统的凝结水回收和热水系统的排气，但地面标高要高于洪水位 0.5m 以上。

（3）应尽量设于交通、水、电供应方便的地方，以利于燃料的贮运和灰渣的清除，便于供电和给水、排水。要注意有足够的面积贮存燃料和堆放灰渣。

（4）应尽量设于冬季主导风向的下方，避免烟尘对小城镇环境的污染。

（5）锅炉房应有较好的朝向，以利用自然通风和采光。锅炉房需独立设置，不得和居住房屋相连，与其他建筑的距离应符合表 3-9-2-2 的规定。

（6）锅炉房的布置要考虑扩建的可能，留有今后发展的余地。

锅炉房和其他建筑的防火间距（m）　　　　　　表 3-9-2-2

其他建筑类别 锅炉房建筑的耐火等级	高层建筑（10 层以上住宅、24m 以上其他建筑）				一般民用建筑耐火等级			工厂建筑耐火等级		
	一类		二类		1～2 级	3 级	4 级	1～2 级	3 级	4 级
	主体建筑	辅助建筑	主体建筑	辅助建筑						
1～2 级	20	15	15	12	≥10	≥12	≥14	10	12	14
3 级	25	20	20	16	≥12	≥14	≥16	12	14	16

2. 锅炉的台数

锅炉的台数，应根据小城镇集中供暖的热负荷确定。考虑到管道的热损失、锅炉本身耗热量等因素，将小城镇集中供暖的热负荷增加 20%，作为锅炉的热负荷。锅炉的台数可按下式确定：

锅炉台数＝1.2×小城镇集中供暖热负荷/同一型号每台锅炉产热量

选用锅炉时，应尽可能使锅炉房内锅炉的型号相同。只有当采用相同型号的锅炉在技术上、经济上不合理时，才考虑设置不同型号的锅炉。锅炉的台数一般不宜少于两台，新建锅炉房采用机械加煤时不宜超过三台。小城镇锅炉房一般不设备用锅炉，因锅炉的检修可在非供暖期进行，如锅炉在运行中发生故障，可采用降低部分热负荷的方式进行修理。

3. 锅炉房的建筑和设备布置要求

（1）建筑要求

锅炉房的建筑要求主要有以下几个方面：

1）锅炉房应为一、二级耐火等级建筑，单独建造。

2）锅炉房的建筑平面应满足工艺布置的要求，并要尽量符合建筑模数。

3）锅炉房的屋顶应采用轻质结构，锅炉一旦发生爆炸事故，气流能冲开屋顶而减弱爆炸力。当屋顶结构的重量小于 900N/m² 时，屋顶可以是整块结构，且不必带有采光和通风的气窗。当屋顶结构的重量大于 900N/m² 时，屋顶应开防爆气窗，兼作采光和通风用，或在高出锅炉的锅炉房墙壁上开设玻璃窗。开窗面积最小应为锅炉房占地面积的 1/10。

4）锅炉房应留有通过最大设备的安装洞，安装洞可与门窗结合考虑，利用门窗上的过梁作为安装洞过梁。也可在墙上专门留出安装洞，待设备安装完后，再封闭安装洞。

5）锅炉房的地面应高出室外地面 150mm，外门台阶应做斜坡，以利煤、灰渣的运输。

6）锅炉房应有两个安全可靠的出入口，分别设在锅炉房二侧。对于单层锅炉房，当面积小于 200㎡，宽度小于 12m 时，可只设一个出入口。

7）锅炉房外墙上的门、窗应向外开，与锅炉房相通的辅助间的门向锅炉间开。

8）锅炉房的辅助房间水处理间、水泵间、维修间、化验室、休息室、办公室等宜布置在同一建筑物内。辅助间设在锅炉房的固定端，另一端留作发展扩建用。化验室宜布置在光线充足、噪声和振动影响较小的地方，维修间宜布置在锅炉房的底层。

（2）设备布置要求

在确定锅炉房各设备的位置和它们之间的距离及与墙壁的距离时，应考虑保持最低限度的通道宽度和操作检修方便，具体有以下几个方面要求：

1）锅炉的最高操作点到屋架下弦的净距不应小于 2m，当锅筒、省煤器上方不需要通行时，则从这些部件到屋架下弦的净距不应小于 0.7m。当锅炉房为砖木结构时，此距离不得小于 3m。。

2）锅炉前端、后端和侧面与建筑物的净距应满足操作、检修和布置辅助设施的需要。一般炉前距墙不应小于 3m，当需要在炉前拨火、清炉时，此距离不得小于燃烧室长度加 2m。锅炉侧面和后端通道净距不应小于 0.8m，当需要在侧面或后端拨火、吹灰、出渣时，通常宽度应保证操作方便，一般为 2～2.5m。

3）送风机、引风机和水泵之间的通道，一般不应小于 0.7m。过滤器、离子交换器、除氧水箱之间的通道不应小于 1.2m。

第三节 燃气供应

气体燃料比液体燃料和固体燃料具有更高的热能利用率，燃烧温度高，并且调节自如，使用方便，燃烧时没有灰渣，清洁卫生，可减少对环境的污染，且可以用管道和瓶装供应，减少运输费用。因此，气体燃料在人们的日常生活中得到了广泛应用。

一、燃气的生产

根据燃气的来源不同，燃气分为天然气，人工煤气和液化石油气。

1. 天然气

天然气是从地下直接开采出来的可燃气体。天然气一般可分为四种，从气井开采出来的气田气称纯天然气；伴随石油一起开采出来的是石油气，也称石油伴生气；含石油轻质馏分为凝析气田气；从井下煤层抽出的为煤矿矿井气。

天然气的主要成分是甲烷，有的还含有乙烷、丙烷等。天然气的发热值为 $8000 \sim 10000 kcal/Nm^3$，是一种理想的城市气源。天然气可以管道输送，也可以压缩成液态进行运输或贮藏，液态天然气体积仅为气态天然气的 1/600。

天然气通常没有气味，所以在使用时需混入无害而有臭味的气体（如乙硫醇 C_2H_2SH），以便于发现漏气的情况，避免发生中毒或爆炸等事故。

2. 人工煤气

人工煤气是由固体燃料（煤）或液体燃料（重油）通过人工炼制加工而得到的，按其制取方法不同可分为干馏煤气和油制气。

（1）干馏煤气

干馏煤气的制备是将煤放入专用的工业炉中，隔绝空气从外部加热，分解成三种主要产品，煤气、焦炭和煤焦油。这样生产出来的煤气称干馏煤气。干馏煤气的主要成分是甲烷、氢、一氧化碳和其他碳氢化合物等可燃性气体，还含有少量二氧化碳和氮气等不可燃气体。每吨煤可生产煤气 $300 \sim 400 m^3$，每 m^3 煤气完全燃烧时可放出 4300kcal 左右的热量。

（2）油制气

将重油在压力、温度和催化剂的作用下，使分子裂变而形成可燃气体。这种气体经过处理后，就可得到油制气或称油煤气。同时还可以得到粗苯和残渣油。油制气的主要成分是甲烷、氢、一氧化碳和乙烯、丙烯等碳氢化合物。油制气的发热值比干馏煤气高，每 m^3 油制气完全燃烧可放出 4500kcal 左右的热量。干馏煤气与油制气体中都含有一氧化碳，使用时要引起充分重视，注意防止管道和灶具被风吹灭等情况，避免发生事故。

3. 液化石油气

在对石油进行加工处理的过程中，可以得到一种可燃性气体。这种气体在常温，常压下为气态，但在温度降低或者压力增大时，就会变成液态，称液化石油气。其主要成分是：丙烷、丁烷、丙烯、丁烯等碳氢化合物。它发热值很高，每公斤液化石油气完全燃烧可放出 11000kcal 左右的热量。

液化石油气中不含有有毒气体，使用比较安全。由于体积小，使运输、贮存和供应都比较方便。但是，当液化石油气的气体体积在空气中的含量超过 2% 时，遇到明火就会引起爆炸，使用中必须注意防止漏气与防火。

二、燃气的输送

燃气的供应方式有两种，一种是管道输送，另一种是装瓶供应。

1. 管道输送

干馏煤气、油制气、天然气、液化石油气都可以采用管道输送，目前采用管道输送较多的是煤气。

(1) 室外煤气管道

根据输气压力不同，城市煤气管网分为四种：低压管网：输气压力小于等于 5kPa；中压管网：输气压力为 5～150kPa；次高压管网：输气体压力为 150～300kPa；高压管网：输气压力为 300～800kPa。

大城市的输配系统一般由低、中（或次高压）和高压三级管网组成；中等城市可由低、中压或低、次高压两级管网组成；小城镇可采用低压管网。

街道煤气管网一般都布置成环状，只有边缘地区才布置成枝状，庭院煤气管网常采用枝状。庭院煤气管网是指从煤气总阀门井以后至各建筑物前的户外煤气管路。

煤气管网一般为埋地敷设，但一般情况不设管沟，更不允许与其他管道同沟敷设，以防煤气泄漏时积聚在管沟内、引起火灾、爆炸或中毒事故。埋地煤气管道不得穿过其他管沟。埋地煤气管道穿越城镇道路，铁路等障碍物时，煤气管应设于套管或管沟内，且套管及管沟要用砂填实。

庭院煤气管道应敷设在冰冻线以下 0.1～0.2m 的土层内，不得在堆积易燃易爆材料和具有腐蚀性液体的土壤层及房屋建筑下面通过。其走向应尽量与建筑物轴线平行，距建筑不小于 2m，与其他地下管道水平净距不小于 1m。与给排水管道，热力管沟顶或底的最小垂直距离为 0.15m，与电缆线最小垂直距离为 0.5m。在可能引起管道不均匀沉降的地段，管下基础应做处理。

煤气在输送过程中要不断排除管壁凝结水，因而管道应有不小于 0.003 的坡度坡向凝水器。凝水器中的水定期用手摇泵排除。凝水器通常设在庭院煤气管道入口处。

(2) 室内煤气管道

室内煤气管道系统由引入管，干管、立管、用户支管、煤气计量表，用具连接管和燃气用具组成，见图 3-9-3-1。

用户引入管与庭院低压分配管道连接，在分支处设阀门。引入管最好直接引入用气房间内，不得敷设在卧室、浴室、厕所、有腐蚀性介质的房间、变配电间、电缆沟及烟、风道内。

当引入管穿越房屋基础或管沟时，应预留孔洞，加套管，间隙用油麻，沥青或环氧树脂填塞。管顶间隙应不小于建筑物最大沉降量，具体做法见图 3-9-3-2。

引入管进入室内第一层处，应该安装严密性较好，不带手柄的旋塞，可避免随意开关。

当室内煤气管道有多根立管时，需设水平干管与引入管连接。水平干管可沿楼梯间或辅助间的墙壁敷设，坡向引入管，坡度不小于 0.002。管道经过的楼梯间和房间应有良好的通风。

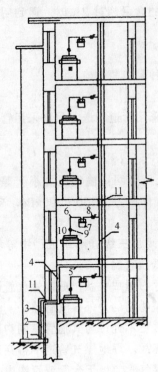

图 3-9-3-1　室内煤气管道系统

1—用户引人管；2—灶台；3—保温层；4—立管；5—
水平干管；6—用户支管；7—燃气计量表；8—旋塞及
活接头；9—用具连接管；10—燃气用具；11—套管

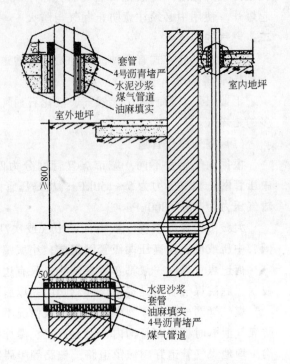

图 3-9-3-2　引入管穿越基础或外墙

立管是将煤气由水平干管分送到各层的管道。立管一般敷设在厨房、走廊或楼梯间内。每一立管的顶端和底端设丝堵三通，作清洗用，其直径不小于 25mm。当由地下室引入时，立管在第一层应设阀门。

立管通过各层楼板处应设套管。套管高出地面到少 50mm，套管与立管之间的间隙用油麻填堵，沥青封口。

立管在一幢建筑中一般不改变管径，直通上面各层。

由立管引向各单独用户计量表及煤气用具的管道为用户支管。用户支管在厨房内的高度不低于 1.7m。敷设坡度不应小于 0.002，并由煤气计量表分别坡向立管和煤气用具。支管穿墙时也应有套管保护。

室内煤气管道一般为明装敷设，当有特殊要求时，也可以暗装，但必须敷设在有人孔的闷顶或有活盖的墙槽内，以便安装和检修。

室内煤气管道可采用镀锌钢管或焊接钢管。连接可采用法兰，也可以焊接或丝接。当 DN≤50mm 时，均采用丝接。

2. 瓶装供应

液化石油气容易被压缩液化，可以用管道输送供气，也可以装入钢瓶中进行供应，我国目前多采用瓶装供应。瓶装供应使用方便，适用性强。其一般的运装工艺是石油炼油厂生产的液化气用火车或汽车槽车运到城市的灌瓶站，卸入环球形贮罐。卸车一般用油泵，也可使用减压器或靠高差静压自流。由贮罐向钢瓶充装液化气和液化气卸车的方式相似，也是将液体通过管道和油泵，由一个容器注入另一个容器。

钢瓶分 10kg、15kg 装和 20kg、50kg 装四种，前两种主要用于家庭，后两种用于工业或服务行业。

无论是钢瓶、槽车和贮罐，其盛装液化气的充满度最大不允许超过其容积的 85%。因液化气的体积是随温度变化的，温度每升高 10℃，体积约增大 3%～4%。

居民用户的液化石油气一般采用单瓶供应，由钢瓶、调压器，煤气用具和连接管组成。一般钢瓶置于厨房内，使用时打开钢瓶角阀，液化石油气靠本身压力进入调压器，降低压力后进入煤气用具燃烧。

钢瓶的放置地点要考虑便于换瓶和检查，但不准装于卧室及没有通风设备的走廊，地下室等处。为防止钢瓶过热和压力过高，钢瓶与煤气用具及采暖炉，散热器的距离至少要保证 1m。钢瓶与煤气用具之间用耐油耐压软管连接，软管长度不得大于 2m。

钢瓶在运送过程中，无论人工还是机械装卸，都应严格遵守操作规程，严禁乱扔乱甩，以免发生事故。

三、燃气的使用

燃气在燃烧和发生不完全燃烧时，烟气中含有一氧化碳，二氧化碳、二氧化硫等有害气体。一氧化碳是毒性很大的气体，它与人体内血红蛋白的结合力大于氧的结合力，人体吸入时，会造成人体组织缺氧，引起内脏出血，水肿及坏死，最终导致死亡；新鲜空气中含有 0.04% 的二氧化碳，对人体无害，但在装有煤气用具的房间，室内的二氧化碳含量会逐渐增加，人体由局部出现刺激症状，呼吸困难直至神志不清，导致死亡；二氧化硫是有特殊气味的刺激性气体，它主要影响上呼吸道，当中毒较重时，也会影响下呼吸道，长时间作用会引起慢性中毒。

为了保证人体健康，维持室内空气的清洁度，同时，由于煤气用具的热负荷越大，所需的空气量越多，为提高煤气的燃烧效果，对使用煤气用具的房间必须采取一定的通风措施，使各种有害成分的含量控制在容许浓度之下，使煤气燃烧得更加充分。

目前常用的通风方式有自然通风和机械通风两种，机械通风方式是在使用煤气用具的房间内安装排风扇，抽油烟机等设备来通风换气。下面介绍两种自然排风方式。

安装煤气用具的房间，通风情况不好时，应安装排气筒，它既可以排除煤气的燃烧产物，又可以在产生不完全燃烧和漏气的情况下，排除可燃气体，防止中毒或爆炸。

对于多层、高层建筑，可设置一根总管道即共用排气筒连接各层煤气用具，共用排气筒用耐热材料砌筑，通过建筑物的排气筒要完全封闭，排气筒下端不能堵死，而要安装严密的封盖，以便检查和排除冷凝水。

第四节　电气

一、电力网规划设计

电力网是输送，变换和分配电能的网络，由变电所和各种不同电压等级的电力线路所组成。它是联系发电厂和用户的中间环节。电力网的任务是将发电厂生产的电能输送，变换和分配到电力用户。

电力网的电压等级较多，在我国习惯上将电压为 330kV 及 330kV 以上的称为超高压；

1kV 至 330kV 的称为中压，1kV 以下的称为低压。一般将 3、6、10kV 等级的电压称配电电压。

电能的输送主要指各种输电线路，包括超高压线路，高压线路及低压线路。变换主要指各种类型的变电所及变电站。用户指工业用户及民用用户。

变电所及变电站是接受电能，变换电压和分配电能的场所。它是由电力变压器和配电装置组成。按变压的性质和作用又可分为升压变电所（站）和降压变电所（站）两种。

工业用电主要是动力用电设备（如电动机等）；民用用户主要是照明用电。

二、供配电系统

1. 小型工业与民用建筑供电系统

此种供电系统一般只需设立一个简单的变电所，电源进线电压常为 10kV，经降压变压器将电压降到 380V/220V，再经低压配电线路向动力用电设备和照明设备供电。

2. 中型工业与民用建筑供电系统

这一供电系统进线电压一般为 10kV，经高压配电所，高压配电线路，将电能送到各车间或建筑物变电所，再由变压器将电压降为 380V/220V，通过低压配电线路向用电设备供电。

3. 大型工业与民用建筑供电系统

此类电源进线电压一般为 110kV 或 35kV，需经两次降压。首先经总降压变电所，将电压降为 10kV，然后由 10kV 高压配电线路将电能送到各车间或民用建筑的降压变电所，再将电压降为 380V/220V，由低压配电线路向用电设备供电。

三、变配电所

1. 变电所安装形式

对小城镇居住区，工厂生活区供电时，宜设杆上变电所或露天变电所。乡村地区变电所普遍采用杆上式，台墩式，落地式等几种形式。

杆上式变电所简称变台，又分单杆式变台和双杆式变台两种。单杆式变台适用于 30kVA 及以下变压器安装。双杆变台适用于 50～315kVA 范围内的变压器安装，见图 3-9-4-1。

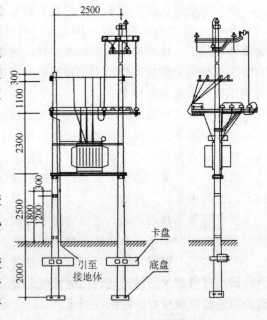

图 3-9-4-1 杆上变电所布置

台墩式变电所是用砖、块石砌筑而成的高 2.5m 左右的建筑物，将变压器直接安放在台墩上。落地式变电所是将变压器承台筑成 0.5～1m 高，周围用固定围栏保护。

2. 配电变压器选择安装地点的原则

(1) 高压进线方便，尽量靠近高压电源。

(2) 尽量设在负荷中心，以节省导线，减少线路功率损耗。

(3) 选择无腐蚀性气体，运输方便，易于安装的地方。

（4）避开交通和人畜活动中心，以确保用电安全。

（5）配电电压为 380V 时，其供电半径不超过 700m。

四、电气照明系统

1. 照明供电的一般要求

（1）为了保证工作照明亮度的稳定性和保护工作人员的视力，灯具的电流电压不能高于灯具的额定电压 5％；同时对于视觉要求较高的室内照明也不能低于额定电压的 5％；对事故照明（指在正常照明因故障熄灭的情况下，供暂时继续工作或人员疏散用的照明），警卫照明的电压为 12～36V 的安全照明不能低于额定电压的 10％。

（2）一般工作场所照明负荷的接线方式

一般工作场所的照明负荷可由单台变压器的变电所供电。如有疏散用事故照明时，工作照明和疏散事故照明应从变电所低压配电屏（图 3-9-4-2）或从厂房，建筑物入口处分开供电（图 3-9-4-2）。疏散用事故照明作为工作照明的一部分时应经常接地。

当变电所低压配电屏上出线回路数多且出线的负荷容量较大时，很多工作场所可采用由低压配电屏分出的配电箱供电。配电箱的设置可扩大变电所低压馈线的数量和供电范围，见图 3-9-4-3。

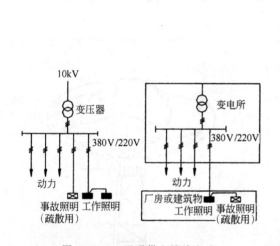

图 3-9-4-2　照明供电接线方式

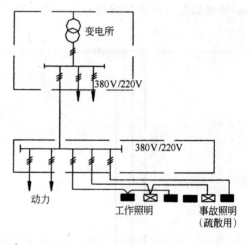

图 3-9-4-3　照明供电接线方式

2. 配电线路

（1）建筑物内部的照明供电系统，应根据工程规模大小，设备布置，负荷容量等条件确定，对容量较大的照明负荷，一般采用 380V/220V，三相四线制配电方式。

（2）建筑物内部照明负荷较小的，一般采用单相 220V 供电。

3. 照明的种类

（1）工作照明：工作照明是在正常工作时能顺利地完成作业，保证安全通行和能看清周围的东西而设置的照明。工作照明又分为一般照明，局部照明和混合照明。

一般照明：不考虑局部的特殊需要，为整个被照场所而设置的照明。

局部照明：限于工作部位的照明。出于某一局部位置的特定需要或对光照方向有特殊要求时，应采用局部照明。

混合照明：是由一般照明和局部照明共同组成的照明。

（2）事故照明：当正常工作照明因故障熄灭后，供暂时继续工作或人员疏散用的照明称为事故照明。

（3）障碍照明：凡装设在高建筑物或构筑物尖顶上，作为飞行障碍标志用；装设在船舶通行航道两侧的建筑物上，作为障碍标志的照明，称为障碍照明。

五、建筑物防雷及电力设备防雷

1．雷击的危害性

雷击的破坏作用主要是雷电引起的。它的危害可分成两种类型，一是雷直接击在建筑物上发生的热效应和电动力作用；二是雷电的二次作用，即雷电流产生的静电感应作用和电磁感应作用。引起大规模停电，造成火灾甚至爆炸。

2．常用的防雷装置

为了防止雷击的破坏，人们通常使用接闪器，消雷器和避雷器来预防雷击。

（1）接闪器、避雷针、避雷线、避雷带、避雷网等是用来接受雷击的金属体，统称为接闪器。所有接闪器都经过接地引下线与接地体相连，把雷电引入大地，从而保护附近的建筑物和设备免受雷击。避雷针防雷原理见图 3-9-4-4。

（2）消雷器

消雷器是近年来发展的一种防雷新技术，是对针状电极的尖端放电原理的应用，见图 3-9-4-5。

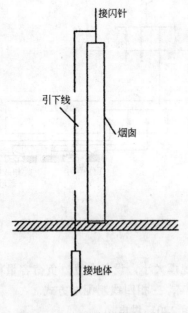

图 3-9-4-4　避雷针原理示意图

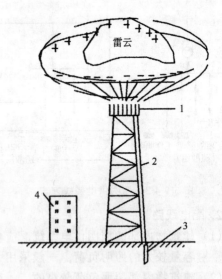

图 3-9-4-5　消雷器的防雷原理说明
1—离子化装置；2—引下线；3—接地装置；
4—被保护物

（3）避雷器

避雷器用来防护雷电产生的大气高电压（即高电位）沿线路侵入变电所或其他建筑物内，以免高电位危害被保护设备的绝缘，见图 3-9-4-6。

六、接地与安全保护

为了防止直接电击，通常对电气设备采用绝缘、屏护、间距等技术措施，以保证用电安全。但当设备一旦发生绝缘破坏导致外壳带电等故障，外壳和大地之间便存在电压，给工作人员或附近人员造成接触电压或跨步电压的触电事故，称之为间接电击。这种意外事故是非常危险的。为了确保电气设备的安全使用，防止间接电击发生，人们采用保护接地、保护接零等措施。

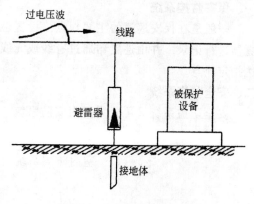

图 3-9-4-6　避雷器的连接

1. 接地装置

（1）自然接地体的利用

在设计和装设接地装置时，应尽量利用自然接地体，以节约投资和钢材。可以作为自然接地体的有：地下水管，非可燃、非爆炸性液、气金属管道，建筑物的金属构造及敷设于地下而数量不少于两根的电缆金属外皮等。

（2）人工接地体的敷设

在自然接地体不能满足接地电阻值要求时，需敷设人工接地体作为补充。但发电厂、变配电所等重要地方则均以人工接地体为主。

2. 常用的保护方式

保护接地：为了确保人身安全，防止触电事故，而将电气设备外壳、支架及其相连的金属部分通过接地装置与大地紧密地连结起来的接地，称为保护接地。

与发电机、变压器直接接地的中性点相连的导线，称为零线。保护接零就是把电气设备在正常情况下不带电的金属部分与电网的零线紧密连接，有效地起到保护人身和设备安全和作用。

第五节　建筑智能化

智能建筑是指运用系统工程的观点，将建筑结构（建筑环境结构）、系统（智能化系统）、服务（用户需求服务）和管理（物业运行管理）四个基本要素进行优化组合，提供一个安全方便、舒适和高效的生活居住环境和工作环境的建筑物。

智能建筑建立在建筑主体结构和设施基础之上，为业主提供先进的控制和管理手段空间：BAS（楼宇自动化系统）、IBS（信息自动化系统）和 CNS（通信及网络系统）组成并包括多个子系统，其中以 BAS 为主，其结构和组成如下所示：

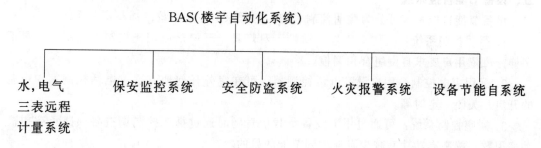

一、保安监控系统

一般是在保安巡逻的主要地点，设置巡更点。要求保安员必须定点按时巡逻，通过巡更器进行记录，并由巡更器通过有线或无线方式通知控制中心，便可知保安员是否按时到达指定地点。

二、安全防盗系统

安全防盗系统又可分为室内安防系统，门禁控制系统和可视对讲系统。

室内防盗系统 {
室内安防系统
门禁控制系统
可视对讲系统
}

1．室内安防系统

室内安防系统采用高科技红外线探头，摄像头等。安装在工厂或住宅的窗户，阳台，楼道等位置。当室内安防系统处于戒备状态时，如有人企图通过阳台，窗户，楼道非法入内时，安防系统就会启动家庭智能控制面板上的声光报警装置，提醒住户，并通知小区控制中心。

2．门禁控制系统：每户住宅大门安装门禁系统，当用钥匙打开门锁时，红外线报警系统自动解除戒备状态。当住户外出或需布防时，将门锁上或在操作键盘上作相应操作。

3．可视对讲系统：一般在大厦出入口设可视对讲系统。用户可通过该系统全方位了解来访者，并由用户下达命令开启电锁放行，这样既管制了闲杂人员的进出，又方便了保安人员作业。

三、火灾自动报警系统

火灾自动报警系统由前端探测部分，联动部分，主机控制部分三部分组成。

前端探测部分为带有信息处理器的感烟探测器，感温探测器，火焰探测器等，，联动部分为自动喷淋装置、消防水幕、消防水炮防火门等，主机控制部分为火灾监控及联动的核心，负责处理信息及下达启动联动部分的指令。当感烟，感温，火焰探测器探测到火灾事故后，通过信息处理器分析火势的强弱、方位坐标发出报警讯号并将信息传送到主机控制部分，主机控制部分对该信息做出相应处理，然后下达指令开启，消防水幕、自动喷淋装置、关闭防火门，让消防水泵对准失火部位灭火。

四、水、电、气三表远程计量系统

水、电、气三表远程计量系统可由两种方式来实现，一种为一卡通网络系统，水、电、气三表通过小区网络系统将计量信息传送到小区物业管理系统，由用户用智能卡支付费用；另一种为采用带远传装置的计量表，随时将计量信息通过网络传输到各主管部门资费中心。

五、设备节能自控系统

设备节能自控系统可分为照明控制系统，远程家电控制系统，插座控制系统。

1．照明控制系统：由住户手控，遥控，对灯具、开关量或调光控制。控制方式灵活多样，可依用户要求自由组合和调控。

2．远程家电控制：用户设置电话控制器，可在室外任何地方通过电话控制家中设备的开启、关闭、定时等。

3．插座控制系统：可通过用电设备负载信息随时通过插座控制调查各回路负载提高功率因数，提高有功功率减少阻耗达到节能的目的。

参考文献

[1]《农村经济技术社会知识丛书》编委会．村镇建设．北京：中国农业出版社，2000

[2] 李国庆，纪江海，王广和．建筑设计与构造．北京：科学出版社，2001

[3] 李必瑜．房屋建筑学．武汉工业大学出版社，2000

[4] 中国建筑技术研究院村镇规划设计研究所．村镇小康住宅示范小区规划设计优化研究．1998

[5] 刘殿华．村镇建筑设计．东南大学山版社，1999

[6] 张万方．村镇建设助理员简明实用教程，北京：中国建筑工业出版社，1991

[7] 王庭熙．建筑师简明手册．北京：中国建筑工业出版社，1999

[8] 张釉云．农业建筑学．北京：农业出版社，1988

[9] 金大勤．村镇建筑手册．北京：中国建筑工业出版社，1993

第四篇

第一章　小城镇建筑施工基本知识

第一节　建筑识图

在小城镇建筑工程中，无论建造何种类型的建筑物，其位置的选择、总图的布置、建筑高度和层数的表示、使用的材料以及方案的研究、形体确定、结构造型、室内布置、细部处理等等都要用图纸来表示，并作为建筑施工的依据。

建筑施工常用的图纸一般有建筑施工图（简称建施）和结构施工图（简称结施）两类。还有上、下水、暖卫、电讯、燃气等设备的建筑物，须绘制水、暖、电讯及燃气等设备施工图。

一、建筑图有关规定和常用符号

1. 施工图的图标

在建筑施工图的右下角，必须注明设计单位、工程名称、图纸名称和编号、设计日期以及设计人和工程负责人签名的图标。

2. 建筑图的尺寸：米用"m"表示，厘米用"cm"表示，毫米用"mm"表示。

3. 建筑施工图常用比例见表 4-1-1-1。

建筑施工图常用比例表

表 4-1-1-1

总平面图	1:500、1:1000、1:2000
平、立、剖面图	1:50、1:100、1:200
配件及构造说图	1:1、1:2、1:5、1:10、1:20、1:50

4. 各种图线的用途见表 4-1-1-2。

表 4-1-1-2

名　称		线　型	线　宽	一般用途
实线	粗	————	b	主要可见轮廓线
	中	————	$0.5b$	可见轮廓线
	细	————	$0.25b$	可见轮廓线、图例线
虚线	粗	▬ ▬ ▬ ▬	b	地下管线
	中	------------	$0.5b$	不可见轮廓线
	细	------------	$0.25b$	假想轮廓线、拟扩建建筑物轮廓线

续表

名 称		线 型	线 宽	一 般 用 途
点划线	粗	▬ - ▬ - ▬ - ▬ -	b	结构图中桁架的杆件中心线
	细	— - — - — - — -	$0.25b$	中心线、对称线等
折断线		⌐∿⌐	$0.25b$	长距离被断开部分的界线
波浪线		∿∿∿	$0.25b$	表示构造层次的界线

5.建筑图的轴线

在建筑图的承重结构部件注明轴线，是施工放线的重要依据。轴线用点划线表示，在末端画直径为 8mm 的圆圈，圈内注明编号，水平方向用阿拉伯数字，由左向右依次注明，垂直方向用大写英文字母由下而上注明，其中 I、O、U 三个字母不用。

6.建筑图标高注法：建筑物各部位高度一般用相对标高表示，但必须注明相对标高 ±0.00 相当于绝对标高多少。如 ±0.00＝25.45，即底层室内地面标高 ±0.00，相当于绝对标高 25.45m。

绝对标高仅在总平面图中应用。

建筑施工图中，房屋的地坪（首层室内地面）作为零点，室内地面以上高度为正数，可不加"＋"；室内地面以下高度为负数，则必须加"－"号。

7.几种常用建筑图例，见图 4-1-1-1。

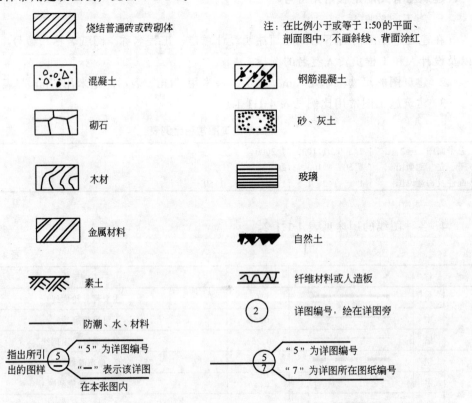

图 4-1-1-1 常用的几种建筑图例

8.几种常用构件代号：

板	B	过梁	GL
空心板	KB	檩条	LT
槽形板	CB	雨篷	YP
楼梯板	TB	阳台	YT
圈梁	QL	盖板或沟盖板	GB
梁	L		

二、建筑总平面图的内容

总平面图主要表达新建房屋的位置及其与原有建筑物和周围环境的关系。同时还应表达新规划的道路、停车场地和绿地地形等内容。

在总平面图上要标明新建房屋首层室内地面±0.00所相当的绝对高程数值、建筑物的朝向以及用风玫瑰图表示出该地区的主导风向。

三、建筑施工图的识读

1.建筑平面图

建筑平面图就是将建筑物用一个假想的水平面，沿窗口（窗台稍高一点）的地方切开，去掉上半部分，从上往下看的水平投影图。沿底层门窗口处剖切得到的平面为首层平面图（也叫底层平面图）；楼房最上面的一层为顶层平面图；中间各层如果各房间布置相同，可用一个平面表示，一般称中间层平面图（也称标准层平面图）；如果各层房间平面布置不同，可分为二、三……层平面图。平面图的内容和表示方法如图4-1-1-2。

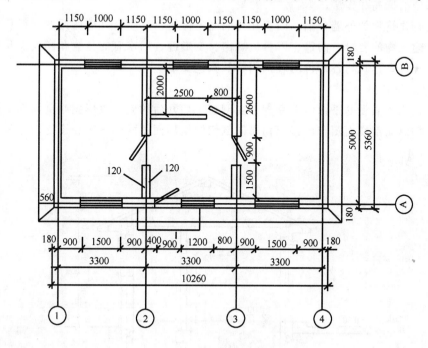

图 4-1-1-2　建筑平面图

建筑平面图的识图顺序一般如下：

先看图纸图标，了解工程名称、图名、设计单位、图号、设计日期、比例尺等。

其次看房屋的朝向，建筑物总长度和总宽度，各轴线间距，外门、窗的尺寸和编号，窗间墙宽度，有无砖垛、构造柱，外墙厚度，散水宽度，台阶大小，雨水管位置等；

再看房屋内部。包括房间的用途，地坪标高，内墙位置、厚度，内门、窗的位置、尺寸、编号，有关详图的索引号和内容以及剖切线的位置等；

然后还要看安装工程有关部位及内容要求，如暖气沟、水池、电闸箱、消防栓的位置和安装要求等。

2. 建筑立面图

建筑立面图的内容和表示方法如图 4-1-1-3。

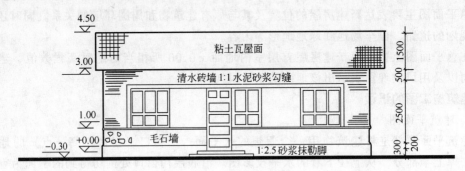

图 4-1-1-3　建筑立面图

建筑立面图要先看图上注明的建筑物的朝向，总高度以及组成总高度的勒脚、墙身、屋顶三部分的标高和作法；

其次看建筑物的外墙分隔，门窗在外墙面上位置、高度、外墙所用的材料和作法；

再看建筑物的台阶、雨篷、阳台、烟囱、变形缝、雨水管的位置和高度以及做法；

然后要注意建筑物各部位的装饰用料及颜色要求。

3. 建筑剖面图

将建筑物用假设的平面沿着垂直方向剖切，切开后的立面投影图叫剖面图。剖面图分为沿建筑物纵向剖切面图和沿建筑物横向剖切的横剖面图两种。剖面图的内容和表示方法如图 4-1-1-4。

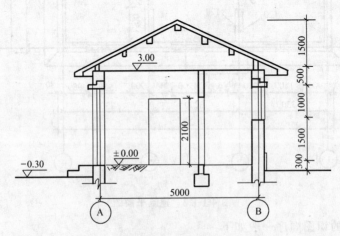

图 4-1-1-4　建筑剖面图

建筑剖面图的识读：

先看建筑物在平面上的剖切位置和编号；

其次看建筑物各部分的竖向尺寸和标高，楼板构造形式，门、窗的标高及竖向尺寸，建筑最高处标高，室外地坪标高，屋顶的坡度等；

再看建筑物外墙突出构造物如阳台、雨篷、屋檐等的标高、墙内构造物如圈梁、过梁等的标高或竖向尺寸等。

然后看建筑物的地面、楼面、墙面、屋面及顶棚等部分的做法。

4．建筑详图

建筑图除绘制平、立、剖面外，为了详细说明建筑物关键部位的构造，还要绘制施工详图。详图可分为部位构造详图和构配件详图两种。详图的内容及表达方法如图 4-1-1-5。

从建筑详图可以看到建筑物某一局部的构造和材料做法。如从外墙的详图可以看出地面、勒脚、窗台、窗洞上部、檐口、顶棚、屋面的标高及做法。

从构件、配件构造详图如门、窗、梁、板、柱的详图等，可以知道这些构、配件的尺寸、材料及做法等等。

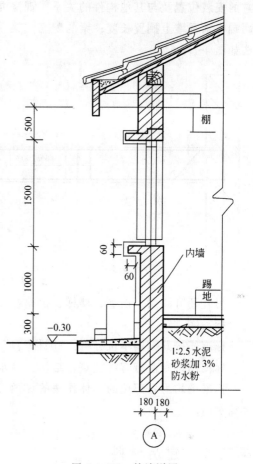

图 4-1-1-5　外墙详图

四、结构施工图的识读

建筑物的结构施工图主要表示建筑物承重结构的情况。它是放灰线、挖槽、支模板、绑扎钢筋、浇筑混凝土、安装梁、板、柱、编制预算和施工进度计划的依据。

1．基础施工图

基础施工图可由基础平面图和基础剖面图组成。

先看基础平面图的基础底面尺寸及墙厚，基础垫层边线、基础墙边及其轴线之间的关系。

其次看基础剖面图中的墙身厚度和基础埋置深度；基础的轴线和基础中线的关系；墙身防潮层位置；基础、垫层的材料做法与尺寸；大放脚尺寸及文字说明。

2．楼板、屋面结构施工图

楼板、屋面板是建筑物重要承重结构，楼板、屋面结构图分为平面图和详图两种。

楼板有预制板结构和现浇板结构两种。预制板结构要先看清楼板的编号和数量，板缝的处理及板与承重墙的关系；现浇板结构应看清楼板配筋情况。

其次看楼板与承重墙、圈梁搭接的构造做法及搭接尺寸。一般用剖面大样图表示。

3．钢筋混凝土梁及其他构件详图

梁有预制和现浇两种，预制梁在预制厂或现场制作，达到强度后在现场吊装，要注意它的安装位置及与其他构件的关系。现浇混凝土梁要看清详图中梁的长、高、宽度；梁的两端在承重墙上搁置长度；梁的配筋、架立筋、主筋的位置及箍筋的间距。梁配筋表示方法如图 4-1-1-6。

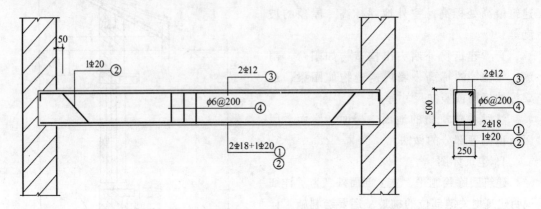

图 4-1-1-6　梁配筋详图

另外还有圈梁、雨篷、楼梯、挑檐板配筋作法图等等，其识读方法同于梁配筋图。

五、标准图

标准图按其编制单位分有："国标"、"省标"和设计单位自行编制的"院标"。

标准图按专业分有：建筑、结构、给水、排水、电力、电讯、暖卫等标准图。

标准图均为各部位的具体作法的详图。在使用时要注意设计图的编号与标准图中的编号相对应。

第二节　建筑材料

在建筑工程中，用于建筑材料的费用要占工程全部造价的 70％左右。所以，在小城镇建筑的设计和施工中，一方面要尽量减少材料消耗，以降低工程造价；另一方面要严格把好材料的质量关，以保证工程的坚固耐久，延长建筑物的使用年限。小城镇建设管理人员应了解和掌握常用建筑材料的品种、规格、性能等基本知识，熟悉不同工程和使用条件对材料的要求，以达到提高小城镇建设工程质量和降低工程造价的目的。

目前，通常根据组成物质的化学成分，将建筑材料分为无机材料、有机材料、复合材料三大类（表 4-1-2-1）。

建筑材料的分类　　　　　　　　　　　　　　　表 4-1-2-1

无　机　材　料			有　机　材　料			复合材料
非金属材料	金属材料		植物质材料	沥青材料	高分子材料	
	黑色金属	有色金属				
石材、烧土制品、混凝土、砂浆、玻璃、胶凝材料	铁、钢	铝、铜各类合金	木材、竹材植物纤维	石油沥青煤沥青	塑料合成橡胶	金属～非金属无机～有机

一、建筑钢材

建筑钢材在建筑上主要用于制作钢结构和用作钢筋混凝土及预应力钢筋混凝土中的钢筋、钢丝，还大量用作门窗和建筑五金等。

1. 钢的分类

（1）碳素钢按碳的含量分：低碳钢，中碳钢，高碳钢。

（2）合金钢按掺入合金元素分：低合金钢，中合金钢，高合金钢。

（3）按钢材品质分：普通钢，优质钢，高级优质钢。

（4）按用途分：建筑钢，结构钢，工具钢，特殊性能钢（如不锈钢，耐酸钢，耐热钢，磁钢等）。

2. 碳素结构钢的牌号及技术要求

（1）碳素结构钢的牌号表示法

碳素结构钢的牌号由代表屈服点的字母、屈服点数值、质量等级符号、脱氧方法符号等四个部分按顺序组成，见表 4-1-2-2。

碳素结构钢牌号中的符号 表 4-1-2-2

代表屈服点的字母	屈服点数值	质量等级符号	脱氧方法符号
Q "屈"字汉语拼音 首位字母	195，215，235，255，275 取自≤16mm 厚度（直径）的钢材屈服点（MP2）低限	A B C D	F—沸腾钢 b—半镇静钢 Z—镇静钢 TZ—特殊镇静钢

注：牌号 Q195 的屈服点仅作参考，不作为交货条件。"Z""TZ"符号予以省略。

（2）普通碳素结构钢的技术要求

钢材的化学成分，拉伸和冲击试验、冷弯试验等指标应符合规范规定。

碳素结构钢力学性能稳定，塑性好，在各种加工过程中敏感性较小，构件在焊接、超载、受冲击和温度应力等不利的情况下能保证安全。碳素结构钢冶炼方便，成本较低，目前在建筑中应用还占相当大比重。

钢结构用碳素结构的选用大致根据下列原则：以冶炼方法和脱氧程度来区分钢材品质，选用时应根据结构的工作条件承受荷载的类型（动荷载、静荷载），受荷方式（直接受荷、间接受荷），结构的连接方式（焊接、非焊接）和使用温度等因素综合考虑，对各种不同情况下使用的钢结构都有一定的要求。

3. 优质碳素结构钢

优质碳素结构钢与普通碳素结构钢的主要区别在于前者对硫、磷杂质的限制比较严格，根据国家规定，优质碳素结构钢的硫、磷含量均不得超过 0.04%。质量较优，价格也贵。

优质碳素结构钢也是按含碳量的多少划分钢号。钢号用平均含碳量的百分数表示，如 35 号钢是指平均含碳量为 0.35%。含锰量较高的，在表示钢号的数字后面附"Mn"字。

优质碳素结构钢在建筑上应用不多，30、35、40 和 45 号钢可用作高强度螺栓，45 号钢可用作预应力钢筋的锚具；65、70、75 和 80 号钢可用于生产预应力混凝土用的碳素钢丝、刻痕钢丝和钢铰线。

4. 普通低合金结构钢

普通低合金结构钢是一种合金元素总含量小于 5% 的钢。它的强度较高，综合性能较好，可用一般冶炼、轧制设备生产，成本与普通碳素结构钢接近。这种钢较多地在大型结构或荷载较大的结构中采用，与普通碳素结构钢相比较，可节约钢材量 20%～30%。

5. 钢筋

混凝土结构及预应力混凝土结构的钢筋应按下列规定选用：（1）普通钢筋宜采用热轧带肋钢筋 HRB400 级和 HRB335 级，也可采用热轧光圆钢筋 HPB235 级和余热处理钢筋 RRB400 级；（2）预应力钢筋宜采用预应力钢铰线，光面、螺旋肋、三面刻痕的消除应力钢丝，也可采用热处理钢筋。

6. 钢材的保管和检验

钢材必须严格按批分不同等级、牌号、直径、长度分别挂牌堆放，并注明数量。

钢材应尽量放入棚内，下面用垫木垫好，离地面要不低于 20cm；地面应设有排水沟，以防锈蚀和污染。

钢材堆放应防止与酸、盐、油等类物品放在一起，以防污染和腐蚀。

选择与使用钢材时应注意其直径偏差不能超过允许范围，并逐盘或分批抽样进行拉力检验。

二、水泥

水泥是一种良好的胶结材料，与水混合后，经水化作用，能由具有可塑性浆体变成坚硬的石状体，并能将散粒材料胶结成为整体。可以说水泥是在各类工程建设中最为常用的一种建筑材料。

目前建筑工程中常用的水泥主要有以下三类：

硅酸盐系水泥，如硅酸盐水泥、普通水泥、粉煤灰水泥、矿渣水泥、火山灰水泥以及白色硅酸盐水泥（即白水泥）。

铝酸盐系水泥，如矾土水泥等。

硫铝酸盐系水泥，如超早强水泥。

常用水泥的主要性能及应用范围如表 4-1-2-3。

常用水泥的主要性能及使用范围　　　　　　　　　　　　表 4-1-2-3

性能与使用	水 泥 品 种				
	硅酸盐水泥	普通水泥	矿渣水泥	火山灰水泥	粉煤灰水泥
混合材料掺量	0～5% 石灰或粒化高炉矿渣	活性混合材料 15% 以下，非活性混合材料 10% 以下	粒状高炉矿渣 20%～50%	火山灰质混合材料 20%～50%	粉煤灰 20%～40%
水 化 热	最　高	高	低		
凝结时间	快	较　快	较慢（低温下更慢）		
强度发展	早期强度高，与同强度等级的普通水泥比强度高出 3%～7%	早期强度高，7 天约为 28 天强度的 60%～70%	早期强度低，后期强度增长大		

续表

性能与使用	水泥品种				
	硅酸盐水泥	普通水泥	矿渣水泥	火山灰水泥	粉煤灰水泥
抗硫酸盐腐蚀	差	差	较强	除火山灰材料中 Al_2O_3 含量多外，其他均抗腐蚀强	
抗凉性	好	好	差	较差	较差
干缩	小	小	较大	大	较小
保水性	较好	较好	差	好	好
蒸气养护	60～80℃	60～80℃	90～95℃	90～95℃	90～95℃
最大特点	早强耐磨	早强	耐热性能好	抗渗性好	抗裂性好
应用范围 — 适用范围	适用于高强度混凝土，预应力钢筋混凝土，预制构件，喷射混凝土和现浇预应力桥梁等要求快硬高强的结构	适用于一般土木建筑工程中的混凝土及预应力混凝土的地上、地下、及水中结构，其中包括受反复冻融作用的结构	1. 优先用于高温车间的混凝土结构和有耐热要求的混凝土结构。2. 适用于大体积混凝土结构。3. 适用于蒸汽养护的构件。4. 适用于一般地上、地下和水中的混凝土结构	1. 优先用于水中地上，地下和大体积混凝土工程和有抗渗要求的混凝土工程。2. 适用于蒸汽养护的构件。3. 可用于一般混凝土工程	1. 适用于地上，地下和水中大体积混凝土工程。2. 适用于蒸汽养护的构件。3. 适用于一般混凝土工程和有抗硫酸盐腐蚀要求的一般工程
应用范围 — 不适用范围	1. 不宜用于大体积混凝土工程。2. 不宜用于受化学作用和海水浸蚀的工程。3. 不宜用于有水压的工程		1. 不宜用于早期强度要求较高的混凝土工程。2. 不得用于严寒地区以及处在水位升降范围内的混凝土工程	1. 不宜用于处于干燥环境的混凝土工程。2. 不宜用于有耐磨性要求的工程。3. 其他同矿渣水泥	不宜用于抗碳要求的工程，其他同矿渣水泥

1. 常用水泥的强度等级（表 4-1-2-4）

表 4-1-2-4

品　种	硅酸盐水泥		普通水泥		矿渣水泥、火山灰水泥、粉煤灰水泥
强度等级	42.5　42.5R 52.5　52.5R 62.5　62.5R		32.5　32.5R 42.5　42.5R 52.5　52.5R		32.5、32.5R、42.5、42.5R、52.5、52.5R

注：R 表示早强型。

2. 水泥的保管

水泥在运输和保管期间，要防止受潮和日晒，不得混入杂物，不同品种和强度等级的水泥应分别贮运，不得混杂。在贮存时水泥不超过 10～12 袋。应做到先进的先用，以防早运到的水泥过期而降低强度。水泥一般应在三个月内使用。

即使保管条件很好，水泥也会吸收空气中的水分和碳酸气，使其表面缓慢地起水化作用而结块，以至降低强度。水泥结块快慢与矿物成分、细度、空气湿度及堆放条件有关。对于已结块的水泥可进行适当处理后使用（表 4-1-2-5）。

<table>
<tr><td colspan="3">结块水泥的处理与使用　　　　　　　　　　　　　表 4-1-2-5</td></tr>
<tr><th>结 块 情 况</th><th>处 理 方 法</th><th>使 用 场 合</th></tr>
<tr><td>有粉块，用手可捏成粉末</td><td>压碎粉块</td><td>通过试验，根据实际强度等级使用</td></tr>
<tr><td>部分结成硬块</td><td>筛去硬块，压碎粉块</td><td>通过试验，根据实际强度等级使用，可用配制低强度等级混凝土或砌筑砂浆</td></tr>
<tr><td>大部分结成硬块</td><td>粉碎、磨细</td><td>可与好的水泥掺配使用，具体比例应通过试验，按实际强度等级使用</td></tr>
</table>

三、沥青

沥青材料具有良好的憎水性、粘结性和塑性，能抵抗酸碱侵蚀，抗冲击性能好。所以沥青是一种重要的建筑材料，用作配制沥青混凝土、沥青砂浆、沥青胶、防水剂，广泛地应用于屋面及地下室防水工程，道路路面及车间地面，作为接头嵌缝之用，此外适用于制造油漆防腐材料及电气绝缘材料等。

1. 沥青的分类

沥青产源不同，不得随意掺配使用，否则会发生沉淀，变色，失去胶结能力。建筑工程中使用较多的是石油沥青和煤沥青。这里介绍两种简易的鉴别石油质量的方法，见表 4-1-2-6 和表 4-1-2-7。

<table>
<tr><td colspan="2">石油沥青外观的简易鉴别　　　　　　　　　　表 4-1-2-6</td></tr>
<tr><th>沥青形状</th><th>外 观 简 易 鉴 别</th></tr>
<tr><td>固体</td><td>敲碎、检查新断口处，色黑而发亮的质量好，暗淡的质量差</td></tr>
<tr><td>半固体</td><td>即膏状体。取少许，拉成细丝，丝越细长，质量越好</td></tr>
<tr><td>液体</td><td>粘性好，有色泽，没有沉淀和杂质的较好，也可用一根木条插入液体内，轻轻搅动几下提起，细丝越长，质量越好</td></tr>
</table>

<table>
<tr><td colspan="2">石油沥青牌号的简易鉴别　　　　　　　　　　表 4-1-2-7</td></tr>
<tr><th>牌 号</th><th>简 易 鉴 别 方 法</th></tr>
<tr><td>100 以上</td><td>质软</td></tr>
<tr><td>60</td><td>用铁锤敲、不碎，只变形</td></tr>
<tr><td>30</td><td>用铁锤敲，成为较大的碎块</td></tr>
<tr><td>10</td><td>用铁锤敲，成为较小的碎块，表面黑色有光</td></tr>
</table>

注：鉴别时的气温为 15～18℃。

2. 石油沥青的选用

在选用沥青材料时，应根据工程性质（房屋、道路、防腐）、当地气候条件以及使用部位（屋面、地下）来选用不同牌号的沥青或选取两种牌号的沥青掺合使用。

用作屋面防水材料时，主要考虑沥青的耐热性问题，一般要求具有较高的软化点，但应注意，软化点越高，越易于老化，因此要求在高温下不流淌即可。对于夏季炎热地区，屋面坡度大容易流淌时，应采用 10 号、30 号建筑石油沥青或两种牌号掺合使用。对夏季温度不太高、或屋面较平时，可采用 30 号、60 号沥青或 10 号沥青掺合使用。

对于地坪、地下、柔性管接头以及伸缩缝所使用的沥青，可用 60 号、100 号和 140号沥青，地区气温愈低，应选用牌号愈大的沥青。

掺入粉剂、砂、石等材料配制沥青胶、沥青砂浆与沥青混凝土时，应在不妨碍搅拌均匀和施工操作的条件下，尽可能少用沥青，因为沥青包裹在矿物粉、砂、石外围的胶膜愈薄，其整体强度越大。

不同沥青的简易鉴别方法见表 4-1-2-8。

沥青的简易鉴别方法　　　　　　　　　　表 4-1-2-8

简易鉴别方法	石 油 沥 青	煤 沥 青
比重	近于 1.0	1.20～1.35
燃烧	烟少、无色、有松香味、无毒	烟多、黄色、臭味大、有毒
锤击	韧性好	韧性差、较脆
颜色	呈辉亮褐色	浓黑色
溶解	易溶于煤油或汽油中，呈绿黑色	难溶于煤油或汽油中，呈黄绿色

四、防水卷材

防水卷材的品种最常用的是纸胎沥青油毡和油纸。按沥青材料种类分为石油沥青油毡、石油沥青油纸和煤沥青油毡三种。按每 m^2 重量（g）划分，石油沥青油毡划分为200、350 和 500 三种牌号；煤沥青卷材划分为 200、270、350 三种强度等级。油纸划分为 200 和 350 两种牌号；煤沥青油毡只有 350 一种牌号。油毡根据撒布材料的不同，又可分为粉毡（粉状撒布材料）和片毡（片状撒布材料）。

储存各种油毡时注意：应将油毡储存在阴凉通风的室内，严禁接近火源。油毡应直立堆放，不得横放、平叠放、斜放，以免粘结变质。堆放高度不宜超过二层。如储存处潮湿，应加垫板架空，防止受潮，并按品种、标号分别堆放。

五、烧结普通砖

用粘土烧制而成的砖叫做烧结普通砖。由于它具有一定的力学性能，良好的保温、隔热和隔音性能以及就地取材、工艺简便、价格较低等优点，目前仍是我国建筑主要的墙体材料。普通粘土砖的技术要求（GB/T 5101—1998）如下。

1. 外观检查

烧结普通砖的标准尺寸为 240mm×115mm×53mm（长×宽×厚），为规格形状的直角平行六面体。通常需检查砖的尺寸、弯曲、缺棱、掉角、裂纹等缺陷。按砖的外观特征可把砖分为一等砖、二等砖两种。砖的外观等级可根据具体要求确定（表 4-1-2-9）。

烧结普通砖的外观等级表　　　　　　　表 4-1-2-9

项　　　目		指标（mm）	
		一等	二等
尺寸允许偏差	长度	±5	±7
	宽度	±4	±5
	厚度	±3	±3
两个条面的厚度相差不大于		3	5
弯曲不大于		3	5
完整面不得少于		一条面和一顶面	一条面和一顶面
缺棱、掉脚的三向破坏尺寸不得同时大于		20	30
裂缝的长度不得大于	大面上宽度方向及其延伸到条面的长度	70	110
	大面上长度方向及其延伸到顶面的长度和条面顶上的水平裂纹长度	100	150
杂质在砖面上造成的凸出高度不大于		5	5
混杂率（指本级中混入该等级以下各级产品百分率）不得超过		10%	15%

2．强度

根据抗压强度：分为 MU30、MU25、MU20、MU15、MU10 五个强度等级（表 4-1-2-10）。根据尺寸偏差、外观质量、冷霜和石灰爆裂分为优等品、合格品两个等级。

烧结普通砖强度等级划分标准　　　　　　表 4-1-2-10

强度等级	抗压强度平均值（MPa）	变异系数 $S \leqslant 0.21$	变异系数 $S > 0.21$
		强度标准值 $f_k \geqslant$（MPa）	单位最小抗压强度值 $f_{min} \geqslant$（MPa）
MU30	30.0	22.5	25.0
MU25	25.0	18.0	22.0
MU20	20.0	14.0	16.0
MU15	15.0	10.0	12.0
MU10	10.0	6.5	7.5

3．抗冻性

在寒冷地区使用及工程性质要求抗冻的砖，对抗冻性要求能经受 15 次冻融循环为合格。

4．吸水率

烧结普通砖主要是用作墙体材料，即要有强度控制、又有保温隔热的要求，为此，在工程上一般认为吸水率在 8%～16% 为宜。

5．容重

一般为 16～19kN/m³。

6．其他性能

干燥砖的导热系数为 0.6～0.75 千卡/米·小时·度，有一定的保温隔热性能，烧结普通砖的大气稳定性、耐酸性和防火性等都比较良好。

六、瓦

农村屋面常用瓦型有粘土平瓦、脊瓦；水泥平瓦、脊瓦；小青瓦等。

1. 粘土平瓦是用粘土压制或挤压成型再干燥、焙烧而制成。主要用于坡屋面面层，脊瓦用于铺盖屋脊。常用粘土瓦的品种、规格如表 4-1-2-11。

粘土平瓦的标定规格及技术要求（JC 709—1998）　　表 4-1-2-11

规格（mm）	主要部位尺寸要求	质量要求
尺寸（长×宽×厚） 400×240×14～16 360×220×15	1. 爪一共有 4 个，前爪爪形与大小须保证挂瓦与瓦槽搭接合适。 2. 瓦槽：深度≤10，边筋高度≤3。 3. 搭接长度：头尾：50～70；内外槽：24～40	1. 成品不允许混杂欠火瓦； 2. 单片最小抗折荷重≤60kg； 3. 覆盖 1m² 屋面的瓦吸水后重量≥55kg； 4. 抗冻性合格

2. 水泥平瓦、脊瓦用水泥和砂浆配制经机械加工成型、养护后制成。几种水泥平瓦、脊瓦的技术规格如表 4-1-2-12。

几种水泥平瓦、脊瓦的规格技术性能　　表 4-1-2-12

名称	规格（mm） 长×宽×厚	抗折强度 (N/片)	吸水率（%）	重量（kg）
水泥平瓦	385×235×15 390×240×11 400×240×18 387×238×15	650（65） 700（70） 700（70） —	13 6 不透水 —	3.25 2.6 — —
水泥脊瓦	464×175×15 350×220	650（65）	13	3.5

注：387×238×15 水泥平瓦有效面积 0.644m²，每 m² 需 15.6 块。

3. 小青瓦（土瓦、片瓦、合瓦、小清瓦、蝴蝶瓦、布纹瓦）使用粘土原料经成型干燥、焙烧而成，程青灰色多用于平房屋盖。常用小青瓦的规格如表 4-1-2-13。

小青瓦的规格及质量要求　　表 4-1-2-13

规格（mm）				外观质量要求
长度	大口直径	小口直径	厚度	
200	145	130	14	敲击声响脆，无砂眼、缺棱掉角、裂缝等现象
200	155	145	10～13	
200	180	160	12～15	
180	160	150	12～15	
175	145	140	15	
170	170	150	12	
170	180	160	10	

七、石灰

石灰在建筑上应用很广，主要与砂子和麻刀、纸筋等混合调成灰浆，用于砌筑砖石砌体及抹灰；如果石灰膏内加入大量水分，可配制成石灰乳，用于粉刷墙面；石灰与粘土等拌合成的石灰土和三合土用于建筑物的地基及垫层。

1. 石灰的技术性质

石灰是一种硬化缓慢的气硬性胶凝材料，硬化后的强度不高，且在潮湿环境中会更低，遇水还会溶解溃散。因此石灰不宜在长期潮湿环境中或有水的环境中使用。

石灰在硬化过程中，要蒸发掉大量的水分，引起体积显著地收缩，易出现干缩裂缝。一般要掺入其他材料混合作用，以限制收缩，并能节约石灰。

为提高石灰的熟化速度，用机械将块灰粉碎，并加强化灰时的搅拌，都是有效的措施。为彻底熟化，石灰在化灰池中存放两星期以上，即"陈伏"，以尽量消除过火石灰在使用中形成崩裂或"鼓泡"，避免影响工程质量。

建筑工程中所用的石灰，分成三个品种：建筑生石灰，建筑生石灰粉和建筑消石灰粉。根据行业标准可将其各分成优等品、一等品、合格品三个等级。

2. 石灰的运输和贮存

石灰在运输或贮存时，应避免受潮，以免温度升高而造成火灾。块状生石灰放置太久，会吸收空气中的水分而自动熟化成熟石灰粉，再与空气中的二氧化碳作用而还原为碳酸钙，失去胶结能力。

八、砂

砂是混凝土中的细骨料，一般都使用天然砂（河砂、山砂等）。其质量要求质地坚硬、洁净、泥土和有机物质（动、植物的腐败物质）含量小，硫化物、硫酸盐和云母含量低，并具有粗细适当的级配（即粗细搭配均匀）。砂子的颗粒应在 $0.15\sim5\text{mm}$ 之间，一般采用平均粒径大小分类将砂子分为四级：

粗砂：平均粒径在 0.5mm 以上；

中砂：平均粒径为 $0.35\sim0.5\text{mm}$ 之间；

细砂：平均粒径为 $0.25\sim0.35\text{mm}$ 之间；

特细砂：平均粒径为 0.25 mm 以下。

天然砂具有良好的天然级配，其空隙率一般为 $37\%\sim41\%$，最好的砂空隙率可接近 30%。

九、砂浆

砂浆主要由胶结料（水泥、石灰膏）与骨料（砂子）加水拌合而成。按其用途，可分为砌筑砂浆与抹灰砂浆；按配合成分分为水泥砂浆、水泥石灰砂浆（混合砂浆）、石灰砂浆等。

1. 砂浆的主要技术性能

砂浆拌制成后，一般应具有良好的和易性（流动性、保水性）。硬化后，应具有一定的强度和粘结力。

流动性，又称稠度。砂浆应具有适当的稠度，以便在施工时能铺均匀平整，起到良好的粘结作用。砂浆稠度通常用沉入度来表示，测定方法是将标准圆锥体置于砂浆表面，任其自由下沉，以沉入深度确定沉入度。一般砖砌墙体所用砂浆其稠度宜为 $7\sim10\text{cm}$。水泥砂浆中水泥用量不应小于 200kg/m^3；水泥混合砂浆中水泥和掺加料总量宜为 $300\sim350\text{kg/m}^3$。

保水性，即砂浆保全水分的能力。保水性良好的砂浆，在运输和施工过程中，水分、胶结材料及骨料不致产生离析现象。保水性的好坏，主要由材料用量决定，砂或水用量大，胶结材料少，则保水性不好。

强度，主要用抗压强度的大小来确定砂浆的强度，用强度等级来表示。常用砂浆的强度等级有 M2.5、M5、M7.5、M10、M15。

砌筑砂浆强度等级 表 4-1-2-14

强度等级	龄期 28d 抗压强度（MPa）	
	每组平均值不大于	最小一组平均值不小于
M15	15	11.25
M10	10	7.5
M7.5	7.5	5.63
M5	5	3.75
M2.5	2.5	1.88

影响砂浆的强度因素很多，主要因素有：水泥用量及其强度、水灰比、搅拌时间、养护条件、龄期、外加剂及掺合料的品种和用量。

2. 砂浆的配合比

不同强度等级的砂浆系用不同数量的胶结材料、砂子、水以及适量的塑化材料拌制而成，各种材料的用量比例称为配合比。砂浆的配合比应经过现场实配确定，水泥砂浆材料用量可按表 4-1-2-15 选用。

每 m^3 水泥砂浆材料用量 表 4-1-2-15

强度等级	每 m^3 砂浆水泥用量（kg）	每 m^3 砂子用量（kg）	每 m^3 砂浆用水量（kg）
M2.5～M5	200～230		
M7.5～M10	220～280	1m^3 砂子的堆积密度值	270～300
M15	280～340		

注：1. 此表水泥强度等级为 32.5 级，大于 32.5 级水泥用量宜取下限；

2. 根据施工水平合理选择水泥用量；

3. 当采用细砂或粗砂时，用水量分别取上限或下限。

3. 砂浆强度等级的选择

砂浆的强度等级有：M15、M10、M7.5、M5、M2.5。小城镇建筑可按下列情况选定砂浆强度等级。

地面以下或防潮层以下的砌体，潮湿房间的墙，所用砂浆的最低强度等级应符合下列规定：对于稍潮湿的基土为水泥砂浆 M5，对于很潮湿的基土为水泥砂浆 M7.5，含水饱和的基土为水泥砂浆 M10。

地面以上一般房屋的承重墙体，可选用混合砂浆、石灰砂浆、石灰粘土砂浆。五层及五层以上房屋的墙，以及受振动或层高大于 6m 的墙、柱应采用不低于强度等级 M5 的砂浆。为了防止和减轻房屋顶层墙体的裂缝，顶层及女儿墙砂浆强度等级不低于 M5。

灰砂砖、粉煤灰砖砌体宜采用粘结性好的砂浆砌筑，混凝土砌块砌体应采用砌块专用砂浆砌筑。

为了提高水泥砂浆的不透水性，一般可在砂浆中掺入水泥重量 1.5%～5% 的防水剂拌制成防水砂浆。一般防水砂浆常用比例（水泥:砂子）按 1:1.5～1:2 配制，水灰比 0.40～0.50，主要用于基础墙体防潮，屋面防水处理，以及地下室或水塔水箱的防水处理等。

十、混凝土

混凝土是由胶结材料、骨料和水按一定比例进行拌合，经浇捣，硬化而成的人造石材。拌制混凝土所用的胶结材料有水泥、沥青、石膏等，所用骨料有粗骨料碎石、砾石、矿石、矿渣、陶粒和细骨料粗砂、中砂等。由于混凝土具有可塑性、强度高、经久耐用，取材容易，价格较低等优点，因此是当前建筑工程中应用最广泛的材料之一。

1. 混凝土组成材料的要求

水泥是混凝土中主要的胶结材料。水泥的强度等级，要和混凝土的设计强度等级相适应，一般为混凝土设计强度等级的 1.5～2.0 倍。

砂子要求坚硬和洁净，级配合理，一般混凝土宜采用中砂和粗砂。

普通混凝土中的粗骨料主要是碎石、砾石等，要求坚硬、洁净，有害杂质和有机物含量低，并有合理的级配。

拌制混凝土可使用自来水和天然水，但要求水中不含有能影响其正常凝固和硬化的有机杂质。

2. 混凝土主要技术性能

和易性是指拌合好的混凝土在保证质量均匀、无离析和泌水现象的条件下，适合施工工艺要求的综合性能。和易性好的混凝土易于充实模板，内部均匀密实，强度和耐久性能够得到保证。根据和易性要求的不同，混凝土分为塑性和干硬性混凝土两种。小城镇建筑中使用较多的是和易性较好的塑性混凝土。

坍落度是表示混凝土拌合物流动性的指标。测定方法是，将混凝土拌合物按规定方法装入标准圆锥落度筒（无底）内，装满剔平后，将筒向上垂直提起，放置侧旁，混凝土拌合物由于自重将会产生坍落现象，量出向下的坍落的毫米数，就叫做坍落度。坍落度的大小，应根据结构的种类，钢筋排列情况，振捣方法等选定。

混凝土的强度等级主要指抗压强度。它是混凝土最基本的受力特性，也是混凝土结构设计时的主要指标。混凝土的强度等级采用符号"C"与立方体抗压强度标准值（单位：N/mm^2 即 MPa）表示，共分为十五个等级，即：C10、C15、C20、C25、C30、C35、C40、C45、C50、C55、C60、C65、C70、C75、C80。 《混凝土结构设计规范》GB 50010—2002规定：钢筋混凝土结构的混凝土强度等级不应低于C15；当采用 HRB335 级钢筋时，混凝土强度等级不宜低于C20；当采用 HRB400 和 RRB400 级钢筋时以及承受重复荷载的构件，混凝土强度等级不得低于C20。预应力混凝土结构的混凝土强度等级不应低于 C30；当采用钢绞线、钢丝、热处理钢筋时，混凝土强度等级不宜低于C40。

一般 C10～C15 混凝土用于垫层、地坪等；C20 混凝土用于扩展基础、C15～C25 级混凝土用于梁、板、柱、楼梯、屋架等；C20～C30 级混凝土用于耐久性较高的结构及预制构件等；C30 级以上混凝土用于预应力混凝土构件。

3. 影响混凝土抗压强度的因素

混凝土的抗压强度主要决定于水泥强度等级与水灰比。骨料性质，养护龄期，养护时的温度与湿度，以及施工时的浇捣条件等。一定的条件下，水泥的强度等级越高，混凝土强度越高；水灰比越大，混凝土强度越低。

混凝土中级配优良，质地坚硬的骨料，能增加混凝土本身的密实性和抗压强度。

在正常的养护条件下，混凝土强度在 7～14 天内发展较快，28 天时接近最大值，此后增长缓慢，但随龄期增长强度还会逐渐提高。

混凝土养护时，在保持一定温度的条件下温度愈高，强度增长愈快；温度低，则增长慢。当温度低于 0℃ 时，不但硬化停止，而且会结冰膨胀使混凝土密度大大降低，甚至引起混凝土破坏。如果养护时湿度不够，则将影响混凝土强度的增长，甚至引起干缩裂缝。

浇捣混凝土拌合物时，只有充分浇捣才能得到密实的混凝土，振捣愈密实，混凝土质量愈高，因此，机械振捣优于人工捣固。

4. 配合比

混凝土配合比是指混凝土组成材料用量的配合比例。配合比的选择是根据工程特点组成材料的质量，施工方法等因素，通过计算和试配而确定的。

配合比设计中有三个重要影响参数。即水灰比、用水量、砂率，应当合理选用，以保证混凝土的强度。

第三节 建筑工程施工与管理

小城镇建筑施工就是按照设计图纸把房屋建造起来。在施工之前，应熟悉有关的规划和设计的内容与要求，并要了解将要施工的建筑物与相邻原有建筑物的关系，熟悉施工图及施工要求。另外，还要了解施工现场的地形、地貌和标高，根据设计要求准备建筑材料等。施工的内容包括土方、基础、墙体、楼屋面和室外装修工程施工等。

一、建筑定位与基槽放线抄平

按照小城镇规划确定的位置，把将要建造的房屋位置测设到地面上，叫做房屋的定位。

1. "三四五"定位法

它是利用勾股定理的股弦比例关系进行房屋定位的简易方法。定位时只需麻绳、钢尺和直角尺等简单工具，其步骤如下（图 4-1-3-1）：

根据设计图所确定的新（乙）、老（甲）建筑的关系。在甲的 AB 边向外定出垂直并等长的 a、b 两点，用麻绳拉出并引长 ab 至 c，各钉木桩。

由 b 至 d 量出甲、乙的设计间距，在 dc 上量出乙建筑的起止轴线总长度 de。

根据勾股定理拉出 de 的垂直线，依照设计定出 1、3、2、4 各点。

用钢尺校核并修正，确定各角桩。

2. 道路方格网定位法（图 4-1-3-2）

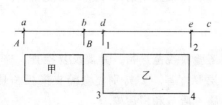

图 4-1-3-1 "三四五"定位法

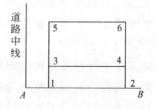

图 4-1-3-2 道路方格网定位法

如要测设新建住宅丙的轴线，将经纬仪安置于道路方格网中心 A 点，调平、对准 B 点，在 AB 上用钢尺分别定出 1 和 2 点，然后放 1、2 点安放经纬仪测 90°角，量出 3、4 点。根据设计图上的房屋宽度定出 5、6 点，然后进行校核定桩。

3．定出建筑物角桩后，在距离角桩 1.5～2m 处设龙门桩，并根据已知水准点的高程引测到龙门桩上，做出标记，注明标高，钉龙门板，在龙门板上引、定建筑轴线位置。

4．根据房屋的基础平面和剖面图，按实际尺寸，利用石灰粉和灰板，将基础平面图撒放到地面上，据此灰线就可开槽动工了。

二、墙体砌筑

房屋防潮层以上墙体，一般有砖墙，石墙和土墙等。砌筑前要做好准备工作，首先检查的墙体中心及边线是否正确无误；确定砂浆配合比；按砖和块材实际规格及灰缝厚度制成皮数杆，测定墙体转角及交接处标高，把皮数杆立于同一标高上；砖应提前浇水，砖四周湿润 1.5～2cm；砌筑前根据门、窗洞口和砖垛的尺寸进行试摆砖；砌筑时从房屋四角开始、用线绳拉直砌每皮砖的中间部分。

墙的四角及交接处应同时砌筑，若不能同时砌筑时、应留马牙槎；只能留直槎时，则每砌高 0.5m 按每砖厚不少于一根直径不小于 6mm 的拉结钢筋，每边压入墙内不少于 50cm。地震区，应按建筑抗震规范的要求，设置圈梁、构造柱及拉结筋。

三、钢筋加工

钢筋混凝土中常用的钢材有钢筋和钢丝两类。直径 6mm 以上称钢筋，直径 3～5mm 的称钢丝。钢丝和 6～10mm 直径的钢筋成盘状。直径超过 12mm 时为直条状，每根条长 6～12m。

1．钢筋的位置与作用

钢筋在构件中的位置与名称见图 4-1-3-3。

受拉钢筋，配置在钢筋混凝土构件的受拉区。在简支梁、板中，受拉钢筋放在梁、板的下部，在悬挑梁、悬臂板中（如雨篷），受拉钢筋必须放在上部；钢筋混凝土屋架受拉钢筋设在屋架的下弦杆和受拉腹杆中。

弯起钢筋是受拉钢筋的一种特殊形式。在简支梁板中，跨中承受的拉力大，而两端拉力

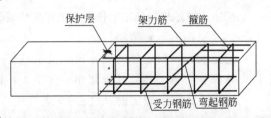

图 4-1-3-3　钢筋在构件中的位置与名称

较小，在端部附近剪力较大，因此，常在端部将部分受拉钢筋弯起，以承受斜截面剪力。

分布钢筋的作用是固定受力钢筋，而且还能抵抗混凝土硬化过程中产生的收缩变形和温度变化对板的影响。

箍筋在梁、柱构件中承受剪力并起固定受力筋和架立钢筋的作用。架立钢筋的作用是便于钢筋骨架成型，使受力钢筋保持正确位置。

2．钢筋施工注意事项

钢筋施工中要严格按照图纸要求和有关施工验收规范进行，并要反复检查、核对钢筋位置、根数、间距、弯起角度与弯起点及保护层厚度等。要特别注意简支梁板和悬臂梁、板中受力钢筋的位置，千万不能放错，以确保施工质量和房屋安全。

纵向受力的普通钢筋及预应力钢筋，其混凝土保护层厚度（受力钢筋外边缘至混凝土表面的距离）不应小于钢筋的公称直径，且应符合表 4-1-3-1 的规定。

钢筋混凝土保护层最小厚度表（mm）　　　　　表 4-1-3-1

环境类别		板、墙、壳			梁			柱		
		≤C20	C25~C45	≥C50	≤C20	C25~C45	≥C50	≤C20	C25~C45	≥C50
一		20	15	15	30	25	25	30	30	
二	a	—	20	20	—	30	30	—	30	30
	b	—	25	20	—	35	30	—	35	30
三		—	30	25	—	40	35	—	40	35

注：基础中纵向受力钢筋的混凝土保护层厚度不应小于 40mm；当无垫层时不应小于 70mm。

　　表中混凝土结构的环境类别按下列要求划分：

　　一类是指室内正常环境。

　　二 a 类是指，室内潮湿环境；非严寒和非寒冷地区的露天环境、与无侵蚀性的水或土壤直接接触的环境。

　　二 b 类是指，严寒和寒冷地区的露天环境、与无侵蚀性的水或土壤直接接触的环境。

　　三类是指，使用除冰盐的环境；严寒和寒冷地区冬季水位变动的环境；滨海室外环境。

四、钢筋混凝土施工

1. 混凝土的浇灌

浇灌混凝土前应对模板、钢筋、预埋铁件以及螺栓的规格、位置、数量、尺寸、标高等进行细致检查。模板尺寸要准确，支撑要牢固，钢筋骨架应无歪斜、扭曲、绑扎松动等现象，保护层垫块要适当，模板内的垃圾和钢筋上的油污、锈皮应清除干净。在浇注前半小时，模板应浇水湿润，缝隙、孔洞用腻子或水泥袋纸塞严。

浇灌时，梁、板等构件宜从一端向另一端浇灌。对于高（厚度）大于 30cm 的构件，应分层浇灌，插入式振捣器分层厚度为 20~30cm，平板式振捣器则为 10~20cm，人工捣固时为 15~25cm，上、下层连续距离在 3~4m 以内。浇捣混凝土应连续进行，必须间歇时，应在前层混凝土凝结前浇灌次层混凝土，间歇时间一般不超过 2 小时。

2. 混凝土养护

混凝土的凝固过程，需要在适当的温度和湿度条件下进行，因此在浇捣后应适时进行养护。现浇构件常用自然养护，预制构件多采用蒸汽养护。

自然养护即浇水养护，在自然气温 15℃ 以上进行。普通塑性混凝土应在浇灌 10~12 小时（炎热干风情况可缩短到 2~3 小时）内应用草垫、苇蓆等覆盖，并进行浇水养护保持湿润状态。养护时间，一般应使用混凝土强度达到设计强度的 60% 左右为止，普通水泥不少于 7 昼夜，矿渣、火山灰质水泥等要养护 14 昼夜。

3. 混凝土构件表面缺陷的处理

在混凝土施工中，由于思想和技术上的疏忽，会使构件出现蜂窝、麻面、裂缝、露筋、狗洞等缺陷，要根据具体情况进行修整和补强。

表面抹灰修补。对数量不多的小蜂窝、麻面等缺陷的表面处理，主要是保护钢筋和混凝土不受侵蚀，可用 1:2~1:2.5 水泥砂浆抹平修补，抹砂浆前，用钢丝刷和水清洗混凝土表面，砂浆初凝后要加强养护。

填细石混凝土。当蜂窝较深或露筋严重时，要清除不密实的混凝土，用水冲刷后，用比原强度等级高一级的细实混凝土填补，并注意捣实。为防止新、旧混凝土接触面出现裂缝，细石混凝土的水灰比应控制在 0.5 以内，并掺入水泥用量 0.01% 的铝粉，分层捣实。

环氧树脂修补。当裂缝宽度在 0.1mm 以上时，可用环氧树脂压浆修补。但对于宽度超过 0.3mm 又较深的裂缝，且影响结构性能时，应与设计单位和有关单位研究处理。环氧树脂修补时，应先用丙酮洗刷裂缝处，然后在裂缝中打小眼，用专门压浆工具压入环氧树脂，使裂缝饱满，最后用环氧树脂浆掺入少量水泥制成腻子抹在裂缝表面。这种修补方法，与混凝土有很好的粘结作用，有很好的强度和耐久性。

五、屋面防水施工

小城镇建筑屋面防水可用不同的防水材料，常见的有卷材防水屋面、刚性防水屋面、瓦屋面、炉渣捶灰屋面、石棉水泥瓦屋面等，前 4 种屋面使用较多。屋面防水施工质量的好坏直接影响房屋的使用和耐久性，因此，必须精心操作，确保质量。

1. 卷材防水屋面防水层施工要点

卷材防水屋面，即油毡防水屋面，由保护层、防水层、找平层、保温层、隔汽层和结构层组成。隔汽层和保温层根据需要设置。

铺设卷材前，应将屋面雨水管、天窗等安装好，基层应干燥、洁净，含水率小于 6%，砂浆强度不低于 5N/mm²，铺前先刷冷底子油，卷材应干燥，清除表面撒布物。

粘贴卷材时，沥青胶厚度应不超过 2mm，卷材铺 2～3 层。当屋面坡度大于 15% 时，油毡应与屋脊垂直铺贴，以防止下滑；当屋面坡度小于 3% 时，宜平行于屋脊铺贴。

卷材应展平、压实，有一定的搭接长度，长边不小于 70mm，短边不小于 10mm。铺贴时应先铺檐口、檐沟、天沟、雨水管等处的附加卷材，然后再由低处向高处铺贴。

铺完油毡，应立即满涂 2～3mm 的沥青胶，将绿豆砂加热至 100 度左右，均匀地撒布在胶结材料上。并加以拍实，使绿豆砂与沥青粘结牢固，未粘结的绿豆砂应随时清扫干净。施工完成的卷材屋面不得堆放重物。

2. 刚性防水屋面施工要点

刚性防水屋面是在屋面上做砂浆或细石混凝土防水层，利用其密实性达到防水抗渗目的。这种屋面施工简易，造价低，修补方便，适合用于小城镇建筑工程。

水泥砂浆防水屋面适用于无保温层的整体浇筑屋面，是用普通水泥砂浆或在砂浆中掺入 3%～5% 的防水剂以达到防水的目的。用强度等级 32.5 以上的普通水泥，水泥砂浆体积配合比为 1∶2～1∶2.5，厚度为 20～30mm，分层厚度为 10～15mm。

在整体或装配式屋面上做 40～50mm 厚的 C20 细石混凝土（内配钢筋网）也能起到抗渗防水作用，适用于温湿多雨昼夜温差小的地区，结构刚度大的屋面，可以用于上人屋面。

3. 刚性防水屋面应避免在高温和负温下施工，施工后应用草垫、锯屑等覆盖，浇水养护不少于 14 昼夜，养护期内不得踩踏。掺防水剂时，应准确计量，投料顺序得当，拌合均匀。

六、预制钢筋混凝土板的安装

圆孔板在安装前，应用砖或 C10 混凝土填塞板端圆孔。填塞长度同于板上墙体厚度。板在梁或墙上的支撑长度应符合设计要求。安装时，一般是从房屋一端向另一端逐间安装，以便利用已安装好的楼面作为运输和操作平台。屋架上铺板时，应从跨边向跨中两边对称安装。

吊装预制板时，要按规定设置吊点和支垫点，理想位置是距板端30cm。吊索应对称设置，使均匀平稳，防止受力不均匀产生裂缝。有横向裂缝或端部有缺陷的板不应使用。安装开始前，应学习有关操作规程，进行安全知识教育，检查起重、运输和吊装设备以及夹具、索具、滑车等。如有松动或损坏现象，应及时更换和修复。安装人员应戴安全帽，在三m以上的架子上操作时应系安全带。构件吊装时要先经试吊，起吊时，提升和下降要平稳。高空过道、跳板要搭牢固，接头处用钢丝扎紧。吊装区禁止非工作人员入内。遇6级以上大风应停止安装工作。构件吊装应设专人负责起吊工作，司机必须按指挥人员的信号进行操作。

七、施工中的责任

小城镇建筑工程的需要有建设管理部门或建设单位（称甲方）设计单位和施工单位（乙方）的密切配合，协力合作才能完成。在建筑施工中，各单位不仅要明确相互间的责任分工，签订有效的经济合同，而且还要互相支援，主动配合，给对方单位创造条件。

建设管理部门要对参加承担建筑工程的勘察设计与施工单位的资质进行审查：是否有勘察设计证书和营业执照；是否符合核定的经营范围。

与已确定的设计和施工单位签订承包合同。在合同中要规定履行合同的基本内容，双方的权利义务和应承担的责任。

在工程施工过程中，随时对工程质量进行抽查，发现质量问题，及时处理。

工程竣工后，组织设计单位以及其他的有关单位进行质量验收评定工作。

八、施工管理的依据

组织建筑工程的施工，必须以下列文件和规定作为行动的依据：

设计图纸。设计图纸是施工的基本依据，"照图施工"是施工人员的一条基本行动准则。

施工及验收规范，是国家根据建设技术政策、施工技术水平、建筑材料的发展、新施工工艺的出现等情况，制定的施工和验收必须遵循的法规。这些法规规定了建筑施工中的施工关键技术要求和质量标准，是衡量建筑施工技术水平和施工质量的基本依据。

质量检验评定标准。在施工验收规范中，具体规定了分部分项和单位工程质量的检查、评定方法。它是建筑施工企业贯彻施工验收规范、评定工程质量等级标准的依据。

施工技术操作规程。规范提出的是要求和标准，而规程则规定要达到规范要求和标准的具体方法。根据规范的要求规定，操作规程对建筑安装工程的施工技术，质量标准、材料要求、操作方法、设备和工具的使用、施工安全技术以及冬季施工技术等作出了详细的规定，施工时必须遵照执行。

施工组织设计。施工组织设计是建筑施工企业根据施工任务，针对建筑物的特点和要求，结合自己的施工技术水平和条件，对全部施工活动作出的部署和安排。

各种定额。在正常施工条件下完成单位合格品所必须的劳力、材料、机械设备及其资金消耗的数量标准。

施工图预算（或称设计预算）。企业在工程开工以前，根据施工图纸和施工组织设计，按照现行建筑工程预算定额和工程量计算规则以及工程管理取费标准等规定，经过逐项计算汇总，编制出反映工程费用的施工图预算。

施工预算，是施工单位内部编制的一种预算。根据施工定额，结合施工组织设计中的平面布置、施工方法、技术组织措施以及现场实际情况，并考虑节约因素后而编制的。施工预算主要用以计算施工用工、用料以及施工机械的台班需用量，是备工、备料、签发任务书，控制工、料消耗主要依据。

九、施工组织设计

建筑施工单位根据建筑工程的特点、工期要求、质量标准、建筑材料状况及施工水平和机械化程度，为了认真贯彻各项计划，合理地安排施工生产，使设计意图变为实际的建筑产品，而对建筑工程的施工做出的全面规划和安排称为施工组织设计。

根据工程对象的不同，施工组织设计分为施工组织总设计、单位工程施工组织设计、施工方案和专项技术措施等几类，其适用范围和主要内容各不相同（表4-1-3-2）。

施工组织设计的类别与内容　　　　　　　　　　　　表 4-1-3-2

分类	施工组织总设计	施工组织设计	施工方案	专项技术措施
适用范围	一般大、中型建筑项目，有两个以上单位同时施工	小型建筑项目，较复杂或采用新结构、新工艺的单位工程	结构简单的单项工程或经常施工的标准设计工程	新项目或有特殊要求的分项工程
编制与审批	以公司为主编制，上级主管部门组织协调报上级领导单位批准	公司或工程处组织编制，报上级主管领导审批	由施工队负责编制，报公司或工程处审批、备案	以单位工程负责人为主编制，由施工负责审批，报工程处备案
主要内容	1. 建设工程总进度计划和单位工程进度计划。 2. 主要工种工程施工方法。 3. 分年度构件、半成品、主要材料、施工机械、劳动计划。 4. 附属企业项目及产品方案。 5. 交通、防洪、排水措施。 6. 水、电、热，动力用量及解决办法。 7. 各种暂设工程数量。 8. 施工总平面布置图。 9. 土建、安装、机械化施工的分工和协作配合。 10. 主要技术，安全措施，冬、雨季施工措施	1. 工程概况。 2. 主要分项工程综合进度计划。 3. 施工部署和配合协作关系。 4. 主要施工方法和技术措施。 5. 主要材料，半成品、设备、施工机具计划。 6. 各工种人工需要量计划。 7. 施工平面布置图。 8. 施工准备工作。 9. 冬、雨季施工技术，安全措施	1. 工程特点。 2. 施工进度计划。 3. 主要施工方案和技术措施。 4. 施工平面布置图。 5. 材料、半成品、施工机具、劳动力需要量计划	1. 分项工程特点。 2. 施工方法，技术措施及操作要求。 3. 工序搭接顺序及协作配合要求。 4. 工期要求。 5. 特殊材料和机具需要量计划

十、施工中的技术管理工作

主要应抓好以下 10 项内容：

1. 在定位前须熟悉拟建房屋的建筑总平面图，基础平面图、底层平面图。确定拟建房屋的方向，与周围已建房屋之间的关系，以及房屋轴线位置及尺寸等。

熟悉施工图一般遵循下列原则：

先粗后细，先看平、立、剖面图，然后看细部做法，核对总尺寸与细部尺寸、位置、标高；门窗的型号、位置、尺寸和数量，以及与平面是否相符。

先小后大：就是先看小样，后看大样。

先建筑后结构：先看建筑图，后看结构图。

先看一般的部位和要求，后看特殊的部位和要求。

看图要和设计说明和图中的细部结合起来。

看土建图的时候也要参看安装图。

在熟悉图纸的同时，要考虑施工条件能否满足设计要求；设计图纸和现场情况是否相吻合等。

2. 制定技术措施

施工单位根据本单位的技术条件和装备情况，为保证施工顺利进行，应制定技术措施。要根据工程的特点和特殊部位的技术要求，制定出有针对性的技术措施；结合本单位的具体情况，制定出有群众基础和物质基础的可行性技术措施；制定出按时完成生产进度，保证质量和安全生产要求的严密性技术措施，技术措施一经制定就要认真贯彻执行，不能随意违反和变更，要保证它的严肃性。

3. 材料、半成品质量

原材料、半成品质量的好坏，直接影响建筑工程质量。因此，要设立试验机构，配备试验人员，做好混凝土、砂浆配合比的签发和质量控制；及时整理分析试验资料；管理和使用好试验设备。

4. 按图施工

由于施工图有技术问题或工地材料不全，需要代换等，施工单位应及时提供经技术负责人审核、经建设或设计单位核定签署后，方可实施。审批手续作为施工依据。

由于设计错误，做法改变，尺寸有矛盾，结构变更等问题，应由设计单位提出设计变更，经施工技术负责人根据工程进度情况，提出是否可行的意见，方能做出变更的决定。

对工程的建筑构造和细部做法，使用功能等方面的问题，由建设单位提出修改意见，经过设计单位进行技术复核，同意后提出设计变更图纸或变更通知书，由施工技术的负责人根据施工进度和施工准备情况做出决定。

5. 技术交底

要使设计图纸变为供人使用的建筑物，必须让每个参与施工的人了解图纸要求、施工方法、技术措施，所以要逐级进行技术交底。

主要包括图纸交底、施工组织设计交底、设计变更交底等。

6. 安全生产

工地管理人员必须随时随地抓好安全生产，应做到：设专职安全员；定安全生产制度；定安全生产措施；并要定期检查执行情况，检查违章作业，检查冬、雨季施工安全生产设施；要做到麻痹思想不放过，事故苗头不放过，违章作业不放过，安全漏洞不放过。

7.抓技术复核和质量检查

技术复核制度是防止施工差错，保证工程质量的一项重要技术管理内容。

测量定位：根据控制桩复查建筑物的坐标、标高、龙门板或细线定位桩的位置、尺寸。

建筑放线：复核位置、尺寸、开间、进深是否与设计图纸相符。

翻样：有关构件的翻样尺寸、型式、构造是否与图纸相符。

验槽：基槽开挖后，应检验地基土质情况是否与设计相符，遇有特殊情况要进行处理。

验线验平：要按照设计图纸布置轴线，并进行复验尺寸、复查水平。

模板：模板支好后，要复验轴线尺寸、标高是否正确，模板支撑是否合理、安全、牢固，预留孔、预埋件是否符合设计要求。

混凝土工程：混凝土的配合比设计、现场材料质量和水泥品种强度等级是否与试验相符，预制构件的型号、位置、标高是否符合设计要求。

砖砌体：皮数杆的尺寸和门窗洞口的位置、墙身轴线，砂浆配合比设计和预留孔洞的位置、尺寸是否有误。

结构吊装：吊装方案和吊装施工计算，是否有足够的安全度，吊装机具、绳索等选择是否安全、合理、安装有无问题，吊装情况如何等。

结构复核：对原设计图纸认为有危险、有怀疑的部位，进行局部复核验算，如有问题进行处理。

设备安装：复核各种管线尺寸，进户位置、进出口方向、坡度、工业设备、仪表的规格、数量、完好程度等。

8.原始资料和技术档案

一个工程项目从施工准备到竣工验收的整个施工过程中，即要具备符合要求的技术档案，才可以全面鉴定工程质量。技术档案要管、全、细、真、准，即设专人管理，内容齐全；档案中所规定的每一项内容应细致具体、真实、数字要准确可靠。

9.施工工艺，要根据建筑物的结构类型、建筑式样、工艺要求、施工能力等不同因素，来确定施工工艺，不能生搬硬套，盲目蛮干。

10.配合协作

建筑工程是参加工程施工的各个单位密切配合协作完成的成果。应密切配合，通力协作，促进工程进展顺利，加快施工进度，缩短建设周期。因此参与施工的单位都应积极主动，从全局出发，相互创造施工条件，提供施工方便，相互支援，共同完成施工任务。

第四节　建筑工程概预算基本知识

一、建筑工程概预算的概念

建筑工程概预算是建筑工程概算和预算的简称。

1.建筑工程概算，即设计概算，是设计文件的重要组成部分，是在投资估算的控制下由设计单位根据初步设计（或扩大初步设计）图纸及说明、概算定额（或概算指标）及各项费用定额或取费标准、设备、材料预算价格等资料，编制和确定的建设项目从筹建至竣工交付使用所需全部费用的文件。采用两阶段设计的建设项目，初步设计阶段必须编制设计概算；采用三阶段设计的，技术设计阶段必须编制修正概算。

2. 建筑工程预算，即施工图预算，又叫设计预算。它是由设计单位在施工图设计完成后，根据施工图设计图纸、现行预算定额、费用定额以及地区设备、材料、人工、施工机械台班等预算价格编制和确定的建筑安装工程造价的文件。

二、建筑工程概预算的作用

1. 设计概算的作用

设计概算是编制建设项目投资计划、确定和控制建设项目投资的依据；设计概算是签订建设工程合同和贷款合同的依据；设计概算是控制施工图设计和施工图预算的依据；设计概算是衡量设计方案技术经济合理性和选择最佳设计方案的依据；设计概算是工程造价管理及编制招标标底和投标报价的依据；设计概算是考核建设项目投资效果的依据。

2. 施工图预算的作用

施工图预算是设计阶段控制工程造价的重要环节，是控制施工图设计不突破设计概算的重要措施；施工图预算是建筑工程概预算是编制或调整固定资产投资计划的依据；对于实行施工招标的工程，施工图预算是编制标底的依据，也是承包企业投标报价的基础；对于不实行施工招标的工程，采用施工图预算加调整价结算的工程，施工图预算可作为确定合同价款的基础或作为审查施工企业提出的施工图预算的依据。

三、设计概算的内容和依据

1. 内容

设计概算可分为单位工程概算，单项工程综合概算和建设项目总概算三级。

单位工程概算。单位工程概算是确定各单位工程建设费用的文件，是编制单项工程综合概算的依据，是单项工程概算的组成部分。单位工程概算按其工程性质分为建筑工程概算和设备及安装工程概算两大类。建筑工程概算包括土建工程概算，给排水、采暖工程概算，通风、空调工程概算，电气照明工程概算，弱电工程概算，特殊构筑物工程概算等；设备及安装工程概算包括机械设备及安装工程概算，电气设备及安装工程概算等，以及工具、器具及生产家具购置费概算等。

单项工程概算。单项工程概算是确定一个单项工程所需建设费用的文件。它是由单项工程中的各单位工程概算汇总编制而成的。

建设项目总概算。建设项目总概算是确定整个建设项目从筹建到竣工验收所需全部费用的文件。它是由单项工程综合概算、工程建设其他费用概算、预备费和投资方向调节税概算等汇总编制而成的。

2. 依据

设计概算的依据主要有以下几个方面：

国家发布的有关法律、法规、规章、规程等。

批准的可行性研究报告及投资估算、计划任务书（或称设计任务书）。由国家或地方基建主管部门批准建设的文件，一般包括：建设目的、建设规模、建设理由、建设布局、建设内容、建设进度、建设投资、产品方案和原材料来源等。

设计文件。包括设计图纸、设计说明书、设备说明书、主要材料表等，是计价的依据。

有关部门颁布的现行概算定额、概算指标、费用定额等和建设项目设计概算编制办法。

有关部门发布的人工、设备材料价格、造价指数等。设备价格资料包括定型设备的出厂价格资料，非标准设备制造价格和供销部门手续费、包装费、采购保管费、运输费等有关规定和资料。

有关合同、协议等。

四、施工图预算的内容和依据

1. 内容。施工图预算有单位工程预算、单项工程预算和建设项目总预算。单位工程预算是根据施工图设计文件、现行预算定额，费用标准以及人工、材料、设备、机械台班等预算价格资料，以一定方法，编制单位工程的施工图预算；然后汇总所有各单位工程施工图预算，成为单项工程施工图预算；再汇总所有各单位工程施工图预算，便是一个建设项目建筑安装工程的总预算。

单位工程预算包括建筑工程预算和设备安装工程预算。建筑工程预算按其性质分为一般土建工程预算、卫生工程预算（包括室内外给排水工程、采暖通风工程、煤气工程等）、电气照明工程预算、特殊构筑物如炉窑、烟囱、水塔等工程预算和工业管道工程预算等。设备安装工程预算可分为机械设备安装工程预算，电气设备安装工程预算和化工设备、热力设备安装工程预算等。

单位工程造价＝直接工程费（即：定额直接费＋现场经费＋其他直接费）＋间接费＋计划利润＋税金

2. 依据。包括施工图纸及设计说明书和标准图集；施工组织设计或施工方案；现行建筑安装工程预算定额及单位估价表；材料、人工、机械台班预算价格及调价规定；建筑安装工程费用定额；预算工作手册和有关工具书。

3. 编制方法；

(1) 单价法，是用事先编好的分项工程的单位估价表来编制施工图预算的方法。将按施工图计算的各分项工程的工程量，乘以相应单价，汇总相加，得到单位工程的人工费、材料费、机械使用费之和；再加上按规定程序计算出来的其他直接费、现场经费、间接费、计划利润和税金，便可得出单位工程的施工图预算造价。

(2) 定额实物法，是首先根据施工图纸分别计算出分项工程量，然后套用相应预算人工、材料、机械台班的定额用量，再分别乘以工程所在地的人工、材料、机械台班的实际单价，求得单位工程的人工费、材料费和施工机械使用费，并汇总求和，进而求得直接工程费，然后按规定计取其他费用，最后汇总就可得出单位工程的施工图预算造价。

五、概、预算的编制程序

搜集各种编制依据资料。包括各类工程概算定额、概算指标、预算定额、各项费用标准、地区材料预算价格、地区单位估价表、工资标准、有关标准图和手册等，并熟悉他们的内容和用法。

熟悉、审核图纸。通过对图纸的熟悉和对照复核，了解设计意图和工程全貌，了解和复核工程各结构部位的尺寸，各种构件规格和数量等。

熟悉施工组织设计和施工现场的情况。包括了解施工方法、构件运输方式和运输距离，了解现场土壤、地形、标高等，以便正确计算工程量和套用定额。

确定工程量计算项目和计算工程量。根据图纸要求，按照工程量计算规则确定工程计算项目，计算工程量（设计概算根据初步设计或扩大初步设计图纸进行计算；施工图预算根据施工图纸及图纸会审记录等资料计算）。

计算工程直接费。根据工程量计算表，套用单位估价表，预算定额或概算定额的基价表，计算出工程直接费。

计算其他直接费、现场经费、得到直接工程费，再计算间接费、计划利润和税金。根据工程直接费、工人工资定额、工程预算成本和相应的取费标准、计划利润率、计算工程施工管理费和计划利润。

汇总直接工程费，间接费，计划利润和税金，得出单位工程概预算价值并在此基础上按规定计算相应的技术经济指标，如每 m^2 建筑面积的造价指标等。

进行工料分析。即计算出各种材料和用工数量。

将各单位工程概、预算书汇编为综合概预算书，将各综合概预算书和其他工程费用概预算书，汇编为总概预算书。

六、设计概算和施工图预算的审查

1. 设计概算的审查内容包括：审查设计概算编制依据的合法性、时效性及适用范围，审查设计概算的编制说明、编制深度、编制范围，审查建设规模、标准，审查设备规格、数量、配置，审查工程费，审查计价指标，审查其他费用。审查概算的方法有：对比分析法，主要问题复核法，查询核实法，分类整理法，联合会审法。

2. 施工图预算的审查

审查施工图预算的重点，应该放在工程量计算和预算单价套用是否正确，各项费用标准是否符合现行规定等方面。审查施工图预算的方法较多，主要有全面审查法、标准预算审查法、分组计算审查法、筛选审查法、重点抽查法、对比审查法、利用手册审查法、分解对比审查法等八种。

七、建筑工程量和材料消耗估算表

在这里我们将建筑工程量和材料消耗估算的主要资料以表格的形式介绍，以供参考（表 4-1-4-1～表 4-1-4-6）。

民用建筑每 m^2 建筑面积工程量估算表   表 4-1-4-1

项次	分部分项工程名称	工 程 量		备 注
		单位	数量	
1	挖土	m^3	0.6～1	
2	砌毛石	m^3	0.3～0.5	
3	回填土	m^3	0.4～1.2	包括地坪填土
4	砌砖	m^3	0.45～0.55	
5	脚手架	m^3	3～4	
6	屋面板预制、吊装	m^3	0.1	
7	现浇钢筋混凝土	m^3	0.03～0.04	

项次	分部分项工程名称	工 程 量		备　注
		单位	数量	
8	屋面保温层	m³	0.1~0.2	不用保温层找坡时为 0.09m²
9	找平层	m²	1.1	
10	防水层	m²	1.1	
11	门制作、安装	m²	0.1~0.2	指双层
12	窗制作、安装	m²	0.15~0.25	
13	室内抹灰	m²	3	如天棚抹灰时为 4~4.6m²
14	室外抹灰	m²	0.2~0.3	
15	砖墙勾缝	m²	1.1~1.2	
16	地坪混凝土垫层	m³	0.11	包括散水、台阶
17	地坪抹面	m²	1.2	包括散水、台阶
18	室内喷白	m²	4	

注：楼房的屋面和基础工程量应以底层建筑面积为准，用本表时，基础部分可取上限。

民用建筑每 m² 建筑面积材料估算表（砖混结构）　　　　表 4-1-4-2

项次	材料名称	规　格	单位	数　量	备　注
1	水泥	32.5 或 42.5	t	0.09~0.1	包括钢筋混凝土屋面板
2	砂子	中砂	m³	0.32~0.4	
3	砾（碎）石	5~40mm	m³	0.14~0.2	
4	毛石	20~40cm	m³	0.30~0.40	其中：20~40cm 占 20%，7~15cm 占 20%
5	钢筋		kg	10~11	
6	白松	成材	m³	0.015	模板料，如用钢模减 80%
7	红松	成材	m³	0.015	门窗料，如用钢门窗全减
8	白松	成材	m³	0.01~0.015	门窗框，如用钢门窗全减
9	标准粘土砖	MU10	千块	0.25~0.3	
10	生石灰		kg	30~35	砌砖砂浆不用时为 20kg
11	油毡	350 号	m²	0.85~1.2	
12	沥青	石油	kg	2.3~2.6	
13	滑石粉		kg	1.2	
14	炉渣		m³	0.044	屋面隔热保温
15	玻璃		m²	0.2~0.3	
16	调和油料	3mm	kg	0.14~0.23	

注：如为砖木结构（一层）时，调整如下：钢筋减少 7~8kg/m³；白松增加 0.03~0.057~8kg/m³；沥青、滑石粉全减；油毡取上限，粘土瓦增加 19 块/m²；脊瓦增加 0.5 块/m²；楼房毛石材料，以底层建筑面积为准，套用时取上限，水泥和砂子取下限。

单层工业厂房每 m² 建筑面积工程估算表　　　　表 4-1-4-3

项次	分部分项工程名称	工 程 量		备　注
		单位	数量	
1	挖土	m³	0.7~1.1	
2	垫层混凝土	m³	0.02	

续表

项次	分部分项工程名称	工程量		备　注
		单位	数量	
3	钢筋混凝土基础	m³	0.09	包括地坪填土
4	回填土	m³	0.7~1.1	
5	混凝土柱	m³	0.25	如现浇，不考虑吊装
6	基础梁预制、吊装	m³	0.015	
7	屋架预制、吊装	m³	0.02	
8	吊车梁预制、吊装	m³	0.03	
9	屋面板预制、吊装	m³	0.065	
10	檐口板预制、吊装	m³	0.009	
11	砌砖墙	m³	0.25	
12	搭脚手架	m³	3	包括门框、圈梁、雨篷等
13	现浇钢筋混凝土	m³	0.025	
14	屋面保温	m³	0.088	
15	找平层	m²	1.2	
16	防水层	m²	1.2	如为钢窗数量相同，只安装
17	钢、木大门制作、安装	m²	0.03~0.04	
18	木窗制作、安装	m²	0.4~0.5	
19	室内外勾缝	m²	1.5~2	
20	室外抹灰	m²	0.1~0.2	包括散水，台阶
21	地坪混凝土垫层	m²	0.11~0.25	包括散水，台阶
22	地坪抹面	m²	1.2	
23	室内喷白	m²	2~2.5	

单层工业厂房每 m² 建筑面积材料估算表　　　　　表 4-1- 4-4

项次	材料名称	规　格	单位	数　量	备　注
1	水泥	42.5 或 52.5	t	0.07~0.10	
2	砂子	中砂	m³	0.2~0.5	
3	砾（碎）石	5~40mm	m³	0.2~0.3	
4	钢筋		kg	12~20	
5	型钢		kg	2~4	包括铁件
6	白松	成材	m³	0.025	模板料，如采用钢模减少 80%
7	红松	成材	m³	0.025	门窗料，如采用钢门窗全省
8	白松		m³	0.02~0.025	门窗料，如采用钢门窗全减
9	标准粘土砖	MU10	千块	0.16~0.25	
10	生石灰		kg	10~15	
11	油毡		m²	2.0~2.5	
12	沥青	400g	kg	6	
13	滑石粉		kg	1.2	
14	炉渣		m³	0.044	
15	玻璃		m²	0.15~0.20	
16	调和油料	3mm	kg	0.14~0.26	

注：1．本表估算条件：厂房跨度 12~14m，高度 6.5m。

　　2．表中所列为单位（m²）建筑面积耗材数值。

住宅建筑主要材料估算表　　　表 4-1-4-5

	建筑构造简要	主要材料用量				
		水泥 （kg）	钢筋 （kg）	木材 （m³）	砖 （块）	瓦 （块）
适用于南方农村	户型：1堂3室，建筑面积90m²；砖墙、楼板、混凝土空心板或预制小梁砖栏，屋面，硬小搁檩、钢筋混凝土瓦板挂瓦	38	4	0.01	250	10
	户型：1堂2～4室，建筑面积85～110m²；基础毛石或三合土，槽形板搁板，砖墙：240空斗承重墙，120隔墙，梯子：预制平板简支；楼板：空心板、屋面：钢筋混凝土，挂瓦板挂平瓦	50	3	0.013	170	12
	户型：1堂3～4室，建筑面积：106～116m²；砖墙：240空斗；楼面，钢筋混凝土密肋板或圆孔板；钢筋混凝土檩条或木檩，小青瓦屋面	53.1	5.61	0.038	220	78
适用于北方农村	户型：1堂3室建筑面积84.5m²，单层，基础3:7灰土垫层，砖墙基，墙体：370砖外墙、240砖内墙，屋面：钢筋混凝土檩条，瓦屋面、地面：混凝土垫层水泥砂浆抹面	120	8	0.008	540	17
	户型：1堂3室，建筑面积80～120m²单层，基础3:7灰土垫层，砖墙基，墙体：外墙370，内墙240砖墙，内设钢筋混凝土门窗过梁，屋面：钢筋混凝土空心板，地面混凝土垫层，水泥砂浆抹面	160	10	0.02	210	石灰 （kg） 7
	建筑面积90～140m²；二层，基础3:7灰土垫层，砖墙基，设钢筋混凝土地梁，墙体：外墙370砖墙，内240砖墙，设钢筋混凝土圈梁和门窗过梁；屋面：钢筋混凝土空心板，地面：混凝土垫层，水泥砂等抹面，楼面，细石混凝土	180	20	0.03	310	8

各类建筑工程每百 m² 耗用人工参考表　　　表 4-1-4-6

工种	中学教学楼 混合 4层	小学教学楼 混合 3层	小学教室 砖木 1层	住宅 混合 3层	办公室 混合 3层	医院 混合 2层	电影院 砖木 1层	车间 混合 1层
普工	116	84	72	120	125	82	70	128
油毡工	4	8	2	4	2	0.1	7	0.2
抹灰工	74	82	65	66	72	45	51	76
瓦工	48	34	95	40	59	50	38	29
白铁工	1	1.4	1	1	1	1.3	0.2	0.3
木工	83	83	65	41	120	51	110	66
油漆工	18	21	17	28	16	17	20	20
玻璃工	0.5	0.8	0.3	0.5	1	0.3	1.2	2
架子工	23	24	18	19	31	25	28	8
电焊工	0.6	0.5		1.7	1	0.2	16	2
钢筋工	11	11	0.5	17	14	8.9	22	12
起重工	10					7	10	11
水暖工	34	32	10	30	21	22	4	7
电工	13	9	6	11	5	17		
灰土工	18	32	15	18	5	34	5	11
混凝土工	32	20	19	82	26	25	31	42
石工	0.6	1			1			0.2
合计	486.7	443.7	200.3	489.2	500.0	385.8	413.4	415.7

第五节　建筑安装工程质量检验与评定

"百年大计，质量第一"。工程项目的质量是项目建设的核心，是决定工程建设成败的关键，是实现三大控制目标（质量、投资、进度）的重点。它对提高工程项目的经济效益、社会效益和环境效益均具有重大意义，它直接关系着国家财产和人民生命的安全，关系着社会主义建设事业的发展。为了搞好质量工作，我国历年来国务院、国家建委、国家计委、国家建设部及地区建设行政主管部门，制订了一系列有关工程质量管理的法规。这一系列法规的颁布、施行，特别是《中华人民共和国建筑法》和《建设工程质量管理条例》的颁布、施行，是国家对工程项目管理工作进行宏观调控的基本环节，是促进建筑工程管理体制改革顺利进行的有力保证，是实现工程项目科学管理，维护建筑市场正常、健康运行的有力工具。根据《中华人民共和国标准化法》规定，国家标准、行业标准分强制性和推荐性两种标准。对保障人体健康，人身、财产安全的标准和法律、行政法规规定强制性执行的标准是强制性标准（规范中用黑体字注明），其他是推荐性标准。

一、建筑质量检验标准

1. 现行的检验标准

《建筑工程施工质量验收统一标准》及其配合使用的各专业《建筑工程质量验收规范》，贯彻"验评分离、强化验收、完善手段、过程控制"的指导思想，将原验评标准中的质量检验与质量评定的内容分开，将原规范中的施工工艺和质量验收的内容分开，是将有关建筑工程的施工及验收规范和工程质量检验评定标准合并，组成新的工程质量验收规范体系，以统一建筑工程施工质量的验收方法、质量标准和程序。《建筑工程施工质量验收统一标准》规定了建筑工程各专业工程施工验收规范编制的统一准则和单位工程验收质量标准、内容和程序等；增加了建筑工程施工现场质量管理和质量控制要求；提出了检验批质量检验的抽样方案要求；规定了建筑工程施工质量验收中子单位和子分部工程的划分、涉及建筑工程安全和主要使用功能的见证取样及抽样检测。质量评定只设合格一个质量等级，增加检测项目，强化质量指标都必须达到规定的指标。

现执行的标准有：《建筑工程质量验收统一标准》GB 50300—2001、《建筑地基基础工程施工质量验收规范》GB 50202—2002、《砌体工程施工质量验收规范》GB 50203—2002、《混凝土结构工程施工质量验收规范》GB 50204—2002、《钢结构工程施工质量验收规范》GB 50205—2002、《木结构工程施工质量验收规范》GB 50206—2002、《屋面工程质量验收规范》GB 50207—2002、《地下防水工程质量验收规范》GB 50208—2002、《建筑地面工程施工质量验收规范》GB 50209—2002、《建筑装饰装修工程质量验收规范》GB 50210—2001、《建筑给水排水及采暖工程施工质量验收规范》GB 50242—2002、《通风与空调工程施工质量验收规范》GB 50243—2002、《建筑电气工程施工质量验收规范》GB 50303—2002、《电梯工程施工质量验收规范》GB 50310—2002、《智能建筑工程施工质量验收规范》GB 50241—2002。

2. 建筑工程质量验收的划分

为了方便质量管理和控制工程质量，根据某项工程的特点，将其划分为若干个检验批、分项分部（子分项）工程、单位（子单位）工程以对其进行质量控制和阶段验收。现行规范只给出一个指标，即验收指标，取消了原质量检验评定标准中的优良、合格评定划分。《建筑工程施工质量验收统一标准》规定：

（1）建筑工程质量验收应划分为单位（子单位）工程、分部（子分部）工程、分项工程和检验批。

（2）单位工程的划分应按下列原则确定：

①具备独立施工条件并能形成独立使用功能的建筑物及构筑物为一个单位工程。

②建筑规模较大的单位工程，可将其能形成独立使用功能的部分为一个子单位工程。

（3）分部工程的划分应按下列原则确定：

①分部工程的划分应按专业性质、建筑部位确定。

②当分部工程较大或较复杂时，可按材料种类、施工特点、施工程序、专业系统及类别等划分为若干子分部工程。

（4）分项工程应按主要工种、材料、施工工艺、设备类别等进行划分。

建筑工程的分部（子分部）、分项工程可按《建筑工程质量验收统一标准》GB 50300—2001的附录B采用。

（5）分项工程可由一个或若干检验批组成，检验批可根据施工及质量控制和专业验收需要按楼层、施工段、变形缝等进行划分。

（6）室外工程可根据专业类别和工程规模划分单位（子单位）工程。

室外单位（子单位）工程、分部工程可按《建筑工程质量验收统一标准》GB 50300—2001的附录C采用。

《建筑工程质量验收统一标准》GB 50300—2001的附录B所列建筑工程分部（子分部）、名称及其附录C室外工程划分见表4-1-5-1。详细内容参阅《建筑工程质量验收统一标准》。

建筑工程分部工程划分　　　　　　　　　表 4-1-5-1

序号	分部工程	子分部工程
1	地基与基础	无支护土方；有支护土方；地基处理；桩基；地下防水；混凝土基础；砌体基础；钢筋（管）混凝土；钢结构
2	主体结构	混凝土结构；钢筋（管）混凝土结构；砌体结构；钢结构；木结构；网架和索膜结构
3	建筑装饰装修	地面；抹灰；门窗；吊顶；轻质隔墙；饰面板（砖）；幕墙；涂饰；裱糊与软包；细部
4	建筑屋面	卷材防水屋面；涂膜防水屋面；刚性防水屋面；瓦屋面；隔热屋面
5	建筑给水、排水及采暖	室内给水系统；室内排水系统；室内热水供应系统；卫生器具安装；室内采暖系统；室外给水管网；室外排水管网；室外供热管网；建筑中水系统及游泳池系统；供热锅炉及辅助设备安装
6	建筑电气	室外电气；变配电室；供电干线；电气动力；电气照明安装；备用和不间断电源安装；防雷及接地安装
7	智能建筑	通信网络系统；办公自动化系统；建筑设备监控系统；火灾报警及消防联动系统；安全防范系统；综合布线系统；智能化集成系统；电源与接地；环境；住宅（小区）智能化系统

序号	分 部 工 程	子 分 部 工 程
8	通风与空调	送排风系统；防排烟系统；除尘系统；空调风系统；净化空调系统；制冷设备系统；空调水系统
9	电梯	电力驱动的曳引式或强制式电梯安装工程；液压电梯安装工程；自动扶梯、自动人行道安装工程

室 外 工 程 划 分

单位工程	子单位工程	分部（子分部）工程
室外建筑	附属建筑	车棚、围墙、大门、挡土墙、垃圾收集站
环境	室外环境	建筑小品、道路、亭台、连廊、花坛、场坪绿化
室外安装	给排水与采暖	室外给水系统、室外排水系统、室外供热系统
	电气	室外供电系统、室外照明系统

二、建筑工程质量验收规范摘录

《建筑工程质量验收统一标准》GB 50300—2001 规定，建筑工程施工质量应按下列要求进行验收：

（1）建筑工程施工质量应符合本标准和相关专业验收规范的规定。

（2）建筑工程施工应符合工程勘察、设计文件的要求。

（3）参加工程施工质量验收的各方人员应具备规定的资格。

（4）工程质量的验收均应在施工单位自行检查评定的基础上进行。

（5）隐蔽工程在隐蔽前应由施工单位通知有关单位进行验收，并应形成验收文件。

（6）涉及结构安全的试块、试件以及有关材料，应按规定进行见证取样检测。

（7）检验批的质量应按主控项目和一般项目验收。

（8）对涉及结构安全和使用功能的重要分部工程应进行抽样检测。

（9）承担见证取样检测及有关结构安全检测的单位应具有相应资质。

（10）工程的观感质量应由验算人员通过现场检查，并应共同确认。

为在小城镇建筑工程质量验收中使用方便，将建筑工程各相关专业质量验收规范中的有关内容简要摘录于后，详细内容见相关规范原本。其他工程如给水、排水、道路工程等的质量检验验收，见本书的其他有关章节。

1. 模板分项工程

模板及其支架应根据工程结构形式、荷载大小、地基土类别、施工设备和材料供应等条件进行设计。模板及其支架必须有足够的承载能力、刚度和稳定性，能可靠地承受浇筑混凝土的重量、侧应力以及施工荷载。模板及其支架拆除的顺序及安全措施应按施工技术方案执行。模板的接缝不应漏浆。对跨度不小于 4m 的现浇钢筋混凝土梁、板，其模板应按设计要求起拱；当设计无具体要求时，起拱高度宜为跨度的 1/1000 ～ 3/1000。

固定在模板上的预埋件、预留孔和预留洞均不得遗漏，且应安装牢固，其偏差应符合表 4-1-5-2 的规定。现浇结构模板安装的允许偏差及检验方法见表 4-1-5-3。

预埋件和预留孔洞的允许偏差　　　　　　表 4-1-5-2

项　目		允许偏差（mm）
预埋钢板中心线位置		3
预埋管、预埋孔中心线位置		3
插筋	中心线位置	5
	外露长度	+10，0
预埋螺栓	中心线位置	2
	外露长度	+10，0
预留洞	中心线位置	10
	尺寸	+10，0

注：检查中心线位置时，应沿纵、横两个方向量测，并取其中的较大值。

现浇结构模板安装的允许偏差及检验方法　　　　表 4-1-5-3

项　目		允许偏差（mm）	检验方法
轴线位置		5	钢尺检查
底模上表面标高		±5	水准仪或拉线、钢尺检查
截面内部尺寸	基础	±10	钢尺检查
	柱、墙、梁	+4，−5	钢尺检查
层高垂直度	不大于5m	6	经纬仪或吊线、钢尺检查
	大于5m	8	经纬仪或吊线、钢尺检查
相邻两板表面高低差		2	钢尺检查
表面平整度		5	2m靠尺和塞尺检查

2．钢筋分项工程

当钢筋的品种、级别或规格需作变更时，应办理设计变更文件。

在浇筑混凝土之前，应进行钢筋隐蔽工程验收，其内容包括：

（1）纵向受力钢筋的品种、规格、数量、位置等；

（2）钢筋的连接方式、接头设置、接头数量、接头面积百分率等；

（3）箍筋、横向钢筋的品种、规格、数量、间距等；

（4）预埋件的规格、数量、位置等。

钢筋加工的允许偏差和钢筋安装位置的允许偏差及检验方法见表 4-1-5-4。

钢筋加工的允许偏差和钢筋安装位置的允许偏差及检验方法　　　表 4-1-5-4

钢筋加工的允许偏差	
项　目	允许偏差（mm）
受力钢筋顺长度方向全长的净尺寸	±10
弯起钢筋的弯折位置	±20
箍筋内净尺寸	±5

钢筋安装位置的允许偏差及检验方法

项　目			允许偏差（mm）	检验方法
绑扎钢筋网	长、宽		±10	钢尺检查
	网眼尺寸		±20	钢尺量连续三档，取最大值
绑扎钢筋骨架	长		±10	钢尺检查
	宽、高		±5	钢尺检查
受力钢筋	间距		±10	钢尺量两端、中间各一点，取最大值
	排距		±5	
	保护层厚度	基础	±10	钢尺检查
		柱、梁	±5	钢尺检查
		板、墙、壳	±3	钢尺检查
绑扎钢筋、横向钢筋间距			±20	钢尺量连续三档，取最大值
钢筋弯起点位置			20	钢尺检查
预埋件	中心线位置		5	钢尺检查
	水平高差		+3，0	钢尺和塞尺检查

3. 混凝土分项工程

结构构件的混凝土强度应按现行国家标准《混凝土强度检验评定标准》GBJ 107 的规定分批检验评定。结构混凝土的强度等级必须符合设计要求。用于检查结构构件混凝土强度的试件，应在混凝土的浇筑地点随机抽取。取样与试件留置应符合规范规定。

水泥进场时应对其品种、级别、包装或散装仓号、出厂日期等进行检查，并应对其强度、安定性及其他必要的性能指标进行复验，其质量必须符合现行国家标准《硅酸盐水泥、普通硅酸盐水泥》GB 175 等的规定。当在使用中对水泥质量有怀疑或水泥出厂超过三个月（快硬硅酸盐水泥超过一个月）时，应进行复验，并按复验结果使用。混凝土结构、预应力混凝土结构中，严禁使用含氯化物的水泥。

混凝土运输、浇筑及间歇的全部时间不应超过混凝土的初凝时间。同一施工段的混凝土应连续浇筑，并应在底层混凝土初凝之前将上一层混凝土浇筑完毕。当底层混凝土初凝后浇筑上一层混凝土时，应按施工技术方案中对施工缝的要求进行处理。混凝土浇筑完毕后，应按施工技术方案及时采取有效的养护措施，并应符合规范规定。

现浇结构的外观质量缺陷，如：露筋、蜂窝、孔洞、夹渣、疏松、裂缝、连接部位缺陷、外形缺陷、外表缺陷等，应由监理（建设）单位、施工等各方根据其对结构性能和使用功能影响的严重程度，按规范确定。现浇结构的外观质量不应有严重缺陷。对经处理的部位，应重新检查验收。

现浇结构尺寸允许偏差及分析检验方法见表 4-1-5-5。

现浇结构尺寸允许偏差及检验方法   表 4-1-5-5

项 目		允许偏差（mm）	检 验 方 法
轴线位置	基础	15	钢尺检查
	独立基础	10	
	墙、柱、梁	8	
	剪力墙	5	
垂直度	层高 ≤5m	8	经纬仪或吊线、钢尺检查
	层高 >5m	10	经纬仪或吊线、钢尺检查
	全高（H）	H/1000 或 ≤30	经纬仪、钢尺检查
标高	层高	±10	水准仪或拉线、钢尺检查
	全高	±30	
截面尺寸		+8，−5	钢尺检查
电梯井	井筒长、宽对定位中心线	+25，0	钢尺检查
	井筒全高（H）垂直度	H/1000 或 ≤30	经纬仪、钢尺检查
表面平整度		8	2m 靠尺和塞尺检查
预埋设施 中心线位置	预埋件	10	钢尺检查
	预埋螺栓	5	
	预埋管	5	
预留洞中心线位置		15	钢尺检查

注：检查轴线、中心线位置时，应沿纵、横两个方向量测，并取其中的较大值。

4．砖砌体工程

砖和砂浆的强度等级必须符合设计要求。砌砖工程当采用铺浆法砌筑时，铺浆长度不得超过 750mm；施工期间气温超过 30℃ 时，铺浆长度不得超过 500mm。砖砌体的灰缝应横平竖直，厚薄均匀。水平灰缝厚度宜为 10mm，但不应小于 8mm，也不应大于 12mm。

砖砌体的转角处和交接处应同时砌筑，严禁无可靠措施的内外墙分砌施工。对不能同时砌筑而又必须留置的临时间断处应砌成斜槎，斜槎的水平投影长度不应小于高度的 2/3。240mm 厚承重墙的每层墙的最上一皮砖，砖砌体的阶台水平面上及挑出层，应整砖丁砌。砖砌体组砌方法应正确，上、下错缝，内外搭砌，砖柱不得采用包心砌法。

尚未施工楼板或屋面的墙或柱，当可能遇见大风时，其允许自由高度不得超过规范规定。砖砌体一般尺寸允许偏差、位置及垂直度允许偏差应符合表 4-1-5-6 的规定。

砖砌体一般尺寸允许偏差、位置及垂直度允许偏差   表 4-1-5-6

砖砌体一般尺寸允许偏差				
项次	项 目	允许偏差（mm）	检 验 方 法	抽检数量
1	基础顶面和楼面标高	±15	用水平仪和尺检查	不应少于 5 处
2	表面平整度 清水墙、柱	5	用 2m 靠尺和楔形塞尺检查	有代表性自然间 10%，但不应少于 3 间，每间不应少于 2 处
	混水墙、柱	8		

续表

砖砌体一般尺寸允许偏差

项次	项 目		允许偏差 （mm）	检验方法	抽检数量
3	门窗洞口高、宽 （后塞口）		±5	用尺检查	检验批洞口的10%， 且不应少于5处
4	外墙上下窗口偏移		20	以底层窗口为准，用经纬仪或吊线检查	检验批的10%， 且不应少于5处
5	水平灰缝 平直度	清水墙	7	拉10m线和尺检查	有代表性自然间10%， 但不应少于3间， 每间不应少于2处
		混水墙	10		
6	清水墙游丁走缝		20	吊线和尺检查，以每层第一皮砖为准	有代表性自然间10%， 但不应少于3间， 每间不应少于2处

位置及垂直度允许偏差

项次	项 目		允许偏差 （mm）	检验方法
1	轴线位置偏移		10	用经纬仪和尺检查或用其他测量仪器检查
2	垂直度	每层	5	用2m托线板检查
		全高 ≤10cm	10	用经纬仪、吊线和尺检查， 或用其他测量仪器检查
		>10m	20	

5. 石砌体工程

石材和砂浆强度等级必须符合设计要求。石砌体采用的石材应质地坚实，无风化剥落和裂纹。用于清水墙、柱表面的石材，尚应色泽均匀。砂浆饱满度不应小于80%。石砌体的灰缝厚度：毛料石和粗料石砌体不宜大于20mm；细料石砌体不宜大于5mm。砂浆初凝后，如移动已砌筑的石块，应将原砂浆清理干净，重新铺浆砌筑。

石砌体的组砌形式应符合下列规定：

（1）内外搭砌，上下错缝，拉结石、丁砌石交错设置；

（2）毛石墙拉结石每0.7m² 墙面不应少于1块。

石砌体的轴线位置及垂直度允许偏差、石砌体的一般尺寸允许偏差应符合表4-1-5-7的规定。

石砌体的轴线位置及垂直度允许偏差、一般尺寸允许偏差 表4-1-5-7

项次	项 目	允许偏差（mm）							检验方法
		毛石砌体		料石砌体					
		基础	墙	毛料石		粗料石		细料石	
				基础	墙	基础	墙	墙、柱	
石砌体的轴线位置及垂直度允许偏差									
1	轴线位置	20	15	20	15	15	10	10	用经纬仪和尺检查或用其他测量仪器检查

续表

项次	项 目		允许偏差（mm）						检验方法
			毛石砌体		料石砌体				
			基础	墙	毛料石		粗料石		细料石
					基础	墙	基础	墙	墙、柱
2	墙面垂直度	每层		20		20		10	7	用经纬仪、吊线和尺检查，或用其他测量仪器检查
		全高		30		30		25	20	

石砌体的一般尺寸允许偏差

1	基础和墙砌体顶面标高	±25	±15	±25	±15	±15	±15	±10	用水准仪和尺检查
2	砌体厚度	+30	+20 −10	+30	+20 −10	+15	+10 −5	+10 −5	用尺检查
3	表面平整度	清水墙、柱	—	20		20		10	5	细料石用 2m 靠尺和楔形塞尺检查，其他用两直尺垂直于灰缝拉 2m 线和尺检查直尺垂直于灰缝拉 2m 线和尺检查
		混水墙、柱	—	20		20		15	—	
4	清水墙水平灰缝平直度							10	5	拉 10m 线和尺检查

6. 建筑装饰装修工程

建筑装饰装修工程是指，为保护建筑物的主体结构、完善建筑物的使用功能和美化建筑物，采用装饰装修材料或饰物，对建筑物的内外表面及空间进行的各种处理过程。建筑装饰装修工程的子分部工程及其分项工程划分见表 4-1-5-8。

表 4-1-5-8

项次	子分部工程	分 项 工 程
1	抹灰工程	一般抹灰，装饰抹灰，清水砌体勾缝
2	门窗工程	木门窗制作与安装，金属门窗安装，塑料门窗安装，特种门安装，门窗玻璃安装
3	吊顶工程	暗龙骨吊顶，明龙骨吊顶
4	轻质隔墙工程	板材隔墙，骨架隔墙，活动隔墙，玻璃隔墙
5	饰面板（砖）工程	饰面板安装，饰面砖粘贴
6	幕墙工程	玻璃幕墙，金属幕墙，石材幕墙
7	涂饰工程	水性涂料涂饰，溶剂型涂料涂饰，美术涂饰
8	裱糊工程	裱糊，软包
9	细部工程	橱柜制作与安装，窗帘盒、窗台板制作与安装，门窗套制作与安装，护栏和扶手制作与安装，花饰制作与安装
10	建筑地面工程	基层，整体面层，板块面层，竹木面层

建筑装饰装修工程必须进行设计，并出具完整的施工图设计文件。建筑装饰装修设计应符合城市规划、消防、环保、节能等有关规定。

建筑装饰装修工程设计必须保证建筑物的结构安全和主要使用功能。当涉及主体和承重结构改动或增加荷载时，必须由原结构设计单位或具备相应资质的设计单位核查有关原始资料，对既有建筑结构的安全性进行核验、确认。

建筑装饰装修工程所用材料应符合国家有关建筑装饰装修材料有害物质限量标准的规定。建筑装饰装修工程所使用材料应按设计要求进行防火、防腐和防虫处理。

建筑装饰装修工程施工中，严禁违反设计文件擅自改动建筑主体、承重结构或主要使用功能；严禁未经设计确认和有关部门批准擅自拆改水、暖、电、燃气、通讯等配套设施。

7. 建筑地面工程

建筑地面工程、子分部工程、分项工程的划分，按规范规定执行。建筑施工企业在建筑地面工程施工时，应有质量管理体系和相应的施工工艺技术标准。

建筑地面工程采用的材料应按设计要求和规范的规定选用，并应符合国家标准的规定。

进场材料应有中文质量合格证明文件、规格、型号及性能检测报告，对重要材料应有复验报告。

建筑地面下的沟槽、暗管等工程完工后，经检验合格并做隐蔽记录，方可进行建筑地面工程的施工。厕浴间、厨房和有排水（或其他液体）要求的建筑地面面层与相连接各类面层的标高应符合设计要求。厕浴间、厨房和有防水要求的建筑地面必须设置防水隔离层。楼层结构必须采用现浇混凝土或整块预制混凝土板，混凝土强度等级不应小于 C20；楼板四周除门洞外，应做混凝土翻边，其高度不应小于 120mm。施工时结构层标高和预留孔洞位置应准确，严禁乱凿洞。防水隔离层严禁渗漏，坡向应正确、排水通畅。

建筑地面工程完工后，施工质量验收应在建筑施工企业自检合格的基础上，由监理单位组织有关单位对分项工程、子分部工程进行检验。检验方法应符合下列规定：

（1）检查允许偏差应采用钢尺、2m 靠尺、楔形塞尺、坡度尺和水准仪。

（2）检查空鼓采用敲击的方法。

（3）检查有防水要求建筑地面的基层，应采用泼水或蓄水方法，蓄水时间不得少于 24h。

（4）检查各类面层（含不需铺设部分或局部面层）表面的裂纹、脱皮、麻面和起砂等缺陷，应采用观感的办法。

建筑地面工程完工后，应对面层采取保护措施。

基层表面、整体面层、板块面层、木竹面层的允许偏差和检验方法均应符合规范规定。规范规定的整体面层的允许偏差和检验方法见表 4-1-5-9。

整体面层的允许偏差和检验方法　　　　　　　　表 4-1-5-9

项次	项目	允许偏差（mm）						检验方法
		水泥混凝土面层	水泥砂浆面层	普通水磨石面层	高级水磨石面层	水泥钢（铁）屑面层	防油渗混凝土和不发火（防爆的）面层	
1	表面平整度	5	4	3	2	4	4	用 2m 靠尺和楔形塞尺检查
2	踢脚线上口平直	4	4	3	3	4	4	拉 5m 线和用钢尺检查
3	缝格平直	3	3	3	2	3	3	

8. 抹灰工程

抹灰工程验收时应检查下列文件和记录：

(1) 抹灰工程的施工图、设计说明及其他设计文件。

(2) 材料的产品合格证书、性能检测报告、进场验收记录和复验报告。

(3) 隐蔽工程验收记录。

(4) 施工记录。

抹灰工程应对水泥的凝结时间和安定性进行复验。

抹灰层与基层之间及各抹灰层之间必须粘结牢固。抹灰层应无脱层、空鼓，面层应无爆灰和裂缝。

抹灰工程应分层进行。抹灰层的总厚度应符合设计要求；水泥砂浆不得抹在石灰砂浆层上；罩面砂浆不得抹在水泥砂浆层上。当抹灰总厚度大于或等于 35mm 时，应采取加强措施。不同材料基体交接处表面的抹灰，应采取防止开裂的加强措施，当采用加强网时，加强网与各基体的搭接宽度不应小于 100mm。

清水砌体勾缝应无漏勾。勾缝材料应粘结牢固、无开裂。

抹灰工程质量的允许偏差和检验方法应符合表 4-1-5-10 的规定。

一般抹灰、装饰抹灰质量的允许偏差和检验方法　　　　表 4-1-5-10

项次	项　　目	允许偏差（mm）						检 验 方 法
		一 般 抹 灰		装 饰 抹 灰				
		普通抹灰	高级抹灰	水刷石	斩假石	干粘石	假面砖	
1	立面垂直度	4	3	5	4	5	5	用 2m 垂直检测尺检查
2	表面平整度	4	3	3	3	5	4	用 2m 靠尺和塞尺检查
3	（阴）阳角方正	4	3	3	3	4	4	用直角检测尺检查
4	分格条（缝）直线度	4	3	3	3	3	3	拉 5m 线，不足 5m 拉通线，用钢直尺检查
5	墙裙、勒脚上口直线度	4	3	3	3	—	—	拉 5m 线，不足 5m 拉通线，用钢直尺检查

9. 门窗工程

门窗工程验收时应检查下列文件和记录：

(1) 门窗工程的施工图、设计说明及其他设计文件。

(2) 材料的产品合格证书、性能检测报告、进场验收记录和复验报告。

(3) 特种门及其附件的生产许可文件。

(4) 隐蔽工程验算记录。

(5) 施工记录。

门窗安装前，应对门窗洞口尺寸进行检验。当金属窗或塑料窗组合时，其拼樘料的尺寸、规格、壁厚应符合设计要求。

建筑外门窗的安装必须牢固。在砌体上安装门窗严禁用射钉固定。

金属门窗和塑料门窗安装应采用预留洞口的方法施工，不得采用边安装边砌口或先安装后砌口的方法施工。金属门窗的品种、类型、规格、尺寸、性能、开启方向、安装位置、连接方式及铝合金门窗的壁厚应符合设计要求。金属门窗的防腐处理及填嵌、密封处理应符合设计要求。金属门窗表面应洁净、平整、光滑、色泽一致，无锈蚀。大面应无划痕、碰伤。漆膜或保护层应连续。金属门窗框与墙体之间的缝隙应填嵌饱满，并采用密封胶。密封胶表面应光滑、顺直，无裂纹。

木门窗的木材的品种、材质等级、规格、尺寸、框扇的线型及人造木板的甲醛含量应符合设计要求。设计未规定材质等级时，所用木材的质量应符合验收规范附录的规定。木门窗与砖石砌体、混凝土或抹灰层接触处应进行防腐处理并应设置防潮层；埋入砌体或混凝土中的木砖应进行防腐处理。

木门窗制作工程允许偏差和检验方法见表4-1-5-11。木门窗安装的允许偏差和检验方法见表4-1-5-12。钢门窗安装的留缝限值以及钢、铝合金、涂色镀锌钢板门窗安装的允许偏差和检验方法见表4-1-5-13。

木门窗制作的允许偏差和检验方法　　　　表4-1-5-11

项次	项　目	构件名称	允许偏差（mm）		检　验　方　法
			普通	高级	
1	翘曲	框	3	2	将框扇平放在检查平台上，用塞尺检查
		扇	2	2	
2	对角线长度差	框、扇	3	2	用钢尺检查，框量裁口里角、扇量外角
3	表面平整度	扇	2	2	用1m靠尺和塞尺检查
4	高度、宽度	框	+0；-2	+0；-1	用钢直尺检查，框量裁口里角、扇量外角
		扇	+2；0	+1；0	
5	裁口线条结合处高差	框扇	1	0.5	用钢直尺和塞尺检查
6	相邻棂子两端间距	扇	2	1	用钢直尺检查

木门窗安装的留缝限值、允许偏差和检验方法　　　　表4-1-5-12

项次	项　目	留缝限值（mm）		允许偏差（mm）		检验方法
		普通	高级	普通	高级	
1	门窗槽口对角线长度差	—	—	3	2	用钢尺检查
2	门窗框的正、侧面垂直度	—	—	2	1	用1m垂直检测尺检查
3	框与扇、扇与扇接缝高低差	—	—	2	1	用直尺和楔形塞尺检查
4	门窗扇对口缝	1~2.5	1.5~2	—	—	用塞尺检查
5	工业厂房双扇大门对口缝	2~5	—	—	—	
6	门窗扇与上框留缝	1~2	1~1.5	—	—	
7	门窗扇与侧框留缝	1~2.5	1~1.5	—	—	
8	窗扇与下框间留缝	2~3	2~2.5	—	—	
9	门扇与下框间留缝	3~5	3~4	—	—	
10	双层门窗内外框间距	—	—	4	3	用钢尺检查

续表

项次	项 目		留缝限值（mm）		允许偏差（mm）		检 验 方 法
			普通	高级	普通	高级	
11	无下框时门扇与地面间留缝	外门	4～7	5～6	—	—	用塞尺检查
		内门	5～8	6～7	—	—	
		卫生间门	8～12	8～10	—	—	
		厂房大门	10～20	—	—	—	

钢、铝合金、涂色镀锌钢板门窗允许偏差和检验方法　　　　表 4-1-5-13

项次	项 目		允许偏差值（mm）			检 验 方 法
			钢门窗	铝合金门窗	涂色镀锌钢板门窗	
1	门窗槽口宽度、高度	≤1.5m	2.5	1.5	2	用钢尺检查
		>1.5m	3.5	2	3	
2	门窗槽口对角线长度差	≤2m	5	3	4	用钢尺检查
		>2m	6	4	5	
3	门窗框的正、侧面垂直度		3	2.5	3	用垂直检测尺检查
4	门窗横框的水平度		3	2	3	用1m水平尺和塞尺检查
5	门窗横框标高		5	5	5	用钢尺检查
6	门窗竖向偏离中心		4	5	5	用钢尺检查
7	双层门窗内外框间距		5	4	4	用钢尺检查
8	推拉门窗扇与框搭接量		—	1.5	2	用钢直尺检查

注：钢门窗安装的留缝限值，门窗框、扇配合间隙≤2mm；无下框时门扇与地面间留缝4～8mm。

10. 吊顶工程

吊顶工程应对下列隐蔽工程项目进行验收：

（1）吊顶内管道、设备的安装及水管试压。

（2）木龙骨防火、防腐处理。

（3）预埋件或拉结筋。

（4）吊杆安装。

（5）龙骨安装。

（6）填充材料的设置。

重型灯具、电扇及其他重型设备严禁安装在吊顶工程的龙骨上。

吊顶标高、尺寸、起拱和造型应符合设计要求。饰面材料的材质、品种、规格、图案和颜色应符合设计要求。饰面板上的灯具、烟感器、喷淋头、风口箅子等设备的位置应合理、美观，与饰面板的交接应吻合、严密。

暗龙骨吊顶、明龙骨吊顶工程安装的允许偏差和检验方法应符合表 4-1-5-14 的规定。

项次	项 目	允许偏差（mm）								检验方法
		暗龙骨吊顶工程				明龙骨吊顶工程				
		纸面石膏板	金属板	矿棉板	木板、塑料板、格栅	石膏板	金属板	矿棉板	塑料板、玻璃板	
1	表面平整度	3	2	2	2	3	2	3	2	用 2m 靠尺和塞尺检查
2	接缝直线度	3	1.5	3	3	3	2	3	3	拉 5m 线，不足 5m 拉通线，用钢直尺检查
3	接缝高低差	1	1	1.5	1	1	1	2	1	用钢直尺和塞尺检查

11．涂饰工程

涂饰工程应在涂层养护期满后进行质量验收。

涂饰工程的基层处理应符合下列要求：

（1）新建筑物的混凝土或抹灰基层在涂饰涂料前应涂刷抗碱封闭底漆。

（2）旧墙面在涂饰涂料前应清除疏松的旧装饰层，并涂刷界面剂。

（3）混凝土或抹灰基层涂刷溶剂型涂料时，含水率不得大于 8%；涂刷乳液型涂料时，含水率不得大于 10%；木材基层的含水率不得大于 12%。

（4）基层腻子应平整、坚实、牢固、无粉化、起皮和裂缝；内墙腻子的粘结强度应符合《建筑室内用腻子》JG/T 3049 的规定。

（5）厨房、卫生间墙面必须使用耐水腻子。

涂层与其他装修材料和设备衔接处应吻合，界面应清晰。

涂料涂饰工程应涂饰均匀、粘结牢固、不得漏浆、透底、起皮和掉粉（或反锈）。水性涂料涂饰质量和检验方法应符合表 4-1-5-15 的规定。色漆、清漆的涂饰质量和检验方法应符合表 4-1-5-16 的规定。

项次	项 目	普 通 涂 饰	高 级 涂 饰	检验方法
		薄涂料的涂饰质量和检验方法		
1	颜色	均匀一致	均匀一致	
2	泛碱、咬色	允许少量轻微	不允许	
3	流坠、疙瘩	允许少量轻微	不允许	观察
4	砂眼、刷纹	允许少量轻微砂眼，刷纹通顺	无砂眼，无刷纹	
5	装饰线、分色线直线度允许偏差（mm）	2	1	拉 5m 线，不足 5m 拉通线，用钢直尺检查

续表

项次	项 目	普通涂饰	高级涂饰	检验方法
厚涂料的涂饰质量和检验方法				
1	颜色	均匀一致	均匀一致	观察
2	泛碱、咬色	允许少量轻微	不允许	
3	点状分布	—	疏密均匀	
复层涂料的涂饰质量和检验方法				
1	颜色	均匀一致		观察
2	泛碱、咬色	不允许		
3	喷点疏密程度	均匀，不允许连片		

色漆、清漆的涂饰质量和检验方法　　　　　　表 4-1-5-16

项次	项 目	普通涂饰	高级涂饰	检 验 方 法
色漆的涂饰质量和检验方法				
1	颜色	均匀一致	均匀一致	观察
2	光泽、光滑	光泽基本均匀光滑无挡手感	光泽均匀一致光滑	观察、手摸检查
3	刷纹	刷纹通顺	无刷纹	观察
4	裹棱、流坠、皱皮	明显处不允许	不允许	观察
5	装饰线、分色线直线度允许偏差（mm）	2	1	拉 5m 线，不足 5m 拉通线，用钢直尺检查
清漆的涂饰质量和检验方法				
1	颜色	基本一致	均匀一致	观察
2	木纹	棕眼刮平、木纹清楚	棕眼刮平、木纹清楚	观察
3	光泽、光滑	光泽基本均匀光滑无挡手感	光滑均匀一致	观察、手摸检查
4	刷纹	无刷纹	无刷纹	观察
5	裹棱、流坠、皱皮	明显处不允许	不允许	观察

12．卷材防水屋面工程

屋面工程各子分部工程和分项工程的划分见表 4-1-5-17。

屋面工程应根据建筑物的性质、重要程度、使用功能要求以及防水层合理使用年限，分四个不同等级设防。屋面工程应根据工程特点、地区自然条件等，按照屋面防水等级的设防要求，进行防水构造设计，重要部位应有详图；对屋面保温层的厚度，应通过计算确定。

屋面工程所采用的防水、保温隔热材料应有产品合格证书和性能检测报告，材料的品种、规格、性能等应符合现行国家产品标准和设计要求。

伸出屋面的管道、设备或预埋件等，应在防水层施工前安设完毕。屋面防水层完工后，不得在其上凿孔打洞或重物冲击。屋面工程完工后，应按规范的有关规定对细部构造、接缝、保护层等进行外观检验，并应进行淋水或蓄水检验。

屋面的保温层和防水层严禁在雨天、雪天和五级风及其以上时施工。

屋面工程各子分部工程和分项工程的划分　　　　表 4-1-5-17

分部工程	子分部工程	分 项 工 程
屋面工程	卷材防水屋面	保温层、找平层、卷材防水屋面、细部构造
	涂膜防水屋面	保温层、找平层、涂膜防水屋面、细部构造
	刚性防水屋面	细石混凝土防水层、密封材料嵌缝、细部构造
	瓦屋面	平瓦屋面、油毡瓦屋面、金属板材屋面、细部构造
	隔热屋面	架空屋面、蓄水屋面、种植屋面

卷材防水层应采用高聚物改性沥青防水卷材、合成高分子防水卷材或沥青防水卷材。所选用的基层处理剂、接缝胶粘剂、密封材料等配套材料应与铺贴的卷材材性相容。

卷材铺贴方向应符合下列规定：

（1）屋面坡度小于 3% 时，卷材宜平行屋脊铺贴。

（2）屋面坡度在 3%～15% 时，卷材可平行或垂直屋脊铺贴。

（3）屋面坡度大于 15% 或屋面受震动时，沥青防水卷材应垂直屋脊铺贴，高聚物改性沥青防水卷材和合成高分子防水卷材可平行或垂直屋脊铺贴。

（4）上下层卷材不得相互垂直铺贴。

铺贴卷材采用搭接法时，上下层及相邻两幅卷材的搭接缝应错开。各类卷材搭接宽度应符合表 4-1-5-18 的要求。

卷材搭接宽度（mm）　　　　表 4-1-5-18

铺 贴 方 法		短 边 搭 接		长 边 搭 接	
		满粘法	空铺、点粘、条粘法	满粘法	空铺、点粘、条粘法
沥青防水卷材		100	150	70	100
高聚物改性沥青防水卷材		80	100	80	100
合成高分子防水卷材	胶粘剂	80	100	80	100
	胶粘带	50	60	50	60
	单缝焊	60，有效焊接宽度不小于 25			
	双缝焊	80，有效焊接宽度 10×2＋空腔宽			

天沟、檐沟、檐口、泛水和立面卷材收头的端部应裁齐，塞入预留凹槽内，用金属压条钉压固定，最大钉距不应大于 900mm，并用密封材料嵌填封严。

卷材防水层完工并经验收合格后，应做好成品保护。

第二章　小城镇房屋倒塌事故的原因与预防

在小城镇建房过程中，由于选址不当，设计不合理，施工管理差以及材料构件质量低等各种原因，房屋倒塌以及其他质量事故时有发生。有的新建住宅，刚刚使用，即房倒屋塌，有的在施工过程中就产生严重的质量问题。这些不仅仅造成悲惨的人员伤亡，而且使房主在经济上也遭受重大损失，教训极为沉痛。要从房屋建造的全过程严把质量关，服从规划，认真设计，精心施工，合理使用，建造经济、实用、耐久的房屋，使农民欢愉踏实地享用自己多年辛劳的成果。

第一节　选址不当的后果与预防

由于受自然和人为因素的限制，小城镇建筑有的依山就势坐落于山脚之下、风口之上或沟谷之中，有的沿江湖岸边或在河滩上建设，有的建筑之下恰为软弱地基，这就难免受到洪水、滑坡、泥石流和暴风雨等自然灾害的袭击和威胁，或产生局部塌陷，或几栋房屋被冲毁，整个村庄被淹没。与此相联系的，是对这些自然因素考虑不周而产生的设计错误，导致严重的后果。因此，对这些自然灾害都要严肃、认真地对待。

一、坡、泥石流暴风雨等的防治措施

滑坡、泥石流发生迅猛，危害严重，是对山区小城镇威胁很大的一种自然灾害。这些灾害是自然因素与人为因素综合作用的结果，地质、地貌条件是产生滑坡、泥石流的基础，水是产生这种灾害的激发因素，而人为的植被破坏，开挖山脚及强烈振动等是促使滑坡、泥石流发生、发展的重要因素。其防治措施是：

查清灾害可能产生的原因及范围，制定全面治理规划、逐步进行防治；建房选址，要做好水文、工程地质和地形地貌的调查，避开危险地段；在滑坡体上方及周围修截水沟和排水沟，减少地表水、地下水对滑动体的浸润，平整坡面，封填裂缝，以防止滑坡的发生；山上植树、山脚下修挡土墙，处理危耸岩石；修筑排导或导流坝，将可能发生的泥石流引开小城镇和建筑。

二、防暴风雨侵袭

在山区和沿海地区，突然降临暴风雨的侵袭，对小城镇建筑也是一大危害。1988 年夏天，浙江沿海地区遭到了暴雨大风的袭击，许多村庄、农舍、桥梁毁于一旦，造成重大损失。

由于缺乏合理规划，有的村落农舍布置凌乱，任其建设，通道蹊径，弯弯扭扭，当大风进入村落后，时有旋转风产生，随着风力的增大，旋转加速会产生比自然风力大很多的

动能，产生强大破坏力、致使房屋成片倒塌。

农民建房选择宅基时，有建在两座山之间的风口上、有的竟建在泄水的谷道上，遇到特大暴风雨，难免造成灭顶之灾；还有的农房建在山坡脚、水溪河渠边，但对地质状况不清楚，遭暴风雨侵袭，造成地基下陷，产生滑坡，或受到山上泥沙碎石的冲击，或基础土层大量流失等等，造成建筑物破坏，甚至倒塌。

对上述的破坏现象，最有效的预防措施是认真搞好小城镇的规划，避开上述不良地带选址建房。要针对当地的自然情况，精心设计，精心施工，避免暴风大雨还没有达到足够的强度时，自己营造的房舍和建筑物却过早地被破坏摧毁。不要将房屋建在主风口上，不要建单开间高耸房屋。易受洪水侵袭的地段或江河岸边建房，可根据不同的房屋采用框架柱或用竹编篱笆等作围护墙的房屋结构形式，受灾时，墙倒屋不塌，而且人员可以上楼面、屋顶避灾。

第二节　房屋基础质量事故的原因与预防

俗话说万丈高楼平地起，基础牢，房屋才会稳固。基础是房屋地面以下的承重结构，它承受房屋上部的全部荷载，并把这些荷载连同本身的重量通过基础底面合理地传递给下面的地基上。当地基的承载能力低于基础传来的荷载时，如果地基没有做人工处理，就会产生不均匀沉降，轻者引起上部墙体开裂、倾斜、歪曲等损坏，重者造成房屋倒塌。

为了保证建筑物的安全使用，一定要根据地基土的情况，上部结构的荷载大小以及当地的建筑材料供应情况等，合理地选用基础材料，正确地确定基础的断面型式，恰当地选择基础埋置深度，以保证房屋的基础有足够的强度和稳定性。

一、基础事故的原因

造成小城镇房屋地基基础质量事故的原因，一般有以下几种情况：

1. 基础没有设计和计算。房屋上部的荷载有多重，地基承载能力有多大都心中无数。

2. 对基础的情况不清楚，不能合理确定基础底面积的大小，主观臆断基础埋深，采用不适当的基础类型，导致了基础强度和稳定性的严重不足。

3. 对基础材料选用不当。地基土湿度较大，基础一般应选用石材为宜，但有的仍然选用砖基础，甚至个别农户选用土坯基础，造成房屋沉降较大，甚至严重开裂。

4. 毛石基础组砌不合理。有的小城镇建筑的毛石基础，采用"包馅"的砌法，有的砌"刀口石"，这些错误的砌法严重地影响了毛石基础的整体性和强度。

5. 素土不夯实，淤泥、膨胀土地基的处理不得法，将房屋直接砌在新回填土上，导致基础沉降不均匀，房屋出现裂缝。

6. 寒冷地区基础埋深不足，基础冻胀使房屋倾斜、开裂。

二、预防基础质量事故一般措施

1. 基础开槽要挖到老土层，挖好后用钢钎探一探，看下面是否有孔洞或软弱土等；地基夯实很重要；遇到软土、淤泥土、膨胀土、冻土时，可用砂石垫层和换土的方法进行处理；基础底面应埋在当地冰冻线以下，尽量埋在地下水位以上；若地基土下层土质较差，可采用强度高的地基进行浅埋处理；砖基础应用水泥砂浆砌筑，基础下部做成阶梯形（俗称大放脚）；房屋要做散水，防止雨水浸入基础，黄土地区尤为重要。

2．小城镇房屋的基础施工要因地制宜、就地取材、精心施工、保证质量。几种常用基础的适用范围是：砖基础适用于宽度不大、土质较好的地基；灰土基础适用于土质较差、地下水位较低的地基；三合土基础适用于三层以下的建筑，且土质较好，地下水位较低的地基；毛石基础适用于地基表土土质不坚实（地基承载力差）需要深埋的基础，且石料来源较容易的地区；毛石混凝土基础适用范围同于毛石基础，这种基础施工方便，整体性较好。

3．毛石基础施工，要按规范规定分层坐浆砌筑，并设拉结石。砌筑时底部先铺 3～5cm 厚的砂浆一层（一般用水泥砂浆或混合砂浆）用较平整的大块毛石铺砌、石块大面朝下、每皮高约 30cm，较大空隙要用小石块填塞，每砌完一层用砂浆灌缝，保证石块平稳，毛石相互搭接，上下错缝，灰缝要密实、饱满。

毛石基础应选用坚硬、未风化、无杂质的洁净石料。

三、基础的冻害及预防

1．我国北方冬季严寒，土层冻结较深，建筑基础易受冻害。如果设计和施工中重视不够，措施不当，可能因基础受冻害而导致建筑物裂缝、倾斜或倒塌。

产生冻害的原因：

由自然地形、地质、气候等外界因素造成。地势低洼，地下水位高，土质松软，土层含水量大，封冻前不能排出内部集水冻结后产生不均匀膨胀，引起基础变形。

基础埋深不足，没有超过冻层深度，或虽然超过冻层，但施工时基础材料满灌基坑，形成上宽下窄的梯形断面，基础周围或底部冻土膨胀时，将基础抬起或胀裂。

基础砌筑灌浆不实，结构不紧凑，空隙集水遭冻将基础胀裂。

基础侧表面不平整，回填土与基础摩擦力过大，冻胀时把基础抬高。

2．防止冻害的措施

设计和施工人员要掌握和了解有关土冻胀力学和防冻害的知识，严格控制施工质量。在设计和施工中保证基础埋置深度；基础施工避免满槽灌，基础上如果有悬挑构件，在其下面必须留出 10～15cm 的空隙；对于浅基础要设置具有足够刚度的现浇钢筋混凝土圈梁，用以调节因土冻胀引起的不均匀变形；基础侧表面要平整或用砂浆抹一遍，并用干砂或干炉渣填基槽，其厚度 10～15cm 即可；浅基础入冬前要及时采暖，不能采暖时，要用保温材料覆盖。

通过修截水沟或截水墙截断建筑物上游的来水；在建筑区内部和下游修建排水沟，及时排除集水，使土层保持干燥。

第三节　砖石砌体质量事故的原因与预防

在建筑队伍中自古以来流传着一句话，"砌不砌，一把泥"，似乎砖石砌体工程好歹对付上去就行了，质量无关紧要。其实，这是一种非常错误的说法。砌体在建筑物中起着重要的支承、围护作用。由于砌体施工质量低劣，会留下非常严重的隐患，有的甚至房倒屋塌。据调查资料，近年砌体房屋倒塌的事故严肃地告诉人们：砖石砌筑马虎不得。

一、砌体质量事故的原因

造成砖石砌体质量事故的原因很多，主要的有以下几个方面：

砌筑方式不符合规范规定。在规范中，实心砌体的组砌形式应上下错缝，内外搭接，砖柱不得采用包心砌法。可是在小城镇建筑砖砌体中，却错误地采用五顺、七顺甚至十顺一丁的砌法，砌包心柱，形成内外两层皮。不少工程的内外墙，转角墙不同时砌筑，而是先砌外墙，后砌内墙，转角、丁字墙留直槎、内外墙交接处留阴槎，造成咬槎不严、墙角处形成通缝，破坏了墙体的整体性大大降低墙体的强度和稳定性。

建房者和施工者队伍不懂技术，盲目"节约"，过多使用半砖、碎砖，墙体错缝间距缩小，拉力减少，强度降低，整体性很差。

砖和砂浆的强度低。有些砌体所用砂浆没有按配合比配制；有的使用不合格或过期水泥；砂浆含有许多杂质，使砂浆失去粘结作用；使用风化石料，砖的质量差，有麻酥现象、翘曲不平、厚薄不一。

砂浆铺砌不符合规范要求。灰缝过薄过厚，有的水平缝厚度超过20mm；灰缝饱满度低，甚至一块砖只有三点粘灰浆；砌筑前不浇砖，有的外墙不用水泥砂浆勾缝等等，当墙体受到风吹雨淋时，外墙灰缝被雨水渗透受潮，粘结力减低，会降低了砌体的抗压强度。

不按施工工程序施工。有的三层楼房先砌外墙、后砌内墙和安装楼梯，外墙因缺乏横向支撑失稳而造成倒塌。干砌毛石墙，不设拉结石，并包心砌墙，当雨水冲入墙体，黄泥夹带碎石流失，使墙体成了两张皮，导致房屋倒塌。

南方省区有的地方，为了"节约"，采用无眠空斗墙，加上砂浆强度等级低，墙体极易倒塌。有的只图快、抢工期、每天砌墙高度不加限制，使墙体稳定性很差，有时冒雨作业，受雨水浸湿，降低了砂浆强度等级，影响墙体的强度。

二、预防砖石砌体质量事故的措施

小城镇房屋要在精心设计，满足使用的前提下，尽量减少高度，增加横墙；砖石和砂浆的强度等级都要符合设计的要求。一些跨度大，层数高、间隔墙又少的建筑物，如影剧院、仓库、会议室的墙体以及独立砖柱等，除进行强度计算，还要进行稳定验算。各部位构件之间必须按设计规定连接牢固，保证整体稳定性；要十分重视砖石柱、垛的设计施工质量，很多倒塌事故，就是因为实际墙体高厚比超过允许值而造成的。

按规范要求进行砖石砌筑。砖石砌体应内外搭接，上下错缝；实心砖砌可采用一顺一丁、梅花丁或三顺一丁的组砌形式，不得采用包心砌法砌砖柱；实心砖砌体水平灰缝的砂浆饱满度不得低于80%；在砌筑前，必须用水将砖浇水润湿，普通砖的含水率（水重与干砖重的百分比）宜在10%～15%；砌筑时不宜先铺灰后再一块一块摆砖、而应采用一铲灰、一块砖、一揉挤的砌砖法；砌筑砂浆的材料必须满足要求，而且必须进行试配，砂浆强度等级要按设计强度等级提高15%，拌和时要计量拌和、搅拌均匀，砂浆的稠度和保水性也要符合规范要求；纵横墙交接要同时砌筑，不能同时砌筑时，应留斜槎（或称踏步槎），如留斜槎确有困难时也可留直槎，但必须是阳槎、并沿墙高在每隔不大于50cm的高度内加设拉接筋，其埋入两边墙内的长度不得小于50cm；地震区必须同时满足抗震规范的要求。

必须重视砌体局部承压的安全。例如，大梁的梁垫，其作用是使上部荷载均匀传到砌体上，否则砖柱、砖墙会因局部承压能力不足而被压碎。其尺寸应经过计算确定，宽度一般不宜小于梁宽的2倍，厚度不小于18cm，并应按计算配置钢筋。

三、毛石砌体质量事故预防

因为毛石抗压强度高，抗冻性和耐腐蚀性好，价格便宜，许多地区均能就地取材。因此，用毛石砌筑墙体，在我国广大小城镇尤其在山区使用还很普遍。

影响毛石砌体质量的因素之一是砂浆的稠度。石材质地细密，吸水率小，砂浆中的水分过多，则石材与砂浆之间形成一层水膜，会影响毛石的粘结。所以，砂浆要拌和均匀，水灰比要小，以半干硬为合适，一般稠度为 3～5cm。

组砌方法要正确。毛石砌体应分层卧砌，并要上下错缝、内外搭砌；不得采用外面侧立石块，中间填心的砌筑方法；砌好的石块要求"下口清，上口平"。下口清就是石块要有整齐的边棱，打去多余的棱角，砌完后外口灰缝匀，内口灰缝严；上口平是指槎口里外要平，为上层砌石创造有利条件；留槎口应防止出现硬磴槎、三角缝、重缝、斜重缝或槎口角度太小；砌石应大面朝下，平放卧砌；为了增加砌体的稳固，每层毛石每隔 2m 应砌一块丁砌面，使里外皮墙拉结，上下层的拉结石位置要错开。

毛石砌体的灰缝厚度宜为 5～20mm（毛石挡土墙外露面的灰缝厚度不得大于 40 mm）；砂浆应饱满，块石之间不应"干垫"（石料直接接触），也不应"双垫"（垫两层石片找平），因为"干垫"和"双垫"都会影响砌体的强度和稳定性。

冬季施工中，每日砌筑后应在砌体表面覆盖保温材料，可以采用掺盐砂浆法施工。

第四节 屋顶和楼板层质量事故的原因与预防

房屋中的楼板层，在构造上把房屋分隔成上下层空间，负荷着人和物的静荷载、动荷载，并把荷载传到墙和柱上。同时它对墙身起着水平支撑作用，帮助墙身抵抗水平作用力对墙面所产生的挠曲。它还能起到一定的隔声作用。

屋顶是房屋最上层起覆盖作用的外围护构件，借以保温隔热及抵抗雨雪，避免日晒等自然界的影响。有些小城镇建筑的屋顶还要满足人们晾粮食、衣物等活动的要求。

由于设计错误、施工质量低劣和使用不当等原因，小城镇建筑中屋顶倒塌、楼板折断的事故时有发生。据调查，屋顶、楼板倒塌占房屋倒塌事故的 1/3 以上，因此必须引起足够的重视。本节就小城镇建筑中常见的几种屋顶和楼板的质量事故及预防分别简要介绍如下。

一、混凝土楼板施工要点

预制空心楼板，既经济，施工也很方便，近年来的小城镇建筑中得到了较广泛的应用。由于对预制板受力和安装方面知识不足，也出现断裂，压塌砸伤人等事故，应认真予以避免。

1. 空心板的端头部位在受力及构造上都是薄弱环节，施工时一定要注意将板的端头用混凝土块或砖堵塞密实。尤其是二层以上的楼房建筑，必须堵头，这样再往上砌筑时就能提高其承载能力。

2. 应使用经建设主管部门批准的水泥构件厂的经检验合格出厂的楼板。一般不要自行生产。若要自家预制，一定要经过科学的计算和设计，请有经验的人员承担、配筋正确、混凝土搅拌均匀、配合比合理、振捣密实、认真养护，达到设计强度后才能吊装使用。

3. 在运输和吊装过程中，要掌握预制楼板的性能，认清上下面，一定不能弄错。吊索应固定在楼板两端，距板端约 300mm 处。

4. 预制板只能作简支梁来使用，在施工排板时，要注意板的侧向切勿进入墙内。如果将板的侧向放入墙内，就改变了它应有的受力状态，造成三面受力，在上部墙体压力作用下，可能导致楼板出现裂缝或被压碎现象。楼板在墙上的支撑长度不应小于 100mm。安装时，在墙或梁上先铺设厚约 10~20mm 的 M10 水泥砂浆找平，使楼板稳固地安放在墙或梁上。若出现不稳，应重新铺浆安放，而不能采取在活动角端垫塞硬物的作法，这样会造成楼板受力不匀而出现事故。

5. 现浇钢筋混凝土楼板和屋面板的主筋和分布筋的位置不能弄错；模板要支撑牢固；混凝土未达到设计要求的强度前不能拆模。

6. 在楼面、屋面的施工过程中，施工荷载不能过大，如为了抢工时，上人过多，堆放材料过于集中等，以防出现压断梁、板事故。

二、钢木屋架倒塌事故的预防

在小城镇公共建筑和生产建筑物中，常常采用钢、木和钢木屋架作为屋顶的承重结构。这些屋架有自重轻，用料省，施工简便等优点。但是，由于对其特性掌握不好，不做认真的计算与设计，随便拼装起来就使用，以至于造成许多事故。事故的原因与预防有以下几个方面：

1. 不经设计或盲目套用图纸，强度不足和杆件不合理而产生事故。

屋架不仅要承受自重，而且要承受屋面、雨雪、降尘及施工等荷载。屋架的各杆件受力不相同，有的受拉，有的受压。若不懂结构设计知识，盲目套用图纸，甚至无图施工，拉压杆件不分，材料不加选择与区别，杆件截面形状与大小随意确定，就不能保证屋架整体的强度、刚度和稳定性。屋架事故实例中，由于上述原因，有的错误地把圆木用作斜腹拉杆，而把圆钢用作竖腹压杆，结果工程刚刚竣工交付使用，就发生屋架倒塌，造成了严重的经济损失。有的把带有孔洞、榫眼或已经腐朽、虫蛀严重，并含有太多木节的木料使用在屋架上，致使杆件有效截面面积减少，局部应力集中，酿成屋架破坏事故。

2. 屋架支座与节点处理不当造成事故

屋架节点是各杆件的汇交点，受力比较复杂。因此节点构造处理合理与否将直接影响屋架的使用与安全。应将屋架各杆件牢固而又简便地联结起来，应联结的杆件轴线要汇交于一点，联结处刻槽、钉扒钉或焊接、栓接、锚接牢固，焊缝要烧透，焊条选用得当，焊缝长度高度满足设计要求。

按规范要求，屋架支座应与墙、柱锚接牢固。

3. 支撑系统要完善

支撑系统是保证屋架正常工作的重要环节，只有使屋架同其他稳定的结构相联系或用支撑杆件把它们连结起来，组成几何不变的空间结构，屋架才能获得稳定。支撑系统一般有横向剪刀支撑，竖向剪刀支撑和其他水平系杆，以及檩条、屋面板与屋架的固定联结等。

另外，要重视施工过程中的临时支撑，屋架就位后要及时用檩条或支撑杆使其他固定结构或屋架相联结，避免失稳倒塌。

综上所述，钢木轻型屋架的安全，一要满足平面内的强度；二要注意平面外刚度；三是与所承受的上部荷载有关。为了保证结构安全，必须从设计、施工两方面采取措施。针对这类屋架尤其是刚度差的问题，要严格按照设计构造要求，布置必要数量的水平、垂直支撑和系杆，把屋顶系统的屋架、檩条等单独构件，联结成一个具有空间刚度的整体，保证屋顶系统具有整体稳定性。特别对一些跨度大的车间、仓库、影剧院等建筑物的屋架，一定要进行设计计算，保证各构件的平面内强度，同时要按照规范要求，使各杆件牢固联结，保证平面外的刚度。要严格控制屋面荷重。施工时要按设计要求保证加工质量，几何尺寸，节点、接头及焊缝的长度高度都要满足设计和规范的要求。特别是不加节点钢板直接焊接各杆件时，更要保证焊接质量。施工过程中要及时固定联结，同时注意支座处的锚固、严格防止超载现象。

三、防止砖（石）拱结构倒塌

在我国西北地区（其他地区也有但较少）有采用砖或毛石建造的筒拱房屋。砖石拱的特点是，拱体在自重和荷载的作用下，在支座处不仅产生垂直作用力，还产生水平推力。水平推力的大小随矢跨比（f/L）的减少而增大，一般水平推力是垂直力的 $1.5\sim2.0$ 倍，这个推力往往被忽略而酿成事故。这种结构的倒塌事故常常是整体塌落，且发生在一瞬间，危害较大，因此，应引起足够的重视。为防止事故的发生，应注意以下几点：

1. 要保证拱脚支座处有足够的抗推能力。尤其要注意多跨拱的边跨的端支座和单跨的支座处，必须进行抗推计算，并设抗推结构，一般设附墙壁柱、钢筋混凝土圈梁、边跨为平板跨，以及设置拉杆等。拱支座以下至少 5 皮砖要用不低于 M5 砂浆砌筑，并且砂浆强度达到 50％ 以上时才能砌筑拱体。

2. 保证施工质量。砌筑拱体应符合错缝要求，且要从两侧拱脚同时向拱冠砌筑，砖石缝要砂浆饱满。所用材料，砖不低于 MU10，砂浆不低于 M2.5。砌筑后要适时养护。

3. 砌多跨连续拱时，要相邻跨同时砌筑。不能同时砌筑时，要在邻跨加斜向支撑。

4. 拱体模板要有足够的强度和刚度，支模要坚固结实又便于拆卸、移动。

5. 在砂浆强度达到设计规定的 70％ 以上时才能拆模，并要防止振动。先将模板降下 $5\sim20$ cm，对拱体检查无问题后再全部拆除。设拉杆时，拆模前要把拉杆拉紧。

6. 在拱体达到规定强度要求后才能做保温、防水层。铺放材料要从两侧向拱冠均匀填铺，严禁集中堆放材料，不要产生集中施工荷载。

7. 受振动或冲击荷载的建筑物，或者会产生不均匀沉降的基址，不要建砖石拱房屋。

四、石板屋盖断塌事故的预防

在山区，为节省投资，取材方便，有用条石作墙，石板作屋顶的石结构房屋。因为不掌握石材特性，施工、使用不当，造成石板断塌，酿成生命财产损失的惨祸时有发生。

石材性脆，各向差异很大，如抗压能力很强，而抗弯强度很低。因此，将其作用为基础、墙体材料是可行的，不要作为屋盖、过梁等抗弯构件。若作为这类构件，只能用于如贮藏、禽舍等小跨度，薄屋顶的附属用房，不可用在跨度大，需做保温、隔热处理的建筑上。

做棚、舍顶盖的石板，要选未经风化、没有裂纹的新石。顶盖上不要做过厚的防水层；石板要坐浆铺砌，不可板下垫石形成局部受力；施工时不要产生过于集中的荷载。

第五节　钢筋混凝土构件质量事故的原因与预防

　　小城镇建筑已由平房向楼房发展，其结构体系也由木构架加围护墙逐步被混合结构（钢筋混凝土和砖石组合承重）所代替，预制或现浇的钢筋混凝土构件使用得越来越多。由于缺乏钢筋混凝土结构计算和构造知识，以及施工技术水平低等原因，这方面也出现了很多质量事故，有的楼梯裂缝，有的雨篷掉落，甚至有的梁断屋塌。要学习有关知识，防止事故的发生。

一、事故及原因

　　1. 不懂结构知识，不懂钢筋混凝土构件的性能。有的把钢筋混凝土檩条上、下面用反，或间距过大，使檩条断裂；有的把现浇单向楼板或屋面板的主筋与分布筋位置放错造成断裂；还有的悬挑梁、板搁支长度和压重不足，使悬挑件发生倾翻；也有的门窗过梁选用不当造成事故，如窗的宽度为 2.7m，只使用 60mm 厚的窗过梁，且配筋不足。

　　2. 钢筋混凝土构件的配筋不经计算，随意配筋，甚至以木条、铁片、废旧铅丝代替钢筋，怎能不出现事故。

　　3. 缺乏施工经验和知识。有的设计为 C20 的混凝土，实际上 28 天的强度不足 C10；有的在施工过程中，楼面、屋面的施工荷载过大，造成构件裂缝甚至断裂，也有的钢凝混凝土梁、板未达到设计要求的强度就拆除下边全部支撑和模板。

　　4. 在使用中，任意增加楼板、屋面荷重，屋面积灰严重，多年不予清除，随意加层，在钢筋混凝土梁上砌砖墙等，也都是造成钢筋混凝土构件破坏的原因之一。

二、防止事故的措施

　　1. 要懂得一些钢筋混凝土结构的知识。在钢筋混凝土中，混凝土在受压区承重大部分的压力，而在受拉区配置钢筋，这样，当梁板受力时，钢筋和混凝土共同发挥作用，就大大提高了构件的承载能力。在施工中，千万注意不可把钢筋放错位置，过梁、檩条、楼（屋）面板等单跨简支受弯构件，受拉区在下部，受力钢筋必须放在构件下部；而悬挑构件受拉区在上部，一定注意钢筋摆放上部。在雨篷等悬挑施工时，有时工人把受力筋踩到下部去，在浇灌混凝土时要注意把它提上来。

　　2. 钢筋混凝土构件的配筋要根据荷载和跨度的大小依据计算而定，不可随意改变，配筋少了出事故，配筋多了造成浪费。

　　3. 悬挑梁板的支承长度要合理。小城镇房屋若用悬挑梁时，挑出长度不宜超过 1.5m，悬挑长度与搁支长度的比例一般在 1:1.5～1:2 为宜。悬挑构件施工时，要先架好支撑。支撑架要在构件养护 28 天达到设计强度后才能拆除。

　　4. 要注意节点、细部对构件安全的影响。梁、板受力钢筋必须按规定长度伸入支座；钢筋混凝土构件的预埋铁件、吊环等必须按设计要求制作，有的铁脚长度过短，吊装中或安装后因受力而拔出造成事故；光圆钢筋端部必须按规定做成弯钩以增强锚固力，未做弯钩锚固不足而导致构件破坏的事件时有发生；受力钢筋不得随意弯曲。如阳台板受力筋在与楼板联结处错误地弯曲，受力后弯曲的钢筋被拉直，导致阳台板根部的混凝土严重开裂，不得不将阳台全部拆除，重新配筋浇筑。

第三章 小城镇道路及公用工程施工与管理基本知识

第一节 小城镇道路工程施工与管理

道路是交通运输的基本保证之一。它要承受各种车辆和行人重复作用和经受自然因素的长期影响。因此，道路要具有合适的纵坡，平顺的线形，稳定坚实的路基，平整不滑的路面以及必要的防护工程和附属设施。

一、道路的组成和要求

1. 道路主要由路基、路面、桥梁、涵洞、防护工程（护栏、挡土墙、护脚）、排水设施（边沟、截水沟、盲沟、过水路堤等）以及设置的标志、加油站、照明设施、通讯设备及绿化等组成。

2. 道路要求

稳定性：要保证车辆行驶中遇有起步、加速、减速和制动等各种情况时不翻车、不倒溜、不倒滑。

可靠性：要合理设置纵、横坡度和弯道，根据道路的车流量确定等级，设计选用路面、路基及构筑物。

安全：应保证有足够的视距，合理地设置竖曲线，在平面弯道上不能有视线障碍，道路的宽度要满足设计交通流量的要求，以保证行车通畅和交通安全。

环境保护：注意结合道路性质，自然地形，交通分隔的设置，加强绿化，有足够的消音距离，减少机动车行驶产生的大气污染和噪音干扰。

经济效益：设计合理的道路平面和纵、横断面，可以提高车速，缩短行车时间，降低运输费用。

二、道路施工要点

1. 路基

为保证路基的强度和稳定性，路基压实应满足密实度的要求。根据所采用机械的性能，确定每层垫铺厚度，进行分层铺土碾压到设计规定的质量要求（表 4-3-1-1）。

土的最佳含水量与每层虚铺厚度   表 4-3-1-1

编 号	压（夯）实机具		土块直径（cm）	最佳含水量（%）	每层虚铺厚度（cm）
	名 称	规 格			
1	重锤	2～3t	小于 10	13～18	100～15
2	中锤	0.5～1.5t	小于 10	14～19	50～75
3	压路机	12t 以上	小于 10	13～18	20～30
		12t 以下	小于 10	14～19	15～25
4	羊足碾	4t 以上	小于 10	15～20	15～25
5	蛙式夯	HW—20A 型	小于 5	13～18	20～30
		HW—20 型	小于 5	14～19	15～25
6	木石铁夯	50kg 以上	小于 5	15～19	15～25
		10～50kg	小于 5	16～19	10～15

路基土的压实系数，是指实际施工填方所达到土的密实度相当于标准压实法同类土最大干密度的比值，其指标见表 4-3-1-2。

路基土的压实系数   表 4-3-1-2

填土高度（m）从路槽底起	高级路面及次高级路面		中 级 路 面	
	受水浸影响	不受影响	受水影响	不受影响
0～0.6	0.98 与 0.95	0.95	0.92	0.90
0.6～1.5	0.95 与 0.90	0.90	0.90	0.90

路基的检查和验收：

路基竣工后，除整理各项隐蔽工程检查记录和试验资料，并绘制竣工图表外，还应进行路基施工的各项指标验收，其标准见表 4-3-1-3。

路基施工容许误差参考表   表 4-3-1-3

工程项目	纵断面标高（mm）	宽度（mm）	纵向平整度	横坡（%）	纵坡（%）	平面位置	压实度（%）
边沟、排水沟	±50	±50	不积水		±0.005 且≤0.2	无显著偏差	
路基	±50	±0		±0		±10cm	
路肩			不积水	±1.0		边缘无曲折	7.85
护坡	±50		不积水				

2．几种路面的做法

（1）粒料加固路面（级配碎（砾）石路面），是指用天然砾石或加工的碎石按最佳密实级配原理配料修建的一种路面。

级配碎（砾）石路面的横坡度，视路宽度的不同控制在 2%～4% 之间；最小厚度为 6cm，一般为 8～10cm，过厚时分两层铺筑，但下层的厚度应为总厚度的 60% 左右，压实系数约为 1.3～1.4；用于面层的石料最大粒径不宜大于 35mm，用于底层的不得大于 60mm（图 4-3-1-1）。

1) 颗粒材料如：砂砾、礓石、贝壳、矿渣。6～18cm 厚；
2) 路基夯实

图 4-3-1-1　粒料加固路面

（2）碎石路面，是由不同粒径的碎石，分层铺筑，洒水或浇灌泥浆碾压而成的嵌挤式路面。分为两种：分层铺筑，在碾压过程中碎裂的石灰石粉结料，经洒水碾压而成的为水结碎石路面；以灌入泥浆为粘结料的路面为泥结碎石路面。

碎石路面通常铺筑在砾石混合料、石灰土或手摆块石的基层上。路面的横坡一般为3%～4%，厚度在8～20cm之间，最小厚度为6cm，当碎石层厚大于16cm时，应分两层铺筑，下层的厚度应为总厚度的60%～65%（图4-3-1-2）。

水泥石灰炉渣三合土是用水泥：石灰；炉渣（碎石）按1:1:8的配合比制成的。所用炉渣（碎石）的最大粒径为60mm，要求合理级配，水泥强度等级为32.5，石灰用生石灰块。

施工时将生石灰用水化开，按配合比掺入水泥和炉渣，加水进行搅拌，加水量以路面压实能提浆为止，要随时搅拌随时压实至设计要求厚度（图4-3-1-3）。

1）50～60cm厚1:3水泥砂浆嵌入各种花型的钢石、青石片、碎石等路面，表面用水冲露石面；

2）铺80mm厚2:8或3:7灰土或级配砂石夯实或压实；

3）路基夯实或压实

图4-3-1-2　碎石路面

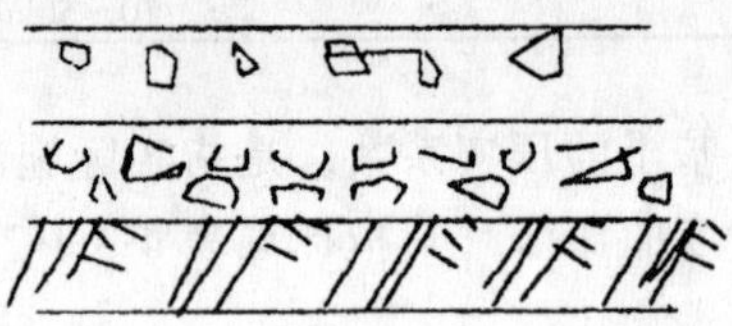

1）100～150mm厚1:1:8石灰：水泥：炉渣压实后表面提浆拍平；

2）100～150mm厚碎石垫层压实；

3）路基夯实

图4-3-1-3　三合土路面（用于载重汽车通行）

（3）混凝土路面

道路用的混凝土不能低于C20，因它既要满足载重车辆的荷重要求，又要抵抗冻融循环的破坏。混凝土路面设计中应考虑缩缝与胀缝，以适应外部的温度变化。

具体可根据常用道路混凝土配合比参考表4-3-1-4施工。施工中要按规定预留混凝土试块，施工后注意路面的养护（图4-3-1-4）。

道路常用混凝土配合比参考表　　　　　　　　表 4-3-1-4

水泥强度等级	混凝土强度等级	骨料	石子粒径（cm）	坍落度	每 m³ 混凝土材料用量（kg）			
					水	水泥	砂	石子
32.5	C18	卵石	2～4	1～3	165	290	565	1380
		碎石			175	292	633	1300
32.5	C28	卵石	2～4	1～3	165	394	481	1360
		碎石			175	400	585	1300
42.5	C18	卵石	2～4	1～3	165	250	625	1380
		碎石			175	254	720	1300
42.5	C28	卵石	2～4	1～3	165	338	537	1360
		碎石			175	350	625	1300

（4）沥青混凝土路面

沥青采用道路石油沥青，砂为中砂，石的粒径按设计要求（图4-3-1-5）。

沥青混凝土在摊铺前，应在已涂有冷底子油的垫层上先涂一层沥青稀胶泥（沥青：粉料＝100:30）。在一般情况下摊铺温度为150～160℃，压实成活后温度为110℃。施工中需留施工缝时，垂直施工缝应留成斜槎，并夯实。继续施工时应把槎面清理干净，然后覆盖热沥青混凝土以预热原槎面。预热后将覆盖部分除去，涂一层沥青胶后继续施工。水平施工缝间也要涂一层热沥青或沥青胶泥。沥青混凝土的虚铺度应经试压确定，使用平板振捣器时，一般为压实厚度的1.3倍。

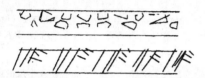

1）现浇作法：用混凝土现浇100~200mm厚，路基夯实；

2）预制作法：用预制500mm×500mm×100~150mm混凝土砖铺砌，铺砌时用25mm厚砂浆层或1:3砂浆砌；

3）路基夯实

图4-3-1-4　混凝土路面（用于载重汽车通行）

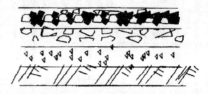

1）表面喷热沥青一道，再铺砂；

2）50mm厚细石（粒径小于10mm）压实；

3）150~250mm厚碎石压实；

4）150mm厚2:8或3:7灰土；

5）路基压实

图4-3-1-5　沥青混凝土路面（用于载重汽车通行）

沥青混凝土施工中，如表面有起鼓、裂缝、脱落等缺陷，可将缺陷挖掉，清理干净后涂一层热沥青，然后用沥青混凝土趁热填补压实。

3．路缘石做法

缘石亦称侧石，北方城市称道牙。缘石通常设于车行道两侧，高出路面12~18cm；在重要桥梁的车行道与人行道相接处，常高出路面25~30cm。在小城镇道路上，缘石常用平面（卧石），使它既起着区分车行道、人行道、保证交通安全，又兼负街沟排水的功能。

缘石一般用花岗石、混凝土预制块、浆砌块石等做成。它应具有足够抗磨耗与风化的能力。用混凝土预制时，其抗压强度宜在200N/mm² 以上。

缘石外形有直形、弯弧形和曲线形之分，其几何尺寸各地不一，通常为长50~100cm，宽10~25cm，高25~30cm；缘石基础多用低强度等级混凝土、碎砖、三合土或石灰炉渣土铺筑，地质条件良好时，也可用石灰土做基础。

4．人行道做法

人行道铺面的种类很多，除大量使用的25cm×25cm×5cm以及40cm×40cm×7.5cm的预制混凝土板（均称方砖）外，还有现浇混凝土或石灰三合土，并以水泥砂浆抹面划分花格的做法；也有沥青混凝土以及彩色混凝土人行道路面。

三、道路工程质量检验

1．检查数量，每种路面每延长30m为1处，抽查10%，但不得少于3处。

2．检验方法

检查试块强度试验报告，沥青混凝土路面的密实度必须达到2350kg/m³ 以上。

观察检查：可分为以下两种等级：

合格：路面的坡向、雨水口等符合设计要求，泄水畅通；表面无明显裂纹、脱皮、起砂、和明显接槎痕迹；路边石顺直，高度基本一致。

优良：路面的坡向、雨水口等符合设计要求，无积水现象；表面无裂缝、脱皮、起皮、起砂等现象，接槎平顺，路边石顺直，高度一致，棱角整齐。

实测：道路检测结果要符合道路路面的允许偏差（表4-3-1-5）。

道路路面的允许偏差和检验方法　　　　　表 4-3-1-5

项次	项 目	允许偏差（mm）					检验方法
		级配路面	碎石路面	沥青混凝土路面	混凝土路面	预制混凝土板路面	
1	宽度	不小于设计规定	不小于设计规定	±50	±50	—	尺量检验
2	厚度	±15	±15	±5	±10	—	尺量检验
3	横坡	不大于±1%	不大于±1%	0.35%	0.15%	0.2%	用坡度尺检查
4	表面平整度	15	15	7	7	7	用2m靠尺和楔形尺检查
5	接槎高低差	—	—	—	—	2	用直尺和楔形尺检查
6	中线高程	±20	±20				每20m一点

第二节　小城镇管线工程施工与管理

小城镇管线工程一般包括给水、排水、采暖和电气照明工程等。小城镇建设助理应该了解各类管线工程的一般技术知识和施工安装工艺，掌握施工过程的安全、质量、经济管理的要点。对上述内容摘要叙述如下：

一、室内给、排水工程施工

1. 室内给水工程施工

室内给水工程的主要任务是在保证需要的压力下，输送足够的水量，供给生活和消防用水。在小城镇建设和中、小型建筑中，大多采用生活消防共用给水系统。

室内给水管多使用热浸镀锌钢管，优点是强度高、重量较轻、连接简便，加工（弯曲、切断等）及安装较方便。缺点是价格贵、耐腐蚀性差；镀锌钢管应以螺纹连接。目前，塑料管、塑料和金属复合管已开始用于室内给水系统，其优点是内壁光滑、水头损失小，节约钢材，耐腐蚀。连接方式有粘接、热熔和卡套等几种。

室内给水管的防腐措施和保温。埋地或暗装的金属管件，外壁均应刷防锈漆两道；明装管子的外壁要刷防锈漆两道，再刷调和漆两道。设于0℃以下地方的给水管，应予保温，以防冻裂，其措施是电伴热保温，具体做法是：管子外壁防腐处理完成后，在管段上帮扎发热电缆，保持管段温度≥5℃，发热电缆绑扎完成后，再做一层加强保温，保温层外用镀锌铁皮作保护层。

2. 室内排水施工

室内排水的任务是将室内卫生器具或排水设备所排出的污（废）水，以及降落到屋顶的雨水，通过室内的排水管排到室外的排水管道或地沟中去。

建筑内部排水管道应采用建筑排水塑料管及管件或柔性接口、机制排水铸铁管及相应管件。接口方式为插上粘接或橡胶圈管箍连接（排水塑料管），法兰连接或平口连接，橡胶圈密封不锈钢卡箍卡紧（柔性接口机制排水铸铁管）。排水铸铁管的接口为承插式。接口处采用水泥捻口，水灰比为1∶9。

3. 施工图的识读

给、排水施工图包括平面图，系统图（或称透视图、轴测图）和详图。

（1）给水平面图主要表明建筑物内给水管道和设备的平面布置，一般包括以下内容（图 4-3-2-1）。

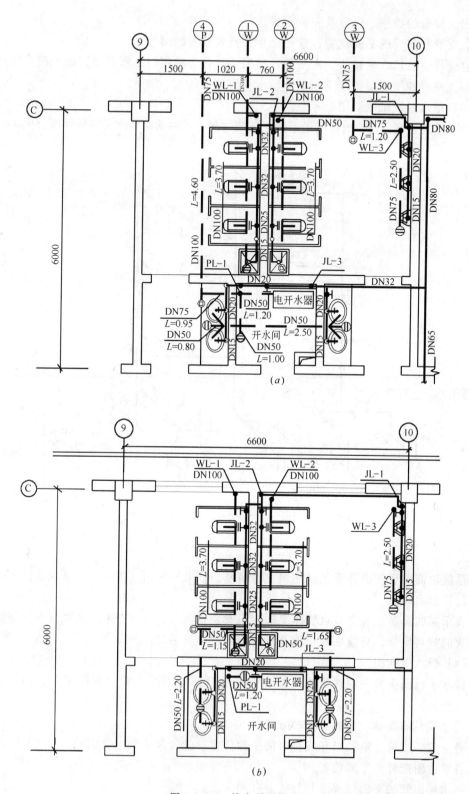

(a)

(b)

图 4-3-2-1　给水平面图

（a）一层卫生间给排水管平面放大图；（b）二～四层卫生间给排水管平面放大图

用水设备的类型、位置及安装方式；

各立管和支管的平面位置、管径尺寸以及各立管的编号；

各管件（三通、活接头、弯头等）和附件（如各种阀门、水表等）的平面位置及其规格等；进户管的平面位置以及与室外给水管网的关系。

（2）给水系统轴线测图

给水系统轴测图说明给水管道系统上下层之间、左右前后之间的空间关系（图4-3-2-2）。

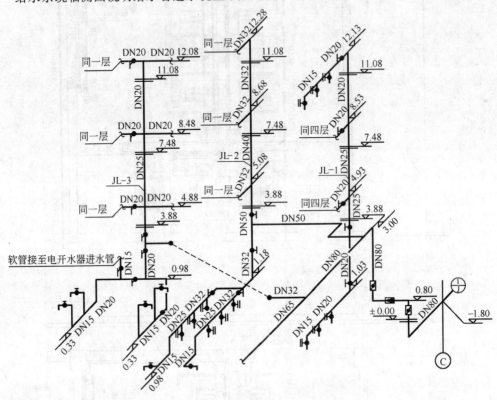

图 4-3-2-2 给水管系统图

系统轴测图要注出各管径尺寸和立管编号、管道的标高（管中心）和坡度。

（3）给水详图

表示某些设备或管道节点的详细构造与安装要求。图4-3-2-3是水表节点详图。它表明水表的规格型号、与前后截止阀及泄水阀的连接关系等。

（4）排水平面图：

排水平面图主要表明建筑物内排水管道及设备的平面布置（如图4-3-2-1）。一般包括：

卫生用具的类型、位置及安装方式；

各立管、支管、清扫口和检查口的平面位置、管径尺寸和立管编号；

各管道附配件的平面位置；

污水排出管的平面位置及其与检查井的关系。

（5）排水系统轴测图

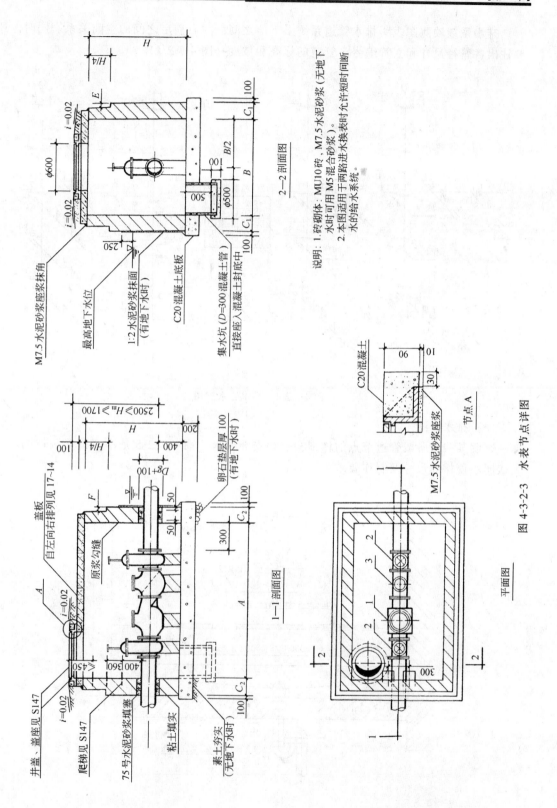

2—2 剖面图

说明：1.砖砌体：MU10砖，M7.5水泥砂浆（无地下水时可用 M5 混合砂浆）。

2.本图适用于两路进水换表时允许短时同时断水的给水系统。

M7.5 水泥砂浆座浆抹角

最高地下水位

1:2 水泥砂浆抹面（有地下水时）

C20混凝土底板

集水坑（D=300混凝土管）直接座入混凝土封底中

井盖、盖座见 S147

爬梯见 S147

75号水泥砂浆填实

粘土填实

素土夯实（无地下水时）

盖板

自左向右排列见 17~14

原浆勾缝

卵石垫层厚100（有地下水时）

1—1 剖面图

C20混凝土

节点 A

M7.5 水泥砂浆座浆

平面图

图 4-3-2-3　水表节点详图

排水系统轴测图表明排水管道系统上下层之间，左右前后之间的空间关系。同时，还要注出各管径尺寸和立管编号，管道的标高和坡度（图 4-3-2-4）。

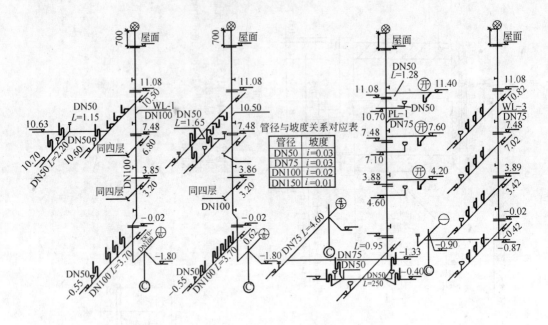

管径与坡度关系对应表	
管径	坡度
DN50	$i=0.03$
DN75	$i=0.03$
DN100	$i=0.02$
DN150	$i=0.01$

图 4-3-2-4　排水管系统图

（6）排水详图

表明某些设备或管道节点的详细构造和安装要求。图 4-3-2-5 是小便槽安装详图。主要表明小便槽的尺寸及制作要求等。

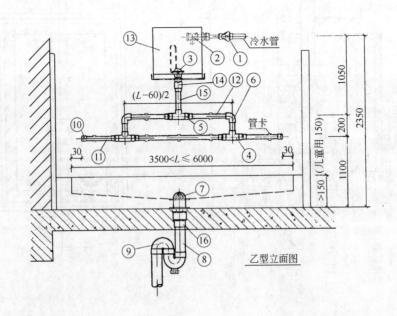

编号	名　称	规　格	材　料	单位	1.00	1.10～2.00	2.10～3.50	3.60～5.00	5.10～6.00
					数　　　量				
				主　要　材　料　表					
1	角式截止阀	DN15	铜	个	1	1	1	1	1
2	自落水进水阀	DN15	铜	个	1	1	1	1	1
3	皮膜式自动虹吸器	DN20～32	铸铜或塑料	个	1	1	1	1	1
4	三　通	—	PVC-U	个	1	1	1	3	3
5	异径接头	—	PVC-U	个	2	2	2	2	6
6	90°弯头	de25～32	PVC-U	个	—	—	—	2	2
7	罩式排水栓	DN75	铜或尼龙	个	1	1	1	1	1
8	排水管	de75	PVC-U	m					
9	存水管	de75	PVC-U	个	1	1	1	1	1
10	管　帽	de20～25	PVC-U	个	2	2	2	2	2
11	多孔管	de20～25	PVC-U	m	0.94	1.04～1.94	2.04～3.44	3.54～4.94	5.04～5.94
12	塔式管	de25～32	PVC-U	m	—	—	—	2.17～2.87	2.92～3.37
13	冲洗水箱连支架	3.8～19升	钢板、角钢	个	1	1	1	1	1
14	内螺纹接头	de25～40	PVC-U	个	1	1	1	1	1
15	冲洗管	de25～40	PVC-U	m	1.00	1.00	0.95	0.75	0.70
16	转换接头	de75×75	PVC-U	个	1	1	1	1	1

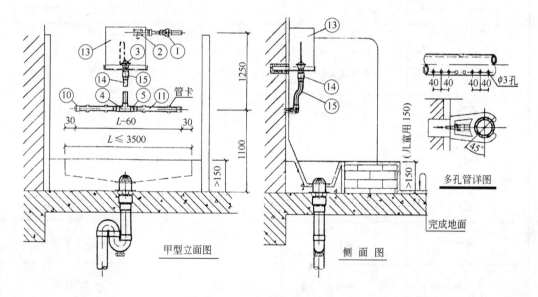

冲洗水箱管径选用表

小便槽长度（m）	水箱有效容积（l）	③皮膜式自动虹吸器	管　道		
			⑮冲洗管	⑫塔式管	⑪多孔管
1.00	3.8	DN20	de25	—	de20
1.10～2.00	7.6			—	
2.10～3.50	11.4	DN25	de32	—	
3.60～5.00	15.2			de25	de25
5.10～6.00	19	DN32	de40	de32	

图 4-3-2-5　小便槽安装详图

（7）给排水施工图的识读方法

首先了解和熟悉给排水施工图有关图例符号，掌握各处图例符号所代表的内容，给排水施工图等常用图例见图 4-3-2-6。

图 例	名 称	图 例	名 称
——	给水管		延时自闭冲洗阀
- - -	排水管		放水龙头（水嘴）
 —·—·—	雨水管	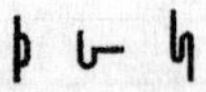	存水弯
● JL -	给水立管		检查口
● PL -	生活（生产）废水立管	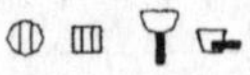	地漏（圆、方）
● WL -	生活污水立管	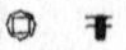	清扫口
● YL -	雨水立管		通气帽
 Ⓙ	给水引入管	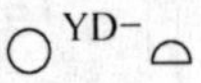 YD-	雨水斗
 Ⓟ	废水排出管		蹲式大便器
 Ⓦ	污水排出管		淋浴房
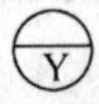 Ⓨ	雨水排出管		立式小便器
	蝶阀		污水盆
	闸阀		台式洗脸盆
	止回阀		洗涤盆
	水表		淋浴喷头
	截止阀		

图 4-3-2-6 给排水施工图常用图例

给水工程的管道里的水总是有一定来源，按着一定的方向，经干管、支管到用水设备。排水工程的管道里的水要由卫生用具，经支管、干管流入室外检查井里去。

鉴于给排水工程有上述特点，因此阅读施工图时，要按水流的方向去看。

给排水工程的管道、附件和卫生用具的敷设的空间位置纵横交错，关系比较复杂，用平面图无法表达清楚，因此必须运用正面斜二测的轴测投影绘出轴测系统图，用三个坐标轴来表示管道系统的空间关系。

系统图和平面图对照阅读，可以了解整个给排水管道系统的全貌。

识读室内给排水工程施工图的要领是：先看懂说明，再看图纸，抓住管网系统，以平面图为主，紧密联系系统图和详图，三者对照阅识。一般的民用建筑图包括建筑、结构和设备（给排水、暖通和电气设备）三类施工图，这三类图有着紧密的联系。在看给排水图时，要特别注意它与土建部分有密切联系的部分，如管道穿墙，穿楼板和穿屋面等处。施工时，注意与土建配合，在适当的位置预留孔洞。

二、室外给排水工程施工

室内外给排水管的分界处是室外的总水表和总阀门。若无总水表、阀门时，则以外墙面向外 1m 处分界。室内外排水管的分界处是第一个排水检查井，若它距外墙过远，则以外墙面向外 2m 处为分界。室外给、排水管可分为压力流管和无压力流管两类。

1. 给水管道常用管材及接口方式

当给水管的工作压力为 $0.4 \sim 1.2 \text{N/mm}^2$，一般采用给水铸铁管、钢管、预应力钢筋混凝土管等，当工作压力为 $0.4 \sim 0.6 \text{N/mm}^2$，一般采用石棉水泥管，普通钢筋混凝土管。

给水管道的接口形式分为承插式和法兰式。承插式接口一般采用膨胀水泥或石棉水泥接口。近年来，接口多使用橡胶圈来密封。这种接口构造简单，施工方便，工作效率高，密封性能好，接口具有柔性；允许有 $1° \sim 1.5°$ 的转角，对基础要求不高。

2. 给排水管网施工图及识图

一份完整的室外给水管网施工图，一般包括输水管和配水管的平面图及节点大样图，设施的布置及安装详图。对于地形起伏较大，管道布置复杂的给水管网，还应绘制给水断面图。

室外排水管网的施工图，一般由平面图和断面图组成。排水管道往往连有检查井、跌落井、化粪池等。无论设计与施工，都应注意给、排水管之间的相互位置要满足有关规范要求，不应相互产生不利影响。

给排水管网的结构形式、排水体制、系统布置见本书规划与设计篇。

三、采暖工程

采暖系统由热源、管网、散热设备组成，常见热源有热水、蒸汽、热空气及电热设备等。其中，热水采暖系统使用广泛，从施工安装到运行管理比较方便；蒸汽采暖系统运行管理要求较高，多用于生产上也使用蒸汽的工业厂房等。伴随我国供电能力不断增强，电采暖设备不断出现，尤其是一些具有蓄热能力的供热设备，对电网"削峰填谷"有一定的积极作用。

热水采暖系统及设备：热水采暖系统分为机械循环采暖系统和重力循环采暖系统。重力循环采暖系统是依靠供回水不同温度下不同的水密度差产生的重力压头来实现采暖系统内热水的循环。机械循环采暖系统是依靠循环水泵来实现采暖系统内热水的循环。

热水采暖系统的热源一般为热水锅炉。热水锅炉有燃煤锅炉、燃气锅炉、电热锅炉等几种。工厂余热等经换热站换热可成为采暖系统的热源。目前，日趋成熟的地源热泵系统可以为采暖系统提供廉价热源。

采暖系统采用的管道主要为焊接钢管、无缝钢管、铜管及一些塑料管材，如交联铝塑复合管（XPAP）、聚丁烯管（PB）、交联聚乙烯管（PE-X）、无规共聚聚丙烯管（PP-R）。

采暖系统的散热设备主要包括散热器、热风机、热空气幕、辐射板等。散热器根据不同形式分为：翼型散热器、柱式散热器、闭式对流散热器、板式散热器、辐射对流散热器等；根据不同材质分为：铸铁散热器、钢制散热器、铝制散热器、铜制散热器等。

根据有关规定，采暖系统中应设热计量装置及室温控制装置。

1. 采暖系统的附件

膨胀水箱的作用是用来储存采暖系统热水热胀冷缩的膨胀水量，恒定采暖系统压力。膨胀水箱一般为钢板制成，有矩形和圆形两种，接有膨胀管、循环管、溢流管、排污管和信号管。其大小是根据采暖系统的大小、形式计算选取。

集气罐、自动排气阀、手动放风门是常用的排气设备。集气罐、自动排气阀设置于采暖系统干管末端的最高处，用于将热水中分离出来的气体放出。手动放风门为黄铜铸造，用于排除散热器上部积聚的气体。

管道支吊架用于固定管道位置，承担管道重量，分为固定支架、滑动支吊架、弹簧吊架等。

采暖系统中还会用到以下设备：除污器、疏水器、减压阀、安全阀、平衡阀、换热器、膨胀节等。

2. 采暖系统的识图（图 4-3-2-7、图 4-3-2-8）

采暖系统的设计图纸一般有设计说明、图例、各层采暖平面图、采暖系统图或采暖立管图。

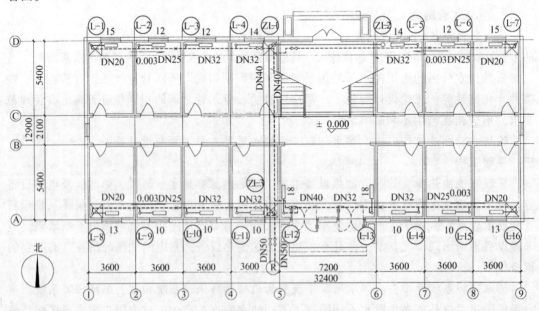

首层采暖平面图

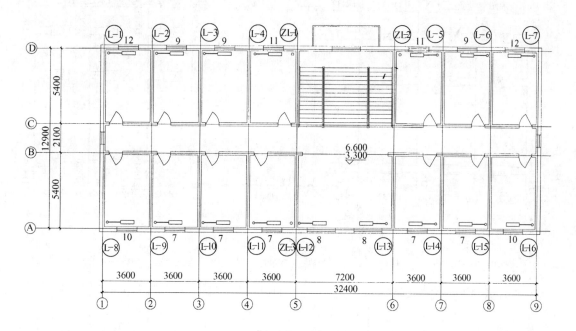

标准层采暖平面图

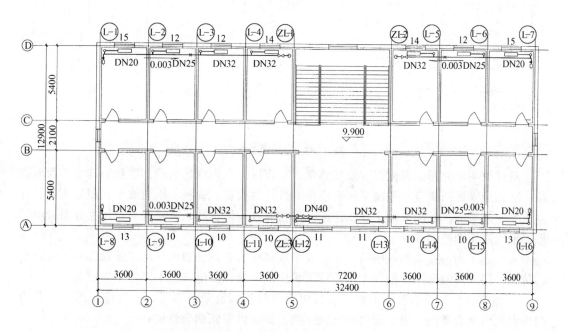

顶层采暖平面图

图 4-3-2-7 采暖平面图

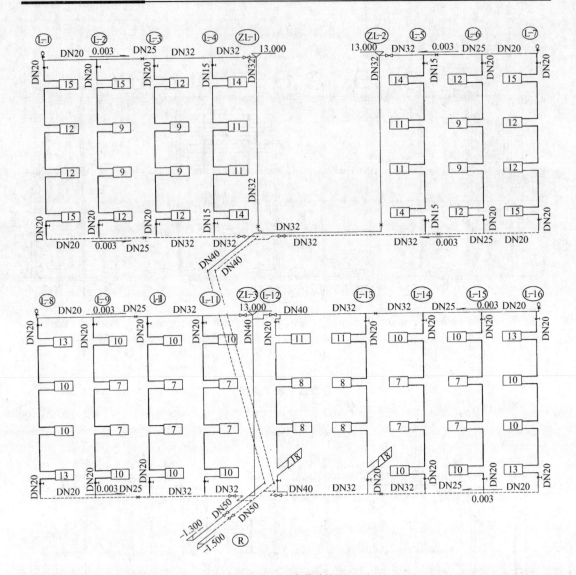

图 4-3-2-8 采暖系统图

　　设计说明应介绍工程概况、系统热源、工作压力、系统热负荷、散热器选型、保温做法、选用的安装图集等。采暖平面图应标有散热器数量、管径、纵向坡度、固定支架、标高、立管编号等，首层采暖平面图还应标出指北针。简单的采暖系统可以用立管图表示。

四、电气施工图的识读

　　电气施工图是建筑图纸中的一个重要组成部分。它是编制电气施工图预算和电气施工的依据，因此编制和审查电气工程预算人员应该掌握识读电气施工图的基本技能。

　　1．电气工程规模的大小不同，工程图纸的种类、数量也不同。电气施工图一般分为强电和弱电两大类。一项工程的电气施工图主要由以下几部分组成：

　　（1）首页

　　首页的主要内容包括：电气工程目录、图例符号、主要设备明细表和施工说明（图4-3-2-9）等。有的简单工程仅有几张图纸，可以不单独绘制，而将其内容并入平面图或其他图内。

图纸目录：说明该工程的图纸组成、名称、张数和图号顺序，其目的是便于查找图纸。

图例符号中列出了本套图纸所涉及的图例，它是设计人员的语言。只有熟悉图例符号，才有助于了解设计人员的意图，看懂施工图纸。

设备明细表只列出了该工程一些主要设备的名称、型号、规格和数量等，供订货参考。

施工说明主要阐明该电气工程设计的依据、基本指导思想与原则，补充图纸中未能表明的工程特点和安装方法、工艺要求、特殊设备的使用方法及其他使用与维护注意事项，有助于正确地组织施工，准确地编制预算。

（2）电气系统图

电气设计说明

1）本工程为单位大门及其附属建筑，砖混结构，一层。

2）电源由地下埋管敷设引来，电压 220 伏，入户标高 -1.45m。

3）本工程为单位内部建筑，不收设计费。

4）照明配电箱嵌墙暗装，底边距地 1.4m。

5）配电箱内开关选用国家优质产品。

6）所有灯开关，插座均嵌墙暗装，开关距地 1.4m，插座除注明外，均为距地 0.3m，并且选用安全型。

7）安装在露天场所的照明灯具，选用时要考虑能抵抗恶劣的气象条件。

8）电源进线选用 BX 型电线穿管由附近建筑物引来。

9）自动门电源选 RVV-250V 型穿 SC 管引至室外，由生产厂家配合安装。

10）引出室外的电线选用 BX 型电线穿 SC 管敷设。

11）其余配电导线均选用 BV-500V 型铜芯导线穿 PVC 管暗敷在楼板，地面或墙内 2～3 根穿 PVC20，4～5 根穿 PVC25。

12）本设计为室外装饰照明预留备用回路。

13）电话由附近建筑物穿 SC 管理地引来 2 对，标高 -1.45m。

14）施工时请参照华北标办＜建筑电气通用图集＞92DQ。

图 例 符 号

序号	符号	名称	规格型号	备注
1	▬▬	照明配电箱		距地 1.4m 暗装
2	●	单联单控开关	250V 10A	距地 1.4m 暗装
3	●	双联单控开关	250V 10A	距地 1.4m 暗装
4	○	白炽灯	60W	
5	○	白炽灯	60W	
6	▮	日光灯	2×40W	加电容补装置
7	⏚	单相二、三孔插座	250V 10A 安全型	距地 0.3m 暗装
8	TP	电话插座		距地 0.3m 暗装
9	○	电源出线口		
10				

图 4-3-2-9　设计说明及图例符号

电气系统图表明本工程各个系统的解决方案的图纸。它表示各设备的连接关系，不表示设备的具体形状，具体安装位置。在电气施工图中，强电系统主要包括高压系统图、低压系统图、照明系统图（图 4-3-2-10）、动力系统图等。弱点系统种类繁多，主要包括电话系统图、电视系统图、计算机网络系统图、电气消防系统图等。在电气系统图中，标出了各种设备（包括开关、导线、保护管等）的规格、型号以及有关电气计算的内容。

（3）平面图（图 4-3-2-11）

电气平面图是表现各种电气设备与线路平面布置的图纸，是进行电气安装的主要依据。平面图与系统图是对应的关系。强电平面图通常包括变配电室平面图、照明平面图、动力平面图、防雷与安全接地平面图；弱电平面图主要包括电话平面图、电视平面图、计算机网络平面图、电气消防平面图等。

电气平面图上主要表明电源进户线、配电箱的位置和编号；配线方式和动力照明设备位置及其连接线路、上下引线、管径、导线截面和根数等；灯具的形式、规格及安装位置等。这是电气施工和编制预算的主要图纸。

（4）大样图

大样图是表明某一部分或某一部件的具体安装做法的图纸，其中一部分可以选用国家或地方标准图，因此施工中还应该配备必要的标准图集、图册。

2．正确识读电气施工图的要点

（1）首先要掌握图形符号和文字符号。目前电气施工图常用的图形符号和文字符号大部分使用国标或 IEC 标准。

（2）掌握看图的顺序。一个电气系统图一般包括来源、路由和设备。因此，看电气施工图应根据设备的基本结构、工作原理、工作程序、及主要性能、用途等按一定顺序看图。如电气照明系统图，看图顺序为：电源进线——→配电箱——→干线——→支线——→用电设备。因此识图时要循着导线走向来看。

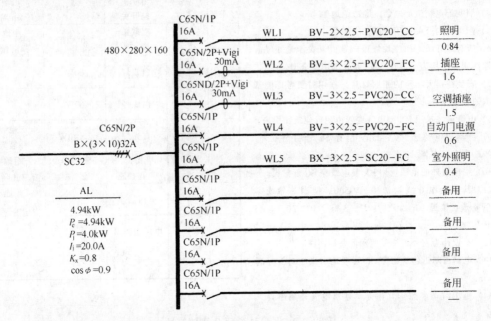

图 4-3-2-10　照明系统图

（3）电气施工图与建筑、结构、给排水、暖通空调等专业有着密不可分的关系，所以看电气施工图时也要将其他专业设备、构件的布置了解清楚，避免管线、设备碰撞。

（4）识读电气施工图还应该掌握一些电气专业的规范和一些常用的电气专业的标准图。

3．电气工程施工

电气工程室内配线主要有明配线和暗配线两种。它是内线工程的重要环节，既要符合技术规范要求，又需兼顾室内的整齐美观，一般按下列程序进行。

（1）按设计图纸确定灯具、插座、开关、配电箱、起动设备等的位置。

（2）沿建筑物墙壁、楼板、地面确定导线敷设的路径，穿过墙壁或楼板的位置。

（3）在土建未抹灰前，将配线所有的固定点打好孔眼，预埋绕有铁丝的木螺钉、螺栓或木砖。

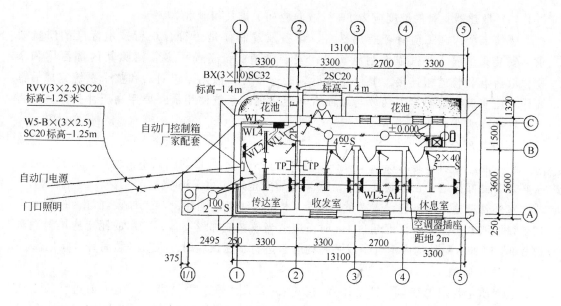

图 4-3-2-11　首层电气平面图

（4）装设绝缘支持物、线夹或管子。

（5）敷设导线。

（6）导线连接、分支和封端，并将导线出线接头和设备连接。

室内配线常用的施工方法为暗配管的施工方法，常用的线管有电线管、水煤气管和硬塑料管。埋设线管应注意以下问题。

1）在需要的地方装设接线盒，并需考虑检修方便。

2）交流回路的往复线应装在同一管内。

3）一般情况下，不同回路的线路不允许装在同一管内。

五、管道工程施工过程管理

管道工程施工过程管理的任务主要是贯彻落实施工组织设计，具体管理的内容大致可分四部分：即掌握和执行施工技术要点、安全技术管理、质量管理和经济管理。小城镇建设助理员应掌握其要点。

1. 施工技术管理

留洞留槽。土建进入主体施工后，安装工程应紧跟配合留洞留槽。施工图上注明的洞槽一般用于大口径管道，而数量繁多的小管穿墙和楼板，则应由施工单位按实施情况预留。

给水、排水卫生工程。室内给水横管要有 0.002～0.005 的坡度，坡向泄水装置。饮用水管道，在使用前，用含游离氯 20～30mg/L 的水充灌管道，进行消毒，含氯水在管中留置 24 小时以上，消毒完成后，再用饮用水冲洗符合饮用水标准后方可使用。室内安装消火栓，栓口朝外，阀门中心距地面为 1.2m。

室内采暖系统管道安装坡度，当设计无注明时，应符合下列规定：

（1）气、水同向流动的热水采暖管道和汽、水同向流动的蒸汽管道及凝结水管道，坡度应为 3‰，不得小于 2‰。

（2）气、水逆向流动的热水采暖管道和汽、水逆向流动的蒸汽管道，坡度不应为小于 5‰。

（3）散热器支管的坡度应为1%，坡向应利于排气和泄水。

暖气工程，施工前检查所用材料、设备及预制作是否符合现行技术标准的质量要求；安装阀门前，要做强度耐压实验；安装管道、设备前，必须清除其内部污垢和杂物；散热器和管道相连接，要使用可拆装的连接件；散热器组对后和整个系统完成后都要作水压实验；散热器安装要与墙面有一定距离，系统使用前，要用高压冲扫，直到将污浊物冲净为止。

2. 现场安全管理

施工前，必须对施工现场及所有工具进行检查，不合格的工具不得使用；所有带电设备必须有良好接地；在黑暗处工作，必须使用安全灯（24～36伏）。

室外管道施工地点应设置"危险牌"、木凳、红旗及围栏，晚上加设红灯；挖掘管沟切勿损坏墙基脚，管沟深度超过1m时，应适当放坡或加设支撑；挖出的泥土应堆置在沟边0.8m以外，向地沟内下管子或装好的管子进行水压试验时，人员必须离开危险地段。

3. 质量管理

工程质量管理的基本方针是以预防为主，以人为本，质量第一。施工前进行技术交底，图纸会审，编制施工方案等，发现差错并采取正确的施工方法，保证施工的顺利进行，使工程质量符合要求和规定。施工阶段的质量管理有以下内容：

建筑给水、排水及采暖工程施工现场应具有必要的施工技术标准、健全的质量管理体系和工程质量检测制度，实现施工全过程质量控制。建筑给水、排水及采暖工程的施工应按照批准的过程设计文件和施工技术标准进行施工。修改设计应有设计单位出具的设计变更通知单。建筑给水、排水及采暖工程的施工应编制施工组织设计或施工方案，经批准后方可实施。建筑给水、排水及采暖工程的分项工程，应按系统、区域、施工段或楼层等划分。分项工程应划分成若干个检验批进行验收。

建筑给水、排水及采暖工程施工的施工单位应当具有相应的资质。工程质量验收人员应具备相应的专业技术资格。

建筑给水、排水及采暖工程施工与相关各专业之间，应进行交接质量检验，并形成记录。隐蔽工程应在隐蔽前经验收各方检验合格后，才能隐蔽，并形成记录。地下室或地下构筑物外墙有管道穿过的，应采取防水措施。对有严格防水要求的建筑物，必须采用柔性防水套管。

管道安装工程实质上是管道半成品的二次装配，材料和预制件的质量直接影响管道的安装质量。建筑给水、排水及采暖工程所使用的主要材料、成品、半成品、配件、器具和设备必须具有中文质量合格证明文件，规格、型号及性能检测报告应符合国家技术标准或设计要求。进场时应做检查验收，并经监理工程师核查确认。地下室或地下构筑物外墙有管道穿过的，应采取防水措施。对有严格防水要求的建筑物，必须采用柔性防水套管。各种承压管道系统和设备应做水压试验，非承压管道系统和设备应做灌水试验。

给水管道必须采用与管材相适应的管件。生活给水系统所涉及的材料必须达到饮用水卫生标准。生产给水系统管道在交付使用前必须冲洗和消毒，并经有关部门取样检验，符合国家《生活饮用水标准》方可使用。

隐蔽或埋地的排水管道在隐蔽前必须做灌水试验，其灌水高度应不低于底层卫生器具的上边缘或底层地面高度。

六、通风与空调工程

通风与空调工程施工质量的验收，除应符合《建筑给水排水及采暖工程施工质量验收规范》GB 50242—2002 的规定外，还应按照被批准的设计图纸、合同约定的内容和相关技术标准的规定进行。施工图纸修改必须有设计单位的设计变更通知书和技术核定签证。

通风与空调工程施工质量的保修期限，自竣工验收合格日起计算为两个采暖期、供冷期。在保修期内发生质量问题的，施工企业应履行保修职责，责任方承担相应的经济责任。

当通风与空调工程作为建筑工程的分部工程施工时，其子分部与分项工程的划分应按表 4-3-2-1 的规定执行。当通风与空调工程作为单位独立验收时，子分部上升为分部，分项工程的划分同上。

分项工程检验批验收合格质量应符合下列规定：

（1）具有施工单位相应分项合格质量的验收记录；

（2）主控项目的质量抽样检验应全数合格；

（3）一般项目的质量抽样检验，除有特殊要求外，计数合格率不应小于 80%，且不得有严重缺陷。

通风与空调分部工程的子分部划分　　　　　　　　　　　　表 4-3-2-1

子分部工程	分部工程	
送、排风系统	风管与配件制作部件制作，风管系统安装，风管与设备防腐，风机安装，系统调试	通风设备安装，消声设备制作与安装
防、排烟系统		排烟风口、常闭正压风口与设备安装
除尘系统		除尘器与排污设备安装
空调系统		空调设备安装，消声设备制作与安装，风管与设备绝热
净化空调系统		空调设备安装，消声设备制作与安装，风管与设备绝热，高效过滤器安装，净化设备
制冷系统	制冷机组安装，制冷剂管道及配件安装，制冷附属设备安装，管道及设备的防腐与绝热，系统调试	
空调水系统	冷热水管道系统安装，冷却水管道系统安装，冷凝水管道系统安装，阀门及部件安装，冷却塔安装，水泵及附属设备安装，管道及设备的防腐与绝热，系统调试	

通风与空调工程的竣工验收，是在工程施工质量得到有效监控的前提下，施工单位通过整个分部工程的无生产负荷系统联合试运转与调试和观感质量的检查，按《通风与空调工程施工质量验收规范》要求将质量合格的分部工程移交建设单位的验收过程。工程项目按照合同规定和施工图纸要求，全部施工完毕，各项工程均已达到施工验收规范的规定，各安装项目通过调试，试运行，符合运行条件；现场清扫整洁，卫生器具擦洗干净，达到用户使用条件；工程技术档案资料整理齐全，质量合格则达到验收条件。通风与空调工程的竣工验收，应由建设单位负责，组织施工、设计、监理等单位共同进行，合格后即应办理竣工验收手续。

七、工程验收和结算

1. 建筑工程质量验收程序和组织

（1）检验批及分项工程应由监理工程师（建设单位项目技术负责人）组织施工单位项目专业质量（技术）负责人等进行验收。

（2）分部工程应由总监理工程师（建设单位项目负责人）组织施工单位项目负责人和

技术、质量负责人等进行验收；地基与基础、主体结构分部工程的勘察、设计单位工程项目负责人和施工单位技术、质量部门负责人也应参加相关分部工程验收。

（3）单位工程完工后，施工单位应自行组织有关人员进行检查评定，并向建设单位提交工程验收报告。

（4）建设单位收到工程验收报告后，应由建设单位（项目）负责人组织施工（含分包单位）、设计、监理等单位（项目）负责人进行单位（子单位）工程验收。

（5）单位工程有分包单位施工时，分包单位对所承包的工程项目应按《建筑工程施工质量验收统一标准》规定的程序检查评定，总包单位应派人参加。分包工程完成后，应将工程有关资料交总包单位。

（6）当参加验收各方对工程质量验收意见不一致时，可请当地建设行政主管部门或工程质量监督机构协调处理。

（7）单位工程质量验收合格后，建设单位应在规定时间内将工程竣工验收报告和有关文件，报建设行政管理部门备案。

2．建筑工程质量验收

（1）检验批合格质量应符合下列规定：

①主控项目和一般项目的质量经抽样检验合格。

②具有完整的施工操作依据、质量检查记录。

（2）分项工程质量验收合格应符合下列规定：

①分项工程所含的检验批均应符合合格质量的规定。

②分项工程所含的检验批的质量验收记录应完整。

（3）分部（子分部）工程质量验收合格应符合下列规定：

①分部（子分部）工程所含分项工程的质量均应验收合格。

②质量控制资料应完整。

③地基与基础、主体结构和设备安装等分部工程有关安全及功能的检验和抽样检测结果应符合有关规定。

④观感质量验收应符合要求。

（4）单位（子单位）工程质量验收合格应符合下列规定：

①单位（子单位）工程所含分部（子分部）工程的质量均应验收合格。

②质量控制资料应完整。

③单位（子单位）工程所含分部工程有关安全和功能的检测资料应完整。

④主要功能项目的抽查结果应符合相关专业质量验收规范的规定。

⑤观感质量验收应符合要求。

（5）建筑工程质量验收记录应符合下列规定：

①检验批质量验收可按《建筑工程施工质量验收统一标准》附录 D 进行。

②分项工程质量验收可按《建筑工程施工质量验收统一标准》附录 E 进行。

③分部（子分部）工程质量验收应按《建筑工程施工质量验收统一标准》附录 F 进行。

④单位（子单位）工程质量验收，质量控制资料核查，安全和功能检验资料核查及主要功能抽查记录，观感质量检查应按《建筑工程施工质量验收统一标准》附录 G 进

行。

（6）当建筑工程质量不符合要求时，应按下列规定进行处理：

①经返工重做或更换器具、设备的检验批，应重新进行验收。

②经有资质的检测单位检测鉴定能够达到设计要求的检验批，应予以验收。

③经有资质的检测单位检测鉴定达不到设计要求、但经原设计单位核算认可能够满足结构安全和使用功能的检验批，可予以验收。

④经返修或加固处理的分项、分部工程，虽然改变外形尺寸但仍能满足安全使用要求，可按技术处理方案和协商文件进行验收。

（7）通过返修或加固处理仍不能满足安全使用要求的分部工程、单位（子单位）工程，严禁验收。

3. 工程竣工结算

工程竣工结算是指施工企业按照合同规定的内容全部完成所承包的工程，经验收质量合格，并符合合同要求之后，向发包单位进行的最终工程价款结算。

《建设工程施工合同文本》中对竣工结算做了详细规定：

（1）工程竣工验收报告经甲方认可后 28 天内，乙方向甲方递交竣工结算报告及完整的结算资料，甲乙双方按照协议书约定的合同价款及专用条款约定的合同价款调整内容，进行工程竣工结算。

（2）甲方收到乙方递交的竣工结算报告及结算资料后 28 天内进行核实，给予确认或者提出修改意见。甲方确认竣工结算报告通知经办银行向乙方支付工程竣工结算价款。乙方收到竣工结算价款后 14 天内将竣工工程交付甲方。

（3）甲方收到竣工结算报告及结算资料后 28 天内无正当理由不支付工程竣工结算价款，从第 29 天起按乙方同期向银行贷款利率支付拖欠工程价款的利息，并承担违约责任。

（4）甲方收到竣工结算报告及结算资料后 28 天内不支付工程竣工结算价款，乙方可以催告甲方支付结算价款。甲方在收到竣工结算报告及结算资料后 56 天内仍不支付的，乙方可以与甲方协议将该工程折价，也可以由乙方申请人民法院将该工程依法拍卖，乙方就该工程折价或者拍卖的价款优先受偿。

（5）工程竣工验收报告经甲方认可后 28 天内，乙方未能向甲方递交竣工结算报告及完整的结算资料，造成工程竣工结算不能正常进行或工程竣工结算价款不能及时支付，甲方要求交付工程的，乙方应该交付；甲方不要求交付工程的，乙方承担保管责任。

（6）甲乙双方对工程竣工结算价款发生争议时，按争议的约定处理。

办理工程价款竣工结算的一般公式为：

竣工结算工程价款＝预算（或概算）或合同价款＋施工过程中预算或合同价款调整数额—预付及已结算工程价款—保修金

工程价款的审查。工程竣工结算审查是竣工结算阶段的一项重要工作。经审查核定的工程竣工结算是核定建设工程造价的依据，也是建设项目验收后编制竣工决算和核定新增固定资产价值的依据。因此，建设单位、监理公司以及审计部门等，都十分关注竣工结算的审核把关。一般从以下几方面入手：核对合同条款；检查隐蔽验收记录；落实设计变更签证；按图核实工程数量；严格执行定额单价；注意各项费用计取；防止各种计算误差。

第五篇

第一章　小城镇规划建设的管理

第一节　小城镇规划建设工作概述

一、小城镇规划建设管理的概念

小城镇规划建设管理是指依法加强对小城镇规划、建筑设计、建设活动及房地产开发等的管理，加强对小城镇房屋产权、户籍的管理，维护小城镇的镇容、镇貌和环境卫生，使从事小城镇建设活动的单位和个人依照城镇规划进行建设，使城镇建设按照正常的秩序向前发展，以达到发展小城镇的目的，并实现小城镇的经济效益、社会效益、环境效益的和谐统一。

小城镇的规划建设管理要想达到如上目，应作好以下四个方面的工作：

1．建立健全小城镇规划管理机构，确定人员编制，明确岗位职责；

2．搞好小城镇的规划编制、评审与报批工作；

3．遵守《城市规划法》，按照经审批的小城镇规划进行各项建设，健全管理制度；

4．地方政府按照城镇规划确定近期、中期、远期建设项目，并开辟多种渠道筹措资金，实施规划建设。

二、小城镇规划建设管理的意义

小城镇规划建设管理要体现环境意识、人文意识和可持续发展战略，把小城镇建设纳入生态环境建设。坚持以生态环境建设总揽小城镇建设全局，充分利用小城镇的集聚效应，鼓励各种项目、吸引资金到小城镇发展，从而使软、硬基础设施建设得到明显改善，形成规划科学、设施完善、功能齐全、管理先进的城乡一体化综合性城镇模式，有力地促进乡村城镇化进程。

规划的管理工作十分重要。人们常说，"三分规划，七分管理"。进入21世纪后，国内规划界根据自身工作的体验，进而提出了"二分规划，八分管理"的口号，将管理的地位再次提高，更重视管理工作在建设中的作用。规划是龙头，管理是关键。没有规划的管理是盲目的，是乱管理；而缺乏管理的规划，则是纸上谈兵的规划。新世纪，面对世界经济一体化和我国高速城镇化的形势，我们惟有用科学的管理模式，符合经济规律的经营理念，尊重人类生存环境的可持续发展原则来进行小城镇规划管理工作，才能最终使小城镇建设按照科学的规划得以实施，小城镇的物质空间、经济实力、社区文明、自然环境等各方面才得以健康发展。

三、小城镇规划建设原则

1．以人为本，把握全局，做好小城镇整体规划

首先，要把握好小城镇规划的整体性。商业街、居住区、公共设施、绿化等的选址与风格预先都要有布局和设计，并且要考虑到长远发展所带来的变化，给这种变化留出发展的可能，才能保证城镇健康有序的发展。包括旧城区的整体改造，造就城镇的风格特色。

其次，要完善城镇的综合服务体系。除了道路交通给水排水、供电通讯等基础设施外，尚要配置教育科技、文化、娱体、邮电、金融、商业服务和医疗卫生等生活服务设施。

2．体现特色，创建城镇品牌

无论是教育、医疗、还是商业服务，一个城镇只要打好一个品牌，就会产生强大的吸引力。城镇建设要凝聚人气，必须有重点、有个性，才能形成自己的特色和品牌。

3．提高基础设施建设的规模效益

从长远考虑，必须坚决制止分散无序的简陋的基础设施建设。要通过规划，逐步建成布局合理、规模适度，功能完善，成龙配套、辐射性强的基础设施和服务设施，共建共享，这样才能充分发挥规模效益。

4．利用一切有利条件，引导人口向城镇集中

抓住拆迁和农民翻建住房以及乡镇企业向小城镇集中的时机，因势利导集中人口，在城镇商品房建设时实施一定的优惠政策，自然就可以将一部分农村人口集中到城镇。

5．积极创造就业渠道，提供就业机会

提供足够的就业机会，不仅可以使已有的城镇居民"乐业"而"安居"，同时也使当地农民、外镇居民和外来人口为其自身生活工作之便，逐渐"入住"，而形成集聚效应。因此，一个城镇有无产业依托，以创造多种就业渠道，是小城镇规划建设中必须考虑的重要内容。

四、小城镇规划建设管理工作方针

1．高度重视小城镇的规划建设管理，提高小城镇领导层的规划建设决策水平。

2．小城镇规划建设必须兼顾社会、经济、环境三大效益，符合城市整体利益和长远发展目标。

3．小城镇建设投资总量要符合自身社会经济发展需要并与其经济发展水平相适应。

4．小城镇建设要注重保护建筑遗产，继承和发扬历史文化传统，以创造小城镇个性和特色。

5．小城镇的建设开发要确保其生态平衡，规划要十分关注生态环境建设，使小城镇可持续发展。

6．提高干部法律意识，学习普及《城市规划法》、《土地法》、《建筑法》、《房地产管理法》等相关法律法规，尊重规划，坚持原则，依法行政，有序建设。

第二节　我国小城镇规划建设管理发展趋势

一、以点带面，逐步推开

目前，全国有1.9万多个建制镇，2.4万多个集镇，这么大数量的小城镇，如果平均发展，则将一事无成。惟有抓住重点，以点带面，逐步推开，分批建设，才能使我国小城镇建设稳步发展。当前的做法大多把小城镇划分为三个层次，第一个层次是2000多个县（市）政府所在地即城关镇；第二个层次是1.8万多个一般建制镇；第三个层次是2.4万多个集镇。每个地区，各市、县，一般都根据当地实际情况确定本地的小城镇建设重点、试点，以点带面，促进本地小城镇的发展。

二、提高小城镇规划编制工作质量

近年来小城镇规划大多体现如下几个特点：（1）超前性，即用改革和发展的观点，科学预测小城镇在未来一定时期内的发展状况，并以此为基础做好小城镇规划工作。（2）科学性，即优化布局，节约土地，每个小城镇都要规划好六区（农田保护区、工业区、商贸区、住宅区、行政区、绿化区）。（3）本土性，即小城镇规划要体现地方特色。

三、调整产业结构，发展小城镇的经济与建设

乡镇企业是小城镇发展的重要动力，是小城镇经济的主要组成部分。没有高速发展的乡镇企业，小城镇建设就没有经济支撑。随着改革的深化和市场化程度的提高，乡镇企业传统发展模式中固有的各种矛盾和问题越来越多地暴露出来，这就使得乡镇企业面临的形势更加严峻，从而影响到小城镇的结构升级和素质的提高。

在未来一定时期内，要求对乡镇企业的产业结构和规模进行调整。工作要点是：（1）要树立以市场需求、产业政策和资源优势为导向，坚持"高起点、高速度、上规模、上档次、提高经济效益"的指导思想。继续应用积极的产业政策，鼓励和支持乡镇企业外向型经济的发展，挖掘出口潜力，千方百计开拓多元化国际市场，调整出口产品结构，提高产品质量、档次和附加值。（2）通过制度创新，及时实施结构性调整，为乡镇企业的进一步发展创造新的和更大的空间，乡镇企业的制度创新应着眼于理顺企业与政府的关系，逐步培育与政府脱钩的企业主体。（3）要发挥乡镇企业结构调整和农村小城镇建设的互动作用，即通过乡镇企业的集中发展推动小城镇建设，同时又通过小城镇的规模扩大和职能加强来带动乡镇企业的进一步发展。

四、理顺管理体制，提高管理效能

小城镇管理体制改革应围绕"小政府，大服务"的目标来进行，主要内容为：一是要坚决把企业事务交给企业自己管理。二是大力发展一批中介组织，具体事务交由中介组织承担。三是理顺小城镇政府和市、县建设主管部门之间的关系，对小城镇发展影响较大、专业性较强的城镇规划、建设、环保、土地管理等问题应由小城镇和上级主管部门双重领导，以小城镇为主。四是积极培育市场体系，把一些应该由市场承担的组织调节商品生产的职能交给市场。

五、进行户籍制度改革

由于户籍管理制度问题，流入城镇的农民长期在体制管理之外生存，既不利于城镇的社会稳定，也不利于维护进城者自身的合法权益。一些地方的农民建设"农民城"，一些地方实行"蓝印户口"管理制度，实际上也是一种户籍制度创新，但这种自发性改革的作用是有限的，不可能从根本上弥补制度机能的短缺。因此，政府应当积极引导目前的自下而上的临时措施，将其转变为自上而下的具有法律效应的改革，推进户籍制度的创新，促进小城镇的稳定和发展。

第二章　小城镇规划建设管理的实施

第一节　小城镇规划编制的审批管理

小城镇规划由当地人民政府负责组织编制，当地建设行政主管部门负责规划建设管理的具体工作。小城镇必须编制建设总体规划和控制性详细规划。经地方人民代表大会审议通过后，总体规划报市、县人民政府审批。总体规划一经批准，任何组织和个人不得擅自修改，规划区内的土地利用和项目建设必须符合规划，并服从规划管理。

小城镇规划应以市、县域规划和县域土地利用总体规划为依据，与基本农田保护、水、电、交通、环保等专业规划相协调。其中，建制镇规划建设以《城市规划法》发展第二节第三产业为基础，严格遵守建设部颁布的《建制镇规划建设管理办法》，重点推进农业产业化，为我国农村农业剩余劳动力提供就业岗位，改善农村消费需求和农民生活方式，提高生活质量。乡镇、村庄规划建设应遵守建设部颁发的《村庄和集镇规划建设管理条例》，重点是改善乡镇、村庄的生活、生产环境，促进农村经济和社会发展。

一、小城镇规划编制任务的委托

小城镇规划编制一般分为小城镇总体规划、小城镇控制性详细规划和小城镇修建性详细规划。总规、控规编制任务的性质一般为指令性任务，规划任务来源主要为市、县政府及其规划主管部门、镇政府；而修规一般为指导性任务，由开发建设部门委托。

规划设计任务委托的程序和方法：

1. 规划设计任务的意向协商阶段：主要是策划设计任务的初步设想与要求，选择有相应规划设计资质的单位，双方进行委托与被委托的意向性接触。这一阶段委托方应明确委托任务的性质、内容、基本要求，并提供较完善的任务书。被委托方应向委托方提供有效的资质证明。

2. 规划设计任务的技术协商阶段：主要是双方就委托的规划设计项目的内容、范围、适用的技术标准规范、工作的进展、成果内容的组成以及相应的技术审查、审批程序进行技术性的谈判，在充分交换意见的基础上达成共识，并以此作为委托方成果验收的依据和被委托方组织技术队伍以及确定收费的基础。

3. 规划设计任务的商务协商阶段：是在上述基础上就最终确认技术服务的工作周期、成果要求、取费标准、支付方式、违约赔付等进行的谈判，并据此签订具有法律效力的正式合同书。

二、规划审批基本工作内容

1．小城镇总体规划的审批

小城镇总体规划按《城市规划法》审批程序一般为：

（1）成果审查。小城镇总体规划成果一般要由市、县级主管部门组织召开专家评审会或成果审查会而后上报审批。成果审查会或专家评审会由委托方负责。

（2）上报审批。专家审查会后并做修改的规划成果由地方政府报同级人大会审议，再报送市、县人民政府审批。小城镇的人口规模和用地规模要由市、县建设行政主管部门送同级有关部门审核。一般上报审批工作由委托方负责，编制单位负责协助组织、完善有关的技术文件。有特殊要求的小城镇总体规划成果送审工作应另行委托。送审过程中遇到重大修改的，双方协商解决。

2．小城镇控制性详细规划的审批

（1）成果审查：控制性详细规划项目在提交成果时，一般要开成果汇报会再上报市、县建设管理部门审批，重要的控制性详细规划项目，一般要经过专家评审会审查再上报审批。成果汇报会或专家评审会由地方政府负责组织。

（2）上报审批：已编制并批准总体规划的城镇控制性详细规划，除重要的控制性详细规划由市、县人民政府审批外，可由市、县城镇规划主管部门审批。一般上报审批工作由委托方负责，规划编制单位负责提供规划技术文件，遇到重大修改，双方协商解决。

3．小城镇修建性详细规划的审批

（1）成果审查：修建性详细规划项目在提交成果时，一般要开成果汇报会再上报市、县建设主管部门审批，重要的修建性详细规划项目，一般要经过专家评审会审查再上报审批。成果汇报会或专家评审会由委托方负责组织。

（2）上报审批：已编制并批准控制性详细规划的城镇的修建性详细规划，除重要者外，一般由市、县级城市规划主管部门审批。上报审批工作由委托方负责，规划编制单位负责提供规划技术文件，遇有重大修改，双方协商解决。

第二节　"二证一书"及"一证一书"的规划审批管理

过去一段时期里，我国小城镇规划建设管理只是采用了单一的建房审批管理形式，而目前全国范围内还有许多小城镇仍然采用这种办法，这是必须纠正的。要强化法制，依法建设城镇，重要方面就是要执行城市规划法中的"二证一书"管理制度。小城镇规划建设管理要坚持小城镇的"二证一书"（建设项目选址意见书、建设用地规划许可证、建设工程规划许可证）和村庄、集镇的"一书一证"（村镇规划选址意见书、村镇建设项目开工许可证）为核心的规划管理、建设管理、环境卫生管理、村容镇貌管理的全方位、全过程管理制度。

一、建设项目选址意见书的审批管理

建设项目选址规划管理，是规划行政主管部门根据城镇规划及其有关法律、法规对建设项目地址进行确认或选择，以保证各建设项目按照城镇规划安排定位，并核发建设项目选址意见书。小城镇建设项目选址规划管理工作具有以下特征：首先，它是小城镇规划实施的首要环节；其次，它是小城镇建设用地规划管理的前期工作；再者，它是小城镇建设项目是否可行的必要条件之一。

小城镇拟定选址意见书一般应和项目选址有关的市、县级环保部门、土地管理部门等协同进行，选址意见书的内容包括建设项目选定的具体位置，用地范围的红线图。市、县人民政府计划行政主管部门审批的建设项目，由市、县人民政府城市规划行政主管部门核发选址意见书。镇政府审批的建设项目，由镇政府核发选址意见书。

1. 建设项目选址的目的和任务

(1) 保证小城镇建设项目的布点符合城镇规划；

(2) 对小城镇经济、社会发展建设进行宏观调控；

(3) 综合协调小城镇建设选址中的各种矛盾，促进建设项目的前期工作的顺利进行。

2. 建设项目选址管理的内容

(1) 选择建设用地地址

建设项目规划选址是一项十分重要而复杂的工作，在选址时必须根据实际情况考虑下列因素：

①建设项目的基本情况；

②建设项目与城镇规划布局的协调；

③建设项目与城镇交通、通讯、能源、市政、防灾规划和用地现状条件的衔接与协调；

④建设项目配套的生活设施与城镇居住区及公共服务设施规划的衔接与协调；

⑤建设项目对城镇环境可能造成污染或破坏的，要与城镇环境保护规划和风景名胜、文物古迹保护规划、城镇历史风貌区保护规划等相协调；

⑥交通和市政设施选址的特殊要求；

⑦珍惜土地资源、节约使用城镇土地；

⑧综合有关管理部门对建设项目用地的意见和要求。

(2) 核定土地使用性质

土地使用性质的控制是保证城镇规划布局合理的重要手段，为保证各类建设工程都能遵循规划所规定的土地使用性质进行安排，原则上应按照批准的详细规划来控制土地使用性质，选择建设项目的建设地址。若尚无批准的详细规划可依，则应根据城镇总体规划，充分研究建设项目对周围环境的影响和基础设施条件具体核定。

(3) 核定容积率

建筑容积率是建筑面积总和与建筑基地面积的比值，是保证小城镇土地合理利用的重要指标。容积率过低，会造成城市土地资源的浪费和经济效益的下降；容积率过高，又会带来市政公用基础设施负荷过重，交通负荷过高，环境质量下降等负面影响。反过来影响建设项目效益的正常发挥，同时，城镇的综合功能和集聚效应也会受到影响。

(4) 核定建筑密度

建筑密度是指建筑物底层占地面积与建筑基地面积的比率（用百分比表示）。在建设项目选址规划管理中，核定建设项目的建筑密度，是为了保证建设项目建成后城市的空间环境质量，并保证建设项目能满足绿化、地面停车场地，消防车作业场地，人流集散空间和变电站、煤气调压站等配套设施用地的面积。

(5) 核定其他规划设计要求

城镇规划对建设项目的选址的要求是多方面的，应根据批准的规划予以提出。建设项目选址规划管理与建设用地规划管理和建设工程规划管理是一个连续的过程。一般在建设项目选址规划管理阶段，一并将建设用地使用要求，如绿地率（用地范围绿地面积总和与用地总面积的比例），建筑间距，日照、交通，消防管线敷设，建筑限高，退后红线尺寸等提出。建设工程规划设计要求同时也要提出。

3.建设项目选址规划管理的程序

（1）申请程序

建设项目选址的申请分两种情况：

①以行政划拨或征用土地方式取得土地使用权的，建设单位凭建设项目建议书等书面批准文件，向城市规划行政主管部门提出建设项目选址的申请。

②以国有土地使用权有偿出让方式取得土地使用权的，城市政府土地管理部门（在某些城镇是土地使用制度改革领导小组办公室），根据城镇土地出让计划，书面征询城镇规划行政主管部门关于拟出让地块的规划意见和规划设计要求，提出建设项目选址的申请。

（2）审核程序

分两种情况：

①以行政划拨或征用土地方式取得土地使用权的，一是对于尚无选址意向的建设项目，城镇规划行政主管部门根据城镇规划和土地现状条件选择建设地点，并核定土地使用规划要求；二是对于已有选址意向或改变原址土地使用性质的建设项目，城镇规划行政主管部门根据城镇规划予以确认是否同意，如经同意，则核定其土地使用规划要求和规划设计要求。

②以国有土地使用权有偿出让方式取得土地使用权的，一是确认出让地块是否在城市规划用地范围之内。二是核定土地使用规划要求和规划设计要求。

（3）核发程序

①对于行政划拨或征用土地的，如经城镇规划行政主管部门审核同意，则向建设单位核发建设项目选址意见书及其附件。

②对于以国有土地使用权出让方式取得土地的，如经城镇规划行政主管部门审核同意，则函复城镇土地管理部门并附图，要求城镇土地管理部门将其纳入国有土地使用权有偿出让合同。

4.建设项目选址规划管理的操作要求

（1）申请建设项目选址意见书的范围

下列建设项目应申请《建设项目选址意见书》：

①新建、迁建建设项目需要使用土地的；

②原址改建、扩建建设项目需要使用本单位以外土地的（含拆迁房屋）；

③需要改变本单位土地使用性质的建设项目。

（2）建设单位申请建设项目选址意见书操作要求

建设单位应向城镇规划行政主管部门提供下列资料：

①填写建设项目选址意见书申请表或提出建设项目选址的书面申请；

②批准的建设项目建议书或其他上报计划的文件；

③新建、迁建项目已有选址意向的，应附送测绘部门晒印的迁建单位原址和选址地点的地形图，并标明选址意向用地位置。尚未有选址意向的，待规划选址后补送地形图；

④原址改建申请改变土地使用性质或原址改建需要使用本单位以外土地的，须附送土地权属证件；需拆除基地内房屋的，附送房屋产权证件等材料；其中联建的，应附送协议书等文件；

⑤大型建设项目、对城镇布局有重大影响的建设项目、对周围环境有特殊要求的建设项目，应附送相应资格的规划设计单位作出的选址论证意见；

⑥关于建设项目情况和选址要求的说明及有关图纸；

⑦工业项目或其他对周围地区有一定影响和控制要求的建设项目，应附送建设项目工艺情况，水陆交通运输、能源、市政公用配套等基本要求，建设项目可能对周围地区带来的影响以及建设项目对周围地区建设的控制要求，包括：有关环境、保护、卫生防疫、消防安全和其他特殊要求的资料。

（3）城镇规划行政主管部门审理建设项目规划选址意见书操作要求

城镇规划行政主管部门受理建设单位的选址申请后必须慎重、仔细地审理建设项目选址要求，并应在法定工作日之内完成审理，提出审理意见。经审核同意的，要发给建设项目选址意见书；经审核不同意的，也应给予书面答复。审理时应注意下述要求：

①复核建设单位送审文件、图纸；

②查核建设项目选址附近有无道路规划红线、河道蓝线、河港岸线、高压输电线走廊、微波通道、绿地控制线、铁路、城镇交通线路、机场和收发电讯地区净空要求、水源保护区、文物或历史建筑保护单位及地下管线等规划控制要求，如有，应在地形图上正确划出控制线；

③查核建设项目选址及相邻地区的详细规划情况；

④基地现状勘查，了解基地内部及基地周围的现状和近期建设情况；

⑤如属工业建设项目，对周围环境有特殊要求的建设项目、对周围环境地区有一定影响和控制要求的建设项目，应联系环保、消防、卫生防疫及市政等相关部门，了解对该建设项目的管理要求；

⑥如建设项目选址或周围地区有需要保护的文物、历史建筑或其他设施，应联系文物保护等部门，了解对该选址的管理要求；

⑦大型建设项目、对城镇布局有重大影响的建设项目、对周围环境有特殊要求的建设项目，应会同有关部门进行建设项目的选址论证；

⑧审核其他特殊要求。

（4）城镇规划行政主管部门核发建设项目选址意见书操作要求

①核发建设项目选址意见书，明确建设项目规划选址地址、范围和规划设计要求；

②在地形图上，按审核结论标示建设项目的规划设计范围和有关控制线并加盖公章，作为建设项目选址意见书的附件，发送建设单位及相关部门。

二、建设用地规划许可证的审批管理

1. 目的和任务

建设用地规划管理，是建设项目选址规划管理的继续。它是城镇规划行政主管部门根据城镇规划及其有关法律、法规，确定建设用地面积和范围，提出土地使用规划要求，并核发建设用地规划许可证的行政管理工作。其目的和任务是：

（1）控制各项建设合理地使用城市规划区内的土地，保障城市规划的实施。

（2）节约建设用地，促进城市建设和农业生产的协调发展。

（3）综合协调建设用地的有关矛盾和相关方面要求，提高工程建设的经济、社会和环境的综合效益。

（4）不断完善、深化城市规划。

2．建设用地规划许可证的核发

要在小城镇范围内进行项目建设的，不论单位或个人，均须向当地规划管理部门提出申请，由主管部门确定建设用地的位置、面积，范围，办理相关审批手续，核发建设用地规划许可证。按出让、转让方式取得建设用地的，首先由市、县级城镇规划主管部门提出出让、转让地块的位置、范围、使用性质和规划管理的有关技术指标要求，县级土地管理部门，应按照上述要求通过招标或其他方式和土地受让单位签订土地出让或转让合同，合同的内容必须包括按城镇规划主管部门的要求作出的严格规定，受让单位凭合同向城镇规划行政主管部门申办建设用地规划许可证。建设用地规划许可证是向土地管理局申请土地使用权必备的法律凭证。镇级建设项目可参照以上程序由镇政府审批核发，并报县级规划主管部门备案。

3．建设用地规划管理内容

（1）控制土地使用性质和土地使用强度。

（2）确定建设用地范围。

（3）调整城市用地布局。

（4）核定土地使用其他规划管理要求。

4．建设用地规划管理的程序

（1）申报程序

根据土地使用权的取得方式，申报程序分为两种情况：

①以行政划拨或征用土地方式取得土地使用权的，建设单位可向城镇规划行政主管部门送审建设工程设计方案。二是设计方案批准后申报建设用地规划许可证。

②以国有土地使用权有偿出让方式取得土地的，土地使用权受让人在签订国有《土地使用权有偿出让合同》、申请办理中国法人的登记注册手续、申领企业批准证书后，可正式委托项目经营法人，向城镇规划行政主管部门申报建设用地规划许可证。

（2）审核程序

城市规划行政主管部门分两种情况审核：

①以行政划拨或征用土地取得土地使用权的，对应于上述申请程序，一是审核送审的建设工程设计方案；二是审核建设单位申报建设用地规划许可证的各项文件、资料、图纸是否完备。

②以国有土地使用权有偿出让方式取得土地的，因其建设用地范围已经明确并经城市规划行政主管部门确认，主要是审核各项申请条件、资料是否完备。

（3）核发程序

凡经由城镇规划行政主管部门审核同意的，向建设单位核发建设用地规划许可证及其附件。

三、建设工程规划许可证的审批管理

1．《城市规划法》第三十二条规定："在城市规划区内新建、扩建和改建建筑物、构筑物、道路、管线和其他工程设施，必须持有关批准文件向城市规划行政主管部门提出申请，由城市规划行政主管部门根据城市规划提出的规划设计要求，核发建设工程规划许可证。建设单位或者个人在取得建设工程规划许可证件和其他有关批准文件后，方可申请办理开工手续。"建设工程规划许可证是城镇规划主管部门实施城镇规划、按照城镇规划要求管理各项建设活动的重要法律凭证。开发建设单位依法取得建设用地后，必须按照县级城镇规划主管部门提出的规划设计条件的要求，提出建设项目的规划设计成果，经县级城镇规划行政主管部门审查同意，依据批准的设计图纸，经放线、验线后，方可核发建设工程规划许可证。

2．建筑工程规划管理的依据

（1）城镇规划依据。经法定程序批准的城镇详细规划（控制性详细规划、修建性详细规划）是建筑工程规划管理的主要依据。（2）法律、法规及方针政策依据。主要包括《中华人民共和国城市规划法》及其配套的法规文件，如《城市国有土地使用权出让转让规划管理办法》、《城市地下空间开发利用管理规定》、《停车场建设和管理暂行规定》、《村庄和集镇规划建设管理条例》等。（3）技术规范与标准依据。主要包括国家在城镇规划和建设方面的经济技术定额指标和技术标准、技术规范如《村镇规划标准》，《城市居住区规划设计规划》、《建筑设计防火规范》、《建筑设计规范》以及地方性的城镇规划和建设方面的有关技术标准及规范等。

3．建筑工程规划管理内容

（1）建筑物使用性质的控制。（2）建筑容积率的控制。（3）建筑密度的控制。（4）建筑高度的控制。（5）建设间距的控制。（6）建筑退让的控制。（7）建设绿地率的控制。（8）基地出入口、停车和交通组织的控制。（9）建设基地标高控制。（10）建筑环境的管理。（11）各类公建用地指标和无障碍设施的控制。（12）综合市、县级有关专业管理部门的意见。

4．建筑工程规划管理的要求

城镇规划行政主管部门对应于上述申报程序，一是提出建筑工程规划设计要求；二是审核建筑设计方案；三是审核建筑工程的建设工程规划许可证。审核结果，分别给予书面批复，包括修改意见并核发建设工程规划许可证。

5．村庄、集镇"一证一书"的核发

村庄、集镇的"一书一证"即是村镇规划选址意见书和村镇建设项目开工许可证。村镇规划选址意见书的核发，可参照小城镇项目选址意见书管理办法执行。村镇建设项目开工许可证的核发，可参照小城镇建设工程规划许可证的管理办法执行。

第三节　小城镇土地、房屋管理及房屋拆迁安置办法

一、小城镇的土地管理

我国实行土地公有制，即全民所有制和劳动群众集体所有制。合理利用土地和切实保护耕地是我国的基本国策。小城镇政府应当采取措施，全面规划，严格管理，保护、开发

土地资源，制止非法占用土地的行为。国家《土地法》规定："土地使用权可以转让，但任何单位和个人不得侵占、买卖或者以其他形式非法转让土地。"小城镇所在地政府为公共利益的需要，可以依法对集体所有的土地实行征用。

1．实行土地用途管制制度

在我国，国家编制土地利用总体规划，规定土地用途，将土地分为农用地、建设用地和未利用地。严格限制农用地转为建设用地，控制建设用地总量，对耕地实行特殊保护。

农用地是指直接用于农业生产的土地，包括耕地、林地、草地、农田水利用地、养殖水面等；建设用地是建造建筑物、构筑物的土地，包括：城乡住宅和公共设施用地、工矿用地、交通水利设施用地、旅游用地、军事设施用地等；未利用地是指农用地和建设用地以外的土地。

使用土地的单位和个人，必须严格按照土地利用总体规划确定的用途使用土地。

2．城镇土地的所有权和使用权

我国《土地法》规定："城市市区、小城镇建成区的土地属于国家所有。农村和小城镇建成区周围的土地，除由法律规定属于国家所有的以外，属于农民集体所有；宅基地和自留地、自留山、属于农民集体所有。国有土地和农民集体所有的土地，可以依法确定给单位或者个人使用。使用土地的单位和个人，有保护、管理和合理利用土地的义务。"

农民集体所有的土地，由村集体经济组织或者村民委员会经营、管理；已经分别属于村内两个以上农村集体经济组织的农民集体所有的，由村内农村集体经济组织或者村民小组经营、管理；已经属于乡（镇）农民集体所有的，由乡（镇）农村集体经济组织经营、管理。

小城镇内的单位或个人依法使用的国有土地，由市、县级以上人民政府登记造册，核发证书，确认使用权。小城镇中农民集体所有的土地，由市、县级人民政府造册，核发证书，确认所有权。农民集体所有的土地依法用于非农业建设的，由市、县级人民政府登记造册，核发证书，确认建设用地使用权。

3．小城镇耕地的管理

小城镇要按照国家土地法规定积极保护耕地，要严格控制耕地转为非耕地。我国实行占用耕地补偿制度。非农业建设经批准占用耕地的，按照"占多少，垦多少"的原则，由占用耕地的单位负责开垦与所用耕地的数量和质量相当的耕地；没有条件开垦或者开垦的耕地不符合要求的，应当规定缴纳耕地开垦费，专款用于开垦新的耕地。政府应当严格执行土地利用总体规划和土地利用年度计划，采取措施，确保本行政区域内耕地总量不减少；耕地总量减少的，由政府责令在规定期限内组织开垦与所减少耕地的数量与质量相当的耕地，土地行政主管部门会同农业行政主管部门验收。国家实行基本农田保护制度。

4．小城镇建设用地的管理

在小城镇中，任何单位或个人进行建设，需要使用土地的，必须申请使用国有土地；但是，兴办乡镇企业和村民建设住宅经依法批准使用本集体经济组织农民集体所有的土地的，或者乡（镇）村公共设施和公益事业建设经依法批准使用农民集体所有的土地除外。小城镇建设占用土地，涉及农用地转为建设用地的，应当办理农用地转用审批手续。

在小城镇土地利用总体规划确定的城镇和村庄、集镇建设用地规模范围内，为实施该规划而将农用地转为建设用地的，按土地利用年度计划分批次由原批准土地利用总体规划的机关批准。

小城镇征用土地的，按照被征用土地的原用途给予补偿。征用耕地的补偿费用包括土地补偿费、安置补助费以及地上附着物和青苗的补偿费。征用耕地的土地补偿费，为该耕地被征用前三年平均产值的六至十倍。征用耕地的安置补助费，按照需要安置的农业人口数计算。需要安置的农业人口数，按照被征用的耕地数量除以征地前被征用单位平均每人占有耕地的数量计算。每一个需要安置的农业人口的安置补助费标准，为该耕地被征用前三年平均产值的四至六倍。但是，每公顷被征用耕地的安置补助费，最高不得超过被征用前三年平均年产值的十五倍。征用其他土地的土地补偿费和安置补助费标准，由小城镇所在的省、自治区、直辖市参照征用耕地的土地补偿费和安置补助费的标准规定。被征用土地上的附着物和青苗的补偿标准，由小城镇所在的省、自治区、直辖市规定。征用城市郊区的菜地，用地单位应当按照国家有关规定缴纳新菜地开发建设基金。

二、小城镇的房屋产权管理

1. 房屋产权登记管理要求

在我国实行土地使用权和房屋所有权登记发证制度。小城镇的所有房屋与建设都应遵守我国的相关法律规定。小城镇在依法取得的房地产开发用地上建成房屋的，应当凭土地使用权证书向县级以上地方人民政府房产管理部门申请登记，由县级以上地方人民政府房产管理部门核实并颁发房屋所有权证书。

小城镇的房地产转让或者变更时，应当向县级以上地方人民政府房产管理部门申请房产变更登记，并凭变更后的房屋所有权证书向同级人民政府土地管理部门申请土地使用权变更登记，经同级人民政府土地管理部门核实，由同级人民政府更换或者更改土地使用权证书。

房地产抵押时，应当向县级以上地方人民政府规定的部门办理抵押登记。县级以上地方人民政府由一个部门统一负责房产管理和土地管理工作的，可以制作、颁发统一的房地产权证书，将房屋的所有权和该房屋占用范围内的土地使用权的确认和变更，分别载入房地产权证书。

2. 申办《房屋所有权证》应提交的资料和应缴税费

（1）小城镇新建房屋

提交资料：《房屋所有权登记申请书》（房管所领取）；立项批文；规划证件（建设用地规划许可证、建设工程规划许可证、准建证）；土地使用权证（或土管部门用地批文、征地协议）；开工报告；建设管理部门竣工验收报告；竣工图；计算书；申请人身份证明（单位：法人登记证或企业法人营业执照、个人：身份证或户口册）；其他相关文件。

在小城镇的私人建房中则只需要提供如下资料：

《房屋所有权登记申请书》（房管所领取）；规划证件、准建证；土地使用权证；竣工图；申请人身份证明。

对于小城镇新建房屋，应自房屋主体工程竣工后三个月内申请登记，逾期登记的，将按逾期时间长短加收逾期登记费。

（2）对小城镇祖遗、土改所得房屋登记办证提交资料：登记申请书；原始契证、纸契；土地使用权证复印件；上级主管部门证明（全民、集体房产），基层证明（私有房产）以及足以反映来源的四邻证明；申请人身份证明，单位：法人登记证或企业法人营业执照；个人：身份证或户口册；其他相关文件。

应缴税费：登记费、工本费、测绘费、印花税费。

（3）转移登记办证

提交资料：

①买卖：房地产买卖契约、房屋估价单、原房屋所有权证、过户审批书。

②价拨：上级主管部门有关固定资产转移批文、原房屋所有权证、过户审批书。

③作价入股：投资协议书、原房屋所有权证、产权转称审批书。

④赠与：公证机关赠与文书、估价单、产权转移批书。

⑤互换：互换协议、原房屋所有权证、估价单、产权转移审批书。

⑥继承：继承公证书或遗嘱公证、原房屋所有权证、估价单、产权转移审批书。

应缴税费：登记费、工本费、印花税费。

三、小城镇房屋拆迁安置管理

随着小城镇建设步伐的加快，一些县城、中心镇的旧城改造拆迁规模也随之扩大，拆迁补偿、拆迁安置等也常引发纠纷与矛盾。为规范城市房屋拆迁管理，维护拆迁当事人的合法权益，保障拆迁项目进行，加快小城镇建设步伐，小城镇建设中的拆迁工作一定要按照国家《城市房屋拆迁管理条例》来进行。

2001年6月6日，国务院第40次常务会议审议通过了对《中华人民共和国城市房屋拆迁管理条例》（1991年6月1日实施）的修订草案，于2001年11月1日起施行。

小城镇建设的拆迁工作一定要按照我国最新的相关法律、法规来进行。

1. 小城镇建设拆迁补偿对象

原《城市房屋拆迁管理条例》关于对房屋所有人进行补偿，对房屋使用人进行安置的原则，是在公有房屋为主体的情况下规定的，实践中因拆迁人不征求房屋所有人的意见，直接与房屋使用人达成补偿安置协议；一些城镇实行的货币安置，将大部分补偿资金支付给房屋使用人，致使房屋所有人的利益受到损害，引起房屋所有人的诸多不满。随着住房制度改革的逐步深化，我国的房屋产权结构已从公房为主体转变为个人拥有为主体。而房屋的租赁关系是房屋所有人与承租人之间的契约关系，在拆迁过程中是从属的法律关系，它的调整应当依据相关的民事法律，在房屋所有人与承租人之间进行调整，而不应损害房屋所有人利益在未经得房屋所有人同意的前提下自作主张调整。根据这一新的情况和问题，新修订的《条例》将被拆迁人定义为被拆迁房屋的所有人，同时规定"拆迁人应当依照条例规定，对被拆迁人给予补偿"。

2. 小城镇拆迁补偿采取的方式

原《城市房屋拆迁管理条例》实施以来，许多地方根据当地的实际情况，先后推行了货币化安置，即：拆迁人根据被拆迁房屋的区位、用途、建筑面积确定货币补偿金额，由拆迁人支付给被拆迁人，被拆迁人自行购买居住房屋。实践证明，采取货币补偿方式，有利于被拆迁人自行调节住房标准、地点，满足不同住房消费群众的不同消费需求，有利于住房机制调整，消化闲置商品房。同时也简化了拆迁程序，便于对拆迁当事人的监督。货币补偿方式，使得被拆迁人可以及时购买需要的房屋，避免了被拆迁人因等待回迁而长期得不到妥善安置，也避免了因工程停、缓建或者投资者资金不足造成的被拆迁人长期不能入住新房的现象。因此，新修订的《条例》规定："拆迁补偿的方式可以实行货币补偿，也可以实行房屋产权调换"。

3. 拆迁房屋的审批

小城镇建设中，负责房屋的拆迁单位必须取得房屋拆迁许可证，方可实施拆迁。许可证由房屋所在地的市、县人民政府房屋拆迁管理部门审核签发。县级以上地方人民政府房屋拆迁管理部门违反规定，核发房屋拆迁许可证及其他批准文件的，不履行监督管理职责的，对违法行为不予查处的，主管人员和其他直接责任人员将受到行政处分；致使国家和人民利益遭受重大损失，构成犯罪的，将依法追究刑事责任。

4. 小城镇居民住宅拆迁的补偿方式

小城镇居民住宅的拆迁补偿实行货币补偿、产权调换两种方式。

（1）货币补偿：

由产权人提出书面申请，补偿金额根据被拆迁房屋的区位及原房屋的勘估价来确定，即：拆迁房屋补偿金额＝原房屋面积×房屋勘估价＋原房屋建筑面积×区位价，其中：房屋勘估价由具有房地产价格评估资质的评估机构根据房屋重置价格结合成色确定，区位价由评估机构根据房屋所处区位确定。

（2）产权调换：

①按照产权调换方式选择回迁安置的，安置房屋面积与原建筑面积相等的部分，拆一还一，按照重置价格互补结构差价。

②安置房屋面积超过原房屋面积的，超过部分按商品房市场价结算。安置面积小于原房屋建筑面积的部分按货币补偿方式折价补偿。

5. 小城镇商业用房拆迁的补偿方式

小城镇商业用房的拆迁补偿实行货币补偿、产权调换两种方式：

（1）货币补偿方式：

根据被拆除房屋所处区位，对被拆迁的商业用房进行价值评估，评估结果作为该商业用房的补偿金额，一次性兑付补偿金额后，不再给予安置。拆迁房屋补偿金额＝原房屋建筑面积×房屋勘估价＋原房屋建筑面积×区位价，其中：房屋勘估价由具有房地产价格评估资质的评估机构根据房屋重置价格结合成色确定。区位价由评估机构根据房屋所处区位确定。法定铺面实行100%补偿，事实铺面按70%补偿。

（2）产权调换方式：

按照产权调换方式选择回迁安置的法定铺面，安置房面积与原房屋面积相等的部分，拆一还一，互补结构差价。安置房面积超过原房屋建筑面积的，超过部分按商品房市场价结算。

（3）根据《房屋所有权证》审核为非商业用房的，但具备经营用房条件，已作为商业用房使用的事实铺面，按照产权调换方式选择回迁安置的，安置房面积与原房屋面积相等的部分，拆一还一，互补结构差价，同时，被拆迁人应向拆迁人支付一定的房屋用途转换补偿金。安置房面积超过原房屋建筑面积的，超过部分按商品房市场价结算。安置房面积小于原房屋建筑面积的部分，按货币补偿方式折价补偿。

6. 怎样解决被拆迁户在拆迁改造期间的过渡问题

(1) 选择产权调换的被拆迁人在拆迁改造期内,自找临时房源或单位解决临时过渡等方式过渡;

(2) 拆迁人为被拆迁人提供一定数量的周转房;

(3) 在过渡期内被拆迁人由所在单位解决过渡房的,对被拆迁人除搬家费外不再给予其他费用;

(4) 拆迁人统一提供地点,保证过渡期间被拆迁人物资的存放,并由专人看管;

(5) 过渡期限自搬迁之日起安置之日止;

(6) 选择货币补偿的被拆迁人,不享受过渡补助。

第四节　小城镇建筑设计与施工管理

一、建筑设计单位的资质审查

为了确保建筑设计的质量,保障国家、集体和公民的利益,2001 年 7 月 25 日中华人民共和国建设部发布了《建设工程勘察设计企业资质管理规定》,要求凡专门从事城乡建筑设计的单位,必须依照本规定进行注册登记,取得建筑工程设计资格证书,方可承担建筑工程设计业务。任何无证单位和个人,均不得承担全民和集体所有制单位的建筑工程设计任务,也不得以开展咨询、业余设计或其他名义,承揽这方面的设计业务。

根据《建筑工程设计资质分级标准》,建筑工程设计资质分为甲、乙、丙三个级别,边远地区及经济不发达地区如确有必要设置丁级设计资质,需经省、自治区、直辖市建设行政主管部门报建设部同意后方可批准设置。并把不同等级的设计单位可以承担的设计任务范围规定如下:

1. 取得甲级证书的设计单位,可以承担建筑工程设计项目的范围不受限制。

2. 取得乙级证书的设计单位,可以承担下列建筑工程的设计:

(1) 民用建筑:承担工程等级为二级及以下的民用建筑设计项目。

(2) 工业建筑:跨度不超过 30m,吊车吨位不超过 30t 的单层厂房和仓库,跨度不超过 12m、6 层及以下的多层厂房和仓库。

(3) 构筑物:高度低于 45m 的烟囱,容量小于 100m³ 的水塔,容量小于 2000m³ 的水池,直径小于 12m 或边长小于 9m 的料仓。

3. 取得丙级证书的设计单位,可以承担下列建筑工程和设计:

(1) 民用建筑:承担工程等级为三级的民用建筑设计项目。

(2) 工业建筑:跨度不超过 24m、吊车吨位不超过 10t 的单层厂房和仓库,跨度不超过 6m、楼盖无动荷载的 3 层及以下的多层厂房和仓库。

(3) 构筑物:高度低于 30m 的烟囱,容量小于 80m³ 的水塔,容量小于 500m³ 的水池,直径小于 9m 或边长小于 6m 的料仓。

4. 取得丁级证书的设计单位,可以承担的建筑工程设计:

(1) 民用建筑:6 层以下住宅、宿舍和其他混合结构的民用建筑,或跨度不超过 7.5m、3 层以下框架结构的民用建筑,以及跨度不超过 15m 的单层民用建筑。

(2) 工业建筑:跨度不超过 15m、单梁式吊车吨位不超过 5t 的单层厂房和仓库,以及跨度不超过 7.5m、3 层以下的轻型厂房和仓库。

(3) 构筑物：采用标准图的中小型独立烟囱，水塔和水池等构筑物。

凡是公共建筑，生产性建筑（厂房等）以及二层和二层以上的农宅都要进行正规的设计，否则不得开工。在设计力量不足时，要注意选择、推广和使用住宅通用设计。

民用建筑工程设计等级分类见表 5-2-4-1。

民用建筑工程设计等级分类表　　　　　　　　表 5-2-4-1

类型＼特征＼工程等级		特　级	一　级	二　级	三　级
一般公共建筑	单体建筑面积（万 m²）	8 万 m² 以上 >8	2 万 m² 以上至 8 万 m²	5 千 m² 以上至 2 万 m²	5 千 m² 及以下 ≤0.5
	立项投资（亿元）	2 亿元以上 >2	4 千万元以上至 2 亿元 0.4~2	1 千万元以上至 4 千万元 0.1~0.4	1 千万元及以下 ≤0.1
	建筑高度（m）	100m 以上 >100	50m 以上至 100m 50~100	24m 以上至 50m 24~50	24m 及以下（其中砌体不得超过抗震规范高度限值要求）≤24
住宅、宿舍	层数（层）		20 层以上 >20	12 层以上至 20 层 12~20	12 层以下（其中砌体建筑不得超过抗震规范层数限值要求）≤12
住宅小区、工厂、生活区	总建筑面积（万 m²）		10 万 m² 以上 >100	10 万 m² 以及以下 ≤10	
地下工程	地下空间（总建筑面积）（万 m²）	5 万 m² 以下 >5	1 万 m² 以上至 5 万 m² 1~5	1 万 m² 及以下 ≤1	
	附属式人防（防护等级）		四级及以上	五级及以下	
特殊公共建筑	超限高层建筑抗震要求	抗震设防区特殊超限高层建筑	抗震设防区建筑高度 100m 及以下的一般超限高层建筑		
	技术复杂、有声、光、热、振动、视线等特殊要求	技术特别复杂	技术比较复杂		
	重要性	国家级经济、文化、历史、涉外等重点工程项目	省级经济、文化、历史、涉外等重点工程项目		

二、施工企业资格审查

小城镇建设项目设计完成之后，其现场施工就成了重要阶段。而完成施工任务，则要求施工企业必须具有一定的技术条件、装备条件和施工经验，即具有一定的资格。为确保小城镇建设工程质量，加快工程进度，必须严格施工队伍资格审核，严禁无证施工队承担乡镇建设施工任务。

根据 2001 年建设部第 87 号令《建筑业企业资质管理规定》，从事房屋建筑工程施工承包企业资质等级分为特级、一级、二级、三级。施工企业经过登记、核定等级，领取相当的营业执照后，必须按规定的范围营业，不得超越核定的范围承揽业务，房屋建筑工程施工企业的承揽范围如下（考虑到小城镇的具体情况，未列特级企业承揽范围）：

1．一级企业：可承担单项建筑合同额不超过企业注册资金 5 倍的下列房屋建筑工程的施工：

（1）40 层及以下，各类跨度的房屋建筑工程；

（2）高度 240m 及以下的构筑物；

（3）建筑面积 20 万 m^2 及以下的住宅小区或建筑群体。

2．二级企业：可承担单项建安合同额不超过企业注册资金 5 倍的下列房屋建筑工程的施工：

（1）28 层及以下，单跨跨度 36m 及以下的房屋建筑工程；

（2）高度 120m 及以下的构筑物；

（3）建筑面积 12 万 m^2 及以下的住宅小区或建筑群体。

3．三级企业：可承担单项建安合同额不超过企业注册资金 5 倍的下列房屋建筑工程的施工：

（1）14 层及以下，单跨跨度 24m 及以下的房屋建筑工程；

（2）高度 70m 及以下的构筑物；

（3）建筑面积 6 万 m^2 及以下的住宅小区或建筑群体。

4．等外级企业承担业务范围：

技术资质和规模未达到国家规定的企业等级的各类专业队，限承担下列任务：建筑面积不超过 $500m^2$ 的一般建筑；传统构造的农房建筑和农业生产设施；房屋维修和旧建筑拆除；向具备营业等级的企业提供劳务或分包单项工程；组织粉刷、裱糊、油、电器和上下水管道的安装等专营业务。

注：房屋建筑工程是指工业、民用与公共建筑（建筑物、构筑物）工程。工程内容包括地基与基础工程、土石方工程、结构工程、屋面工程、内、外部的装饰工程，上下水、供暖、电、气、卫生洁具、通风、照明、消防、防雷等安装工程。

三、建筑质量的监督管理

小城镇建设的各种工程项目，应按照国家建设部颁发的《建筑安装工程质量检验评定标准》，检验其工程质量，不合格项目不能验收交付使用。

要严禁无照设计和无证施工，要向广大村民宣传安全建房知识，防患于未然。

为确保工程质量，要做到"五不准"：未经持证设计单位设计或设计不合格的工程，一律不准施工；无出厂合格证明和没有按规定进行复试的原材料，一律不准使用；不合格的建筑构件一律不准出厂和使用；所有工程都必须严格按照国家规范和标准施工及验收，一律不准降低标准；质量不合格的工程及构件，一律不准报竣工面积和产量，也不计算产值。

　　近年来小城镇建设发展很快，有的地方由于设计、施工力量跟不上，造成一些房屋，特别是楼房及公共建筑质量低劣，倒塌事故屡有发生。因此，在小城镇建房中，一定要保持清醒头脑，讲究科学态度，坚持百年大计，质量第一的方针，把好设计、施工关，使房屋建筑不仅造型美，而且质量高。

第五节　小城镇环境卫生、镇容镇貌管理

一、环境卫生管理

　　配备专职环卫员，负责街道、公共场所、公共厕所的清扫、消毒和垃圾清运工作，要做到清运及时，干净卫生；责成城镇住户要发扬"各扫门前雪"精神，实行门前三包、群众动手，处处干净；生产、经营性垃圾，要谁产生、谁负责、清运到指定地点；镇区适当位置要配备和设置垃圾箱和垃圾集中点，并要求村民和单位都要使用和爱护这些设施；制订村规民约，人人爱惜卫生，不乱丢脏物，不随意倾倒垃圾，实行圈养畜禽，并定时清圈除粪、喷药灭蝇，不在主要街道堆放柴草燃料等，并定期进行环境卫生检查评比活动。

二、绿化管理

　　在小城镇规划建设管理中要编制绿化规划并认真实施；发动群众，分区分段包干，义务植树、义务管理；制订小城镇绿化乡规民约及奖惩制度，表彰先进，处罚损害、破坏者。通过一系列有效措施，加快小城镇绿化美化步伐，为村民提供娱乐、休憩、锻炼的良好场所。

三、历史文化遗产保护

　　历史文化遗产保护作为城镇发展战略中的一个重要的组成部分，已成为规划建设中必不可少的内容。城镇历史文化保护不仅意味着文物古迹或历史地段的保护，而且还包括城镇经济，社会和文化结构中各种积极因素的保护与利用。

　　"保存"一般指对各级重点文物保护单位应根据各相关法规和技术规范，不得改变文物的现状（含改造或拆毁）。

　　"保护"，一般指对历史建筑和传统民居等文化遗产及其他环境风貌的保护。

　　"防护"，一般指重要的安全防护工作，如防火、防震、防洪等，不含对建筑物的具体维护或维修工程。

　　"整治"，多指对历史建筑外观，周边环境，基础设施的改善、整理和优化工作。

　　按照"符合历史、照顾习惯、体现规划、好找好记"的原则，确定并设置小城镇的道路、胡同名牌，并要加强管理。

四、建筑小品的管理

　　各类服务亭点，如书报亭、售货亭、电话亭及信报箱等，为居民提供多种便利和服务，在设置时要注意造型精致、美观实用、色彩鲜明，既要便于人们寻找和使用，也不要影响交通和景观。雕塑和建筑小品在创造优美、舒适的环境，加强小城镇文明建设方面起着重要的作用。小城镇雕塑要体现地方特色和时代精神，要结合与本地有密切关系的历史名人、重大事件和有启迪意义的神话传说，因地制宜地选定小城镇的雕塑题材。

五、道路建设管理

　　道路是小城镇的骨架，在组织小城镇生产和生活方面起着重要作用。道路红线是根据

实际需要而科学规划确定的道路必要宽度线，任何建筑物、构筑物都不得侵占红线内的地面和空间，任何单位和个人都不得随意掘动路面，禁止在人行道上摆摊设点，停放机动、兽力车，禁止烧、砸、压、泡及其他腐蚀、损害道路的活动。

六、街景管理要求

临街的围墙以空透围栏式或绿篱为好，建筑色彩忌繁乱浓艳，沿街不要晾晒有碍观瞻的衣物，要及时修整或拆除残破的围墙、旧屋等。

第六节　小城镇环境保护与治理

一、环境污染及其危害

新世纪我国小城镇建设速度加快，有的小城镇由于人为的因素，使环境的构成或状态发生了变化，扰乱和破坏了生态系统以及人们的正常生活条件，称为环境污染。目前，环境污染主要是指废气、废水、废渣和噪声对大气、水体和土壤等的污染以及对人的直接或间接的危害。

1. 大气污染，其中对人类身体健康和动植物生长威胁最大的是粉尘、二氧化硫、一氧化碳、碳化氢、二氧化氮以及一些有毒重金属等。它们常常引起各种呼吸道疾病和肺癌，造成农作物减产，林木枯死，水果变质，牲畜死亡等。

粉尘主要来自燃料燃烧产生的废弃物。这些细小的微粒，被人吸到肺里以后，能够侵入肺细胞而沉积，甚至能进入血液送往全身，对人的健康有很大影响，造成支气管病增加，使人的死亡率增高。

二氧化硫是一种具有刺激性窒息气味的无色气体，由燃烧含硫的煤和石油时产生，长期接触可引起慢性结膜炎、鼻炎、咽炎及气管炎等。

一氧化碳就是人们常说的"煤气"，是一种无色无味的有毒气体，空气中含量浓度达到百万分之一时就会使人中毒，百分之一时就会使人在2分钟内死亡。

氮氧化物和碳氢化合物主要来自汽车和工厂烟囱排出的废气。它们经太阳光紫外线照射后产生的有毒气体叫光化学烟雾。这种气体有强烈的刺激作用，能使人眼睛红肿，喉咙疼痛，严重者呼吸困难、视力减退，头晕目眩，手足抽搐。

2. 水污染主要是工业废水和生活污水对水体的污染，污染物质一般分成三类。

第一类是有害的，如来自食品加工、制革、造纸、化工、酿酒厂的碳化合物、蛋白、油脂等，以及来自生活污水、化肥厂生产废水的氮、磷、硝酸盐类等。这些有机物和植物营养素大量排入气体，经生物化学作用使水体缺氧，水质变坏，影响鱼类和其他水生物的生存。

第二类是有毒的，如汞、铅、镉等重金属和有机氧、有机磷等，主要来自造纸、农药、化工、印刷、金属处理厂的废水，不经处理即排入农田和河渠，以致这些毒物积蓄于鱼、虾体内，人食用后将被致病或致死。

第三类是各种病原微生物（病毒、病菌）寄生虫等，它们来源于生活污水和制革、屠宰厂、医院等排放的废水，会直接侵入人体造成疾病。

3. 污染土壤的物质主要有重金属、有机盐、无机盐和病原微生物等，通过植物或其果实危害人类。这类污染持续时间长且难以消除。

4．噪声污染。噪声是干扰人类生活，而且使人感觉烦躁不安的声音，主要有工业噪声、交通噪声和生活噪声等。噪声轻则影响人的休息和工作、重则损害人的健康，甚至会导致听力衰退、神经衰弱、高血压、胃溃疡等多种疾病。噪声影响及控制标准可参照有关设计规范。

二、小城镇环境保护的管理要求

1．全面规划，合理布局。不要将有污染的工业和禽畜饲养场布置在小城镇水源地附近或村民稠密区内，而应安排在小城镇盛行风向的下风位或侧风位及河流的下游处，并要与住宅用地保持一定的卫生防护距离。医院要远离水源地，设在住宅用地的下风位。布置有污染的设施要有全局观点，不仅不要影响小城镇，而且注意不要污染周围小城镇。产生振动、噪声、电磁波辐射等有害物的生产项目应设置在远离小城镇居住用地或其间设置一定宽度的隔离地带。处于风景名胜区、自然保护区和其他特别保护地区的小城镇，不得建设可能污染环境的生产项目、服务设施和工程设施。对大气、水体和土壤等环境产生污染的生产项目应按环保原则进行规划处理。

2．建设可能产生"三废"的企业和设施，必须遵守有关环保法规，实行"三同时"政策，即生产设施、环保设施同时设计、同时施工、同时投产。

3．治理、调整措施。已建成投产而有污染的工厂和设施，要严格执行污水、废水排放标准，要制定并实施切实有效的治理措施；污染严重、治理困难的应坚决下马或转产或搬迁。

4．认真做好小城镇水源和水源地的保护。

5．搞好绿化，充分发挥其改善和保护环境的作用。

三、环境保护和环卫治理的具体措施

1．大力开展爱国卫生运动、大力宣传和贯彻环境保护的法规，制定并严格执行搞好环境卫生的镇规民约，增强居民的环保和环卫的意识，养成良好的卫生习惯。

2．以生活污水为主的小城镇污水，可用于农田灌溉，但其水质要符合《农田灌溉水质标准》，利用土壤的净化能力，达到处理污水的目的，也有利于节约水资源和发展农业生产；小城镇的污水还可利用氧化塘法进行处理。即利用池塘、水坑中的水草、藻类和微生物的吸收、分解、氧化作用，净化排入的污水。经试验，两公顷浅藻池可以处理2万人口的小城镇生活污水。

3．积极改进炉灶等生活设施，因地制宜地推广沼气、太阳能、风能和地热等新能源，发展液化气，以减少能源垃圾，消除烟尘对环境的污染。

4．发展集中或联片供热，取代低效污染重的小火炉和锅炉、既节约能源、又有利于防治环境污染、有利于环境卫生。水利资源丰富的地方、加速建设小水电站，解决生产、生活能源，也是减少污染、保护小城镇生产、生活环境的好办法。

5．水源卫生保护和污水处理设施的规划，应符合有关规定。

6．小城镇中的垃圾、粪便应定点收集、封闭运输、到小城镇外指定的地段。小城镇中的垃圾、粪便应采取高温堆肥、沼气发酵、倾倒填埋等无害化处理的方法进行处理后方能利用。粪便的处理应按现行的《粪便无害化卫生标准》规定执行。

7．小城镇中的广场、车站、码头、市场、主要街道等公共活动的地区应设置公厕。公厕间的距离、建筑面积、蹲位数量应根据实际需要设置，并保证良好的环境卫生。

第三章 小城镇规划建设管理体制与运作模式

第一节 小城镇规划建设管理机构与人员的设置

一、配置基本要求

1. 县、市级小城镇规划管理人员配置

对于县级的小城镇规划管理机构一般都在县、市建设局设规划股、村镇股，有的县、市设有规划管理局、规划国土局的规划股、村镇股设在其中。

2. 乡镇级的规划管理配置

乡镇政府的重要责任是把本镇规划建设管理好，主要领导要对本乡、镇规划建设管理负总责。小城镇日常规划建设管理工作由分管建设、规划的副镇长、副乡长具体负责。

各乡镇应设置城镇规划建设管理所或与土地管理所合署办公。具体的规划建设管理事务主要由乡镇助理员来完成。

二、乡镇建设助理员职责与素质

1. 岗位职责

乡镇建设助理员的岗位职责很多，各地、各乡镇要求也不尽相同，有的乡镇可以结合乡镇土地管理员的职责进行乡镇规划、土地利用管理工作。有的乡镇由于机构编制限制，可以采用规划管理所和土地管理所两块牌子一套人马的方式进行机构设置。对于乡镇规划建设管理的岗位职责，概括起来有以下几项，各项可根据具体情况增减完善。设有专管机构，由多人共同负责本乡镇的这项工作时，应当明确每个人的具体职责，以便于分工协作、共同完成任务。

（1）宣传。

贯彻《城市规划法》、《土地管理法》、《环境保护法》以及国家和本省、市区有关小城镇建设管理的方针、政策、法规，协助县级规划主管部门和镇政府制定和完善小城镇建设管理的具体实施办法等。

（2）参与编制本镇（乡）域的总体规划，参与和指导编制所辖各村的建设规划。在聘请专业技术部门承担这些任务时，也要责无旁贷地参与编制工作计划，调查资料，讨论方案，编写说明等，以利于规划的实施，同时他有利于自身业务水平的提高。

（3）负责编制和实施小城镇建设年度计划，包括计划工程量投资估算、建设项目的选址定点，公建项目的建筑设计施工管理、竣工验收和分配上级部门调拨的农房建材等。

（4）认真组织各项小城镇建设用地及小城镇规划区范围内农民宅基用地的申报、查验工作，包括审查、汇总报送各地用地（含宅基地）的申请；核发宅基地使用证和建设施工许可证；负责农宅及各类建设的放线、验线；负责农房及各类工程的建设质量监督和检验；解决小城镇违章建房，不合理使用宅基地及有关宅基、土地纠纷等；协助上级部门完成国家建设征用土地工作。

（5）负责指导村级建设助理员的工作，在小城镇、集镇建设中推广和使用新材料、新技术、新方法并宣传和贯彻本镇（乡）规划的有关内容。

（6）认真做好小城镇建设管理费的征收和使用，并接受财务、物价部门的检查和监督。

（7）认真贯彻环境保护的三十二字方针，即"全面规划、合理布局、综合利用、化害为利、依靠群众、大家动手、保护环境、造福人民"。坚决执行小城镇建设、经济建设和环境建设"三同步"原则，切实管理、保护好小城镇镇域范围的自然生态环境。

（8）了解和掌握小城镇辖区内各项建设进展情况，做好小城镇建设统计工作，按时填写并上报小城镇建设统计报表，完成小城镇建设基础资料，规划设计施工资料，有关文件、图片等的搜集、整理和存档工作。

（9）贯彻执行建设部关于加强县建筑设计、施工管理和安全生产的《三个暂行规定》，抓好建设项目的管理、督促建设单位和施工单位严格执行基本建设程序，杜绝各类事故的发生。保护测量标志，确保国家和小城镇的各种测量标志不受破坏。

2. 业务素质要求

（1）具备小城镇规划知识。乡镇建设助理员，首先应该是小城镇规划工作者，不懂规划，就不能很好地组织建设和管理，要了解和掌握小城镇规划的基本知识和基本技能，应向"四才一会"方向发展，即"全才"，全局之才，对小城镇各方面情况、建设发展的全局、各个集镇村庄的经济社会，地理气候、工商文卫、风土人情、传说典故等各个方面都应有所了解；"文才"，是说编制规划，制订计划，总结工作，都需要动笔写文章、就是要具备写作能力；"图才"，指具备一定的绘图能力，是完成工作所必须的，即便不编制规划，就是日常的管理工作、也要经常绘制一些简单的方案和草图，没有一定的绘图能力难以胜任工作；"口才"，在宣传规划、汇报方案、解决纠纷，都需要思路清晰，表达准确、也就是要具备一定的"口才"才行。"一会"是指适应新技术、新手段的发展需要，应逐步学会使用电脑等新设备。

（2）具备建筑和市政工程建设、施工的基本知识。无论是编制规划，制订计划，组织实施，还是为村民建房出主意、当参谋，都要求了解建筑的功能、结构、构造、材料和色彩，要求对道路、给水、排水工程的施工程序和方法等有所了解和掌握。

（3）具备简单的工程预决算和一定的工程质量监督检查的知识和能力。

（4）具备小城镇统计，档案管理的知识和能力。

（5）具备地形图测绘、工程和水文地质勘测方面的基本知识，掌握常用测绘仪器的操作原理和使用方法，也要具备一些自然气候、社会、经济、法律等方面的知识。

3. 职业道德

职业道德是从事一定职业的人们在其特定的工作中或者劳动中的行为规范的总和，又带有具体职业和行业活动的特征。

小城镇建设管理工作涉及的内容多、范围广，严格遵守职业道德，认真负责地为村民服务是每一位乡镇建设助理员所应坚持的基本行为准则。具体地讲，要做好以下几个方面的工作：

（1）认真贯彻执行党和国家关于小城镇建设的方针、政策、法规和条例等。要敢于坚持原则、敢于纠正违法乱纪、违反小城镇规划的行为和做法。

（2）工作中要时时想着国家和全局的利益、时时想着方便小城镇居民、廉洁奉公、决不滥用职权、不利用工作之便牟取私利。

（3）热爱本职工作，勤奋、好学、上进，努力钻研专业知识，不断提高业务工作能力和管理水平。

（4）培养深入扎实、吃苦耐劳、兢兢业业的工作作风。小城镇建设工作量大面广、涉及千家万户、经常遇到各种不同的人和事，缺乏耐心，不能吃苦、就可能把工作干糟。

（5）无论小城镇规划还是建设管理，都是多人合作、依靠集体的智慧才能完成，因此，小城镇建设助理员还要心胸开阔、能够团结众人一道工作，博采众长，对于工作实事求是、对于前进方向有远见卓识、才能使工作越干越圆满，事业越来越红火。

第二节　实施小城镇规划建设的运作模式

一、城镇建设的运作模式

小城镇规划建设，有三种建设模式，镇政府需结合本地的实际情况确定本镇建设实施的具体模式。

1. 旧城镇改造模式

小城镇的建设以对老镇区进行更新改造为主。该模式的优点是利用原有镇区多年形成的城市基础设施，延续小城镇文脉，节约国有土地。其缺点是旧镇区改造范围内拆迁难度较大，需做大量的耐心细致的群众工作；除投入建设资金外，还需在前期投入较大的补偿资金。

2. 新城镇建设模式

小城镇的建设抛离原有的老镇区，另规划新镇区进行建设。该模式的优点是利于保障镇区规划功能合理，路网通畅整齐，无需大量的拆迁工作，建设实施易于组织。其缺点是占地相对较大，对旧镇区基础设施利用较小，短时间内不易形成有传统文化的城镇社区人居生活环境。

3. 旧城镇改建与新区开发相结合模式

小城镇的建设既依托老镇区，又结合规划的新镇区来拓展空间，同时建设。该模式的优点是既利用原有镇区多年形成的城市基础设施，延续小城镇文脉，节约国有土地；又规划功能合理，体现时代特色，节约建设资金，统一规划，分步实施，量力而行，逐年发展，具有更好的可操作性。不具有相当历史文化价值或特殊资金来源的小城镇建设宜采用此种方式。

二、更新建设资金的筹措方式

目前，存在着小城镇建设资金的大量需求与资金来源严重匮乏之间的矛盾，这是困扰和束缚小城镇更新改造建设步伐的主要原因，因而要加快小城镇更新进程，提高小城镇建设水平，就要有更新建设资金筹措方式。

1. 资金筹措方式

在小城镇基础设施建设中，可通过"建造（Build）——运营（Operate）——转让（Transfer）"即 BOT 的机制，由小城镇政府或由小城镇所在市、县人民政府向某一投资公司授予开发、运营、管理和商业运作的特许权，然后由投资方负责全部投资并进行运营，投资运营的项目可以是自来水厂、污水处理厂、地下管网和小城镇道路等基础设施项目，也可以是社会服务设施的公建项目。投资方通过对这些项目的运营来偿还债务并取得效益。协议期满后，再将该项目产权移交给地方政府。镇政府既可减少投资，投资企业又可盈利。这是双赢的项目操作方式，对社会资金有很大的吸引力。较大的基础设施投资项目可以采取招投标方式。

2. 旧镇区改造资金社会化的操作方式

在小城镇旧镇区改造建设中，可首先建立有针对性的项目开发公司，由公司作为开发主体运作，向全社会集资。政府、企业、个人均可以以资金入股形式参加该项目的开发。像这样风险共担、利益共享，以减少小城镇城旧城改造项目单方面由政府投资建设的风险；同时资金运作走向市场化减少中间环节以及不必要的资金浪费，再加上追求利益最大化的各种市场开发行为，将会使小城镇开发建设有更多的经济利益回报。

在小城镇改造过程中，金融机构可针对该投资项目，建立为民间投资项目融资服务的信用担保机构，同时市、县级政府也可以给予必要的支持，共同带动小城镇的旧城改造工作。

对小城镇中开发的商业、居住、办公等项目在规划图纸上就分期分批地向社会进行公开发售，以筹集旧城改造的搬迁费用及建设工程的启动资金。等待资金到位启动后，整个旧城改造工程就可以不断地滚动开发。

3. 较为规范的几种投融资方式

鼓励民营企业发起设立股份有限公司或有限责任公司，吸引社会法人、基金、自然人等入股，筹措企业的资本金。鼓励和帮助民营企业利用国外政府贷款，组织民间投资项目招商引资。要大力推广项目融资或项目经营权有偿转让投资方式，鼓励民间资本采用：

BOT（建设——运营——移交）

BTO（建设——转让——运营）

TOT（转让——运营——移交）

BOO（建设——拥有——运营）

PPPS（国家私人合营公司）

还可以采用债券投资、基金投资等投资方式，参与基础设施和社会事业建设，以推动民间投资形式多样化，拓宽民间投资融资渠道。

目前小城镇建设实施可操作性较强的几种资金运作模式有：（1）股份制融资模式；（2）以地生财、以财建镇模式；（3）政府全盘投入模式。

第六篇

规划管理信息化篇

第一章 规划管理信息化

第一节 规划建设与管理信息化的基本内容

城镇规划建设与管理信息化，就是利用日益发展、功能强大的计算机信息存储、计算、查询、输出技术，在城镇规划设计、城镇建设管理与规划办公室工作等方面实现计算机化。这种计算机化就是利用计算机存储信息资料以及它所具有的易于交互使用、易于随时更新等特点，把城镇规划与建设管理的大量基础资料，包括基础图纸、图表以及文字资料信息化，可以极大地提高信息调用、打印输出的工作效率，这是城镇规划建设与管理现代化的根本任务。城镇规划设计与管理现代化的基本内容：包括规划办公室现代化、计算机辅助设计（辅助城市规划设计）以及计算机辅助城镇建设管理三大部分。

规划建设管理现代化的必备硬件设备包括：计算机、扫描仪和数字化仪（数据录入设备）以及打印机（数据输出设备）等。相关的软件是运用这些硬件的前提条件。规划设计与管理人员要正确使用这些硬件与软件，除了具备城镇规划建设的专业基础外，还必须了解计算机基本知识、掌握计算机辅助设计的基本内容，同时必须熟悉小城镇规划建设的主要任务、内容和程序要求，能够在收集与录入基础资料、建立标准化信息系统过程中综合利用信息库资料、能动地反馈城镇现状变化状况，为规划建设与管理的决策者提供详实的第一手资料与依据。这是小城镇规划建设与管理现代化对规划设计与管理人员知识结构提出的要求。

计算机技术作为信息化、高效率的辅助工具已经在各行各业显示出强大的生命力。以计算机技术为基础的规划设计与建设管理的现代化是小城镇自身发展的要求。所以，全面推进我国小城镇规划设计与建设管理的现代化，对城乡经济的发展具有重大意义。

一、规划办公室现代化

城镇规划办公室现代化就是在办公室现代化的基础上，把城镇规划建设的有关办公室管理全面实行计算机化。除解决文字、表格的处理工作外，主要是对城镇规划建设的日常决策、决定以及实施进度、问题和解决方案等以书面或图文形式作出快速、规范化的信息反应。

二、规划设计现代化——计算机辅助设计

像打字、计算机图表编制与重复利用的功能一样，"计算机辅助设计"是应用计算机及其图形输入、输出设备，实现图形显示、辅助设计的一门科学。在这里，图形的输入、输出就像文字输入与输出的功能一样，利用计算机完成其繁琐的重复制作劳动。办公室现

代化以文字加工、图表制作为基础，而计算机辅助设计则以图形学、应用数学及计算机科学为基础。

计算机辅助设计的英文原名为：COMPUTER AIDED DESIGN，缩写为 CAD，在近三十年的发展中，计算机辅助设计已渗透到设计行业的各个领域，许多重复性、工作量庞大的繁琐计算与单调的绘图等工作都由计算机完成，大大提高了工作效率。在现代社会中，工程图是一种工程界的语言，例如规划管理人员利用规划图纸进行城市建设管理；建筑师利用建筑图纸让别人理解他的设计意图，指挥建筑施工；产品设计图是工厂中进行生产的技术依据等等。

绘图是十分重要的环节。一项工程的设计常常涉及大量的数据和资料。比如，一项规划设计方案，就需要地形、地质、水文、人口分布、国家规范和技术资料等大量信息，而用来表示这组设计的图纸和文档则可能有千百张以上。此外，完成一项设计任务要经历资料查询、分析、计算、交互作图等多个环节。每个环节常常需要反复地比较、修改，直至各个方面都趋于完善为止。但是，工程图、设计图纸的绘制是极其烦琐的，不但要求画得相当精确，而且一发现有错误，通常都要重画一遍，因此手工绘图的效率是相当低的。为解决绘图工作量大、重复次数和修改次数多、图纸要求精确等问题，计算机图形学研究应运而生。

计算机图形学是研究利用计算机来处理图形的原理、方法和技术的学科。计算机图形学已成为各个应用领域中不可缺少的技术，图形的处理包括：图形生成、图形描述、图形存储、图形变换、图形绘制、图形输出等等，成为图像处理、模式识别、多媒体技术、计算机辅助设计等各个学科的技术基础。为人们提供了一种行之有效、越来越方便、功能也日益完善的绘图工具和手段。当今计算机图形学已成为各个应用领域中不可缺少的技术。

计算机辅助设计中的计算机系统，越来越多地采用微型计算机或微型处理机，形成带有内部智能的新一代机器。局部管理的应用，将大大推动自动化的发展，对软件系统提供更大灵活性，形成设计、管理、施工一体化。计算机辅助设计在这方面的发展趋势为：

实现多级计算机控制，即对各个层次分别由各级计算机控制。如某一层次有许多小型计算机，对不同功能进行服务，对这些小型计算机的处理，将由中级计算机来加以控制，中级计算机由其上一级的高级计算机（即中央控制机）来调控，由它协调各部门的活动。这一发展趋势基于多行业协作与部门管理的现代化发展对计算机发展的需求。

随着通信、微处理机及应用软件的发展，CAD 系统使得通信技术将人、计算机之间可以在更大范围内交换信息。例如使设计者和操作者在远离中央控制机的终端上进行计算和通信，以提供所需的图形。

三、规划管理现代化

结合小城镇规划与建设管理的要求，规划管理现代化的内容包括：

1．小城镇规划编制的审批管理。

2．"二证一书"、"一证一书"的规划审批管理。

3．小城镇的土地使用制度与管理。

4．小城镇房屋产权的管理及房屋拆迁安置办法。

5．小城镇基础设施建设的基本建设程序管理。

6．园林、绿化、环境保护，可持续发展战略的实施办法。

7．小城镇城市化产业调整的控制引导与从业人口构成管理等。

计算机辅助城镇规划建设管理的实质是城市规划建设的信息管理。城镇规划与城镇建设中，将城镇地理信息、现有建筑物、构筑物、地下管线系统、现有道路系统以及规划、建设、改建等大量资料建立系统化的信息库，使各种信息数字化、标准化和计算机化，达到统一管理、信息共享、降低成本、提高效益的管理目标。

城镇规划建设管理现代化的中心内容是基础资料库的建立，内容包括：城市总体规划与修建性详细规划各个方面的数据。在小城镇，控制性详细规划的管理是关键，即按照城镇总体规划的土地利用要求，从土地利用性质、开发强度、环境质量要求等方面实施全方位计算机管理。从基础资料的数量上看，小城镇规划建设管理现代化的内容范围包含了城市总体规划的方方面面，但从管理深度和管理内容看却比大、中城市要简单得多，实施可能性也要大得多。

国内小城镇的规划建设与管理总体讲远远低于大、中城市的发展水平，且地区发展很不平衡。沿海发达地区已经有相当部分城镇实现计算机管理或已经采用城市地理信息系统进行城镇规划建设的管理，而在西部地区，大多数地区的城镇规划与建设管理部门尚未实现办公室现代化。

在大、中城市的规划建设管理中，地理信息系统（GIS）提供了良好的工作平台。城市地理信息系统作为一种处理空间数据的综合技术，涉及多项应用科学，如遥感技术、摄影测量、制图学、大地测量、环境科学、区域科学、规划和地理学等相当广泛的学科和应用技术。其特殊功能是，为某一特大型工程项目的决策分析、区域空间发展预测、城市人口等进行动态发展分析研究等，在大、中城市的规划建设管理中发挥重大作用。

由于城市地理信息系统对计算机管理与操作人员专业知识要求较高，将该系统纳入小城镇规划建设管理范围有一定难度，但是，这一领域的相关知识是小城镇规划管理人员的必修课程之一。在小城镇规划设计与建设管理中，基于 AutoCAD 的数据库建立以及建设管理系统的利用，已经可以在一定程度上满足规划建设现代化的基本要求。

第二节　现代化规划设计管理的必备硬件

一、资料及图形输入设备

常用的文字、图形输入设备包括：键盘、触摸屏装置、图形输入板、鼠标、自动扫描仪等。

1．触摸屏——触摸屏是利用摸感技术制成的屏幕，能对用户的手指在显示器某一位置的接触及运用作出响应的装置。

2．数字化仪——利用电磁诱导、静电诱导技术，把触笔或指示器在平板上的位置信息传给计算机，给显示屏上的光标定位。

3．鼠标——手握式的形如鼠状的塑料盒滚动装置，用户通过在平面上移动鼠标来控制显示器上的光标位置。鼠标器有机械式和光电式之分。

4．图形扫描仪——是近几年来推出的一种自动的图形输入装置，利用光学扫描原理，以 2 万条光纤排列成图纸幅面宽的光源及接受阵列，能对已有图形自动地进行高精度的扫描。

5. 数码摄影设备——包括数码相机与数码摄影机，利用照相机与录像机技术，将被摄影对象数字化，可以直接在计算机内调用、编辑与修改。数码摄影设备的出现简化了被输入图像必须经过摄影、成像再扫描输入的间接输入过程。

二、资料及图形输出设备

常用的图形输出设备主要有打印机、绘图仪。

1. 打印机——打印机既是计算机系统常规的文本输出设备，又是最廉价的图形输出设备。当前打印机主要分为撞击式打印机、喷墨打印机、激光打印机等。

2. 绘图仪——绘图仪的规格品种很多，最常用的有笔式绘图仪、喷墨式绘图仪、热传导绘图仪以及静电式和激光式绘图仪。

常见的笔式绘图仪有滚筒式绘图仪和平板式绘图仪两类。静电式绘图仪是打印机和绘图仪的结合，其运动部分很少，除供纸和调色机械盒是机械运动外，其余都是电子线路。输出图形的明暗度明显。喷墨式绘图仪是将图纸紧绷在一个快速旋转的滚筒上，喷水墨头则缓慢地沿着导轨从滚筒一端移动到另一端。喷墨绘图仪的突出优点是可输出美丽的彩色图。这类绘图仪价格适中，速度快，易于掌握，广泛应用于工程设计行业。

三、资料、图形存储设备

CAD 系统在工作中要进行大量图形、数据、文字的信息处理，尤其是图形在系统内还要转化为数据和字符的几何信息。所以系统对存储设备的要求很高，一是存储量要大，二是存储速度要快。CAD 系统中常用的图形、信息存储设备的发展是储量大、体积小，便于携带。

计算机配置的数据指标取决于两个方面，不同的工作内容要求以及使用某种软件的最低配置要求。在购买计算机时，一般应满足基本的配置指标和基本硬件。这里推荐适合小城镇规划设计与建设管理现代化的基本配置指标与硬件要求。

1. 计算机 CPU（中央处理器）：类型如 Pentium、RISC 芯片等，版本越新性能越好。目前，Pentium 系列已经出现了 686 版本。由于计算机技术发展迅速，建议采用较高性能版本。

2. 主频：100MHz、300MHz、400MHz 等，主频越高处理速度越快。

3. 内存大小：如 64MB、128MB，内存越大性能越好。

4. 硬盘大小：如 10GB、20GB、40GB 及 60GB 等，越大则存贮容量越大。

5. 图形处理内存：如 64MB、128MB 等，内存越大，图形处理速度越快，计算机性能越好。

6. 扫描仪：扫描幅面有 A0、A1、A2、A3、A4 等，分辨率通常为 4000～1000DPI。专用扫描仪扫描精度为 14～56μm。

7. 绘图仪：如激光绘图仪、喷墨绘图仪等，幅面一般选用 A3 以上。绘图精度在 3000～700DPI 以上，多选用彩色绘图仪。

8. 光盘机：有只读光盘（CD-ROM）机与可读写光盘机。在光盘技术发展初期，光盘机独立设置于计算机以外。只读光盘机和可读写光盘机可以是外部设备或内部设备。目前，用于光盘录制的可读写光盘机都可被作为只读光盘驱动器。可读写光盘机的性能指标是刻录速度，如 4 倍速（600 KB/s）、8 倍速（1200 KB/s）和 12 倍速（2400 KB/s）。刻录机的速度会随着光盘录制的技术的发展继续提高。

操作上与大家熟悉的硬盘和软盘相比较，可读写光盘机的一个特点是在刻录时，需要平稳的数据传送。所有的刻录机都有一个叫高速缓存的缓冲内存。在刻录时，高速缓存保存一定数量的要被写入光盘的数据。整个刻录过程中，高速缓存不能被耗尽。必须有一个平稳的既不慢又不快的数据流，匀速地从计算机（内存或硬盘）流到刻录机的高速缓存。要有这样一个数据传送，可能需要一个强大的计算机作为它的数据来源，如具有 486/33 的个人计算机或更高机种。

9. 其他设备：如打印机、鼠标、光笔等。

如果上述计算机配置必须考虑满足区域、部门或者家庭网络的要求，则应该具有的基本配置应增加如下内容：

10. 计算机总线：速度越来越高。

11. 网卡：如 10Base-T、100Base-T，数值越大，传输速率越大。

12. 电缆：如粗、细缆、同轴电缆、双绞线、光纤等，传输速率越高性能越好。

第三节　规划建设与管理现代化的计算机软硬件及兼容性

计算机硬件与软件是计算机辅助设计以及辅助城市建设管理的物质基础。由于使用程序不同，城镇规划及建设管理中的硬件、软件要求不尽相同。硬件必须保证信息交互式输入、存储、调用、展示和输出，它的输出形式包括：图形、文字、图表或声像形式等，所以，硬件即我们所接触的与计算机有关的"设备"组成部分。近几年来，计算机硬件的发展呈现突飞猛进的势头。

计算机软件是计算机辅助设计的首要部分，它的发展比硬件更加艰难。软件开发除了要实现本专业的各种计算、处理以外，还要开发大量的数据管理、格式控制、图形界面等方面的程序模块或子系统。对城市规划设计与建设管理而言，必须具有城市规划设计行业的基本功能，同时必须在建设管理层面具备本行业特点与要求。随着计算机在各个领域中应用水平的提高，许多应用软件的功能要求越来越强，程序的规模和复杂性也随之增加，在应用软件中开发这些模块或子系统的工作量往往超过专业本身的开发工作量。

一、计算机辅助设计的软件

计算机辅助设计是计算机应用中最复杂的问题之一，不同目的不同专业领域的 CAD 内容是千差万别的，但是大多数 CAD 系统的交互方式，图形操作以及数据管理等又有很多共同之处。对这些共同之处加以分析、归纳后开发而成的通用软件，就是 CAD 系统的支撑软件。事实上，一个 CAD 系统的功能和效率在很大程度上取决于支撑软件的性能。所以，支撑软件（Support Software）概念的实质，就是为应用软件的开发者提供一系列服务的开发工具，从而减少软件开发工作量，缩短开发周期，也使应用软件更易于修改与维护。

CAD 支撑软件需要包括如下几方面内容：

1. 基本图形元素生成程序；

2. 图形编辑功能程序；

3. 用户接口;

4. 三维几何造型系统;

5. 数据库及其管理系统;

6. 网络通信系统;

7. 汉字处理系统。

对于一个专业领域性的系统软件，除了必须满足上述基本需求外，结合本领域与行业的实际进行二次开发，是充分利用 CAD 系统的关键。同样道理，某一管理机构或规划设计企业，针对本机构的规范管理模式或规范设计内容，在领域性系统软件的基础上进一步开发，即用户自身的开发，又是充分利用专业领域性系统软件的关键。计算机辅助设计的基本软件提供了这种可能。针对城镇建设的基本软件之最基本功能要求，起码应具有下述功能:

1. 设计对象分析与计算;

2. 对描述设计对象的所有信息进行统一存储、管理;

3. 根据设计要求绘制工程图纸;

4. 能对设计结果进行各种统计、报表与图形输出。

城镇规划与建设管理可以在不同的规划层面上使用不同的计算机软件，但到目前为止的计算机辅助城市规划建设管理中最全面和最具发展前途的仍首推"城市地理信息系统"。

城市地理信息系统在城市规划管理中的优势是进行区域与空间发展的预测、城市未来发展预测、辅助大型项目定点等。小城镇规划建设管理中，这种管理成分很低，所以，使用 AutoCAD 建立数据库，并且从小城镇规划的总体规划、控制性详细规划、修建性详细规划、旧城改造规划、工程管线规划建设等方面实施现代化管理，能基本达到对城镇建设各个领域的管理操作，与"城市地理信息系统"（GIS）在大城市中的管理能力有基本相同的作用。由于 AutoCAD 建立数据库以及计算机建设管理实施的成本大大低于城市地理信息系统，所以，小城镇规划建设管理中应该以建立 AutoCAD 数据库实施管理为主。

二、城市地理信息系统的软件系统

城市建设管理信息系统的软硬件环境由 GIS 软件、应用软件和计算机系统软件构成。软件系统的选型配置同样要根据城市需求、规模大小、经费和技术力量状况、未来发展综合考虑。其中:

1. 地理信息系统应用软件:指在 GIS 上经过二次开发的，面向用户和面向应用的软件。只有二次开发做得好的系统才会是一个成功的实用的系统。

2. 地理信息系统基础软件:提供给用户进行二次开发的 GIS 基础平台。它还应该包括:高级语言、编译系统和数据库管理系统。

3. 数据库及网络管理系统:包括 GIS 外挂数据库系统和支持集中与分布环境的网络管理系统。

4. 计算机操作系统:是计算机系统的基本管理运行环境，如 DOS、Windows 9X、Windows NT、UNIX 等，目前，Windows 系列的最新版本 Windows XP、Windows 2000已经面世。在软件系统中最重要的选择是地理信息系统基础软件。

软件的选择应从以下几方面考虑：

1．软件的适应性与完备性：适应性指对用户目标的适应能力，用户根据需求选择操作系统、开发语言环境、数据库软件。用户选择软件应考虑系统的数字化能力、影像处理能力、有无数据库管理功能、通用分析功能如何、制图能力、软件接口种类和数量、系统管理能力等。完备性指软件功能齐全、数据与模型处理的正确性、数据结构、图形分析、数字影像分析、标准支持、输入输出驱动等是否齐全。

2．与硬件的兼容性：指软件系统对不同类型和不同档次计算机及外围设备的通用性。技术发展趋势是采用开放的操作系统，开放的数据库、开放的网络软件、开放的 GIS 、开放的应用软件，通过开放的软件提供硬件之间的接口能力。

3．与其他软件的接口能力：指软件产品之间共享、产品格式互相转换、软件之间互相连接和互相支持的能力。要求 GIS 有运行于不同环境的多种版本，并采用通用标准。

4．模型化能力：指所具有的对实现世界和用户需求用数字模型方式和方法、描述某些因素的特征、解释某些现象的性态、预测将来发展趋势、方案优化及辅助决策的能力。

5．可供用户用以进行灵活，方便、多种的二次开发语言环境，丰富和直接调用函数或专用的二次开发模块，良好的再开发组建实用系统或实用模型的能力。二次开发能力：指提供好的应用程序接口。

6．用户界面的友好性：包括：用户界面简洁、美观，提供帮助（help）信息；提供系统命令提示功能或图标菜单；提供系统错误检验能力；提供系统命令行处理能力；提供系统菜单；提供系统处理方式等。

7．汉字处理能力：包括：界面菜单的汉化；汉字库的支持；汉字与西文切换能力、汉字处理功能等。

三、计算机硬件与软件的兼容性

硬件与软件兼容性直观地说指软件系统所支持硬件的能力，或者说硬件系统能运行软件系统的数量。应选择兼容性好的计算机系统。

计算机的硬件兼容性指的是计算机及其外围设备的可连接性、共享性和通用性。现代计算机及设备的生产大多按工业标准生产。同样采用工业标准但不同厂家的产品大都存在差异，硬件兼容性应特别注意这种差别。

由于现代计算机大多按工业标准生产，过去被人们关注的一些性能指标如硬件接口、网络性能等已经不成其为问题，系统设计者今天所关注的是如何设计好配置方案，选择相适应的硬件系统。

无论采用何种软件系统，对任何城市建设与规划管理而言，以计算机为核心的城市建设系统可以划分为四个部分：计算机硬件、软件、数据和系统的组织管理与服务。系统的硬件和软件构成城市建设信息系统的物质基础。由于 AutoCAD 数据库的建立以及计算机建设管理在硬件、软件环境要求均低于城市地理信息系统，所以在此重点介绍城市地理信息系统的软件环境。

这里以满足城市地理信息系统要求的硬件环境为原则，硬件系统的选型配置根据地理信息系统的组成和城市管理规模和目标进行。硬件包括：图形输入、输出设备、数据存贮和处理设备及相关辅助设备等，在利用 AutoCAD 进行计算机建设管理时，其硬件配置要求远远低于城市地理信息系统的环境要求。

城市地理信息系统的环境要求为：

1.数据输入设备：数字化仪、扫描仪、数字摄影测量系统、专用高精度影像扫描仪等，用于系统数据输入。

2.数据输出设备：图形终端、绘图仪、打印机、拷贝机等，满足不同需要的输出。

3.存贮设备：磁带机、光盘库、大容量硬盘等，用于城市大量数据的存贮。

4.网络设备：网卡、电缆线、路由器等网络设备。

第二章　计算机辅助设计管理基础

第一节　计算机基础知识——关于 Windows

一、Windows 系统运行环境

安装、使用任何一个版本的 Microsoft；Windows 之前，必须确认计算机满足该版本的最小系统要求。以 Windows 98 为例，系统要求具有 486DX，66MHz 或更高的处理器、足够的内存（内存越多性能越好）和硬盘空间。安装期间所选择的安装方法和选项不同，所需的硬盘空间总量也不相同。全新安装时，系统需要的硬盘空间通常为 300～400MB。同时，需要 VGA 或分辨率更高的监视器、CD-ROM 或 DVD-ROM 驱动器以及 Microsoft 鼠标或兼容的定点设备。对于 Internet 访问，还需要调制解调器。对于声音，需要声卡和扬声器或耳机或通用串行总线（USB）扬声器（要求计算机支持 USB）。对于 DVD 视频，则需要 DVD-ROM 驱动器和兼容的 DVD 解码卡或（DVD 解码软件）。

要运行安装程序，需要有 Windows 98 光盘或者能访问 Windows 98 文件的网络。还需要一张空的 3.5 寸高密盘，以便制作启动盘。

启动 Windows 98 之后，首先出现的就是桌面，即屏幕工作区。桌面好比个性化的工作间。桌面左边是一些图标，即小图片。每个图标分别代表一个对象，如文件夹或程序。用户桌面上的图标与计算机的设置有关（图 6-2-1-1）。

图 6-2-1-1

二、浏览计算机

浏览计算机，即查看计算机的内容。浏览计算机的目的很多，如查看硬盘内容、查看网络驱动器内容、查看 CD-ROM 驱动器中的光盘内容、可用于修改计算机设置的工具、设置打印机，查看最新打印机信息和打印作业状态、计划或查看计算机维护任务、查看文件夹内容等。如果计算机连接了某个 Web 服务器，则查看 Web 服务器上的文件和文件夹。

浏览计算机的方法很多。例如，用"我的电脑"或"Windows 资源管理器"都可以查看计算机内容。这两种浏览工具很容易找到，"我的电脑"可以从桌面上打开，"Windows 资源管理器"可从"开始"菜单中打开。

1. 用"我的电脑"浏览计算机时，主要查看单个文件夹或驱动器上的内容。双击桌面上的"我的电脑"，将在一个新窗口中显示有效的驱动器。双击驱动器图标，窗口将显示驱动器上包含的文件夹。双击文件夹可看到其中包含的文件。

在"我的电脑"查看硬盘，窗口中可显示下列图标（图 6-2-1-2）。

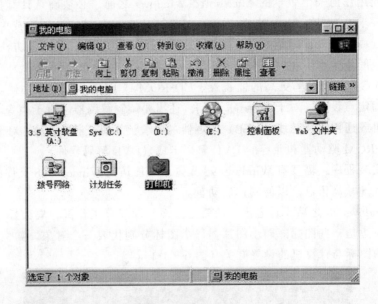

图 6-2-1-2

使用"我的电脑"浏览计算机的步骤是：在桌面上双击"我的电脑"，显示出"我的电脑"窗口。双击要查看的硬盘的图标。此时将显示硬盘窗口，同时显示硬盘中的内容。

2. 用任务栏与"开始"按钮查看计算机内容。

使用任务栏和"开始"按钮可以方便地浏览计算机内容。无论打开多少窗口，这两个功能在桌面上总是随时可用。任务栏中的按钮显示已打开的窗口，包括被最小化或隐藏在其他窗口下的窗口。单击任务栏上的按钮，可在不同窗口之间进行切换。

用"开始"按钮几乎可以完成所有的任务。可以启动程序、打开文档、自定义桌面、寻求帮助、搜索计算机中的项目等等。"开始"按钮上某些命令的右边有右箭头，表明该命令有下级菜单。若将鼠标放到有右箭头的项目上，就会出现下级菜单。因为每个计算机的设置不同，所以您的计算机上的"开始"菜单可能与下图稍有不同（图 6-2-1-3）。

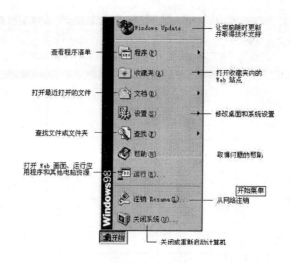

图 6-2-1-3

使用"开始"按钮浏览计算机内容时的方法是：单击"开始"按钮，出现"开始"菜单；单击要打开的项目，指向带右箭头的项目可打开下级菜单。

三、使用 Windows 教程——Windows 入门

任何版本的 Windows 系统均配备相应的教程，这类知识可以通过认真阅读教程获得。各种版本的《Windows 入门》向用户介绍该版本的性能、特点以及使用方法，并帮助用户迅速安装和运行操作系统。除了介绍如何安装 Windows 的版本外，还介绍了如何使用桌面以及如何查找该系统的新增功能。对某些高级问题，包括：如何联网，如何查找常见问题提供答案等等。所以，无论您是否熟悉 Windows 98 操作系统，都可以在"入门"中找到有用的信息。有多种浏览本书的方法：可以从头到尾阅读本书，也可以使用各章开头的提纲来查找想要的主题，甚至可以通过查找索引中的各子项直接找到需要的信息。

第二节　熟悉 AutoCAD 的基本操作——以 AutoCAD 2000 为例

一、AutoCAD 窗口的基本内容

窗口是用户的设计工作空间，它包括用于设计和接收设计信息的基本组件，启动 AutoCAD 时出现窗口的主要内容包括：菜单、工具栏、命令行、状态栏以及绘图区等。图 6-2-2-1 所示显示了 AutoCAD 窗口的一些主要部分。

AutoCAD 窗口示意（图 6-2-2-1）：菜单栏：采用级联的方法，菜单栏显示出级联的子菜单，它包括该命令的其他选项或一组相关的命令。菜单栏包含缺省 AutoCAD 菜单，由菜单文件定义。用户可以根据需要修改或设计自己的菜单文件。此外，安装第三方应用程序会使菜单或菜单命令增加。

工具栏：AutoCAD 的标准菜单共提供了 24 个工具栏，以方便用户访问常用的命令、设置和模式。第一次打开 AutoCAD 时，窗口显示未经用户改变的工具栏内容：标准工具栏、对象特性工具栏和绘制、修改工具栏。标准工具栏包括常用的 AutoCAD 工具（例如"重画"、"放弃"和"缩放"），和一些属于 Microsoft Office 标准工具（例如"打开"、"保

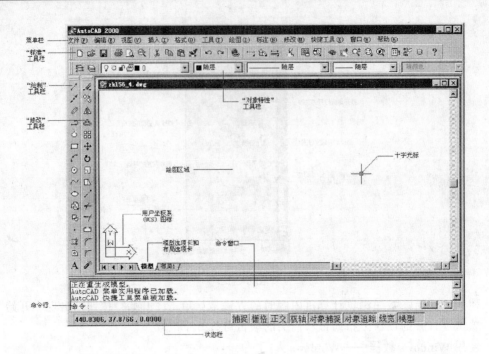

图 6-2-2-1

存"、"打印"和"拼写检查")。对象特性工具栏设置对象特性（例如颜色、线型、线宽），管理图层。绘制和修改工具栏位于窗口左边，是常用的绘制和修改命令。所有工具栏使用工具可以按照需要调用、移动、打开或关闭。

右下角带有小黑三角的工具按钮可弹出图标。弹出图标包含了若干工具，这些工具可以调用与第一个按钮有关的命令。单击第一个按钮并按住拾取键，可以显示弹出图标。

图形文件图标：代表 AutoCAD 中的图形文件。图形文件图标还显示于对话框的某些选项附近。这些选项将随当前图形一起保存且只对当前图形有效。

绘图区：又称文本窗口，是组成 AutoCAD 界面的主要部分，显示、创建图形的区域。根据窗口大小和显示的其他组件（例如工具栏和对话框）数目，绘图区域的大小将有所不同。AutoCAD 2000 可以同时打开多个图形。

十字线、拾取框和光标：在绘图区域标识拾取点和绘图点。十字光标由定点设备（鼠标）控制。如果将十字光标移出绘图区，光标即变成几种标准的窗口指针之一，如移动到工具栏或状态栏上时，光标将变成窗口箭头。

用户坐标系（UCS）图标：显示图形的方向。AutoCAD 图形是在不可见的栅格或坐标系中绘制的。坐标系以 X、Y 和 Z 坐标（对于三维图形）为基础。AutoCAD 有一个固定的世界坐标系（WCS）和一个活动的用户坐标系（UCS）。查看显示在绘图区域左下角的 UCS 图标，可以了解 UCS 的位置和方向。

模型/布局选项卡：在模型（图形）空间和图纸（布局）空间来回切换。一般情况下，先在模型空间创建设计，然后创建布局以绘制和打印图纸空间中的图形。

命令窗口：显示命令提示和信息。在 AutoCAD 中，可以从菜单或快捷菜单中选择菜单项启动命令，也可以单击工具栏上的按钮或在命令行输入命令。即使是从菜单和工具栏中选择命令，AutoCAD 也会在命令窗口显示命令提示和命令记录。

状态栏：在左下角显示光标坐标。状态栏还包含一些按钮，使用这些按钮可以打开常用的绘图辅助工具，包括"捕捉"（捕捉模式）、"栅格"（图形栅格）、"正交"（正交模式）、"极轴"（极轴追踪）、"对象捕捉"（对象捕捉）、"对象追踪"（对象捕捉追踪）、"线宽"（线宽显示）和"模型"（模型空间和图纸空间切换）。将光标移动到工具栏或菜单中的命令上时，状态栏将随着所选命令的改变而改变显示信息。

二、AutoCAD 2000 的新增功能

1. AutoCAD R14

AutoCAD R14 是 Autodesk 公司 1997 年 5 月推出的 AutoCAD 新版本。它可运行于 Windows 95 及其以上操作平台下，充分利用了系统的硬、软件资源。1998 年推出的 AutoCAD R14 中文版是 32 位、全面支持 Microsoft. Windows 95/NT 的应用软件，工作界面、提示等全部采用汉字显示，极大地方便了中国用户，而且规范了 AutoCAD 的各种名词、术语。与 R13 相比，AutoCAD R14 又增加了许多功能：

调整了存储覆盖区；

增强了交互式显示；

快速精确绘图；

对象属性访问；

图层和线形的管理；

增强的定制支持；

设计和通信共享；

使用管理工具。

此外，AutoCAD R14 的另一显著功能是支持，用户可通过文件输出操作生成供网上浏览的文件，在 AutoCAD 对象中可以挂接网络地址，在网络上拖放设计图形以及通过指定网址来打开网上图形。其在功能性、稳定性以及操作性方面更加完善，在速度、功能、开发工具和网络化应用等方面都达到了崭新的水平。

2. AutoCAD 2000

AutoCAD 2000 和以前版本相比，AutoCAD 2000 在许多方面进行了改进和增强。主要体现在以下几方面：

（1）轻松设计环境

AutoCAD 2000 提供了一个崭新的"轻松设计"环境，用户可以在 AutoCAD 窗口中轻松打开多个 DWG 图形文件，用户可在这样一个多文档设计环境下进行图形文件间的拖放、复制图形元素操作，甚至可在图形文件间进行图层、线型、和比例的复制；使用新的 QDIM 命令可自动创建图形标注；图形可局部打开和局部加载。

另外一个新增工具是 AutoCAD 设计中心。利用它可在 AutoCAD 文件中快速浏览、查询和提取重要的组件，从而避免客户重复查找数据，减少访问和重新设计所花费的时间，缩短了设计周期。

表 6-2-2-1 为新增加的设计环境。

表 6-2-2-1

新 增 功 能	新 特 性
多文档环境	在单个 AutoCAD 任务中处理多个图形，并在图形之间复制、移动、绘制对象、附加关联数据
AutoCAD 设计中心	使用新的 AutoCAD 设计中心确定内容（例如块、图层和命名对象）位置并将其加载到图形中
快速标注	使用新的 QDIM 命令可以用一组简单的几何图形自动创建大量标注
对象捕捉	使用新的"平行"和"延伸"对象捕捉可以更精确地绘制图形
自动追踪	以极坐标角度或相对于对象捕捉点的角度，并使用极坐标和对象捕捉追踪创建对象
局部打开和局部加载	只打开和编辑需要的部分图形或外部参照
实时三维旋转	使用新的 3DORBIT 命令可以方便地处理三维对象视图
多个活动工作平面	视口和视图可以有不同的用户坐标系（UCS）和标高设置，这使处理三维图形更容易
UCS 管理器	使用新的"UCS 管理器"对话框管理用户坐标系
视图	使用新的"视图"对话框管理视图
参照编辑	在当前图形中编辑外部参照和块参照
工具栏	增强的 AutoCAD 工具栏，并符合 Microsoft Office 98 标准

（2）强大的网络功能

在 Internet 上更快的得到客户所需要的 CAD 数据：利用 Internet 兼容的中间文件格式来创建图形或进行电子打印（eplot）；新增命令 dbConnect 用户从图形连接到数据库。可以动态地创建智能图形，与世界各地的数据库和资源相连接。

表 6-2-2-2 为新增的共享设计信息。

表 6-2-2-2

功 能	新 特 性
通过 Web 页访问文件	使用 Web 页在 Internet 上更快更直观地访问和存储 AutoCAD 数据
超级连接	将超级连接附着到 AutoCAD 对象或图形位置，随后可以使用"附着超级连接"对话框
电子打印	以安全的、Internet 兼容的中间文件型位置，随后可以使用"附着超级连接"对话框

（3）面向设计、减少命令

AutoCAD 2000 中提供的界面更多地面向设计并减少了命令使用，这使软件在设计过程中更加透明。许多新功能大大降低了以前版本的操作复杂难度。

表 6-2-2-3 为面向设计的新特征。

表 6-2-2-3

功 能	新 特 性
特性窗口	快速方便地修改图形对象特性
对象特性工具栏	使用简便的新方法编辑常用对象特性，例如线宽和打印样式
智能鼠标	使用微软智能鼠标，包括用智能鼠标进行平移和缩放

续表

功　能	新　特　性
快速选择	使用"快速选择"将基于对象类型和对象特性进行对象选择
快捷菜单	单击定点设备右键将显示新的快捷菜单，从中可以访问 AutoCAD 的相关命令
实体编辑	可以直接处理三维实体模型，不必再创建新的几何图形或执行布尔运算
摘要信息	存储图形信息，例如标题、主题、作者、关键字以及十个自定义字段等
文字编辑	使用"多行文字编辑器"中新增的文字控制功能可以更快地编辑文字
图层特性管理器	快速设置图层特性，例如颜色和线型
加长命名对象名称	去掉了 31 个字符的限制。命名对象的名称最长可以达 255 个字符，可以有包括空格在内更多的特殊字符
标注样式	新的"标注样式管理器"替代了 QDIM 对话框，可以快速高效地创建和管理标注样式
快速引线	使用 QLEADER 命令能够方便地创建或修改引线
加载/卸载应用程序	新的"加载/卸载应用程序"对话框使加载和卸载应用程序更容易也更直观
边界图案填充	修订的"边界图案填充"对话框使边界图案填充管理更容易
保存图形	使用新的"图形另存为"对话框指定保存图形的缺省文件格式

（4）改进、完善已有功能

AutoCAD 2000 对以前版本的一些功能重新进行了很大的改进和完善。使输出更加灵活、更易于控制。例如，可以创建非矩形视口并指定输出对象的线宽。

表 6-2-2-4 为对以前版本的功能改进——设计一体化输出。

表 6-2-2-4

功　能	新　特　性
非矩形视口	在绘图区域内选择对象和点，创建不规则视口
线宽	使用新的线宽特性为绘图区域和打印图形中的图形对象添加线宽
打印	使用新的向导和编辑器，打印图形将更加容易
打印样式表向导	"打印样式表"向导一步一步引导用户创建打印样式
AutoCAD R14 笔设置向导	从 AutoCAD R14 的 CFG、PCP 或 PC2 文件中自动创建打印样式表
打印样式表编辑器	使用"打印样式表编辑器"对打印样式表进行编辑
真彩光栅图像输出	可以用 24 位真彩色打印光栅图像

（5）更完善的二次开发

在 Visual LISP 交互开发环境下进行二次开发，可使用提供 Visual LISP 的扩展来创建自动化执行程序；可使用 ActiveX 和 VBA 开发应用程序，自定义 AutoCAD 等。这些新特性当然并非任何时候都有必要应用，但在有需要的时候提供了很好的选择。

三、AutoCAD 命令的调用及下拉式菜单的级联结构

利用计算机绘图、设计的过程，是通过向计算机发布命令完成一项指定任务的人机对话过程。AutoCAD 执行的每一个动作都建立在相应命令的基础之上。可以使用命令告诉 AutoCAD 要完成什么操作，AutoCAD 将对命令提示作出响应。在命令提示中将显示执行状态或给出执行命令需要进一步选择的选项。

启动 AutoCAD 命令可以用下拉式菜单、工具按钮或直接在命令行中键入命令，也可以使用快捷键（快捷菜单）。有些命令还有缩写名称，例如，可以不输入 circle 而只输入 c 来启动 CIRCLE 命令。在实际操作中往往是多种方式交互使用。无论使用何种方法均必须以熟悉掌握命令的名称以及命令在菜单组中的位置为基础。

下拉式菜单就是对计算机命令进行分组，每组菜单包含多个菜单项，例如，所有有关"打开"、"保存"和"打印图形"等均被编排在"文件"组的下拉菜单中。图 6-2-1-2 是 AutoCAD 2000 的一个典型的下拉式菜单。打开一个菜单组，它的组成要素包括：

菜单项后标有下划线的字母——表示可以在键盘上单击该字母调用命令。

菜单项后有小箭头——表示该菜单项有级联子菜单，它包括该命令的其他选项或者一组相关命令。

菜单项后紧跟一个三个点的省略号——调用该命令是将会弹出一个对话框。图6-2-2-2 为 AutoCAD 2000 的下拉式菜单。

图 6-2-2-2

有关命令输入的问题可以在有关专著中详细了解，这里仅对下拉式菜单的级联结构和分组情况作一个简要介绍。

下拉式菜单中的命令分组如下：文件、编辑、视图、插入、格式、工具、绘图、标注、修改、窗口和帮助等 11 项。

1."文件"组

新建，创建新的图形文件：NEW；

打开，打开已有的图形文件：OPEN；

关闭，关闭图形文件：CLOSE；

局部加载，在局部打开的图形中加载几何图形：PARTIALOAD；

保存，快速保存当前图形：QSAVE；

另存为，指定名称保存未命名的图形或重命名当前图形：SAVEAS；

输出，以其他文件格式保存对象：EXPORT；

页面设置，显示"页面设置"对话框：PAGESETUP；

打印机管理器，提供对"添加打印机"向导和"打印机配置编辑器"的访问：PLOTTERMANAGER；

打印样式管理器，提供对"添加打印样式表"向导和"打印样式表编辑器"的访问：STYLESMANAGER；

打印预览，模拟图形的打印效果：PREVIEW；

打印，将图形打印到打印设备或文件：PLOT；

绘图实用程序，包括子菜单有关命令，按下命令后显示子菜单（下称：显示子菜单）；

发送，传真或电子邮递当前图形文件；

图形属性，设置和显示当前图形的特性：DWGPROPS；

绘图历史，列出最近打开的图形文件；选择一个图形可快速打开；

退出，退出应用程序；提示保存文档。

2."编辑"菜单组

放弃，恢复上一次操作：U；

重做，恢复上一个用 UNDO 或 U 命令放弃的效果：REDO；

剪切，将对象复制到剪贴板并从图形删除对象：CUTCLIP；

复制，复制对象到剪贴板：COPYCLIP；

带基点复制，带基点将对象复制到剪贴板：COPYBASE；

复制连接，复制当前视图到剪贴板以便连接到其他 OLE 应用程序：COPYLINK；

粘贴，插入剪贴板数据：PASTECLIP；

粘贴为块，从剪贴板将对象粘贴为块：PASTEBLOCK；

粘贴为超级连接，向选定的对象粘贴超级连接：PASTEASHYPERLINK；

粘贴到原坐标，粘贴到原图形相同的坐标：PASTEORIG；

选择性粘贴，插入剪贴板数据并控制数据格式：PASTESPEC；

清除，从图形删除对象：ERASE；

OLE 连接，更新、修改和取消现有 OLE 连接：OLELINKS；

查找，查找、替换、选择或缩放到指定的文字：FIND。

3."视图"菜单组

重画，刷新显示所有视口：REDRAWALL；

重生成，重生成图形并刷新显示当前视口：REGEN；

全部重生成，重生成图形并刷新显示所有视口：REGENALL；

缩放，显示子菜单，包括实时缩放（ZOOM）、显示上一个缩放视图（ZOOM P）、按指定矩形窗口区域缩放（ZOOM W）、显示图形的生成部分（ZOOM D）、按指定比例缩放显示（ZOOM S）、显示指定中心点及高度的窗口内图形（ZOOM C）、放大显示当前视口对象的外观尺寸（ZOOM 2X）、缩小显示当前视口对象的外观尺寸（ZOOM.5X）、缩放显示当前视口中的整个图形（ZOOM ALL）以及显示图形界限（ZOOM E）等；

平移，上下左右一定显示、移动显示在当前视口的图形（PAN）、按指定距离移动图形视图（-PAN）；

鸟瞰视图，打开"鸟瞰视图"窗口：DSVIEWER；

视口，子菜单包括新建视口、多个视口、不规则形状视口、指定闭合线或图形转换为视口、合并视口等；

命名视图，创建和恢复视图：VIEW；

三维视图，（显示子菜单）；

三维动态观察器，控制在三维中交互式查看对象：3DORBIT；

消隐，重生成三维模型时不显示隐藏线：HIDE；

着色，（显示子菜单）；

渲染，（显示子菜单）；

显示，（显示子菜单）；

工具栏，显示、隐藏和自定义工具栏：TOOLBAR。

4．"插入"菜单组

块，插入块或另一图形：INSERT；

外部参照，附着外部参照到当前图形：XATTACH；

光栅图像，附着新图像到当前图形：IMAGEATTACH；

布局，创建新布局（LAYOUT）、插入基于现有布局样板的新布局（LAYOUT TEMPLATE）、启动"布局"向导以设计新布局的页面和打印设置（LAYOUTWIZARD）等；

3D Studio 输入，3D Studio 文件：3DSIN；

ACIS 文件输入，ACIS 文件：ACISIN；

图形交换二进制，输入特殊编码二进制文件：DXBIN；

Windows 图元文件，输入 Windows 图元文件：WMFIN；

封装，PostScript 在当前图形中插入封装 PostScript 文件：PSIN；

OLE 对象，插入连接或嵌入对象：INSERTOBJ；

外部参照管理器，控制图形文件的外部参照：XREF；

图像管理器，将多种格式的图像插入到 AutoCAD 图形文件中：IMAGE；

超级连接，向图形对象附着超级连接或修改现有的超级连接：HYPERLINK。

5．"格式"菜单组

图层，管理图层和图层特性：LAYER；

颜色，设置新对象的颜色：COLOR；

线型，创建、加载和设置线型：LINETYPE；

线宽，设置当前线宽、线宽显示选项和线宽单位：LWEIGHT；

文字样式，创建或修改命名样式并设置图形中文字的当前样式：STYLE；

标注样式，创建并修改标注样式：DIMSTYLE；

打印样式，设置新图形的当前打印样式，或为选定对象指定打印样式：PLOTSTYLE；

点样式，指定点对象的显示模式及大小：DDPTYPE；

多线样式，管理多线样式：MLSTYLE；

单位，控制坐标和角度显示格式和精度：UNITS；

厚度，设置当前三维厚度：THICKNESS；

图形界限，设置和控制图形边界：LIMITS；

重命名，修改命名对象的名称：RENAME。

6．"工具"菜单组

拼写检查，检查图形中文字的拼写：SPELL；

快速选择，按过滤条件快速创建选择集：QSELECT；

显示顺序，包括前置（AI＿DRAWORDER "F"）、后置（AI＿DRAWORDER "B"）、置于对象之上（AI＿DRAWORDER "A"）或之下（AI＿DRAWORDER "U"）等；

查询，距离（DIST）、面积和周长（AREA）、计算并显示面域或实体的质量特性（MASSPROP）、列表显示对象的数据库信息（LIST）、显示点的坐标值（ID）以及显示时间、状态和列出系统变量并修改变量值等；

对象特性管理器，控制现有对象的特性：PROPERTIES；

AutoCAD 设计中心，运行 AutoCAD 设计中心：ADCENTER；

数据库连接，提供到外部数据库表的 AutoCAD 接口：DBCONNECT；

加载应用程序，加载和卸载应用程序，并定义要在启动时加载的应用程序：APPLOAD；

运行脚本，从脚本执行一系列命令：SCRIPT；

宏，（显示子菜单）；

AutoLISP，（显示子菜单）；

显示图像，显示 BMP、TGA 或 TIFF 图像（REPLAY）、将渲染图像保存到文件（SAVEIMG）；

命名，UCS 管理已定义的用户坐标系：＋UCSMAN 0；

正交，UCS（显示子菜单）；

移动，UCS 移动已定义的 UCS：UCS MOVE；

新建，UCS（显示子菜单）；

向导，（显示子菜单）；

草图设置，指定捕捉模式、栅格、极轴和对象捕捉追踪等设置：DSETTINGS；

数字化仪，（显示子菜单）；

自定义菜单，加载部分菜单文件：MENULOAD；

选项，自定义 AutoCAD 设置：OPTIONS。

7．"绘图"菜单组

直线，创建直线段：LINE；

射线，创建单向无限长线：RAY；

构造线，创建无限长的线：XLINE；

多线，创建多重平行线：MLINE；

多段线，创建二维多段线：PLINE；

三维多段线，在三维空间创建由连续线型的直线段组成的多段线：3DPOLY；

正多边形，创建等边闭合多段线：POLYGON；

矩形，绘制矩形多段线：RECTANG；

圆弧，（显示子菜单）；

圆，（显示子菜单）；

圆环，绘制填充的圆和环：DONUT；

样条曲线，创建二次或三次样条曲线（NURBS）：SPLINE；

椭圆，（显示子菜单）；

块，（显示子菜单）；

点，（显示子菜单）；

图案填充，用图案填充封闭区域或选定对象：BHATCH；

边界，用封闭区域创建面域或多段线：BOUNDARY；

面域，从现有对象的选择集中创建面域对象：REGION；

文字，（显示子菜单）；

表面，（显示子菜单）；

实体，（显示子菜单）。

8. "标注"菜单组

快速标注，快速创建标注参数：QDIM；

线性，创建线性标注：DIMLINEAR；

对齐，创建对齐的线性标注：DIMALIGNED；

坐标，创建坐标标注：DIMORDINATE；

半径，创建圆和圆弧的半径标注：DIMRADIUS；

直径，创建圆和圆弧的直径标注：DIMDIAMETER；

角度，创建角度标注：DIMANGULAR；

基线，从上一个或所选标注的基线作连续的线性、角度或坐标标注：DIMBASELINE；

连续，从上一个或所选标注的第二条尺寸界线作连续的线性、角度或坐标标注：DIMCONTINUE；

引线，快速创建引线和引线注释：QLEADER；

公差，创建形位公差：TOLERANCE；

圆心标记，创建圆和圆弧的圆心标记：DIMCENTER；

倾斜，使线性标注的尺寸界线倾斜：DIMEDIT O；

对齐文字，（显示子菜单）；

样式，创建和修改标注样式：DIMSTYLE；

替代，替代标注系统变量：DIMOVERRIDE；

更新，更新标注使其使用当前标注样式设置：-DIMSTYLE APPLY。

9. "修改"菜单组

对象特性，控制现有对象的特性：PROPERTIES；

特性匹配，把某一对象的特性复制到其他若干对象：MATCHPROP；

对象，（显示子菜单）；

剪裁，（显示子菜单）；

图案填充，修改现有的图案填充块：HATCHEDIT；

多段线，编辑多段线和三维多边形网格：PEDIT；

样条曲线，编辑样条曲线对象：SPLINEDIT；

多线，编辑多重平行线：MLEDIT；

属性，（显示子菜单）；

文字，编辑文字和属性定义：DDEDIT；

在位编辑外部参照和块（显示子菜单）；

删除，从图形删除对象：ERASE；

复制，复制选定的对象：COPY；

镜像，创建对象的镜像图像副本：MIRROR；

偏移，创建同心圆、平行线和等距曲线：OFFSET；

阵列，创建按指定方式排列的多重对象副本：ARRAY；

移动，将对象在指定的方向上移动一段距离：MOVE；

旋转，绕基点移动对象：ROTATE；

比例，在 X、Y 和 Z 方向等长放大或缩小对象：SCALE；

拉伸，移动或拉伸对象：STRETCH；

拉长，拉长对象：LENGTHEN；

修剪，用其他对象定义的剪切边上修剪对象：TRIM；

延伸，延伸对象到另一对象：EXTEND；

打断，部分删除对象或把对象分解为两部分：BREAK；

倒角，给对象加倒角：CHAMFER；

圆角，给对象加圆角：FILLET；

三维操作，（显示子菜单）；

实体编辑，（显示子菜单）；

分解，将组合对象分解为对象组件：EXPLODE。

10．"窗口"菜单组

层叠，层叠排列窗口；

水平平铺，不层叠地平铺排列窗口；

垂直平铺，不层叠地平铺排列窗口；

排列图标，在窗口底部排列图标。

11．帮助

AutoCAD 帮助，显示联机帮助：HELP；

新特性，显示 AutoCAD 新特性：(HELP "ACAD ＿ UG" "WHATSNEW")；

学习助手，启动学习助手：(STARTAPP (FINDFILE "ALALINK.EXE"))；

支持助手，提供 AutoCAD 2000 支持资源：(HELP "ASA ＿ MAIN.HLP" "CONTENTS")；

关于，AutoCAD 显示关于 AutoCAD 的信息：ABOUT。

四、网上 Autodesk

Internet 是通过共享文件和资源建立协作设计环境的最佳媒介。通过 AutoCAD 的 Internet 特性，可以在 Internet 上打开和保存 AutoCAD 图形，在图形中插入超级链接，使其他用户可以方便地访问各种相关文档。也可以将可用 Internet 浏览器查看的 Web 图形格式（DWF）文件发布到 Internet 上。即使没有安装 AutoCAD，用户也可以用 Internet 浏览器和免费的 Autodesk WHIP! 插入模块查看和打印 DWF 文件。

使用 AutoCAD 的 Internet 特性，您的计算机必须能够访问 Internet 或内联网，并且在系统中安装了 Internet 浏览器。要将文件保存到 Internet 上，必须对存储文件的目录具有足够的访问权限。这些权限可以向网络管理员或 Internet 服务提供商（ISP）咨询以获得。

如果打算在 Internet 浏览器中查看和打印 DWF 文件，必须通过 http：//www.autodesk.com/whip 下载和安装 WHIP! 4.0 插入模块。最好用 WHIP! 4.0 插入模块，当然也可以用 AutoCAD 创建传统的 DWF 文件，这种文件可以用 WHIP! 3.1 插入模块查看。传统的 DWF 文件由于不能应用于 WHIP! 4.0 创建的 DWF 文件，所以受到很多限制。请参见创建可用 WHIP! 3.1 浏览的 DWF 文件。

要使用 AutoCAD 的 Internet 特性，必须先在系统中安装必要的 Microsoft Internet Explorer 组件。这些组件在选择"完全安装"选项进行安装时将安装到系统中。如果进行自定义安装，那么选择"Internet 工具"也可以安装这些组件。如果您的计算机上已经安装了 Internet Explorer 4.0 或更高版本，就无需再安装这些组件。

如果通过公司的网络连接到 Internet 上，就需要配置代理服务器。代理服务器就像是一道安全屏障，使公司网络上的信息免受外来 Internet 访问的破坏或窃取。请查看 Windows 控制面板中的"Internet"或向网络管理员咨询有关在公司的网络环境中配置代理服务器的信息。

在下拉式菜单中，网上 Autodesk 菜单组提供了如下子菜单：

AutoCAD 主页，在缺省浏览器中显示 AutoCAD 站点（BROWSER http：//www.autodesk.com/products/acad2000/index.htm K）。

AutoCAD 插入模块库，在缺省浏览器中显示 AutoCAD 插入模块站点（BROWSER http：//www.cadplugins.com）。

AutoCAD 技术文档发布，在缺省浏览器中显示 Autodesk 技术文档发布站点：BROWSER http：//www.autodesk.com/techpubs/autocad。

Autodesk 主页，在缺省浏览器中显示 Autodesk 站点：BROWSER http：//www.autodesk.com。

Autodesk 产品支持服务，在缺省浏览器中显示 Autodesk 产品支持站点：BROWSER http：//www.autodesk.com/support。

Autodesk 开发人员资源指南，在缺省浏览器中显示 Autodesk 网上资源手册站点：BROWSER http：//www.argonline.com。

Autodesk 国际用户组，在缺省浏览器中显示 AUGI 站点：BROWSER（FINDFILE）。

第三节　城镇规划建设与管理的相关软件系统

不仅是小城镇，我国大、中城市中的规划设计与管理现代化方面也起步较晚，与发达国家有很大的差距。在城市总体规划中目前应用的系统 CPCAD、PPS、GPCAD DENG 等，仍处于发展完善阶段。城市规划的层次分为总体规划与详细规划两个部分，无论哪个层次的计算机辅助软件，都是根据该层次的规划设计内容要求，最大限度地解决规划设计与管理的手工操作问题。城市总体的软件系统部分包括了城市发展预测、区域与城市以及大型项目的评价决策功能，这些功能在小城镇的规划建设与管理中应用范围不广，但是这些软件的基础部分十分适合于小城镇规划设计与管理的要求。本节为小城镇规划设计与管理人员介绍这些系统的基本知识，可为规划建设管理实践不断完善、改进与发展提供基础。

一、城市总体规划阶段的计算机辅助系统

1．基础资料信息数据库

基础资料信息库由图形数据、统计数据、文本数据三部分组成，与 CAD 数据库兼容，能够进行数据访问。图形数据库模块是规划设计及管理的基础。数据库的建立与不断更新是规划建设管理的组成内容之一。基础资料信息库模块主要的功能有单项查询、统计计算、增加修改、打印输出。

2．用地评价模块

用地评价模块是城市总体规划中重要基础工作之一，但这种评价是建立在以工程地质和地形地貌为决定标准的基础上，求解的问题是"何处可以建设"。实际上，这种评价方法忽略了自然生态系统与城镇建设发展的互动要求，由城镇支撑系统决定的"何处不可建设"的重要性被削弱了。

CPCAD 是现有的与用地评价模块匹配的软件。系统模块提供相关用地评价因素如地形图，工程地质图、水文地质图等，通过底层归层，设置颜色，自动叠加、隐藏、显示等处理，方便规划者对规划用地的单项及综合评价。洪水淹没线和工程地质标准值是两项起决定作用的评价因素，其中后者可生成带有特殊性的工程地质面状符号。

应用系统的第三步是综合评价和统计计算。根据各项目叠加结果，将用地分为 1～5 类用地。可任意调整设定面状符号填充形式，提出属性数据，最后对所有属性数据进行分析统计，计算得出所需指标。

3．道路系统设计模块

道路系统设计模块的使用软件有 CPCAD、PPS、CARDS、GPCAD。系统功能包括：

道路中线与边线，包括可控制宽度的人行道定位、选择 1～4 块板方式控制。

道路交叉口处理，道路交叉口处理、自动圆角切角等。

自动生成道路横断面、自动生成主干道一览表（包括道路竖向规划设计中的所有法定要素）、可供任意调用的道路断面形式。

修改道路属性、自动形成主干道系统网络。

4．城市用地分类（面状符号模块）

城市用地分类的规划设计与管理过程中，各类用地根据其分类、属性完成填充和标

注、用地平衡表绘制与计算以及地块的属性修改，是规划工作中的重要任务。与城市用地分类模块匹配的系统软件 CPCAD、PPS、CARDS、GPCAD 在操作方法和求解问题上略有不同，可高效率地完成上述任务。CPCAD 软件在地块生成图案填充时可以利用道路网及大类、种类地界（按用地性质划分）一次性完成地块填充、设置属性和地块标注工作；此系统软件同时可以自动对图内所有地块进行统计，以图形、文本两种形式生成城市建设用地平衡表。CPCAD 在地块面状符号扩展数据结构方面提供了隐蔽现有地块面状符号的功能，提供了提取修改地块面状符号属性、自动重新生成新的面状符号及用地性质划分、快速完成规划设计方案修改的功能。使用 PPS、CARDS 两个系统软件可以轻松地完成属性数据的标注、修改、调用与查询，以及地块自动倒角、互交倒弧、交叉口位移、喇叭口处理和道路转盘设置等繁琐操作。

5. 工程管线模块

工程管线综合模块涉及范围广，某些特定条件下直接影响城市结构形态和总体布局。目前我国开发的总体规划系统软件中，主要解决管线绘制和管线标注两大问题的计算机处理功能。在上述介绍的城市总体规划系统软件中，其管线综合模块按高压线、低压线、给水管线、污水管线、雨水管线、排水管线、架空灯线、路灯电缆、电力管线、电信管线、架空电信、热力管线、工业管线、低压煤气、中压煤气、高压煤气 16 种管线分别进行绘制修改、查询、竖向、标注、计算等程序设计，很大程度上解决了人工计算的浩大工作量与计算误差的问题。

6. 开放性符号系统模块

这里涉及的开放型符号系统模块即在城市总体规划层面上的基本图形、基本线条等规划设计必备元素，它是根据规划点、线、符号结构和 AutoCAD 特点设计的，是本规划层次的（以及相关规划层次）的基本符号。从使用意义上讲，它相当于文字构成要素的笔画；从系统模板的设计意义上讲，它具有开放性、可扩充性、易于调用且可变比例等特点，设计人员可以很方便地表示图上的全部符号，简单的如点状符号、面状符号，复杂的如行政边界、各种管线等。这些符号可以是系统设定，亦可由用户自己添加或改造形成用户定义的特殊符号系列。目前，满足上述功能要求的系统软件是 CPCAD。

二、详细规划阶段的计算机辅助系统

详细规划分为控制性详细规划与修建性详细规划两个部分。在城市规划设计与管理活动中，控制性详细规划具有在总体规划、分区规划与修建性详细规划的承上启下作用，是小城镇规划设计与管理的核心内容。但是，由于我国目前基于控制性详细规划层面上计算机辅助设计系统的发展滞后，且尚无特点明显、行之有效的系统软件，这里根据详细规划工作完成的主要内容，列出现有城市规划 CAD 详细规划层面的软件部分功能模块，包括了部分控制性详细规划的基本内容。

1. 总平面图设计模块

(1) 施工坐标网：程序自动用施工坐标系、网格间距绘制施工坐标网。

(2) 建筑红线：绘制建筑红线，提取红线内用地面积数据。

(3) 绘制建、构筑物：绘制矩形建筑轮廓、任意形轮廓和圆形轮廓；为建筑物轮廓增加辅助线等。

(4) 建筑物单体库：调用数据库中的建筑单体；将设计的单体生成并存于库中以供

调用。

（5）定义建筑属性：对已生成建筑轮廓输入建筑属性信息；对生成建筑轮廓查询建筑信息；自动生成建、构筑物一览表的表格及数据。

（6）其他功能：围墙线、台阶绘制、铺砌场地、风玫瑰库、车辆库、树木库、道路路灯库、飞机库、船只库、标准户型库等。

2．指标计算模块

根据修建性详细规划的规划设计内容中有关指标体系的要求，系统软件满足了自动统计计算生成各主要指标一览表的要求，内容包括：

（1）土方量计算。

（2）公用、民用、工厂、工程指标。

（3）总用地面积。

（4）建、构筑面积。

（5）道路、铁路、路沿、砖墙、排水沟、挡土墙长度计算。

（6）绿化面积、系数。

（7）建筑密度、容积率。

（8）场地利用系数。

（9）户型指标统计表。

3．三维设计模块

（1）三维单体设计中的门廊（自动开门洞）、窗洞及屋顶（坡屋顶、平屋顶）。

（2）室外配置：三维实体库包括：人物、树林、公用设施、道路灯具、飞机、船只、汽车。

（3）显示：轴测观察、透视观察、消隐等。

（4）AVE 彩色渲染。

4．竖向规划设计模块

（1）道路竖向

桩号：以对话框形式完成标注设置，包括：定义、修改桩号；自动标注或直接输入标注。

道路中心标高：确定道路中心线的控制标高。

路沿标高：对任意位置进行标高标注。

道路坡度：标注道路的坡度、长度。

断面：绘制道路断面、断面结构、纵断面，道路断面标注。

（2）标高

计算平土标高、计算某一点平土后的标高、标注室内标高、室外地平标高与坡度。标注方式有直接标注、由已知条件计算标注两种。

（3）排水沟

输入排水沟宽度，有盖板、无盖板、采点绘制；标注排水沟的标高、坡度，由程序自动求出坡度值；绘制地表排水符；绘制雨水井；绘制脊谷线，表示道路的排水方向。

（4）护坡、挡土墙

按坡度线未知、坡顶与坡底都已知两种情况绘制护坡；绘制挡土墙及挡土方向。

三、相关规划设计软件包简介

1. PPS 规划总图软件包

PPS 规划总图软件包的基本功能包括上述详细规划软件的基本内容。设计前必须完成初始设置需要做的工作，如绘图比例、坐标关系、地块设置、图层设置、文字大小等。软件收录全国各地的风玫瑰，并可根据实际情况进行扩充。有大量的指北针供选用。

（1）地形图的使用

软件包使用的地形图可以是扫描后地形图的光栅图或经矢量化软件处理的图形文件。经数字化处理的地形图等均可直接调用。软件具有绘制地形断面图、生成三维地形图及绘制地形图功能，可以对调入的地形图进行相应的处理。

（2）道路与地块设计

道路设计与地块设计是规划中一个重要的设计内容。系统提供了绘图道路的功能，如单块板、两块板、三块板等，以对话框的方式提示绘制道路的相关参数，允许修改设定。地块设计主要有地块的标注、地块色块填充、地块图案填充、地块图例（包括色块和图案）以及各种地块的指标统计表。

（3）土方

自动从图中推算网格交叉点的自然或设计标高进行土方优化或土方计算；根据优化结果修改设计标高，根据指定的设计标高计算土方量。

（4）建筑设计、规划建筑方面

建筑图设计系统包括任意形式和角度的轴网设计，任意厚度、偏心的外墙和内墙及墙垛设计。规划建筑分为住宅、公建和其他三类。布置方法有三种，一是由图库调用，二是直接绘制，三是由图中其他图元转化为建筑。

（5）竖向

竖向设计包括道路竖向、地沟设计、挡土护坡、绘制等高线及竖向标注等。道路竖向包括以下主要内容：绘桩号线、道路中高定义、路沿标高定义、坡度长度标注、标示横断面、横断面设计、断面结构形式、纵断面图自动绘制、明沟计算、道路土方量自动计算、挡土墙结构设计、排水构造设计等。

（6）管线及其他

管线综合是总图规划的一个重要组成部分，软件包提供了包括管线平面布置、编辑标注、竖向检查和断面设计几个方面的功能。可采用不同方式布置各种地上、地下管线，自动检查管线间距，自动交叉标注，自动绘制管道断面图。软件包提供了总图设计中的构筑物、绿化配景、铁路的线路布置以及各种详图。软件中的表类、文字处理功能包括：坐标标注、尺寸标注、图库管理、图层工具、编辑工具、其他工具、规范检测、菜单、帮助等内容。

2. MapEngine GIS 开发平台软件

MapEngine 地理信息系统是一种全新的组件化 GIS 开发平台，也是国内第一个组件化的 GIS，它基于 Win95 和 Windows NT 微机操作系统，是全 32 位系统。MapEngine 以标准 OLE 控件形式提供可在任何流行开发工具中使用的开发 API，供用户制作 GIS 或 GMIS 应用系统。

传统 GIS，空间能力强大，但价格昂贵，操作复杂，且只能以 GIS 为中心进行系统设计，必须有自己的运行环境、自己的开发语言。在制作应用系统时，不能真正与其他的 MIS 开发工具天衣无缝地结合在一起。而当今的各种 MIS 前端开发工具，虽在制作界面、管理数据库、文字、图表、多媒体信息等诸多方面功能强大，可是缺乏对于空间信息的管理能力。

MapEngine 利用最新的软件开发技术，解决了 MIS 和 GIS 结合问题，它通过全组件化方式提供了完备的 GIS 可编程对象集合，能够直接在自己熟悉的开发环境中开发 GMIS 产品。这种全新的以 MIS 为主的开发方式，显然同时拥有 MIS 工具强大的开发能力及 GIS 对空间的管理能力。在 MapEngine 的支持下，将能够像操纵数据库表和记录一样方便自如地操纵地图及空间实体。

二次开发是 MapEngine 最重要的功能。为简化开发过程，MapEngine 内置了许多预开发的交互过程。常用的重要功能只需调用一个函数即可完成。编制一个典型的具备图形缩放、显示配置、图文交叉、交互编辑、统计功能的系统只要几十行程序。可以用 MapEngine 在城市规划、城市管网、交通、电力、消防、水利、通信、GOS 全球定位系统、旅游、商业管理等广泛的领域开发各类 GIS 应用系统。

平台功能包括：创建、管理矢量地图库，支持数字化仪输入和扫描图像自动矢量化。图形编辑、空间分析、综合查询、集地图、数据库表、文字、图像于一体的可视化排版工具等。

目前，MapEngine GIS 开发平台广泛应用于城市、资源、公安等领域，并正在进一步开拓与发展。有关应用领域包括城市交通规划与管理、城市管网信息管理（自来水、供电、供暖、排水等）、城市消防管理、小区设施综合管理、GPS 车辆监控、城市信息综合查询（城市向导）、土地利用管理、油田管道管理、校园信息管理、环境监测与保护、公安综合指挥、110 报警与指挥、作战指挥、GPS 导航与野外农情采样、水土保持、矿区信息管理、铁道规划、邮电设施管理等。

第三章　小城镇建设管理信息化

城市建设管理信息化的核心是利用计算机作为城镇信息管理的有效工具，在我国始于20世纪80年代。尤其在20世纪80年代中后期的计算机技术的进步、价格下降时期得到迅速推广。20世纪90年代已经深入应用于城镇规划建设的各个领域，并且首先在大、中城市中得到发展。沿海发达地区的许多乡镇也发展了这种现代化的管理模式。

现代化信息管理通过在计算机上建立信息系统（Management Information System，简称MIS）来实现，城市建设的计算机管理即是建立计算机化的城市建设管理信息系统。

城市是社会、经济与自然复合系统的综合体，是一个大型复杂的信息空间和信息综合体。城市建设管理就是对这一综合体的管理，即对城市建设信息的综合管理与利用。现代化管理的实质是在计算机上建立城市建设的信息管理系统，进行城市建设信息的收集、传送、储存、加工、维护和使用。

城市建设的信息包括：图形、图像、影像、数据、文字等混合组成。地理学信息是所有信息中的最基础部分。大、中城市建设信息系统大多采用地理信息系统（Geographical Information System，简称GIS）方法和技术进行建设，所以又称为城市地理信息系统（Urban-GIS，简称UGIS）。由于城市地理信息系统作为一种处理空间数据的综合技术，涉及多项应用科学，如遥感技术、摄影测量、制图学、大地测量、环境科学、区域科学、规划和地理学等相当广泛的学科和应用技术、为某一特大型工程项目的决策分析。

城市地理信息系统在城市建设管理应用的基本原则、方法适用于小城镇的规划建设和管理。城镇建设管理的内容与方式是基本相同的。但是，相对于大、中城市，小城镇的建设管理信息量较少，小城镇建设的计算机管理比较简单和易于实现。一方面，像在大城市中的决策分析等内容，在小城镇中显得较为直观；再如城市地理信息系统的空间数据查询等功能，在小城镇建设管理中几乎没有迫切的要求。另一方面，由于城市地理信息系统对计算机操作人员的知识结构与专业素质要求高，在我国广大城乡交会地带的小城镇在专业人员的培养和训练等仍与大、中城市有一定距离，所以，小城镇规划设计与建设管理的思路与方法必须结合上述实际情况，提出行之有效的规划建设与管理现代化的方法与内容。

城市地理信息系统在应用与城市规划建设管理时，除了辅助决策的空间分析、项目选址的建议意见等重大内容，其他任务可以在更广泛的CAD层面上解决，也就是说，在小城镇规划建设管理中，由于其数据量小、决策的直观性强等特点，基于计算机辅助城市设计的知识和它所涵盖的内容，已经可以满足小城镇规划设计与建设管理的需求。

不管是城市地理信息系统还是CAD系统，它们具有共用的地理信息基础资料库。资料库建立的模式、涵盖内容以及资料被调用的方式是一致的。所以，在基础资料库建立方面，两个系统软件的要求是基本一致的。GIS 和 CAD 系统作为城市规划与建设管理时，其基本区别在于，GIS 系统具备的空间查询功能、辅助决策功能在 CAD 中基本无法实现，而 CAD 具备的精简与实用性在 GIS 中很难实现。

基础资料数据库是一个能涵盖 GIS 和 CAD 操作需求的必备基础，视不同的程序要求而有所区别。但是，基础资料数据库建立的目标，是实现资料、信息的能动调用与不断更新补充的可扩充性，这是所有计算机管理的前提条件。建立城镇规划建设与管理的信息系统，是实现计算机管理的基础。

因此，本章依照城市地理信息系统在城市规划建设与管理中的基本原理，以 CAD 结合小城镇规划建设管理的特点，从基础资料数据库的建立、计算机管理信息系统以及具体管理内容等方面进行介绍。

第一节 以 CAD 为基础的城镇建设与管理数据库

一、基础资料数据库

无论是城市地理信息系统（UGIS）或 CAD 系统，在城镇规划设计与建设管理中作为辅助工具，都必须为设计者提供各种必需的基础资料数据与参考资料，所以，数据库的建立是计算机辅助规划设计与管理的核心。基础资料数据库包括作为规划设计与管理必备背景资料的地理信息（测量学的地图信息）、法规与规范的有关信息（设计手册、性能指标、有关规范等）、规划设计与管理过程必须的标准图形库等。基础资料数据库是工程的数据，是规划程序、工程设计、实施过程中所需要的各类数据文件对象的关键部分，是计算机辅助设计与管理的信息与数据交流中心。由于规划设计层次、工程建设对象不同而存在复杂的相互关系，充分体现各种数据的特征以及满足数据交互运用的要求是建立数据库的目标与原则。

建立这种数据库必须首先满足三个方面的基本要求：

满足计算机辅助规划设计与管理的软硬件要求：必须符合 CAD 工程数据管理的各项标准规范并且支持所应用 CAD 版本的管理能力。

满足数据库能动使用、管理与完善其变化扩充功能的要求：组织与管理这些数据的数据库能够反映这些数据的特征及应用中的要求，它必须具有动态地处理数据模式变化的能力，能够支持用户定义的数据类型和相应的操作，保证数据的一致性与完整性。

满足数据库使用者的要求：具有工程环境要求的各种良好的界面，具备数据的安全性、可扩充性和数据的更新能力。

动态地处理数据模式变化的能力、良好的工程设计环境要求界面是基础资料数据库建设的难点与重点，具备可扩充性和更新能力是基础资料数据库建立的目标，数据积累、不断更新和扩充数据库是城镇规划建设管理的关键。简言之，输入一组数据，必须适应多种用途调用、多种统计口径运用、多图层与界面的成果生成输出、多途径查询等多方面的要求。

根据上述对基础资料数据库的描述，小城镇规划设计与建设的基础资料数据库应该涵盖城镇规划设计中的地理信息（地形图与城镇建设现状图）、规划设计的基本图形、标准图则信息与管理的法规要求等内容。与大、中城市相比，小城镇规划建设与管理的计算机管理基础资料数据库几乎没有信息种类与类型的差别，大、中城市基础资料数据库仅在信息数量与规模方面与小城镇有所区别。"麻雀虽小、五脏俱全"可以准确表述小城镇基础资料数据库信息类型的基本特点，它的计算机信息数据包括社会经济发展中的人口发展、商业与其他公共设施现状与发展可能；城镇地理信息数据、城镇建筑物、道路交通信息等，以及地下管网信息，都是城镇规划管理中十分重要的部分。这些信息可以通过访问当地城市规划部门积累的数据资料，和有关主管部门提供的专业性数据资料的形式来获取。

小城镇规划建设与管理的基础信息来自城镇地理信息系统，由于规划层次的不同，服务于不同规划类型的基础资料有一定差别。但是，地理信息系统的数据收集始终是城市、城镇规划建设与管理数据库的根本内容，主要内容包括：

1. 地理环境数据：地形地貌特征、峰峦沟壑、水体河流等。

2. 地质与水文相关信息：地质构成、水文地质情况、土地承载能力与地质灾害的类型与区域等。

3. 土地利用信息：山水田林路、城镇及村庄建设用地、城镇内部的工业、居住、商业文化以及休闲等功能用地的有关信息。

4. 开敞空间自然地表信息：森林农田、荒坡草地、沙滩沼泽等。

5. 城镇地区地表附着物信息：建筑物以及构筑物的使用功能及类型、重大设施如电站、水库、机场、港口与码头等。

6. 城镇基础设施信息：城镇综合交通设施、给水排水、电力电信、热力、燃气管线及其设施现状等。

7. 城镇公共设施信息：各类公共服务设施、停车场地、垃圾收集、公共厕所等等。

以上数据全面涵盖了城镇社会经济、环境生态以及城镇、乡村的一切内容。这种基础数据的内容越详尽，对城镇规划建设管理的指导与控制力度越大。数据模式的转换能力决定数据库的质量优劣。

数据的模式转换能力视使用数据的不同方式与要求而不同。基础资料的调用、查询、输出常因不同需求采用图形、图表、文本等方式，所以，实现各种格式之间、图表与图形、文本与图表的相互转换、实现从不同统计口径、功能要求等方面数据模式转换的要求是建立基础资料数据库的努力目标。

二、地理信息在 CAD 的简化处理方法

CAD 数据库的最大信息源是城市规划的基础资料，以测量学为基础的现状地图的有关内容。现状地图中反映的信息是 CAD 数据库中最大量的图形数据，主要包括城市地表所有地理信息如地形地貌、土地利用、城镇建筑物与构筑物的现状、道路及工程管线等专业测量数据等与测量学相关的地理信息资料，加上各种比例尺的图纸等。在使用 AutoCAD 作图或建立数据库过程中，这类信息资料是所有数据中的最大量部分。它作为一个庞大的数据系统，涵盖了如植被、水系、建设用地构成、建构筑物构成、道路及管线状况等许多子系统。利用城市地理信息系统可以十分全面地反映与描述这些因素。但是，在小城镇规划建设管理中，至少在近期受计算机发展水平、规划管理人员受教育水平以及城镇规划管理现代化建设资金投入有限等因素的共同作用，推广

使用光栅矢量混合编辑系统与扫描矢量化软件具有积极的意义。在不应用城市地理信息系统的地理信息数据时，光栅矢量混合方法是城镇规划与建设基础"地形图"中的较简单处理方法。

1. 光栅矢量混合编辑方法

AutoCAD 支持的图像文件格式包含了技术成像应用领域中的绝大多数常用格式：计算机图形、文档管理、工程和贴图，以及地理信息系统（GIS）。图像可以是两色图、8 位灰度图、8 位彩色图或 24 位彩色图。光栅图像是其中之一，它由小方块或点的像素排列形成。在许多情况下需要将光栅图像与矢量文件结合起来。比如，扫描输入文档、传真件或微缩胶片图纸，使用航空和人造卫星照片，使用数字式照片，创建水印或徽标的效果以及增加计算机渲染图像，等等。基础地形只作为一般参照资料，图形扫描数据作为一层能在矢量工作环境下直接调用，使扫描图作为一个空间背景数据直接为矢量数据服务。通过 AutoCAD 可将光栅图像添加到基于矢量的 AutoCAD 图形中，然后显示、打印和输出的方法即光栅矢量混合编辑方法。在 AutoCAD R14、AutoCAD 2000 中的功能模块中的光栅叠加模块均满足这种要求。系统具备功能如下：

（1）同步显示、双向混合设计与双向捕捉功能：光栅图和矢量图可同时显示，同步移动，同比例缩放；光栅图和矢量图可进行双向混合设计，光栅图上的直线、圆、圆弧、任意曲线等图元可直接拾取到矢量层；矢量层上的各种图元也可以快速地点阵化为光栅图；在设计矢量图时，不仅可以捕捉到矢量图中的端点、中点、交叉点和切点，而且可以捕捉到光栅中的这些关键点。

（2）交互矢量化与交互字符识别：可以交互拾取光栅图上的图元，变成矢量图元。可以识别的图元有直线、圆、圆弧、任意曲线。交互矢量化功能为描图带来了方便，能极大地提高描图的质量和速度，对光栅图上的曲线有删除、平滑、追踪、提取到矢量层等操作。同时可以自动跟踪、交互拾取光栅图上的字符，识别后变成矢量图上的字符。

（3）光栅图元的光滑、修改与编辑：可以交互拾取光栅图上的图元，按指定线宽进行光滑和修改；可以对光栅图进行剪裁、扩展、层间移动、层间拷贝、图层拼接、剪贴、镜像、缩放、旋转、区域删除等编辑操作。

（4）光栅化和混合输出：把矢量图变成光栅图，用 AutoCAD 提供的矢量设计工具设计矢量图，设计的结果可以通过光栅化功能合并到光栅图上；可以将光栅图和矢量图混合输出在同一张图纸上。

（5）浮动菜单、移动：把所有的图像操作都用图标显示在一个窗口中，使用户操作更方便。改变光栅图的视点中心，显示光栅图的不同位置，可以改变光栅图的形式同比缩放。矢量图也随光栅图同步移动，用键盘上的方向可进行快速移动。

（6）光栅矢量定位：有利于更加方便地设定光栅图与矢量图的坐标比例，设定光栅图和矢量图的坐标原点，使光栅编辑操作在图像上的选点更准确。

将庞大复杂的地图信息处理为简洁、易于操作的光栅图像，除了减少、简化基础数据的繁重输入工作量外，光栅矢量混合编辑的方法可以大大提高计算机资源的利用率。利用光栅图像与矢量图像能方便分离与混合的特点，采用以下方法可以提高计算机绘图的运行速度：

方法 1）在处理大的光栅图像或许多小的光栅图像可能对系统性能有一些特殊要求，

如使用剪贴板时性能下降，可以在使用剪贴板之前先卸载光栅图像或关闭包含图像的图层。

方法2）使用指定的临时图像交换文件，如将图像的显示质量从高质量变为草图质量、减少系统显示图形的颜色数目，可以减少由图像占用 RAM 的数量，提高性能和图像显示速度。

方法3）AutoCAD 加载平铺图像比非平铺图像要快得多。无论编辑还是修改图像的任何属性，AutoCAD 都只重新生成修改过的部分，这样可以节省时间。TIFF（标记图像文件格式）是 AutoCAD 惟一支持的平铺文件格式。

以上的任何操作不影响设计成果输出和打印时的高质量的图像要求。

2．矢量化方法

矢量化方法有扫描仪自动矢量化和自动、手工矢量化两种。

自动矢量化是通过运用扫描图像自动识别技术与去脏、细化、删毛刺、自动跟踪等方法将扫描图纸全部自动矢量化。目前，限于图像识别技术以及人工智能法研究发展水平，计算机扫描设备的精确度尚有待提高，所以，地形图信息图像中的文本、符号、几何图形、交叉点的变形、精度、质量受到一定的影响。虽然矢量化后的曲线，直线点等信息效果较好，但仍常出现断线、以点代线等问题。

为了降低自动矢量化对质量的影响，Autodesk 公司等推出了自动跟踪与手工矢量化结合的矢量化系统软件，如 CAD Overkay LFX，RxAutoImage SV，CADDS，Map Scan 等。这些系统具备智能光栅编辑、图像校正、交互式矢量化、各种比例尺测量标准符号库、适量数据纠正、数据文本输出等功能。系统操作方法是：用自动跟踪模块扫描地形图中部分所需要的信息分类、提取如河流、等高线、道路等，而文本、符号、几何图形等信息则利用符号库手工采集。

矢量化后的地理信息数据量较大，在规划设计操作中要求计算机系统资源较高。在实际操作中可以采取分层作块插入的方法以及将当前图形任务中不需要的图像隐藏起来，从而提高重画速度。

第二节　小城镇规划建设综合信息管理系统

小城镇建设信息是综合的信息，由大量的基础信息、专业信息和相关的社会经济信息组成。小城镇地理信息系统的基础是城镇规划与建设管理的基础资料库。资料库为小城镇规划与建设管理综合信息系统提供了最为完备的第一手资料。

综合信息管理系统，就是把城镇规划建设的各种信息当作一个庞大的系统，在系统内部再划分若干个系统，对所有信息进行分门别类的系统化管理。系统化过程就是针对一定的目标建立不同类型的"系统"的过程，这是城镇综合信息管理系统与资料库的根本区别。系统设置必须明确的内容包括：系统组成、系统功能、系统结构以及系统管理等。

城镇建设运用地理信息系统进行城镇规划设计与建设的现代化管理，其含义可以描述为利用计算机软硬件的支持，对数据和信息（包括图纸和统计数据）按地理坐标和空间位置进行收集、输入、存贮、编辑、查询、检索、显示和管理，以及对这些信息进行统计和分析的综合技术。它可以为小城镇规划、建设和决策管理人员提供直观形象的小城镇各类空间信息，通过规划，为小城镇建设的科学管理和发展决策提供综合或专业性依据和方案。

一、系统组成与功能

系统主要由四部分组成：信息获取与输入、数据储存与管理、数据转换与分析、成果生成与输出。从用户使用和建立小城镇管理信息系统对小城镇建设进行管理与规划的角度看，可概括为四种功能：

1．管理功能

通过建立小城镇建设管理信息系统，实现各种信息的数字化、标准化和计算机化，达到统一管理、数据共享，使各种统计工作简化，使信息成本降低。实现信息的快速查询检索，适时交换，可视化表达和输出，形成一个以计算机为核心的小城镇建设动态管理系统，对小城镇实行现代化管理。

2．存储功能

全面系统地保存小城镇建设的历史、现状与未来的信息，并能很快地查询和综合，为小城镇建设决策提供信息支持。

3．评价分析与预测功能

根据小城镇现状、信息、利用数学方法建立不同的小城镇的现状进行分析评价，预测小城镇用地的发展趋势、可能和潜力，进行辅助决策支持。

二、小城镇建设管理信息系统的结构

从概念上，小城镇建设信息系统由四大部件组成，即信息源、信息处理器、信息用户和信息管理者。

信息管理者，负责信息系统的设计。系统设计完成后，信息管理者负责信息系统的运行和协调。在小城镇，信息管理系统的管理工作，应该在城市规划建设局内设立信息系统管理专门负责人员。

信息源包括：小城镇各种比例尺地形图、航空摄影测量、人口分布、地质、土地、交通、地下管网、商业及其他小城镇统计信息和其他数据库。

信息处理器由计算机系统（包括软件、硬件）及相关的设备组成。担负信息的传输、加工、存储等任务。

信息用户是信息的使用者。小城镇用户是小城镇的领导决策者、政府各职能部门、小城镇咨询机构、小城镇建设发展机构和社会公众组织的群体。

三、小城镇建设管理信息系统总体框架

小城镇建设管理信息系统具有多要素、多层次、分布式网络结构、专业信息与非专业信息的交叉等特点。根据我国小城镇建设的实际考虑，系统由三个部分组成：

1．基础层

小城镇基础信息子系统，主要包括各种比例尺（1∶500～1∶10000）、基础地形图和专题影像图的存储与管理，为所有专题信息系统提供统一的空间定位基础。基础层应为集中式管理。

2．专题信息系统

由小城镇的各种专题应用构成各专题系统，如小城镇规划、小城镇交通等组成。各专

题系统之间与基础层构成分布式网络体系。各专题系统相对独立，便于系统分阶段实现，各专题信息在特定的层次和范围内实现共享。

3．相关专题系统

小城镇建设信息系统虽然针对服务于小城镇建设需要而建立，但小城镇作为一个复杂的信息综合体，各部分之间必然产生大量的信息活动，小城镇建设需要众多的相关信息的支持，也同样输出各种公共信息。相关专题系统在系统中也是一个分布式体系结构。

4．宏观控制层

由作为小城镇建设"龙头"的小城镇总体规则系统和小城镇社会、经济发展计划信息组成的系统，成为宏观控制与管理的决策层。

系统总体构造属分布式体系，各专题信息可根据需求增加或减少，针对特定应用分解出子系统或合并成综合专题系统。

第三节　小城镇规划设计与建设管理实务

小城镇建设管理信息系统的建设主要围绕系统功能设计和系统数据库建设进行，包括空间数据库和属性数据库的建设。系统的数据流程和系统界面是根据应用进行设计的。因此，功能设计与数据库是建设的核心，以下是利用 GIS 技术建立为小城镇建设管理服务的一个信息系统。

一、小城镇大比例尺地形图管理系统

根据小城镇测绘的职能及业务，系统应具备以下功能：

1．建立小城镇大比例尺地形图图库；

2．可对地形图进行修改和更新；

3．根据地形要素和属性对地形图进行查询与检索；

4．指定图幅、范围或要素自动生成新图或专题图；或不同比例尺图缩编；

5．显示和输出；

6．部分计算功能，如指定范围内的面积、长度、图幅数等。

二、小城镇总体规划信息系统

建立为小城镇建设管理部门提供决策依据和现代化信息服务的小城镇空间信息系统。系统存储、管理和处理与小城镇总体规划、管理相关的信息，包括小城镇发展的历史资料、社会经济资料、人口资料、各种小城镇设施建设资料、总体规划及其依据的参考资料及各种总体规划中的专项规划资料。系统的功能设计包括：

1．数据输入与编辑；

2．数据管理；

3．信息查询检索：包括：关键字查询检索、空间查询、建立结构语言、定位检索、拓扑检索，以及应用不同的组合条件对数据库进行查询；

4．数据统计和制表；

5．显示与输出；

6．空间分析：包括：长度、面积量算、缓冲区分析等。

三、小城镇规划中的"一书两证"管理系统

一书两证指"选址意见书"、"建设用地规划许可证"和"建设工程规划许可证"。一书两证管理是小城镇规划部门一项重要的日常业务。

一书两证的管理是小城镇规划建设与管理的主要内容，在不利用 GIS 技术进行规划信息与办公自动化程序管理时，利用办公室管理系统可以较简单完成。系统的主要功能为：

1. 信息系统查询功能：包括：历史资料与现状资料、规划资料（各种规划成果），基础信息的查询。

2. 项目管理：审批过程管理。

3. 项目辅助审批：相关信息的查询、分析以及统计计算。

本系统数据库设计包括基础地形图库、专题现状图库和审批图库，及其相应的属性数据库。审批图库是对项目选址、用地和工程规划的空间定点线的记录和描述。在工程项目竣工之后，应根据竣工验收情况，更新审批图库和基础地形图库。

四、小城镇规划办公自动化系统

办公自动化系统主要指管理岗位日常工作的办公桌面计算机系统，它包括了信息系统常规的各种应用模式、办公模式和管理方式。小城镇规划办公事务的复杂性要求办公自动化最基本的功能是实现图文一体化管理和应用。利用 GIS 技术中的图文一体化操作时，可同时处理大量文档数据的录入、查询、加工及复制处理等文档管理功能和处理大量的图形数据的录入、动态更新、查询及其图文一体化的操作，即能实现从图到文的查询统计，也能实现从文到图的查询、统计。采用 CAD 或其他管理方法时，较难实现图、文间的查询统计。

小城镇规划办公自动化系统通常有 2 个组成部分，即管理办公功能系统和公共基础数据库系统。

1. 管理办公功能系统：

（1）公文处理子系统：收文的录入、管理；发文、证书的打印输出；受理项目的记录、追踪、查询、处理情况记录汇总。

（2）规划管理子系统：规划成果的入库、管理、调用、查询。

（3）用地管理子系统：用地选址及用地范围的确定；蓝线图和线图的制作；建设用地分类、统计。

（4）建筑管理子系统：建筑总平面图及设计图纸的录入；建筑指标计算；建筑信息查询；建筑三维景观分析。

（5）市政工程管理子系统：道路和综合管线数据输入及管理，规划调整查询及图形输出、网络优化分析。

（6）规划监察系统：违章建筑的查询、统计及输出；报建项目、道路用地规划数据的查询。

2. 公共基础数据库系统：

（1）小城镇基础地图信息：包括 1：500～1：10000 地形图；1：1000～1：10000 正射（黑白/彩色）影像图；彩虹红外影像图、卫星影像图、勘测数据地下管线数据等；

（2）小城镇规划（图形）信息，包括：总体规划、分区规划、控制性详细规划、修建

性详规、规划用地、规划道路、各种专题规划等；

（3）社会经济信息，包括：历史数据、社会经济统计、经济现状调查、人口情况调查、现状调查数据、预测计划数据等；

（4）小城镇规划文档信息，包括：政策法规、规划管理、用地管理、报建管理、监察管理、设计管理等。

五、小城镇综合管网管理信息系统

小城镇管网管理是小城镇建设管理的一个重要组成部分。小城镇管线按照用途分类一般划分为：上水（供水）管线、排水管线（污水、雨水、雨污合流）、电力管线、电信管线、燃气管线、热力管线、其他（如人防管线、路灯管线等）。

综合管网管理根据功能分为三个部分（子系统）：管网数据维护、基础信息数据管理和管网管理。

1. 管线数据维护子系统：存贮、加入、编辑管线的图形、属性数据子功能系统。

2. 基础信息数据管理子系统：基础信息管理通常用或引用小城镇空间基础信息系统的数据和功能。基础数据指 1:500~1:5000 加有管网信息的小城镇地形图。系统调用图形的方式有：坐标索引、图幅索引、道路索引等，调用功能有：任何位置的各种不同情况的基础信息；对系统内的基础信息进行修改维护；接收其他格式的基础信息。

3. 管网管理子系统：对管线信息进行检索、查询、分析、输出子功能系统。

其中：图号、图名、道路、坐标、区域、分幅、屏幕检索；

点、区域、属性条件、图形属性交互、线点交互查询功能；

管线数据统计、时间序列报告、增长分析、故障处理模型；

平面图、断面图、剖面图、三维效果图等图形制作。

管网信息由处于一定空间位置上的管线信息及其附属物信息、表示管线的线信息和表示附属物的点信息组成。

六、小城镇建设档案管理信息系统

信息系统用计算机技术代替传统的手工作业方法，减少工作强度，提高工作效率。信息系统完全模拟城建档案管理工作的基本业务流程。系统必须满足以下功能：

1. 录入功能：建立、录入目录包括：文字材料、图形材料、照片材料、录音材料、缩微材料目录等。

2. 整理功能：提供档案编目工具，档案材料进行分类整理功能。

3. 浏览功能：通过浏览工具，方便地浏览任意档案库中的各个案卷。

4. 检索功能：系统提供多种档案检索工具，用户能够任意组合检索、条件检索。

5. 统计功能：不同因子、不同方式统计。

6. 维护功能：包括案卷相关信息的个性保存；档案库维护，包括案卷材料的增删；修改指定内容。

7. 数据输出功能。

七、小城镇地籍管理信息系统

小城镇地籍管理是为了取得地籍数据并研究土地的权属、自然和经济状况而采取的措施。主要包括：地籍调查、土地登记、土地统计以及土地估价等各项工作。地籍管理的数据庞大，信息种类繁多，必须通过建立信息系统才能有效地实施管理。系统的功能如下：

1．系统的基本功能：系统的图形和属性数据的处理功能，如文件管理、编辑、表格、窗口、地图管理与处理等。

2．宗地变更功能：权属变更；宗地查询、统计；控制点查询。

3．宗地权属信息、界址点成果表查询；面积、用途、增减统计。

4．用地编号、单位名称、宗地坐标、土地证号、单位性质、批准日期、归档编号等指定查询。

八、小城镇建设管理信息的标准化

信息系统的信息标准和规范化是一项十分重要和严谨的基础工作。通过标准化可以使小城镇各部门和各专业的信息按照一定的标准和规范置于统一管理之下，建立共同的数据基础。通过信息系统提供的规范化作业程序，实现小城镇建设管理工作的规范化，实现小城镇建设信息的共享。

1．信息标准化内容：信息标准化分为信息分类与编码两个阶段。信息分类是将具有不同属性或特征的信息区别开来的过程，是编码的基础。每一类信息是不能再进一步细分为同一类信息的信息集合。信息编码是将信息分类结果用一种易于被计算机识别的符号体系——代码表示出来的过程，是人们统一认识、统一观点、相互交换信息的一种技术手段。代码大体分为两种：一是分类码，它直接利用信息分类结果，根据小城镇建设管理信息的分类体系设计出的基础信息、各种专题信息的分类代码，简称分类码，用以标记不同类别信息的数据；第二种是识别码（亦称标识码），它是间接利用信息分类的结果，即在分类的基础上，对某些类别的数据分别设计，是其全部或主要实体的识别码，简称识别码，用以对某一类数据中某个实体，如一栋建筑、一条街道、一条（段）河流等进行标识。

2．信息分类与编码的原则：小城镇建设管理信息分类与编码应遵循下列原则：

1）科学性。以适应信息系统和数据库技术应用为目标，按照小城镇地理信息和属性特征进行科学分类，采用层次分类法形成树形结构

2）系统性。分类从高到低排列成一个有机整体，同位（层）类之间界线明确，互不交叉，不重叠，不相互从属。

3）稳定性。以信息要素最稳定的属性或特征为依据制定分类方案和编码方案，并在较长时间内不发生重大变化。

4）不受比例尺限制。在不同比例尺数据库中，同一要素有一致的分类和代码。分类和代码应当包容各种比例尺数据库所涉及的全部要素。

5）与有关国家规范和标准协调一致。凡已经颁布的有关国家标准、行业标准、各地方标准均应直接引用。

6）完整性和可扩展性。分类既要反映要素的属性，又要反映要素间相互关系（包括空间关系），应具有完整性。代码结构设计和编码过程中应留适当的余地和给出扩充办法。

7）适用性。分类和编码方案要便于使用，分类名称应尽量沿用各专业规范和习惯名称，不会发生概念混淆和二义性。代码还应尽可能简短和便于记忆。

8）灵活性。分类时给出进一步的余地和空间，同时预留编码的空间。